代謝地図

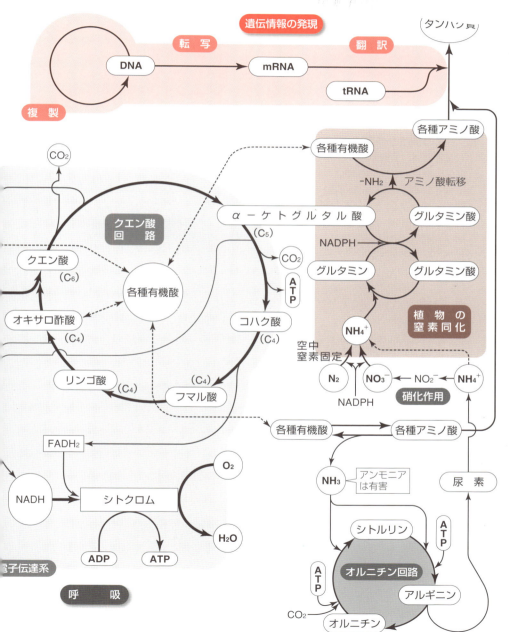

本書の特色

1 大学入試の準備に万全

本書は，高等学校で学習する『生物基礎』および『生物』の内容を能率的に学習し，入試対策に最善の効果が得られるように努めた問題集である。したがって，本書では，全国の国・公・私立大で出題された過去十数年分の入試問題をくまなく分析し，良問を厳選した。

2 本書の構成と使用法

本書では，生物基礎・生物で学習する内容を5つの編に分け，さらにそれを13の章に分けた。各章の問題は，難易度に応じて **A**，**B** の2段階に分けた。また，編末にはその編の「**編末総合問題**」を，巻末には生物基礎と生物の全体にわたる「**巻末総合問題**」を扱った。

(1) **A標準問題**は，各章で特に重要と思われる問題で，大学入試問題を解く力を養うために 適切と思われる実践的な問題を扱った。**B応用問題**は，各章の発展的な，やや程度の高い問題を選んである。余力のある場合にぜひアタックしてほしい。

(2) さらに学習の便を図るため，次の印をつけた。

必印：その単元の中で，最も重要で学習効果の高い問題である。必ず学習したい。
準印：**必**印の次に重要な問題である。**必**印と同様できる限り学習したい。
思考印：思考力や表現力などが特に必要とされる問題の見出しに **思考** を入れた。
(**必**印の問題数 98 題，**準**印の問題数 41 題，総問題数 153 題)

■ 大学入試問題の採用方法

本書では，大学入試問題は，本書のねらいを実現するための材料として使用したので，出題原文と一致しないものがある。説明内容からみて余分と思われる部分を削除したり，一部数値なども変更したところがある。また，体裁的に記号などを統一したところもある。このことを含んで，大学名を見てほしい。

2022

生物重要問題集—生物基礎・生物

灘高等学校　宮田幸一良　著
数研出版編集部　編

INDEX

第 1 編 ● 生命現象と物質
生物基礎 生 物 第 1 章　細胞と分子 —————— 2
生物基礎 生 物 第 2 章　代　　謝 —————— 12
生物基礎 生 物 第 3 章　遺伝情報の発現 —————— 29
生物基礎 生 物 編末総合問題 —————— 47

第 2 編 ● 生殖と発生
生 物 第 4 章　生　　殖 —————— 50
生 物 第 5 章　発　　生 —————— 56
生物基礎 生 物 編末総合問題 —————— 68

第 3 編 ● 生物の生活と環境
生物基礎 第 6 章　生物の体内環境 —————— 70
生 物 第 7 章　動物の反応と行動 —————— 82
生 物 第 8 章　植物の環境応答 —————— 95
生物基礎 生 物 編末総合問題 —————— 105

第 4 編 ● 生態と環境
生物基礎 第 9 章　植物の多様な分布 —————— 108
生 物 第10章　個体群と生物群集 —————— 113
生物基礎 生 物 第11章　生態系とその保全 —————— 118
生物基礎 生 物 編末総合問題 —————— 125

第 5 編 ● 生物の進化と系統
生 物 第12章　生命の起源と進化 —————— 128
生 物 第13章　生物の系統 —————— 138
生物基礎 生 物 編末総合問題 —————— 143
生物基礎 生 物 巻末総合問題 —————— 145

1 細胞と分子

標準問題

1. 〈細胞小器官と顕微鏡による測定〉

　細胞小器官の観察には，光学顕微鏡よりも著しく分解能が高い電子顕微鏡が用いられることが多い。次のA〜Eは，電子顕微鏡で植物細胞を観察した際に記述した5種類の細胞小器官の特徴である。

　A．一重の膜で囲まれた構造で一部は核膜とつながっている。
　B．一重の膜からなる扁平な袋が重なった構造をもつ。
　C．一重の膜からなる構造で，成長した植物でよく発達している。
　D．二重の膜で囲まれた内部には，一重の膜でできた扁平な袋状の構造がある。
　E．二重の膜で囲まれ，内部の膜はひだ状などに折りたたまれている。

問1　下線部の分解能とは何か，簡潔に答えよ。
問2　光学顕微鏡の分解能としてもっとも適切なものを選び，記号で答えよ。
　　(a) 0.2 mm　　(b) 2 μm　　(c) 0.2 μm　　(d) 20 nm　　(e) 2 nm
問3　細胞小器官Aの名称を答えよ。
問4　細胞小器官Aでつくられたタンパク質は細胞小器官B〜Eのどこに運ばれるか。もっとも適切なものを選び，記号で答えよ。
問5　細胞小器官Cには，赤や紫の色素が含まれることがある。この色素の名称を記せ。
問6　細胞小器官Eには核DNAとは異なる独自のDNAが存在している。独自のDNAが存在する細胞小器官内の部位の名称を記せ。
問7　細胞小器官Eの二重膜について脂質とタンパク質の含量比を調べた。その結果，外膜では脂質55％，タンパク質45％であり，内膜では脂質22％，タンパク質78％であった。外膜に比べて内膜ではタンパク質の比率が高い理由をこの細胞小器官の機能から考察して述べよ。
問8　光学顕微鏡を用いた観察についての次の文章を読み，以下の問いに答えよ。

　光学顕微鏡で細胞などの大きさを測定するには，ミクロメーターを用いる。ミクロメーターには接眼レンズ内に入れる接眼ミクロメーターと，スライドガラスに1 mmを100等分した目盛りが書かれた対物ミクロメーターがある。接眼レンズ10倍，対物レンズ40倍の組み合わせで観察したところ，接眼ミクロメーターの20目盛りの長さと対物ミクロメーターの5目盛りの長さが一致していた。

(1) 対物ミクロメーターの1目盛りの長さは何μmか答えよ。
(2) 接眼レンズ10倍，対物レンズ40倍の組み合わせで，ある植物細胞の細胞小器官Dを観察したところ，その直径は接眼ミクロメーターの2目盛りの長さに相当した。細胞小器官Dの直径を答えよ。
(3) 細胞小器官Dを詳細に観察するため，対物レンズだけを100倍にした。細胞小器官Dの直径は接眼ミクロメーターの何目盛りの長さになるか答えよ。

〔21 東京慈恵医大〕

必 2. 〈細胞を構成する物質〉

生物のからだの基本単位は細胞である。生命活動は細胞に含まれるさまざまな物質のはたらきによって営まれている。細胞は，炭水化物や脂質，タンパク質，核酸などの有機物や，無機塩類，水などの物質でできており，これらの物質は多くの生物で共通している。その中で水は，さまざまな物質を溶かす溶媒として重要である。水分子は極性をもつため，極性を多くもつ有機物や金属イオンなどをよく溶かす。水のこのような特徴は，生体内でのさまざまな反応を進める上で重要である。

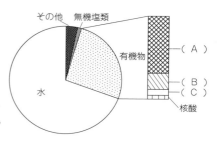

ア細胞を構成する有機物の多くは，基本単位となる物質が多数結合してできている。それら基本単位となる物質は，すべての生物で共通である。ある種の生物は，イ独自に無機物から有機物を合成できないため，他の生物がつくった有機物を摂取する。そして，その有機物を基本単位となるまで消化し，吸収して必要な有機物へと再合成する。

問1 図は，動物細胞を構成する物質の質量比を示したものである。図のA，B，Cに該当する物質の名称をそれぞれ答えよ。

問2 下の表は，細胞を構成する有機物，構成元素とそのはたらきを示している。

有機物	構成元素	はたらき
(D)	(X)	おもに生命活動のエネルギー源となる。
(E)	(X), P	生体膜の主要な構成成分である。エネルギー源になる。
(F)	(X), N, S	酵素・抗体・ホルモンなどの成分になる。
核　酸	(X), N, P	遺伝子の本体やタンパク質の合成にはたらく。

(1) 表のD，E，Fに該当する物質の名称をそれぞれ答えよ。
(2) 表のXは細胞を構成する有機物に共通して存在する3つの構成元素を示す。Xに該当する3つの元素をすべて元素記号で答えよ。

問3 下線部アについて，
(1) 核酸の基本単位となる物質をあげよ。
(2) DNAの基本単位は何種類あるか。

問4 下線部イのような生物を総称して何とよぶか。

問5 下線部イのような生物の例として適切なものを，以下の(a)〜(h)からすべて選び記号で答えよ。
(a) ヒト　　(b) ペンギン　　(c) 大腸菌　　(d) 紅色硫黄細菌　　(e) アカパンカビ
(f) シアノバクテリア　　(g) オジギソウ　　(h) オナモミ

問6 下線部イのような生物とは異なり，無機物だけを用いて自ら有機物を合成し，体外から有機物を取りこまずに生活できる生物を総称して何とよぶか。

〔17 京都産業大〕

4 第1編 生命現象と物質

必 3.〈細胞小器官〉

真核細胞の細胞内にはさまざまな細胞小器官が存在する。細胞小器官には，(a)膜で囲まれたものと(b)膜で囲まれていないものがあり，それぞれが固有の構造と機能をもっている。さらに，(c)細胞内には3種類の細胞骨格が存在する。細胞骨格には，モータータンパク質と共同して細胞内の物質輸送の中心的な役割を担っているものがある。細胞骨格は，鞭毛・繊毛運動やアメーバ運動では力の発生に関与し，細胞運動でも中心的な役割を果たしている。ヒトの(d)骨格筋細胞における筋原繊維は，きわめて特殊化した細胞骨格である。

問1 細胞小器官の間を満たしている液状成分を何とよぶか。

問2 下線部(a)に関して，植物細胞において細胞核以外で，固有の DNA をもつ細胞小器官を2つ答えよ。

問3 下線部(b)に関して，タンパク質の合成に関わるものは何か。

問4 下線部(c)に関して，① 細胞核の形態保持に関わる細胞骨格，② 細胞分裂時の染色体の分配に関わる細胞骨格，をそれぞれ答えよ。

問5 神経細胞の軸索では，神経伝達物質を含んだ分泌小胞が軸索末端へと輸送される。① このような小胞をつくる細胞小器官の名称，② 哺乳類の運動神経細胞で輸送される神経伝達物質の名称，をそれぞれ答えよ。

問6 下線部(d)の主要な構成要素となっている細胞骨格の名称を答えよ。また，その細胞骨格と共同してはたらくモータータンパク質の名称を答えよ。　　　〔15 福岡大〕

必 4.〈細胞膜の性質〉

細胞膜はリン脂質の二重層の中にタンパク質がはめこまれた構造をしており，細胞膜のはたらきは，リン脂質膜とタンパク質の分子的な性質によるところが大きい。脂質膜はイオンを透過させないが，生体膜にはタンパク質でできたイオンチャネルがあって，チャネルが開いたときには特定のイオンを透過させる。能動輸送では，ATP のエネルギーを使って分子の濃度の低いほうから高いほうへ分子を移動させることができる。それにはタンパク質でできたポンプがはたらく。例えば，細胞内部には外側よりも K^+ が多く Na^+ が少ない。それは細胞膜に Na^+ を細胞外に汲み出し K^+ を取り入れるポンプがあるからである。このポンプは，酵素としてのはたらきから Na^+-K^+ATP アーゼとよばれる。また，Cl^- 濃度は細胞外のほうが細胞内より高い。

問1 次のうち，人工脂質膜を通過できるもの(A)と，できないもの(B)に分けよ。

(a) タンパク質　　(b) 水　　(c) CO_2　　(d) ビタミン A　　(e) Mg^{2+}

問2 アオミドロを濃いスクロース溶液と尿素溶液にそれぞれ浸し，1時間変化を観察した。スクロース溶液中では原形質分離を起こしたままであった。尿素溶液中では，いったん原形質分離を起こしたが，30分後にはもと通りになった。2つの溶液で細胞の反応が異なる結果になったのはなぜか。

問3 赤血球を以下の濃度の食塩水中に入れたとき，形の変化が最も少ないのはどれか。

(a) 4%　　(b) 2%　　(c) 1%　　(d) 0.1%

問4 下線部のポンプはどういうしくみではたらくのか説明せよ。　　　〔08 京都府医大〕

5. 〈細胞骨格と細胞接着〉 思考

　細胞骨格は，微小管，アクチンフィラメント，中間径フィラメントの3つに分けられる。細胞骨格は細胞の構造を支えるだけでなく，さまざまな細胞機能にかかわっている。微小管およびアクチンフィラメントは，細胞分裂のときにそれぞれ重要な役割を果たしており，(1)チューブリンやアクチンの重合を阻害すると，正常な細胞分裂が起こらない。(2)アクチンフィラメントは，細胞の外形が変化するアメーバ運動にも深く関与している。

　多細胞動物の多くの細胞は，周囲の細胞や，コラーゲンなどを主成分とする細胞外の構造と接着しており，これを細胞接着という。細胞接着の構造はいくつかの種類に分けられ，隣り合う細胞どうしをボタン状に強固に結合する構造は ① とよばれる。① を構成する ② というタンパク質には多くの種類があり，同じ種類の ② は細胞膜の外側の部分で互いに結合する性質がある。② のこの性質を維持するためには ③ が必要である。① では，② と中間径フィラメントが連結タンパク質を介して結合している。

　細胞骨格および細胞接着について調べるため，ヒト由来の培養細胞Xを用いて実験1および2を，ニワトリ胚の網膜の色素上皮細胞を用いて実験3を行った。

実験1　図1の細胞X(染色体数は$2n$)の細胞周期は24時間である。下線部(1)について調べるため，次の培養皿A～Cの中で細胞Xを48時間培養した。
　(培養皿A)チューブリンの重合を阻害する薬剤を加えた培養液
　(培養皿B)アクチンの重合を阻害する薬剤を加えた培養液
　(培養皿C)培養液のみ

図1　ヒト由来の培養細胞X

実験2　細胞Xは，化学物質Yに対して正の化学走性を示す。下線部(2)について調べるため，細胞Xのアクチンフィラメントを蛍光物質で標識した(図2)。この標識された細胞Xを培養液の入った培養皿に入れ，端においた細いガラスのピペットの先端から化学物質Yを出して細胞のようすを顕微鏡で観察した。

図2　アクチンフィラメントを蛍光標識した細胞X

実験3　ニワトリの8～9日目の胚から網膜の色素上皮を取り出して細胞をばらばらにし，培養皿に入れて培養すると，1～2日後には細胞どうしが密着した細胞塊が形成された。この培養皿から培養液を取り除いて ③ を含まない塩類溶液を入れ，さらに ③ を結合して除去する効果をもつ薬剤Zを加えて細胞のようすを顕微鏡で観察した。

問1　文中の①～③に適切な語句を入れよ。

問2　実験1の結果について，培養皿Cと比較して，培養皿AおよびBの中に正常ではない細胞が観察された。それぞれどのような細胞か述べよ。また，そのような細胞ができた理由について説明せよ。

問3　実験2を始めてしばらくすると，細胞Xの形が変わり，化学物質Yのほうへ移動し始めた。移動中の細胞とアクチンフィラメントのようすを表す最も適切なスケッチ

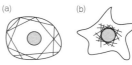

を前ページの(a)〜(c)から1つ選べ。また，その理由について説明せよ。

問4 実験3について，以下の(ア)〜(ウ)のような観察結果が得られた。このような結果が得られた理由について，それぞれ説明せよ。

(ア) 薬剤Zを入れる前の細胞塊では，細胞どうしが密着していた。細胞は，石畳の敷石のような多角形であり，それぞれ少しずつ形が異なっていた。
(イ) 薬剤Zを入れてしばらくすると，隣り合った細胞の間にすきまが見えるようになった。
(ウ) (イ)よりもさらに時間がたつと，細胞はばらばらになり，すべて丸い形になった。

〔16 滋賀医大〕

6. 〈モータータンパク質〉 思考

神経細胞（ニューロン）は，複雑に枝分かれした樹状突起と細長い軸索が，核を含む細胞体から突き出した形状をとる。ニューロンにおいてリボソームは細胞体にあり，軸索や神経終末にはない。軸索内には，微小管が軸索の長軸方向に平行に分布しており，この上をミトコンドリアやリソソームなどの細胞小器官や小胞膜，およびタンパク質などの生体分子が運搬される。これを軸索輸送という。細胞体から神経終末に向かう軸索輸送を順行輸送，それと反対方向の軸索輸送を逆行輸送とよぶ。これらの軸索輸送には，ダイニンやキネシン（微小管に作用するモータータンパク質の一種）がはたらく。キネシンによる微小管上の輸送方向は，ダイニンによる輸送方向と逆である。軸索輸送について調べるため，以下の実験を行った。

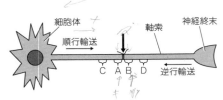

(実験)マウスのニューロンの軸索を，図の太い矢印の部分において糸でしばり，物質輸送を抑制した。数時間後，この部分に近接する細胞体側(A)と神経終末側(B)，およびそれらと離れた領域(CとD)において，細胞小器官とモータータンパク質の存在量を調べた。

(結果)ミトコンドリアはCやDと比べてAとBの両方に多く蓄積していた。リソソームはA，C，Dと比べてBに最も多く蓄積していた。このとき，キネシンはAに最も多く蓄積していたが，ダイニンはAとBの両方に多く蓄積していた。これらの関係を不等号で比較したものを表に示す。

表 軸索の各領域に見られる細胞小器官とモータータンパク質の存在量

名　　称	存在量の比較
ミトコンドリア	(A, B) > (C, D)
リソソーム	B > (A, C, D)
キネシン	A > (B, C, D)
ダイニン	(A, B) > (C, D)

※( )内の存在量はおおむね等しい

問1 軸索輸送について，この実験から導かれる考察として適切なものを1つ選べ。

(ア) ミトコンドリアを軸索輸送するのはダイニンであり，キネシンではない。
(イ) ミトコンドリアを軸索輸送するのはキネシンであり，ダイニンではない。
(ウ) キネシンは細胞体で合成され，順行輸送にはたらく。
(エ) ダイニンは細胞体で合成され，順行輸送にはたらく。

問2 下線部に関連して，実験の結果とリソソームの性質にもとづいて，ニューロンにおけるリソソームのはたらきと輸送のしくみについて考えられることを，80字以内で記せ。

〔16 筑波大 改〕

第1章 細胞と分子　7

準 **7.** 〈細胞小器官の分離〉　思考

　　ある動物の肝臓を取り出し，等
張のスクロース溶液に入れ，ホモ
ジナイザーを用いて破砕した。こ
の液を遠心分離機にかけて 1,000 g
（g は重力を基準とした遠心力の大
きさを表す）で 10 分間遠心した。
この試験管には上澄み A と沈殿 B
ができた。この上澄み A を取り，
新しい試験管に入れた後，さらに
20,000 g で 20 分間遠心した。この試験管には上澄み
C と沈殿 D ができた。この上澄み C を取り，新しい
試験管に入れた後，さらに 150,000 g で 180 分間遠心
した。この試験管には上澄み E と沈殿 F ができた（図
1）。

　　X 君，Y 君，Z 君がそれぞれ，上記の条件で実験を
行い，沈殿 B，沈殿 D，沈殿 F，上澄み E におけるピ
ルビン酸脱水素酵素の活性を測定した。結果は表 1
のようになった。ただし，U は酵素活性の単位である。

表1

	X 君	Y 君	Z 君
沈殿 B	215 U	75 U	75 U
沈殿 D	891 U	910 U	188 U
沈殿 F	14 U	20 U	4 U
上澄み E	30 U	105 U	45 U
合　計	1,150 U	1,110 U	312 U

問1　このような細胞小器官を分離する方法を何とよぶか。

問2　ピルビン酸脱水素酵素が存在する細胞小器官は何か答えよ。また，その小器官のど
　　の場所に存在するか答えよ。

問3　X 君と Y 君の実験結果を比較すると，沈殿 B と上澄み E の数値が大きく異なってい
　　た。この理由について考えられる可能性をすべて選べ。

　(ア) X 君の沈殿 B の酵素活性が高いのは，未破砕の細胞が多く残っていたから。

　(イ) Y 君の沈殿 B の酵素活性が低いのは，未破砕の細胞が多く残っていたから。

　(ウ) X 君の上澄み E の酵素活性が低いのは，核が一部破砕したため。

　(エ) Y 君の上澄み E の酵素活性が高いのは，核が一部破砕したため。

　(オ) X 君の上澄み E の酵素活性が低いのは，X 君が肝臓を破砕した回数が Y 君よりも多
　　かったから。

　(カ) Y 君の上澄み E の酵素活性が高いのは，Y 君が肝臓を破砕した回数が X 君よりも多
　　かったから。

問4　X 君と Y 君が低温で実験を行ったのに対し，Z 君は実験を室温で行い，表 1 のよう
　　な結果を得た。なぜ室温で行うと酵素活性が全体的に低くなるのか。考えられる理由を
　　30 字以内で述べよ。

問5　細胞質基質に多く存在する乳酸脱水素酵素を測定すると，X 君，Y 君，Z 君ともに
　　最も多くの活性が検出できるのは，沈殿 B，沈殿 D，上澄み E，沈殿 F のどの分画か。

〔13 長崎大〕

8　第1編　生命現象と物質

B

応 用 問 題

準 8.〈細胞膜のはたらき〉

　生命の最小単位である細胞は，細胞膜に包まれている。①細胞膜はおもにリン脂質とタンパク質からなり，厚さは約（　ア　）である。細胞膜は細胞内部と外部とを隔てる境界となっている。しかし，細胞内の環境を維持したり，外部の環境変化に応答したりして生命活動を営むためには，細胞は細胞膜を通して隣接する細胞や外部と物質や情報をやりとりしなければならない。②酸素やステロイドホルモンのような物質は拡散により細胞膜を通過できるが，その他の多くの物質の場合，細胞膜を横切る物質の移動には細胞膜内のタンパク質が関与する。輸送に関わるタンパク質（輸送タンパク質）には物質に対する特異性があるため，細胞膜は（　イ　）性を示す。細胞膜内にはさまざまな物質に対応して多種類の輸送タンパク質が存在する。このような輸送タンパク質を介した物質の輸送には，濃度の高い側から低い側に物質が自発的に移動する（　ウ　）と，エネルギーを使って濃度勾配に逆らう方向に物質を移動させる（　エ　）がある。グルコース輸送タンパク質には，グルコースの（　ウ　）に関与するものと，（　エ　）に関与するものがあり，どちらも細胞膜を横切ってグルコースを輸送する。③これらの輸送タンパク質によるグルコースの輸送において，グルコースの濃度と輸送速度の関係は，酵素反応における基質濃度と反応速度の関係に似ている。

　真核生物において，細胞膜は一度完成するとそのままの状態がずっと維持されるのではなく，内部に陥入して小胞となり，細胞質基質へと取りこまれたり，逆に細胞質基質にあった小胞が細胞膜と融合したりして，④絶えず膜成分が入れ替わっている。その際に，細胞外にあった物質が膜に囲まれて取りこまれたり，細胞内にあった物質が細胞外に放出されたりする。⑤比較的大きい物質であるタンパク質が輸送される際には，このように細胞膜を通過する。

問1　文中の（　）に当てはまる適当な数字または語を入れよ。（　ア　）には単位を含めよ。

問2　下線部①において，細胞膜中でリン脂質やタンパク質はどのように配置しているか，リン脂質の構造的特徴を含めて説明せよ。

問3　下線部②のような物質の一般的な性質について説明せよ。

問4　下線部③について，グルコースの濃度と輸送速度の関係を示すグラフを描け。さらに，グラフの形がそのようになる理由について説明せよ。

問5　下線部④について，細胞が1辺 $10\,\mu m$ の立方体であり，細胞膜が1分間に $12\,\mu m^2$ 入れ替わるとすると，1分間に入れ替わる細胞膜の表面積は何％か，計算して答えよ。さらに，この速度で入れ替わるとき，細胞膜全体が入れ替わるために必要とされる時間はどのくらいか，計算して答えよ。ただし，細胞膜は全体が均一であり，かつ一度入れ替わった領域はそのまま維持されると仮定する。

問6　下線部⑤について，動物細胞において，細胞内に取りこまれたタンパク質の一部は，リソソームに送りこまれる。リソソームに送りこまれたタンパク質はどのような物質に変化するか，理由とともに答えよ。

〔18 金沢大〕

9. 〈輸送体タンパク質〉 思考

食物として摂取したデンプンはアミラーゼと（ イ ）によってグルコースに分解される。このグルコースは，小腸の内面をおおう上皮細胞が吸収する。この上皮細胞はグルコースなどの栄養物を効率よく吸収するために，（ ロ ）が発達している。上皮細胞は小腸の腸管内腔から血管側の細胞外液にグルコースを輸送するはたらきがある。このグルコースの輸送は上皮細胞の細胞膜にある次の3種類のタンパク質によって行われる。

 i ． Na^+ がその濃度勾配にしたがって輸送されるときに，Na^+ の輸送と同じ方向にグルコースを能動的に輸送する輸送体タンパク質
 ii ． グルコースをその濃度勾配にしたがって輸送する輸送体タンパク質
 iii． ATP を消費して Na^+ を能動輸送するタンパク質（ウアバインはこの輸送タンパク質のはたらきを特異的に阻害する）

これらのタンパク質は上皮細胞の腸管内腔と接する頂頭部の細胞膜と血管側の細胞外液と接する細胞膜のどちらか一方のみに存在している。

[実験] ネズミの円筒状の小腸の一部を切り出し，下図のように平板状にした小腸を，2つの容器で挟んで固定した。2つの容器は酸素で飽和させた生理的塩類溶液（Na^+ を含む）で満たし，全体を 37 ℃に保ちながら，測定点 A（上部容器内），測定点 B（小腸の上皮細胞内），測定点 C（下部容器内）でグルコース濃度と Na^+ 濃度を測定した。ただし，上

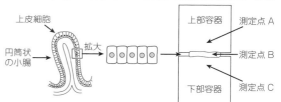

部容器と下部容器の容量は上皮細胞の容量に比べ充分な量があり，物質の出入りがあっても上部容器と下部容器での物質の濃度の変化は無視できるものとする。なお，ウアバインは細胞の外側の表面だけに作用するものとする。

〔実験1〕 上部容器と下部容器の溶液に，それぞれ最終濃度が 1 g/L になるようにグルコースを加えた。しばらくして，測定点 A，B，C でグルコース濃度と Na^+ 濃度を測定したところ，グルコース濃度は測定点 B で最も高い濃度を示し，Na^+ 濃度は測定点 B で最も低い濃度を示した。

〔実験2〕 両容器の溶液から酸素を除去して，実験1と同様の実験を行うと，グルコース濃度と Na^+ 濃度は測定点 A，B，C でほぼ同じになった。

〔実験3〕 ウアバインを上部容器に加え，実験1と同様の実験を行うと，実験2の結果とほぼ同じになった。

〔実験4〕 上部容器と下部容器の溶液から酸素を除去して，下部容器の Na^+ だけを10倍の濃度にして実験1と同様の実験を行うと，グルコース濃度は測定点 B で最も高い濃度を示した。

問1 文中の空所(イ)・(ロ)それぞれにあてはまる最も適当な語句を記せ。

問2 上部容器だけにグルコースを加えて，実験1と同様の実験を行った。このとき，測定点 A ～ C のグルコース濃度について最も適当なものを1つ選べ。

10 第1編 生命現象と物質

(a) Aが一番高い　　(b) Bが一番高い　　(c) Cが一番高い

(d) AとCがほぼ同じで高い　　(e) AとBがほぼ同じで高い

(f) BとCがほぼ同じで高い　　(g) 3点において濃度差が見られない

問3 下部容器だけにグルコースを加えて，実験1と同様の実験を行った。この実験におけるグルコースの移動について最も適当なものを1つ選べ。

(a) 下部容器のグルコースはそのまま下部容器から移動しない。

(b) 下部容器のグルコースは上皮細胞に移動し，細胞内で留まる。

(c) 下部容器のグルコースは上皮細胞に移動した後，下部容器にもどり，下部容器と上皮細胞の間を循環する。

(d) 下部容器のグルコースは上皮細胞を経て，上部容器に移動する。

(e) 下部容器のグルコースは上皮細胞を経て，上部容器に移動した後，上皮細胞を経由して下部容器にもどり，下部容器と上部容器の間を循環する。

問4 グルコースの能動輸送とATPの消費に関する記述として最も適当なものを1つ選べ。

(a) 上部容器と接している細胞膜でATPを消費し，下部容器と接している細胞膜でグルコースを能動輸送する。

(b) 上部容器と接している細胞膜でATPを消費し，グルコースを能動輸送する。

(c) 下部容器と接している細胞膜でATPを消費し，上部容器と接している細胞膜でグルコースを能動輸送する。

(d) 下部容器と接している細胞膜でATPを消費し，グルコースを能動輸送する。

(e) 上部容器と接している細胞膜と下部容器と接している細胞膜の両方でATPの消費とグルコースの能動輸送をする。　　　　　　　　　　　　　　　　　　　〔12 立教大〕

必 10. 〈タンパク質〉

　タンパク質の構造は分子内の原子間ではたらくさまざまな相互作用によって決定されるが，最終的には細胞内でエネルギー的に最も安定な状態をとり，その形はアミノ酸の並び方によって一義的に決まる。ところが(1)さまざまな状況でこの立体構造が崩れることがあり，これをタンパク質の変性とよんでいる。アンフィンセンは尿素の溶液で酵素を変性させた後に尿素を取り除くと，酵素は再び元の形に折りたたまれて活性を取りもどすことを発見し，いったん変性したタンパク質も元の形にもどれることを証明した。多くのタンパク質は水溶液中ではたらいているが，そこでは疎水性のアミノ酸と親水性のアミノ酸の分子内での配置がタンパク質の安定性に大きく影響する。しかし，細胞の中はタンパク質が密集しているために，タンパク質の変性が起きた場合に他のポリペプチドとの相互作用などにより折りたたみに不都合を生じることがある。リボソーム上でタンパク質が新規に合成される場合にも同様な問題が起きる。そのようなときに細胞内では(2)シャペロンとよばれる一群のタンパク質が，ポリペプチドの凝集しやすい部分に結合して正常な折りたたみを補助する。このような補助を受けても正常な立体構造をつくれなかったタンパク質は，細胞内に存在するプロテアソームというタンパク質分解酵素複合体によって分解される。実際，細胞が新たに合成するタンパク質の約1/3は正しい高次構造をとることができずに分

解されてしまう。シャペロンは小胞体の中にも存在している。(3)粗面小胞体のリボソームで合成され小胞体に送りこまれたタンパク質が、シャペロンの助けを借りても正しく折りたたまれなかった場合には、小胞体の外に引き出されてやはりプロテアソームで分解される。

　ミトコンドリアなどの細胞小器官が古くなって傷んだりしたような場合にはプロテアソームでは対応できず、(4)傷んでしまった細胞小器官などを小胞の膜で取り囲んだ後、リソソームと融合することにより分解する自食作用が起きることもある。この自食作用は細胞が飢餓状態になったときにも起こり、細胞にとってアミノ酸の重要な供給源にもなっている。また、細胞内に病原体が侵入したときにも同様のやり方で病原体を殺している。

問1　下線部(1)について、次の①～⑦にあげた物質の性質の変化のうち、タンパク質の変性によらないものをすべて選び、番号で記せ。
　① 卵を熱湯に浸しておくとゆで卵になる。　　② 牛乳をあたためると表面に膜が張る。
　③ 溶かした寒天を冷やすと固まる。　　　　　④ 牛乳にレモン汁を入れると固まる。
　⑤ あたためた豆乳に"にがり"を入れると豆腐になる。
　⑥ 新鮮なサバの切り身を酢に漬けると身が白くなったシメサバになる。
　⑦ 水でといた片栗粉をあたためると"とろみ"がつく。

問2　下線部(2)について、シャペロンは細胞を高温で処理したときに大量に発現が誘導されるタンパク質として発見された。当時はそのはたらきがわからずにヒートショックプロテインとよばれていた。
　(i) このときシャペロンが大量に発現する理由を簡潔に記せ。
　(ii) シャペロンはタンパク質の親水性の部分と疎水性の部分のどちらに結合しやすいか。

問3　下線部(3)について、リボソームは細胞質基質に存在するものと、小胞体に結合して粗面小胞体を形成するものの2通りがある。合成されたタンパク質が最終的にどこではたらくかに応じて、これらのリボソームは使い分けられている。粗面小胞体で合成されるタンパク質がはたらく場所を2つ記せ。

問4　下線部(4)について、(i) 自食作用のことを英語で何というか。カタカナで記せ。
　(ii) 植物細胞や酵母でも自食作用は起きているが、これらの生物にリソソームは存在しない。これらの生物でリソソームの代わりにはたらく細胞小器官の名称を記せ。
　(iii) リソソームに含まれる分解酵素は、万が一リソソームが壊れて細胞内に放出されたとしても細胞内のタンパク質を分解しないようにできている。そのしくみについて簡潔に説明せよ。

問5　ミトコンドリアが自食作用によって分解されるようすとして最も適当なものを、右の図①～④から1つ選べ。ただし、図に描かれた曲線はすべて脂質二重層の膜を表しているものとする。

〔17 藤田保健衛生大〕

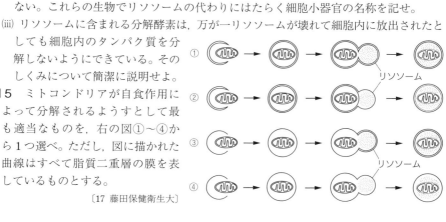

2 代謝

標準問題

A

必 11.〈酵素のはたらきと性質〉

次の文章を読み，あとの問いに答えよ。

酵素はタンパク質を主成分とする高分子化合物であり，さまざまな化学反応の a 触媒としてはたらく。酵素反応は b 温度の影響を受けるが，無機触媒が作用する反応の温度と反応速度との関係とは大きく異なっている。また，酵素反応は pH の影響も受ける。c 消化酵素の活性の最適 pH はそれぞれの消化酵素がはたらく環境の pH とほぼ一致する。

酵素反応は温度や pH のほか，基質と類似した構造をもつ物質の存在により，その活性に影響が生じる場合がある。例えば，d コハク酸脱水素酵素によるコハク酸をフマル酸に変換する反応では，e コハク酸に類似した構造をもつマロン酸が存在すると反応速度が低下する。

コハク酸脱水素酵素を含む一部の酵素の反応には，f ある種の有機物と酵素の結合が必要になる。g 酵素とこのような有機物は，半透膜を利用することによって分離することができる。

酵素の中には，活性部位とは別に h 基質以外の物質と結合する部位をもつものがある。この部位に適合する物質が酵素に結合すると，酵素の活性部位の構造が変化し，活性が制御される。

問1 下線部 a について，触媒とはどのような物質か 30 字以内で記せ。

問2 下線部 b について，最適温度を大きくこえたとき，酵素はどのような状態になるか 20 字以内で記せ。

問3 下線部 c に関連して，右図に pH とヒトのだ液アミラーゼ，ペプシン，トリプシンの反応速度との関係を示した。(ア)〜(ウ)に相当する酵素名を記せ。

問4 下線部 d について，基質であるコハク酸の濃度が十分高い場合，コハク酸脱水素酵素の濃度と反応速度にどのような関係が成り立つか 25 字以内で記せ。

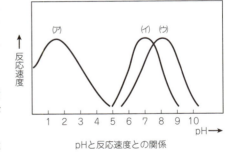

pHと反応速度との関係

問5 (1) 下線部 e のような現象を何とよぶか記せ。

(2) 下線部 e の現象が生じる理由を「酵素-基質複合体」という用語を用い，50 字以内で記せ。

問6 下線部 f の有機物を何とよぶか記せ。

問7 下線部 g について，酵素と有機物が分離できる理由を2つあげ，それぞれを 20 字以内で記せ。

問8 下線部 h に示される部位を何とよぶか記せ。

〔07 東京農工大〕

必12.〈酵素反応〉 思考

補酵素の1つに NADPH が知られており，酸化型($NADP^+$)と還元型(NADPH)として，例えば次のような酸化還元反応に関与している。

[基質 + $NADP^+$ ⟶ 生産物 + NADPH + H^+]

問1 図1に同一濃度の $NADP^+$ 溶液および NADPH 溶液の吸収スペクトルを示した。なお，吸光度の数値は物質の濃度に比例する。$NADP^+$ と NADPH が混在している溶液中の NADPH 量のみを定量する場合，その溶液の波長 340 nm における吸光度を測定することが多い。その理由を記せ。

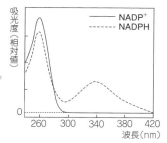

図1 $NADP^+$ および NADPH の吸収スペクトル

問2 次の文を読み，あとの小問(1)～(3)に答えよ。

グルコースとフルクトースのみが溶解している水溶液 W 中のそれぞれの量を求めるため，3種類の酵素①～③を用いて酵素反応を行わせ，溶液中の NADPH 量を測定する実験を行った。酵素①～③は，以下の反応[1]～[3]をそれぞれ触媒する。なお，酵素①は，グルコース，フルクトース両方に作用してそれぞれをリン酸化する。

反応[1] [グルコース + ATP $\xrightarrow{酵素①}$ グルコース-6-リン酸 + ADP]

[フルクトース + ATP $\xrightarrow{酵素①}$ フルクトース-6-リン酸 + ADP]

反応[2] [フルクトース-6-リン酸 $\xrightarrow{酵素②}$ グルコース-6-リン酸]

反応[3] [グルコース-6-リン酸 + $NADP^+$ $\xrightarrow{酵素③}$ グルコン酸-6-リン酸 + NADPH + H^+]

【測定方法】

(ア) 試験管に緩衝液，十分量の ATP および $NADP^+$，水溶液 W を加え，吸光度測定を開始した。

(イ) 上記溶液に │ A │ および │ B │ の酵素溶液を加え酵素反応を開始した。開始直後(反応時間0分)の反応液の吸光度は0であった。

(ウ) 吸光度を連続的に測定したところ，(イ)から20分後の吸光度は E20 であった。

(エ) この反応液に │ C │ の酵素溶液を添加した。なお，この添加直後における吸光度の変化は無視できるものとする。

(オ) 吸光度を連続的に測定したところ，(エ)から20分後の吸光度は E40 であった。

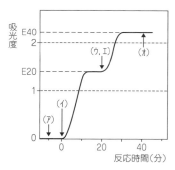

図2 反応に伴う吸光度の経時的変化

反応に伴う吸光度の経時的変化は図2の実線のようであった。図中の(ア)～(オ)は上記【測定方法】のそれぞれの段階に対応する。

14　第1編　生命現象と物質

吸光度はいずれも波長 340 nm で測定した。上記反応[1]～[3]において，左辺の基質は完全に消費されるものとする。また，波長 340 nm において，NADPH 以外の物質の吸光度は無視できるものとし，吸光度の値から NADPH の濃度を算出できるものとする。

(1) 文中の空欄 A ～ C に入る最も適切な酵素を，酵素①～③からそれぞれ選べ。
(2) (エ)～(オ)の過程において進行する反応を，反応[1]～[3]からすべて選べ。
(3) 次の文(A)～(E)について，正しいものには○，間違っているものには×を記せ。
　(A) 時間短縮のため，(イ)の 5 分後に(エ)を行ってもグルコースの定量に支障はない。
　(B) E40 の値からは，水溶液 W 中のグルコースとフルクトースの合計量を求めることができる。
　(C) 水溶液 W 中のフルクトース量は，E20 の値から求められる。
　(D) 水溶液 W 中のグルコース量は，E40 － E20 から求められる。
　(E) 水溶液 W 中に存在するグルコース量は，フルクトースより多い。〔14 日本女子大〕

必 13.〈酵素反応の調節〉

次の文章を読み，以下の問いに答えよ。

基質 S を分解する酵素反応における基質 S のモル濃度と初期の反応速度との関係を調べたところ，図1のグラフのようになった。つまり，基質濃度が 2a（a の 2 倍の濃度）以下のときは，反応速度は基質濃度に比例したが，基質濃度が c 以上では，基質濃度をそれ以上高くしても反応速度は上昇しなかった。なお，モル濃度とは，溶液 1 L に溶けている溶質のモル数のことである。また，反応液中の酵素のモル濃度は一定であり，使用する基質 S のモル濃度と比べて十分に低く，酵素との結合による基質濃度の減少は無視できるものとする。

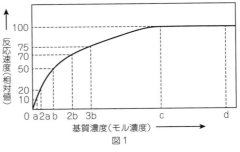
図1

次に，さまざまな濃度の競争的阻害剤（阻害剤 I）を添加して，この酵素反応の初期反応速度を調べた。まず，基質 S の濃度を c とし，阻害剤 I を添加しない場合と，阻害剤 I の濃度が c および 2c（c の 2 倍の濃度）になるように添加した場合の反応速度を調べた。その結果を，横軸に阻害剤 I と基質 S のモル濃度比（阻害剤濃度/基質濃度），縦軸に阻害剤 I を添加しない場合の反応速度を 100 としたときの反応速度の相対値で表したところ，図2のグラフのようになった。

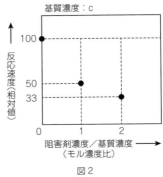
図2

問 1　図2のグラフから，基質 S と阻害剤 I の酵素活性部位に対する結合力にはどのような関係があると考えられるか。正しいものを1つ選び，記号で答えよ。

(a) 酵素活性部位への結合力は，基質Sのほうが阻害剤Iより2倍強い。
(b) 酵素活性部位への結合力は，阻害剤Iのほうが基質Sより2倍強い。
(c) 基質Sと阻害剤Iの酵素活性部位への結合力は等しい。
(d) 基質Sと阻害剤Iの酵素活性部位への結合力の関係は決まらない。

問2 次の(ア)～(ウ)の条件で同様の実験を行うと，阻害剤Iを添加しない場合の反応速度に対する，反応速度の相対値はどのようになると予想されるか。阻害剤Iを基質Sと同じ濃度になるように添加した場合の反応速度の相対値をy_1，阻害剤Iの濃度が基質Sの濃度の2倍になるように添加した場合の反応速度の相対値をy_2とするとき，(y_1, y_2)の組み合わせとして最も近いものを以下の①～⑫の中から1つ選び，番号で答えよ。また，そのように予想される根拠と計算の過程を示せ。

(ア) 基質濃度をa/2とし，阻害剤Iの濃度がa/2およびaになるように添加した場合。ただし，a/2はaの半分の濃度を示す。

(イ) 基質濃度をbとし，阻害剤Iの濃度がbおよび2bになるように添加した場合。ただし，2bはbの2倍の濃度を示す。

(ウ) 基質濃度をdとし，阻害剤Iの濃度がdおよび2dになるように添加した場合。ただし，2dはdの2倍の濃度を示す。

[(y_1, y_2)の組み合わせ]
① (100, 100)　② (75, 75)　③ (70, 70)　④ (50, 50)
⑤ (33, 33)　⑥ (25, 25)　⑦ (0, 0)　⑧ (75, 50)
⑨ (70, 50)　⑩ (50, 33)　⑪ (50, 25)　⑫ (33, 25)　〔19 横浜市大〕

必 14. 〈呼吸のしくみ〉

次の文章を読み，以下の問いに答えよ。

アラニンは$C_3H_7O_2N$の分子式をもつアミノ酸であり，アミノ基転移酵素によってケトグルタル酸と反応すると，ピルビン酸とグルタミン酸を生じる。グルタミン酸に移されたアミノ基からは酸化的脱アミノ化という反応によってアンモニアが生じ，哺乳類の場合，アンモニアはその後すみやかに尿素へと代謝され生体外に排出される。一方，ピルビン酸は解糖系の最終産物でもあるので，クエン酸回路によって分解される。図は，これらの代謝経路を簡潔化し，模式的に表したものである。いくつかの代謝物の名称ならびに分子式を示した。

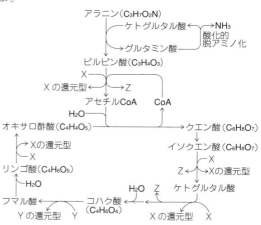

問1 分子式にもとづいてアラニンの構造式を書け。なお，アミノ基およびカルボキシ基

の荷電状態は考慮しなくてもよい。

問2 アラニンが図の代謝経路を経てアンモニアおよび二酸化炭素へと分解される反応を水素イオン H^+ と電子 e^- を使って表した下記の反応式の，係数 ア および イ を求めよ。

$C_3H_7O_2N +$ ア $H_2O \longrightarrow 3CO_2 + NH_3 +$ イ $H^+ +$ イ e^-

問3 化合物 X，Y，Z の略称あるいは名称を答えよ。

問4 問2の反応式から，アラニンがアンモニアおよび二酸化炭素へと分解されるために必要な化合物 X および Y の合計分子数はアラニン1分子当たりいくつになるか答えよ。

問5 問2の反応式で生じた電子は電子伝達系に渡される。その電子が電子伝達系で最終的に H^+ および酸素と反応する反応式を書け。

問6 図の代謝経路の模式図から，フマル酸，ケトグルタル酸およびグルタミン酸の分子式を導き出せ。

問7 電子伝達系で放出されるエネルギーを用いて ATP が合成される酸化的リン酸化のしくみを「ATP 合成酵素」「ADP」という単語を必ず用いて，100字以内で説明せよ。

〔17 学習院大〕

15.〈呼吸に関する実験〉 思考

今，ある植物の種子および酵母を用いて，以下の実験Ⅰと実験Ⅱを行った。

【実験Ⅰ】 図1に示すフラスコを2個（フラスコⅠとフラスコⅡ）用意し，各フラスコにそろって発芽したある植物の種子を同量だけ入れた。各フラスコ内の小容器に①ろ紙を入れて，フラスコⅠの小容器には②生成する二酸化炭素が充分に吸収される濃度の水酸化カリウム水溶液を，フラスコⅡの小容器には水をそれぞれ等量入れてフラスコを密栓した。温度を25℃にした恒温槽内に，これらのフラスコをある一定時間設置し，目盛り付ガラス細管（内側の直径 2.0 mm）内の赤インクの移動距離を測定した。なお，測定中の大気圧や容器内外の温度変化，発芽した種子への光の影響は無視できるものとする。

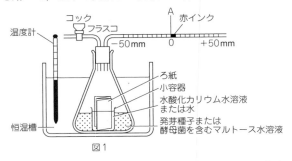

図1

【実験Ⅱ】 ある植物の種子を，酵母を含む 50 g/L マルトース水溶液に変えて，実験Ⅰと同様の実験を行った。

実験Ⅰと実験Ⅱの結果を表に示した。実験開始時の赤インクは図のAで示した位置にあり，左に移動した場合は移動距離の数値の前に－（マイナス），右に移動した場合は移動距離の数値の前に＋（プラス）を付けた。

	赤インクの移動距離(mm)	
	フラスコⅠ	フラスコⅡ
実験Ⅰ	－ 38	－ 11
実験Ⅱ	－ 32	＋ 16

第2章 代　　　　謝　　17

　　これらの実験内容と結果をもとに，次の問いに答えよ。

問1　下線部①に関して，フラスコⅠの小容器にろ紙を入れる理由を，20字以内で述べよ。

問2　下線部②に関して，二酸化炭素が吸収される際，水酸化カリウムと二酸化炭素がどのように反応するのか，その反応式を答えよ。

問3　実験Ⅰの結果から，次の文章中の（　）に入れる数値を計算し，小数第1位を四捨五入して，整数値で答えよ。ただし，円周率は3.14とする。

　　　　フラスコ1個あたりの，酸素の消費量は（　A　）mm³であり，二酸化炭素の生成量は（　B　）mm³である。

問4　呼吸によって分解される物質 $C_{55}H_{102}O_6$ の呼吸商の理論値はいくらか。その数値を四捨五入して，小数第3位まで求めよ。

問5　実験Ⅱでは呼吸と発酵が同時に起こっている。実験結果からアルコール発酵でのフラスコ1個あたりの二酸化炭素の生成量（mm³）を計算し，小数第1位を四捨五入して，整数値で答えよ。ただし，円周率は3.14とし，呼吸によって分解されるマルトースの呼吸商は理論にしたがうものとする。

問6　実験Ⅱで，実験を開始する前にフラスコ内に窒素ガスを十分に通気し，フラスコ内の空気を窒素ガスに完全に置換し実験を行った。フラスコⅠとフラスコⅡの目盛り付ガラス細管内の赤インクはどのようになるか。最も適当なものを次の(ア)～(キ)から選べ。

(ア)　フラスコⅠとフラスコⅡともに移動しない。

(イ)　フラスコⅠでは移動しないが，フラスコⅡでは右に移動する。

(ウ)　フラスコⅠでは移動しないが，フラスコⅡでは左に移動する。

(エ)　フラスコⅠでは右に移動し，フラスコⅡでは移動しない。

(オ)　フラスコⅠでは左に移動し，フラスコⅡでは移動しない。

(カ)　フラスコⅠとフラスコⅡともに右に移動する。

(キ)　フラスコⅠとフラスコⅡともに左に移動する。

問7　マルトースからのアルコール発酵の反応式を答えよ。　　　　　　〔19 関西大〕

⑯ 16.〈呼吸商と呼吸基質〉

　　ヒトの体内で酸化される燃料には糖質，脂肪，タンパク質の3種類があり，構成成分の違いから，それぞれの呼吸商（RQ）は 1.0，0.7 および 0.8 と異なる値をとる。

　　ふつう体内で脂肪と糖質は完全に燃焼して二酸化炭素と水になるが，タンパク質の燃焼に由来する窒素化合物であるクレアチニン，クレアチンおよび尿素などは未分解のまま尿中に排泄される。よってタンパク質の燃焼量を求めるためには，尿中に排泄される窒素量（尿中窒素量）を測定する必要がある。実際にタンパク質 1g が燃焼すると 0.2g の尿中窒素が排泄され，その際に 1L 酸素が消費されることがわかっている。

　　これに対し，脂肪および糖質 1g が消費されるとそれぞれ 2L および 0.8L の酸素が消費されることがわかっている。

　　あるヒトの酸素消費量，二酸化炭素発生量，尿中窒素量をそれぞれ AL，BL，Cg として次の問いに答えよ。

18 第1編 生命現象と物質

問1 タンパク質の消費に伴う二酸化炭素発生量(L)を，Cを用いた式で示せ。

問2 脂肪および糖質の消費に伴う酸素消費量は合計何Lか。AとCを用いた式で示せ。

問3 タンパク質の燃焼に伴う分を差し引きすると，脂肪と糖質の燃焼に伴う呼吸商を求めることができ，これを"非タンパク質呼吸商(non protein respiratory quotient：NPRQ)"とよぶ。この値をA，B，Cを用いた式で示せ。

問4 脂肪消費量をA，B，Cを用いた式で示せ。

問5 あるヒトの実測値が，A = 20 L，B = 18 L，C = 0.8 g だったとする。糖質の消費量を計算せよ。

〔08 日本女子大 改〕

必 17.〈酵母による発酵〉 思考

酵母は，一定の濃度以上のグルコースを与えて培養すると，たとえ酸素が十分にあっても，呼吸だけでなくアルコール発酵も行ってエネルギーを得ることが知られている。

酵母は身のまわりのいたる所に存在しているので，思わぬ現象を引き起こすことがある。内容積 510 mL のペットボトルに，15 mg/mL のグルコースを含むスポーツ飲料が 500 mL 入っている。このスポーツ飲料を 350 mL 飲んでキャップを完全にしめた。残りを後で飲むつもりだったが，忘れていて，数日後に見るとペットボトルがやや膨らんでいた。これは，スポーツ飲料を飲んだときに酵母が混入して増殖し，二酸化炭素を発生したことが原因であると考えられた。

文中の下線部について，下の問いに答えよ。ただし，原子量は，C = 12，H = 1，O = 16 とする。また，空気の20%が酸素であり，1 mol の気体は 24 L とし，スポーツ飲料に溶けこむ気体の量は無視できるものとする。

問1 キャップをしめたとき，ペットボトル内に酸素は何 mmol あるか。

問2 キャップをしめたとき，飲み残しのスポーツ飲料に含まれるグルコースは何 mmol か。

問3 混入した酵母が，ペットボトル内の酸素を全て呼吸によって消費したとすれば，それによって消費されたグルコースは何 mmol か。

問4 問3の呼吸で消費されて残ったグルコースが，混入した酵母の発酵によって全て消費されたとすれば，ペットボトルの中の圧力は何倍に高まるか。ただし，ペットボトルの膨らみによる内容積の増加は無視する。

問5 飲み残しのスポーツ飲料のグルコースから酵母がつくりだした ATP は何 mmol か。

〔12 関西大〕

必 18.〈光合成のしくみ〉 思考

次の文章を読み，以下の問いに答えよ。

光合成の際，光エネルギーはクロロフィルなどの光合成色素群によって捕集され，吸収された光エネルギーは最終的に光化学系の反応中心にある特殊なクロロフィルに伝達されて光化学反応が駆動される。この光化学反応は葉緑体のチラコイド膜にある光化学反応系によって行われるが，光化学反応系には光化学系Ⅰ(PSⅠ)と光化学系Ⅱ(PSⅡ)の2種類が存在する(図1)。それぞれの光化学反応中心に存在する特殊なクロロフィルは，光合

成色素群によって捕集された光のエネルギーを利用して活性化され,電子受容体へ電子 e⁻ を供与することによって,吸収した光エネルギーを化学エネルギーに変換する。光化学反応中心に存在する特殊なクロロフィルは電子を供与すると酸化された状態になるが,それが再び還元される際,PSⅠではプラストシアニンというタンパク質が,PSⅡでは水が電子を供与する。

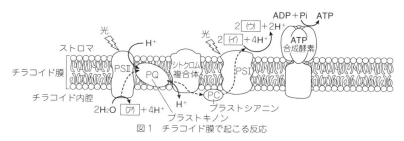

図1 チラコイド膜で起こる反応

電子 e⁻ は破線で示すように,光化学系Ⅱから放出され,プラストキノン,シトクロム複合体,プラストシアニンの順に伝達され,光化学系Ⅰに渡される。PSⅠは光化学系Ⅰを,PSⅡは光化学系Ⅱを,Pi はリン酸を示す。

問1 図1の空欄(ア)〜(ウ)に入る物質名を答えよ。

問2 光化学反応と電子伝達系により,チラコイド内腔側とストロマ側では,どちらのH⁺濃度が相対的に高くなっているか答えよ。

問3 ある緑色植物を用いて以下の【実験1】,【実験2】を行った。

【実験1】 植物に640 nm から700 nm までの波長の光をそれぞれ照射して,吸収された光当たりの光合成活性を波長ごとに測定した。その結果,680 nm から700 nm までの長波長側の光では,640 nm から680 nm までの短波長側の光に比べ,光合成活性が低下することが示された。

【実験2】 長波長側である690 nm の光は葉緑体のシトクロム複合体を酸化するのに非常に効果的であった。この690 nm の光と同時に短波長側の650 nm の光も照射すると,図2のように,シトクロム複合体の一部が還元されることが示された。

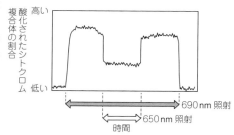

図2 光照射条件を変えたときのシトクロム複合体の酸化・還元状態の変化

これらの実験結果および図1を参考にして,以下の(1),(2)に答えよ。

(1) 2つの光化学系である PSⅠと PSⅡに関する記述として正しいものを以下の(a)〜(c)の中から1つ選び,記号で答えよ。また,その理由も説明せよ。

(a) PSⅠはおもに690 nm の長波長側の光で駆動され,PSⅡは主に650 nm の短波長側の光で駆動される。

(b) PSⅠはおもに650 nmの短波長側の光で駆動され，PSⅡは主に690 nmの長波長側の光で駆動される。
(c) PSⅠ，PSⅡともに短波長側および長波長側の両方の光で駆動され，波長に対する応答性は両化学系に差はない。
(2) 【実験1】において，680 nmから700 nmまでの長波長側の光だけを照射したときに光合成効率が低下するのはなぜか。その理由を説明せよ。〔20 東京都立大 改〕

必 19. 〈光合成における CO_2 固定のしくみ〉

次の文章を読み，以下の問いに答えよ。

光合成は，空気中の二酸化炭素(CO_2)から生体に必要な炭素化合物を生成する重要な反応である。この反応の経路(みちすじ)は，放射性同位元素を用いるトレーサー実験や，関係する酵素や代謝物などを調べることによって明らかにされた。

緑藻で調べたトレーサー実験の結果から次のようなことがわかった。

(a) 放射性の $^{14}CO_2$ を緑藻に与えて光合成をさせると，最初にPGA(炭素数3の物質)に放射能が取りこまれた。
(b) 緑藻に $^{14}CO_2$ をやや長時間(10分)与えて光合成をさせると，中間産物(この反応経路上の代謝物)のすべての炭素原子に ^{14}C が分布するようになる。ここで，CO_2 濃度を1%から0.003%に低下させると，最初の約1分間，PGAが減少し，RuBP(炭素数5の物質)が増加した(図1)。
(c) (b)と同様に $^{14}CO_2$ を10分間与えて光合成をさせた後，急に光を遮断すると一時的にPGAが増加し，RuBPが減少した(図2)。

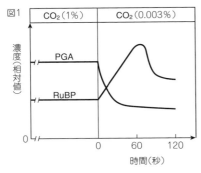
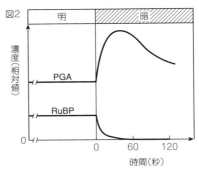

問1 この緑藻で，CO_2 が固定される最初の反応を反応式(A + B → C + D)で表した場合，A～Dはどのような物質か。ただし同じ物質を2回使ってもよい。
問2 (b)の実験でRuBPが増加するのはなぜか。
問3 炭酸固定系は，循環することから回路とよばれる。この回路には発見者の名前がつけられている。この回路の名称を記せ。
問4 この回路は葉緑体のどの部分ではたらいているか。名称を記せ。
問5 この緑藻に光が照射されると，この経路の反応の進行に必要な中間産物以外の2つ

の物質がチラコイドでつくられる。それは何か。
問6 (c)の実験で，PGA が増加し，RuBP が減少する理由を述べよ。
問7 (a)の実験をさらに長時間（約30分）続けると，^{14}C はどのような物質に見られるか。^{14}C が見られる物質のうち，高分子物質を3つあげよ。
問8 生物には，回路となっている代謝系が，この光合成の二酸化炭素同化反応経路以外にもある。1つ例をあげ，その回路の名称とそれが生物のどのようなはたらきにかかわるかを記せ。〔03 お茶の水大〕

20. 〈光合成における ATP の合成〉 思考

次の文章を読み，以下の問いに答えよ。

ミトコンドリアや葉緑体では，ATP が合成されるが，そのくわしいしくみは長い間謎だった。葉緑体のチラコイド膜に球状の突起構造が観察され，これが ATP 合成に関連する酵素であることが推測されていた。1966年にアメリカのアンドレイ・ヤーゲンドルフらは，ホウレンソウから取り出した葉緑体を適切な条件で凍結し，チラコイド膜の機能を保った状態の試料を使って，ある興味深い実験を行った。この実験でヤーゲンドルフらは，光がなくても葉緑体で ATP が合成されることを見いだした。

下線部の実験では，光を当てずに，以下の手順①～④にしたがって試料を処理し，新たに合成された ATP の量を測定した。その結果，図のグラフに示した結果が得られた。

【手順】① 準備した試料を pH 3.8，4.4，4.8，4.9，5.0 の5種類の pH の溶液 A（グラフの○□●に対応する横軸の5つの測定点）に1分間程度浸し，溶液 A の成分を葉緑体全体に浸透させた。
② 試料を溶液 A から3種類の pH（7.2，7.8，8.3）の溶液 B(注1)に移して，15秒間おいた。
③ ②の試料と溶液 B(注2)の混合液にタンパク質変性剤を加え，反応を停止した。
④ 葉緑体から ATP を分離し，放射活性を測定した。測定値は ATP 量に換算後，あらかじめ測定しておいたクロロフィル量で割った。

(注1) 溶液 B には ADP と放射性のリン酸が含まれる。
(注2) グラフの四角囲いの中の数値は溶液 B の pH を表す。

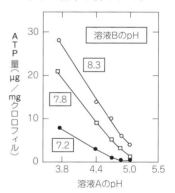

問1 溶液 A の役割は何か。30字以内で説明せよ。
問2 溶液 A から溶液 B に移したとき，試料内のチラコイド膜内外で H^+ はどのように動いていると考えられるか。説明せよ。
問3 ④の測定方法で新たに合成された ATP 量がわかるのはなぜか。説明せよ。
問4 図のグラフから pH と ATP 合成の関係について，どのようなことがいえるか。70字以内で説明せよ。〔21 関西学院大〕

22　第1編　生命現象と物質

❷ 21.〈CO₂固定の様式〉

　C_3植物，C_4植物および CAM 植物は CO_2 を固定する様式が異なる。

　C_3植物では，葉内に取りこまれた CO_2 はリブロースビスリン酸カルボキシラーゼ/オキシゲナーゼ(ルビスコ)という酵素によりリブロースビスリン酸($RuBP$)と反応して C_3 化合物である〔　ア　〕を生成し，カルビン・ベンソン回路に入る。ルビスコは $RuBP$ に O_2 を結合させる反応も触媒する。大気中に置かれた植物体ではルビスコの CO_2 固定反応は O_2 により大きく阻害されている。①ルビスコの CO_2 固定反応が O_2 により阻害されるのは，CO_2 と O_2 との間でルビスコの同じ活性部位の奪い合いが起こるためである。カルビン・ベンソン回路を動かすために必要な ATP と NADPH は葉緑体の〔　イ　〕膜で起こる反応により合成されたものである。

　C_4植物では，CO_2 は葉内の〔　ウ　〕細胞において C_3 化合物であるホスホエノールピルビン酸と結合して C_4 化合物の〔　エ　〕となる。〔　エ　〕は速やかにリンゴ酸に変換され，〔　オ　〕細胞へ運ばれる。〔　オ　〕細胞では，リンゴ酸は CO_2 とピルビン酸に分解され，CO_2 はカルビン・ベンソン回路により再固定される。ピルビン酸は〔　ウ　〕細胞にもどされ，②ATP を使ってホスホエノールピルビン酸となる。この回路を C_4 回路という。③C_4 植物は C_4 回路をもつため，大気中に置かれた植物体においてルビスコの CO_2 固定反応は O_2 による阻害をほとんど受けない。

　CAM 植物では，夜間，CO_2 はホスホエノールピルビン酸と結合して〔　エ　〕となる。〔　エ　〕はリンゴ酸に変換された後，〔　ウ　〕細胞の〔　カ　〕に蓄積される。夜が明けるとリンゴ酸より CO_2 が取り出され，カルビン・ベンソン回路により再固定される。このような光合成を行うため，④CAM 植物は C_4 植物よりも光合成に伴う水分損失を抑えることができる。

問1　文章中の〔　ア　〕～〔　カ　〕に入る適切な語句を答えよ。

問2　下線部①について，このような阻害を何というか答えよ。

問3　下線部②に関して，C_4 回路を動かすために必要な ATP は光エネルギーに依存して合成されたものである。この ATP の合成反応を何というか答えよ。

問4　下線部③の理由となるルビスコ近傍のガス環境を 20 字以内で説明せよ。

問5　下線部④の理由について，C_4 植物と CAM 植物の昼間および夜間における気孔の開閉を含め，「蒸散量」という語句を用いて 120 字以内で説明せよ。　　　　〔19 九州大〕

❷ 22.〈窒　素　同　化〉

　植物は土壌中の無機窒素化合物をイオンの形で根から吸収し有機窒素化合物を合成している。このはたらきを窒素同化という。

　一部の①細菌による　　a　　により空気中の窒素 N_2 から合成された NH_4^+ や，生物の遺体や排出物の分解によって生じた NH_4^+ は，土壌中の②細菌のはたらきにより NO_3^- となる。植物は NH_4^+ や NO_3^- を根から吸収し，NO_3^- は植物体内で還元されて NH_4^+ となる。NH_4^+ は呼吸の過程でつくられたさまざまな有機酸に転移され，各種のアミノ酸がつくられる。ここまでの窒素同化の過程はおもに細胞小器官の　　b　　で行われる。アミノ酸はタンパ

ク質などの有機窒素化合物の合成に用いられる。また，土壌中のNO_3^-の一部は②細菌のはたらきにより，空気中に窒素N_2として放出されている。図1は，これらの窒素利用の流れを模式的に示したものである。

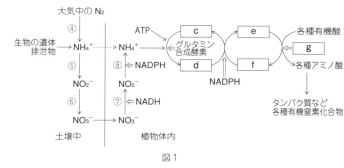

図1

問1 文章中の a ， b に入る最も適切な語を答えよ。

問2 文章中の下線部①〜③の細菌の例をそれぞれ答えよ。

問3 図1中の c 〜 f に入る物質の化学構造を示した模式図として最も適切なものを，次の(ア)〜(ウ)からそれぞれ1つずつ選び，その記号を答えよ。ただし，□は有機酸，○はアミノ基を示す。

(ア) □―○   (イ) ○―□―○   (ウ) □

問4 図1中の g ではたらく酵素の名称を答えよ。

問5 図1中の反応④〜⑧のうち，化学エネルギーが放出される反応を2つ選べ。

問6 暗黒下に置かれた植物に十分な光照射を行った場合，植物が行う窒素同化の量はどうなるか。ただし，土壌中のNO_3^-は十分に存在しているものとする。

(1) 図2の(ア)〜(ウ)から最も適切なものを選び，記号で答えよ。

(2) そのように窒素同化量が変化する理由を，図1を参考にして60字以内で説明せよ。

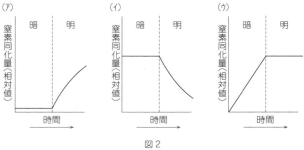

図2

〔17 名城大〕

準23.〈窒 素 同 化〉

水や養分が植物細胞内に入るときに，細胞壁に最初に出会う。細胞壁のもつ (ア) 性により，水に溶けているイオンやショ糖（スクロース）などの小分子はこの細胞壁を自由に通過することができる。細胞壁を通過した水や養分は，細胞質を囲んでいる細胞膜に達する。水などの溶媒は通すが溶質の分子は通さない (イ) 性や特定の物質のみを通過させる (ウ) 性という性質をもっている細胞膜を介して取りこまれた栄養塩類は，生活していくために必要な成分に変換される。

植物は窒素源として主にアンモニウム塩や硝酸塩を利用し，その同化は，炭素同化（炭酸同化）と密接に関連しあっている。ₐ吸収した硝酸塩は，硝酸還元酵素と亜硝酸還元酵素により，チラコイドで生成される補酵素X(= NADP)の還元型であるX・2[H] (= NADPH)の還元力を利用して，アンモニアに変換される。ᵦ生成したアンモニアは，チラコイドで生成されるエネルギーを利用してグルタミン酸と結合し，グルタミンが生成する。その後，複数の反応過程を経て，アミノ基転移酵素のはたらきによって，ᴄ呼吸の中間産物であるピルビン酸やオキサロ酢酸などの有機酸にアミノ基が移り，さまざまなアミノ酸が合成される。アミノ酸は，いくつもつなぎ合わされ，タンパク質が合成される。また，アミノ酸は核酸やクロロフィルなどの有機窒素化合物の合成にも利用される。

問1 文中の □ に入る物質輸送に関する性質を答えよ。

問2 下線部aに関連して，ある植物の硝酸還元酵素活性(1時間当たりに，植物体1g中で還元される硝酸イオンの量)が図のような変化を示す。その理由をチラコイド膜上での反応にもとづいて答えよ。

問3 下線部bについて，光合成の電子伝達系を阻害した場合，グルタミンの合成が抑制される。この理由を記せ。

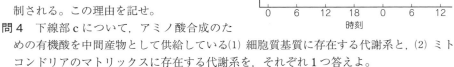

問4 下線部cについて，アミノ酸合成のための有機酸を中間産物として供給している(1)細胞質基質に存在する代謝系と，(2)ミトコンドリアのマトリックスに存在する代謝系を，それぞれ1つ答えよ。

問5 植物は，同化されずに余った硝酸塩やアミノ酸などをある細胞小器官に移動させ貯蔵し，必要に応じて取り出して利用する。その細胞小器官は何か答えよ。〔10 北海道大〕

必 24.〈細菌の炭素同化〉

5種類の細菌A〜Eをさまざまな培養条件で培養し，調べた結果を以下にまとめた。

細菌A：硫化水素を与えて培養すると硫黄を生成し，炭素同化(炭酸同化)を行った。炭素同化は培養中に光を照射したときのみ行われた。培地に有機物を添加しなくても細菌は増殖した。

細菌B：硫化水素を与えて培養すると硫黄を生成し，炭素同化を行った。炭素同化は培養中の光の照射の有無に関わらず行われた。培地に有機物を添加しなくても細菌は増殖した。

細菌C：硝酸イオンを与えて培養すると，窒素分子(N_2)を生成した。炭素同化は培養中の光の照射の有無に関わらず行わなかった。細菌の増殖には，培地への有機物の添加が必要であった。

細菌D：どのような物質を与えて培養しても，また，培養中の光の照射の有無に関わらず炭素同化を行わなかった。細菌の増殖には，培地への有機物の添加が必要であった。

細菌E：亜硝酸イオンを与えて培養すると硝酸イオンを生成し，炭素同化を行った。炭素同化は培養中の光の照射の有無に関わらず行われた。培地に有機物を添加しなくても細

菌は増殖した。

問1　細菌A〜Eのうち独立栄養生物に該当する細菌をすべて選べ。
問2　細菌A〜Eのうち硝化菌はどれか。
問3　細菌A〜Eのうち光合成を行う細菌はどれか。また，その細菌の種類を2つ答えよ。
問4　細菌Aが硫化水素から硫黄を生成する反応式を書け。
問5　細菌Bが硫化水素から硫黄を生成する反応式を書け。　　　〔15 金沢大〕

B　応用問題

準 25.〈ミカエリス・メンテンの式〉

酵素は，活性部位とよばれる結合部位で基質に結合し，酵素－基質複合体を形成する。酵素に結合した基質は生成物に変化して酵素から離れ，酵素はまたもとの状態にもどる。この反応が繰り返されることによって，酵素は次々に基質から生成物をつくり出す。図1に示すように，ある酵素が一定濃度存在する条件下において，この酵素の反応速度 v は，基質濃度$[S]$を増やしていくと上昇し，最大値 v_{max} に近づいた。このときの酵素の反応速度 v は，以下の式で表される。

$$v = \frac{v_{max} \times [S]}{[S] + K_m}$$

ここで，K_m はミカエリス定数とよばれ，値が小さいほど酵素－基質複合体が形成されやすいことを示す。

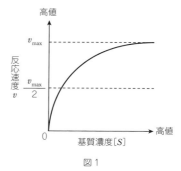

図1

問1　酵素が触媒としてはたらくと化学反応が起こりやすくなる理由を説明せよ。
問2　図1に示すように，反応速度 v は，基質濃度$[S]$を上昇させると増加したが，ある濃度以上では見かけ上一定となった。その理由を説明せよ。
問3　図1において，反応速度 v が $\frac{v_{max}}{2}$ となるときの基質濃度$[S]$を求めよ。
問4　図1の結果について，横軸を $\frac{1}{[S]}$，縦軸を $\frac{1}{v}$ として表したとき，図2の実線部分に示す直線が得られた。また，この実線部分を延長させることによって，破線部分に示す直線が得られた。この直線の横軸切片と縦軸切片を求めよ。
問5　この酵素に対する競争的阻害物質を一定濃度で共存させたとき，図2の直線はどのように変化すると考えられるか。以下の選択肢の中から該当する番号を1つ選び，その理由を説明せよ。ただし，実線は競争的阻害物質が共存しなかった場合，破線は競争的阻害物質が共存した場合に得られた直線を表す。

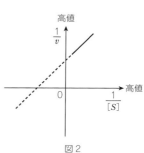

図2

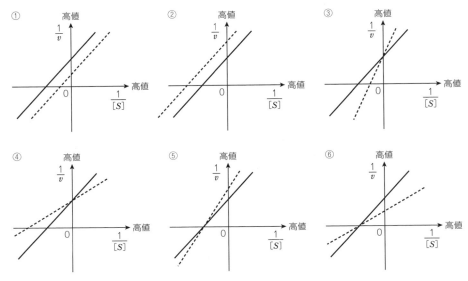

[19 明治薬科大]

準 26.〈アロステリック酵素〉

　酵素は生物体内でつくられ，ある化学反応を促進するはたらきをもつ物質と定義され，生体触媒ともよばれる。アスパラギン酸カルバモイルトランスフェラーゼ(ACT)という酵素は，アスパラギン酸を出発材料としてピリミジンヌクレオチドが合成される一連の経路の最初に位置し，その反応速度は，デオキシシチジン三リン酸(dCTP)やデオキシアデノシン三リン酸(dATP)の存在によって影響を受ける。

　図の曲線aは，ACTの反応速度に対する基質濃度の効果を示している。曲線aの反応系に，一定濃度のdATPを追加して加えた場合，ACTの反応速度は曲線bのようになる。また，dCTPを添加した場合には曲線cのようになる。なお，dATPはプリンヌクレオチド合成系の，dCTPはピリミジンヌクレオチド合成系の最終生成物であり，ここで加えたdATPにはエネルギー源としての意味はない。

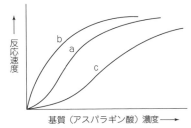

- 問1　酵素と無機触媒の共通点を，50字以内で述べよ。
- 問2　ACTの反応速度がdCTPの存在によって影響を受けることは，細胞内でどのようなことに役立っているか，50字以内で述べよ。
- 問3　ACTの反応速度がdCTPだけでなく，dATPの存在によっても影響を受けることは，細胞内でどのようなことに役立っているか，50字以内で述べよ。
- 問4　アスパラギン酸からdCTPが合成されるときのような，最終産物が反応経路のより前の段階を触媒する酵素の活性に影響を与えるしくみを何とよぶか。　〔04 東京海洋大〕

27. 〈代謝の共通性〉

生物の代謝ではたらく電子伝達系やATP合成酵素は，生物の種類が違っても共通性がある。図は，そのしくみを模式的に表している。この図を参照し，以下の問いに答えよ。

問1　図の(A)は，ミトコンドリアの電子伝達系とATP合成酵素を示す。図中のNADHは，2つの代謝経路から供給される。この2つの代謝経路の名称をそれぞれ答えよ。また，それら2つの代謝経路は，細胞内のどこに存在するか，それぞれ答えよ。

問2　ミトコンドリアでNADHが酸化される際に放出された電子(e^-)が最終的に酸素(O_2)まで伝達されるのに連動して，水素イオン(H^+)がマトリックスから膜間腔に輸送され，H^+の濃度勾配が形成される。この勾配にしたがってH^+が膜間腔からマトリックスに流入するのに連動して，ATP合成酵素がATPを合成する。以上の過程の中で，e^-を受け取ったO_2は (d) という物質に変わる。物質(d)を化学式で答えよ。

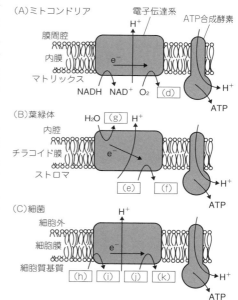

問3　ATP合成酵素は，特定の条件下では逆方向にも作動し，ATP分解酵素としてはたらく。ATPの合成や分解は，H^+の輸送と密接に連動している。リソソームやシナプス小胞などの細胞小器官の生体膜にも類似の酵素が存在し，そこではATPを分解する方向に進行している。それらの酵素はどのような役割を果たしていると考えられるか，20字以内で説明せよ。ただし，ATPの分解は，膜の外側（細胞小器官の外表面）で起こる。

問4　図の(B)は，葉緑体の電子伝達系とATP合成酵素を示す。ここで水(H_2O)が分解される際に放出されたe^-は，H^+とともに，最終的に (e) という物質に渡され，これは (f) という物質に変わる。また，逆にe^-を失ったH_2Oは，(g) という物質に変わる。物質(e)～(g)を化学式あるいは略称で答えよ。

問5　図の(C)は，細菌の細胞膜の電子伝達系とATP合成酵素を示す。次の(1)～(3)の細菌において，それぞれ図の(C)の中の空欄(h)～(k)に当てはまる物質は何か。
(1) 亜硝酸菌　　(2) 硝酸菌　　(3) 脱窒菌（脱窒素細菌）
（選択欄）　O_2　　N_2　　CO_2　　H_2O　　NH_4^+　　NO_3^-　　NO_2^-
　　　　　ATP　　ADP　　AMP　　NADH　　NAD^+

問6　図のように，動物や植物の細胞小器官の膜と，細菌の細胞膜とが，類似の機能をもっていることは，生物進化に関するある理論（考え方）から説明できる。その理論の名称を記せ。

〔18 九州工大〕

28　第1編　生命現象と物質

準 28.〈クエン酸回路に関する実験〉 思考

　クエン酸回路の発見の端緒となったクレブスの重要な実験の一部を下表に示す。この実験では，ハト胸筋の酸素消費に与える少量のクエン酸の添加効果が測定された。まず，検圧計の容器に細かく裁断したハト胸筋（湿重量，460 mg）を含む 3 mL のリン酸緩衝液（pH7.4）を入れ，それに少量の水（0.15 mL），あるいはそれと等量のクエン酸溶液（濃度，0.02 mol/L）を添加し，それぞれの酸素消費が測定された。測定中温度は 40℃ に保たれた。表の結果をグラフにすると，酸素の吸収速度が，クエン酸無添加の場合は 30 分以降で低下し始めるのに対して，クエン酸を添加した場合では 60 分まで低下しないのがよくわかる。

表　ハト胸筋に与えるクエン酸の効果

時間（分）	測定容器内の酸素消費量(mL)	
	クエン酸無添加	クエン酸添加
30	0.645	0.682
60	1.055	1.520
90	1.132	1.938
150	1.187	2.080

問1　ハト胸筋の細胞で呼吸を行う細胞小器官の名称を記せ。

問2　上の実験では，調製したハト胸筋にもともと含まれていた呼吸基質がおもに酸化されている。含まれていた呼吸基質として考えられるものを 1 つあげよ。

問3　表の結果を，横軸に測定時間をとり，縦軸に酸素消費量をとって，酸素消費の時間経過をグラフに示せ。また，上の実験で，酸素吸収のほぼ停止した時点において，測定容器内の酸素消費量はクエン酸添加によってどれだけ増加したか。

問4　クエン酸（$C_6H_8O_7$）の完全酸化の化学式を以下に示した。a，b，c に適当な数字を当てはめよ。上の実験で，測定容器に加えたクエン酸が完全に酸化されたとすると，その酸素消費量はいくらか。ただし，1 mol の気体の体積は 22.4 L とする。

$$C_6H_8O_7 + [\ a\ ]O_2 \longrightarrow [\ b\ ]CO_2 + [\ c\ ]H_2O$$

問5　問3と4で得られた値を比較すると，クエン酸の添加により増加した酸素消費量は，クエン酸が完全酸化されるときの酸素消費量に比べてはるかに大きい。その理由を簡潔に述べよ。

問6　上の実験で，クエン酸のかわりにクエン酸回路のメンバーであるコハク酸（$C_4H_6O_4$）を加えた場合，ハト胸筋の酸素消費の上昇は見られるか否か。理由を付して答えよ。

問7　上の実験で，クエン酸と同時にピルビン酸（$C_3H_4O_3$）を加えた場合，クエン酸だけを添加した場合と比較して，酸素消費の上昇は見られるか否か。理由を付して答えよ。

問8　クエン酸回路のメンバーには，クエン酸，コハク酸のほかに，オキサロ酢酸（$C_4H_4O_5$），ケトグルタル酸（$C_5H_6O_5$），フマル酸（$C_4H_4O_4$）などが含まれる。これら5つの物質を，それぞれクエン酸回路の中に位置付け，ピルビン酸との関係を示して回路図を完成させよ。同時に，作成の根拠を簡潔に説明せよ。

問9　(1) 解糖系で生じたピルビン酸は呼吸を行う細胞内器官に入って完全に酸化される。1 mol のピルビン酸の完全酸化によって生じる CO_2 はいくらか。また，(2) 問8の回路図の中に CO_2 の発生する箇所をわかるように示せ。

問10　細胞のエネルギー代謝（ATP の合成）におけるクエン酸回路の意義を簡潔に説明せよ。

〔97 京都工繊大〕

3 遺伝情報の発現

標準問題

29. 〈細胞分裂と DNA 量の変化〉

ある植物の根端組織を切り離し,適当な寒天培地上で培養すると,25℃で活発に細胞分裂を繰り返し,未分化な細胞塊(以後培養細胞とよぶ)を形成した。この培養細胞に対し,個々の細胞の DNA 量を測定し,細胞当たりの DNA 量と,それぞれの DNA 量をもった細胞の相対頻度(測定した全細胞数に占める割合)の関係についてまとめたところ,頻度のピークが 2 つ現れた(図1)。

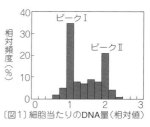
〔図1〕細胞当たりのDNA量(相対値)

問1 (1) 間期の細胞,(2) 分裂期後期の細胞は,それぞれ図1の頻度分布のどの部分に含まれると考えられるか。最も適当なものを,次の①〜④からそれぞれ1つずつ選べ。
  ① ピークⅠ   ② ピークⅡ   ③ ピークⅠとⅡの間   ④ すべての部分に含まれる

問2 DNA 合成阻害剤を加えた培地に培養細胞を移して 24 時間静置し,その後この細胞を再び通常の培地(DNA 合成阻害剤を含まない)に移す,という実験を行った。すると,時間の経過に伴ってピークⅠ,ピークⅡに含まれる細胞の相対頻度は図2のように変化した。この実験の結果から予測される記述として誤っているものを,次の①〜⑤から1つ選べ。

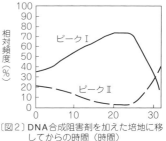
〔図2〕DNA合成阻害剤を加えた培地に移してからの時間(時間)

① 培養細胞が DNA 合成阻害剤の影響を受け始めるまでに,およそ 20 時間を要する。
② 24 時間後の培養細胞は,その多くが間期の途中で細胞周期を停止している。
③ 分裂期の進行には DNA の合成を必要としない。
④ 培地に与えた DNA 合成阻害剤は,少なくとも 24 時間の範囲では細胞に致命的な影響を与えない。
⑤ この実験操作により,培養細胞の細胞周期をそろえることができる。

問3 通常の培地で培養した細胞を,紡錘糸の形成を阻害する薬品を加えた培地に移したとすると,24 時間後に,細胞当たりの DNA 量と,細胞数の相対頻度の関係はどのようになると予想されるか。最も適当なものを,下の図①〜⑤から1つ選べ。ただし,図の縦軸は相対頻度(%),横軸は細胞当たりの DNA 量(相対値)を表す。

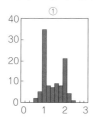 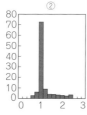 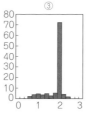 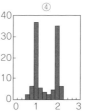 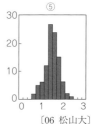

〔06 松山大〕

30. 〈DNA の複製〉 思考

DNA に関する以下の文を読み，問いに答えよ。

　遺伝情報は細胞の性質や機能を決定する大きな要因である。その遺伝情報の担い手が DNA であることが 1944 年のエイブリーらの研究により明らかにされた。DNA は（　①　）と（　②　）と塩基から構成されたヌクレオチドが（　①　）と（　②　）の間の共有結合により重合した鎖状の構造をもつ。相補的な塩基配列をもつ DNA 鎖の間ではアデニンと（　③　），あるいは（　④　）と（　⑤　）の間の水素結合により塩基対を形成する。これにより，DNA は二重鎖（2本鎖）構造をとる。

問1　上の文中①〜⑤にあてはまる語句を答えよ。

　1958 年にメセルソンとスタールは天然に多く存在する ^{14}N（窒素）よりも質量が大きい同位体 ^{15}N を利用して DNA が半保存的に複製されることを明らかにした。このことを確かめるために大腸菌を用いて同様の実験を行った。

　はじめに，窒素源として ^{15}N のみを含む培地（^{15}N 培地）で培養を行った。これにより，DNA に含まれるすべての窒素を ^{15}N におきかえた。続いて，^{14}N のみを含む培地（^{14}N 培地）で培養を行った。このときの細胞増殖のようすを知るために ^{14}N 培地に移したあとの細胞数を測定した（図1）。^{14}N 培地に移してから一定時間培養を行ったあとに，細胞から DNA を抽出し，制限酵素で切断した。このように調製した DNA を塩化セシウム溶液中で平衡密度勾配遠心することにより，密度（比重）に応じて分離した。平衡密度勾配遠心では遠心力と拡散の平衡により塩化セシウムの密度勾配ができる。一定密度の物質は遠心管内に単一の層を形成する。

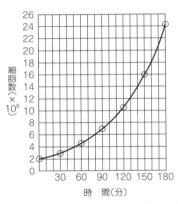

図1　^{14}N 培地に移したあとの細胞数の変化

^{14}N 培地に移す直前の細胞から調製した DNA を用いて平衡密度勾配遠心を行った結果は，図2の左端のようになった。

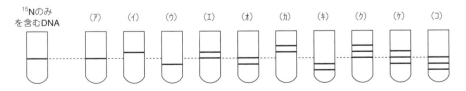

図2　平衡密度勾配遠心によるDNAの分離（遠心管中に描いた太線はDNAの層を表す）

問2　(1) ^{14}N 培地に移して 50 分間培養した細胞から DNA を調製した。この DNA を用いて平衡密度勾配遠心を行った場合，どのような結果が期待されるか。図2から選べ。
(2) そのように考える理由を DNA の層の数とその位置に注意して述べよ。

第3章　遺伝情報の発現　31

問3　(1) ^{14}N 培地に移して 100 分間培養した細胞から DNA を調製し，平衡密度勾配遠心を行った場合，どのような結果が期待されるか。図2から選べ。

(2) そのように考える理由を DNA の層の数とその位置に注意して述べよ。

問4　問2で調製した DNA を水溶液中で 100 ℃処理したあと，4 ℃に急冷した。この処理を行ったあとに平衡密度勾配遠心を行った場合には，DNA の層が2つ観察された。このような結果となった理由について述べよ。

問5　問2で調製した DNA を水溶液中で 100 ℃処理したあと，ゆっくりと時間をかけて室温にもどした。この処理を行ったあとに平衡密度勾配遠心を行った場合には，図2の(ク)のように DNA の層が3つ観察された。このような結果となった理由について述べよ。

〔06　大阪大〕

準 31. 〈アカパンカビの変異と代謝経路〉

次の文章を読み，あとの問いに答えよ。

アカパンカビの野生株は無機塩類，糖およびビオチン（ビタミンの一種）などの成長に必要な最少の栄養分を含む最少培地で生育する。アカパンカビの野生株の胞子に X 線を照射して培養したところ，各種栄養分を含む完全培地では生育するが最少培地では生育できない突然変異株が生じた。①突然変異株のうち，最少培地にアルギニンを加えた培地で生育可能な株を選び，さらに検討したところ，次の A ～ C の3種類の系統に分類された。なお，A ～ C 株ではそれぞれ特定の1つの遺伝子に変異が起こっているものとする。

A 株：最少培地にオルニチンやシトルリンを加えても生育できなかった

B 株：最少培地にシトルリンを加えたら生育可能であるが，オルニチンを加えても生育できなかった

C 株：最少培地にオルニチンあるいはシトルリンのいずれを加えても生育可能であった

問1　この実験からアカパンカビにおける前駆物質からのアルギニンの生合成過程を推測できる。前駆物質，アルギニン，オルニチンおよびシトルリンの代謝経路を示せ。

問2　下線①のような最少培地では生育しないが，最少培地に特定の栄養分を加えて培養すると生育可能な突然変異株は一般に何とよばれるか。その名称を答えよ。

問3　アカパンカビの野生株の胞子に X 線を照射して得られた本実験の突然変異株では，どのような遺伝子に変異が生じたか，また，それにより細胞の形質にどのような変化がもたらされたと考えられるか。60 字以内で簡潔に説明せよ。

問4　突然変異株 A と野生株を交配させて雑種を作出した。この雑種の1つの子のう内に形成された8つの胞子を別々に，(a) 最少培地で培養した。8つの胞子のうち生育が観察される個数はいくつか。また，8つの胞子を別々に，(b) 最少培地＋オルニチン，(c) 最少培地＋アルギニン，(d) 最少培地＋シトルリン，のそれぞれの培地で同様に培養した場合，それぞれで生育の観察される個数を答えよ。

問5　この研究より提唱された仮説は何とよばれるか。(1) その名称を答えよ。また，(2) その内容を簡潔に説明せよ。

〔06　日本獣医大〕

32.〈遺伝暗号の解読〉

次の文章を読み，以下の問いに答えよ。なお本問中では，アデニンをA，グアニンをG，シトシンをC，ウラシルをUと記す。

1961年にニーレンバーグらは，大腸菌をすりつぶして得た抽出液にウラシル(U)だけからなる人工RNA(UUUUUU…)と放射性同位元素の ^{14}C を含むフェニルアラニンを加えて反応させたところ，放射性を示すポリペプチド鎖が合成されたことから，UUUというコドンはフェニルアラニンを指定していることを示した。同様にコラーナは，図1のように，^{14}C を含むロイシン，セリン，フェニルアラニンを，それぞれUUCの繰り返しの人工RNA(UUCUUCUUC…)とともに大腸菌の抽出液中で反応させたところ，いずれも放射性を示すポリペプチド鎖が合成されることを示した。一方，ₐGUAAの繰り返しの人工RNA(GUAAGUAA…)からは，必要な成分をすべて加え適当な条件で反応させても，最長でも3つのアミノ酸からなるペプチド鎖しか合成されなかった。さらに1965年に，ニーレンバーグらは，たった3塩基からなる人工RNAを大腸菌の抽出液に加えた場合，ポリペプチド鎖は合成されないものの，人工RNAはリボソーム中でtRNAを介して特定のアミノ酸と結合することを見出した。例えば，CUUの人工RNAは大腸菌の抽出液中でロイシンと結合することから，CUUというコドンはロイシンを指定していることが証明された。

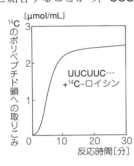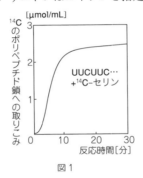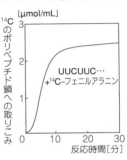

図1

問1 コラーナは，大腸菌の抽出液に以下の(A)～(C)を加えて反応させて，図2の結果を得た。図2の曲線(1)～(3)の結果が得られるものを(A)～(C)の中からそれぞれ1つ選べ。
  (A) ^{14}C を含むロイシン
  (B) UCの繰り返しの人工RNA(UCUCUC…)と ^{14}C を含むロイシン
  (C) UCの繰り返しの人工RNA(UCUCUC…)と ^{14}C を含むロイシンと ^{14}C を含まないセリン

問2 問1の実験結果として適切なものを以下の(A)～(D)の中からすべて選べ。
  (A) UCの繰り返しの人工RNA(UCUCUC…)から，ロイシンのみからなるポリペプチド鎖が合成される。
  (B) UCの繰り返しの人工RNA(UCUCUC…)から，セリ

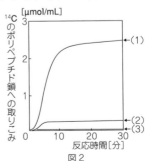

図2

(C) UC の繰り返しの人工 RNA(UCUCUC …)から，ロイシンとセリンからなるポリペプチド鎖が合成される。
(D) UC の繰り返しの人工 RNA(UCUCUC …)から，ロイシンとセリンを含まないポリペプチド鎖が合成される。

問3　下線部aについて，最長でも3つのアミノ酸からなるペプチド鎖しか合成されないのはなぜか。その理由を簡潔に記せ。

問4　文章中と問2で得られた情報から，UCU，CUC，UUC が指定しているアミノ酸を決定できる。それぞれのコドンが指定しているアミノ酸を答えよ。　〔15 北海道大〕

必 33.〈大腸菌のタンパク質合成〉

原核生物では，DNA が mRNA に転写されると，ただちにタンパク質合成が開始される。図1は，大腸菌の DNA の転写のようすを模式的に示したものである。

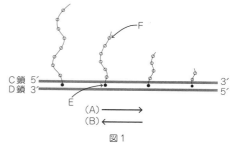

問1　図1において，転写は(A)と(B)のどちらの方向に進んでいると考えられるか。

問2　図1において，転写の鋳型となっているのはC鎖，D鎖のどちらか。

問3　図1において，Eではたらいている酵素名を答えよ。

問4　図1において，Fではたらいている細胞内構造体は何か，その名称を答えよ。

問5　図1にタンパク質合成のようすを書き加えたのが図2の(A)と(B)である。どちらの図が正しいか，記号で答えよ。また，その記号を選んだ理由を簡潔に述べよ。

問6　合成されたタンパク質のアミノ末端は図2のX，Yのいずれに存在しているか，記号で答えよ。

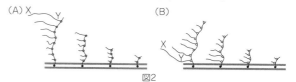

問7　真核生物では，多くの場合，図2に示すような転写と翻訳の同時進行は見られない。その理由を簡潔に述べよ。　〔15 東北大〕

34.〈タンパク質合成の過程〉　思考

翻訳の過程では，mRNA からポリペプチド鎖が合成される。ポリペプチド鎖の N 末端および C 末端のどちらから合成されているのかを明らかにするために，ヘモグロビンを構成する2種類のポリペプチド鎖(α鎖とβ鎖)を活発に合成しその他のタンパク質をほとんど合成しないウサギ網状赤血球細胞を用いて，次のような実験を行なった。

【実験1】　細胞を放射性ラベルしたアミノ酸([^{3}H]ロイシン)を含む培地で短時間(4分，7分，16分，60分のいずれかの時間)培養し，さらに，別の放射性ラベルしたアミノ酸([^{14}C]ロイシン)を含む培地で長時間培養した。

【実験2】 [³H]ロイシンの処理時間が異なる細胞ごとに，合成が完了したα鎖をそれぞれ分離し，トリプシンを用いて加水分解した。得られた各ペプチド断片はα鎖のN末端からC末端のどの位置に相当するものかはすでにわかっているため，N末端からC末端の順に1から6の番号で分類した。

【実験3】 各ペプチド断片に取りこまれた[³H]ロイシンと[¹⁴C]ロイシンによる放射活性(放射線の量)をそれぞれ測定し，それらの結果をもとに図を作成した。図の横軸は各ペプチド断片をN末端からC末端の順に1から6の番号で示す。縦軸は[³H]ロイシンが取りこまれたペプチド断片の放射活性を求めた後，[³H]ロイシンの処理時間が異なる細胞ごとに，最も[³H]ロイシンが取りこまれたペプチド断片の放射活性を100%とした相対値を示す。

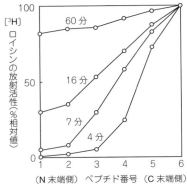

問1 下線部に関して，各ペプチド断片が示す[¹⁴C]ロイシンの放射活性の値は，1番から6番の各ペプチドが示す[³H]ロイシンの放射活性の値を比べる際に必要である。その理由を，句読点を含めて100字以内で答えよ。[¹⁴C]，[³H]は1文字とすること。

問2 図の結果から，ポリペプチドの伸長方向はN末端からC末端，またはC末端からN末端のどちらと考えられるか。結論と理由を，この実験結果の解釈を含めて答えよ。

問3 図において，[³H]ロイシンを含む培地で培養した時間が長くなるほど1番と6番のペプチドの間で[³H]ロイシン放射活性の差が小さくなる理由を，句読点を含めて100字以内で答えよ。[³H]は1文字とすること。

〔21 学習院大〕

必 35. 〈遺伝子の発現調節〉

次の文章を読み，以下の問いに答えよ。

ヒトの糖質コルチコイド(GC)は，血糖濃度を調節するホルモンの一つである。ヒトの肝臓細胞の細胞質にはGC受容体(GCR)が存在する。GCは，肝細胞の細胞膜を透過して細胞内に入り，細胞質にあるGCRと結合してGC-GCR複合体を形成する。この複合体が核内に移行して糖の代謝を活性化する各種酵素の遺伝子(GC応答遺伝子)の発現を誘導する。GCにより発現が誘導される遺伝子の上流には，GC-GCR複合体が結合して遺伝子の転写を活性化するGC応答配列(GRE)とよばれる転写調節領域が存在する。

ヒト肝臓細胞のGCRは3つの異なる領域Ⅰ〜Ⅲ(図1a)から構成されている。各領域のはたらきを調べるために，遺伝子組換え技術を用いて以下のような実験を行った。

【実験準備：培養細胞株への遺伝子導入】 ① GCRを発現していないヒト由来の培養細胞株に，GREに真核細胞のプロモーターとオワンクラゲの緑色蛍光タンパク質(GFP)遺伝子を連結したGC応答遺伝子DNA(図2)を導入した。

② 上記①で作成した細胞株に，野生型GCR(図1b，WT)を発現するDNAを導入して形質転換細胞株を樹立した。この細胞株の細胞質に，野生型GCRが安定して存在す

ることを確認した。
③ 上記①で作成した細胞株に，各種変異 GCR（図 1b，H1〜H6）を発現する DNA を導入して形質転換細胞株を樹立した。各細胞株の細胞質に，各種変異 GCR が安定して存在することを確認した。

【実験】 GC を含まない培地（GC−）または GC を含む培地（GC＋）で，各種形質転換細胞株を培養した。一定時間経過後，各種形質転換株が合成する野生型 GCR（WT）および各種変異 GCR（H1〜H6）それぞれの，GC との結合，GRE への結合，GFP の発現に及ぼす影響について調べた。それらの結果を表に示す。

問 表に示す実験結果にもとづき，GCR の領域 I〜III のはたらきを推定せよ。また，そのように推定した根拠についても簡潔に示せ。
〔20 神奈川大〕

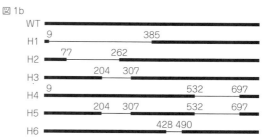

タンパク質として発現しているアミノ酸配列を太線で，欠失領域を細線で示した。数字は欠失部位に隣接するアミノ酸の番号を示す。

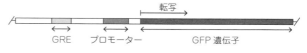

図2 GC 応答遺伝子 DNA の構造

GCR の種類	GC との結合	GRE への結合	GFP の発現（相対活性）	
			GC−培地	GC＋培地
WT	＋	＋	＜1	100
H1	＋	＋	＜1	10
H2	＋	＋	＜1	10
H3	＋	＋	＜1	40
H4	−	＋	135	120
H5	−	＋	20	20
H6	＋	−	＜1	＜1

＋：結合する　−：結合しない　＜1：1未満

36.〈オペロン説〉 思考

次の文章を読み，あとの問いに答えよ。

細菌に供給される栄養は環境によって変動することがあり，細菌が生き残れるかどうかは，さまざまな基質に対する代謝系をもち，それを適切に利用できるかどうかにかかっている。グルコースは好ましい栄養源であり生育に必要であるが，グルコースがないときでもラクトースなど代わりの栄養源があれば，細菌はそれを利用する。ジャコブとモノーは大腸菌を詳しく調べ，ラクトースの利用に必要な酵素の合成がまとまって転写調節を受けるしくみを明らかにした。この転写単位はラクトースオペロンとよばれる。

ラクトースオペロンは約6,000塩基対のDNAであり，図のように遺伝子 *lacI*，アクチベーター（活性化因子）結合部位，プロモーター，オペレーター，遺伝子 *lacZ*，*lacY*，*lacA* が配置している。

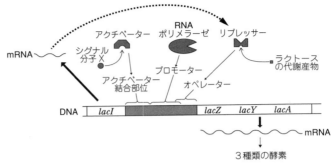

① 遺伝子である *lacI* は独立した転写単位を形成し，リプレッサー（抑制因子）をコードしている。② 遺伝子である *lacZ*，*lacY*，*lacA* はラクトースの取りこみと消化に必要な3種類の酵素をコードし1本のmRNAとしてまとめて転写されるが，その転写開始点付近にはオペレーターとよばれる領域がある。

　グルコースが豊富にあるとき，細胞内のシグナル分子Xの濃度が低いためアクチベーターは活性化されず，ラクトースオペロンから ② 遺伝子は転写されない。グルコースがないとき，(1)シグナル分子Xの産生が高まり，その濃度が上昇してアクチベーターが活性化される。しかし，ラクトースがなければリプレッサーがオペレーターに結合しているため，RNAポリメラーゼがプロモーターに結合できず，② 遺伝子の転写は妨げられて酵素は合成されない。グルコースがなくラクトースがあるとき，活性化されたアクチベーターがラクトースオペロンに結合するとともに(2)リプレッサーにラクトースの代謝産物が結合することでリプレッサーはオペレーターに結合できなくなる。その結果，RNAポリメラーゼがプロモーターに結合し，② 遺伝子が転写されるようになる。ラクトースがなくなり代謝産物が取り除かれると転写は停止し，mRNAは速やかに分解されるので，酵素は合成されなくなる。

問1 文中の①と②に適切な語句を入れよ。

問2 下線部(1)について，シグナル分子Xは細胞内を自由に拡散できるが，細胞内ではXを分解する酵素が常に活性化状態にあるため速やかに分解されてしまう。このしくみが細胞にとって有利と考えられる点を述べよ。

問3 下線部(2)について，リプレッサーがオペレーターに結合できなくなる理由を述べよ。

問4 ラクトース代謝に必要な酵素がまったく発現しない2種類の突然変異株がある。それぞれの変異株は，遺伝子 *lacI*，プロモーター，オペレーターのいずれかの領域に原因となる突然変異を1つもつ。
(1) 2種類の変異株は，それぞれどの領域にどのような突然変異をもつと考えられるか。
(2) DNAの塩基配列を調べずに2種類の変異株を見分けるには，どのような実験をすればよいか。

問5 ラクトース代謝に必要な3種類の酵素が制御を受けず常に発現する2種類の突然変異株がある。それぞれの変異株は，遺伝子 *lacI*，プロモーター，オペレーターのいずれ

かの領域に原因となる突然変異を1つもつ。
(1) 2種類の変異株は，それぞれどの領域にどのような突然変異をもつと考えられるか。
(2) DNAの塩基配列を調べずに2種類の変異株を見分けるには，どのような実験をすればよいか。

問6 ラクトースオペロンに見られる遺伝子発現のしくみから考えられる利点を2つ答えよ。

〔17 滋賀医大〕

準 37.〈DNAの塩基配列の解読〉

DNAの塩基配列を解読する技術が確立されている。フレデリック・サンガー (1918～2013) が開発した手法は，鋳型 (塩基配列を解読したいDNA) と，DNAを複製する酵素であるDNAポリメラーゼと，鋳型と相補的に結合して複製の起点となる短い1本鎖DNAであるプライマーを用いる。複製はプライマーの3′末端から起こるが，5′末端からは起こらないため，新しく合成されたDNAはいずれも5′末端にプライマーの配列を含む1本鎖DNAとなる。複製を行う際，特定の塩基 (以下，アデニンとして説明

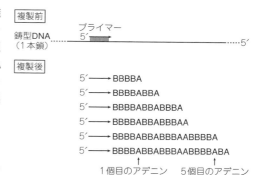

図1 サンガー法の概念図
Aはアデニン，BはA以外の塩基を示す。プライマーの配列は省略し，横矢印で示した。

する) を含むヌクレオチドが使われたときに，一定の確率で複製が終了するようにしておくと，さまざまな長さのDNAが合成されるが，いずれも共通して5′末端がプライマー，3′末端がアデニン，という配列の1本鎖DNAとなる (図1)。これらのDNAの長さ (塩基数) を調べることで，プライマーの3′末端から何番目がアデニンかを知ることができる。これを4種類すべての塩基について行うことで，少なくとも理論上は，プライマーの3′末端以降の塩基配列を解読することができる。

問1 下線部に対し，小問(1)～(3)に答えよ。ただし，複製が終了する確率は，どのアデニンにおいても5％，アデニン以外の塩基では0％とする。

(1) プライマーの3′末端から数えて21個目 (図1参照) のアデニンで複製が終了したDNAの本数は，プライマーの3′末端から最も近い (1個目の) アデニンで複製が終了したDNAの本数の何％か，小数点以下第2位を四捨五入して答えよ。計算に必要であれば，次のようにみなしてよい。 $0.95^{20} = 0.358$ $0.05^{20} = 9.54 \times 10^{-27}$

(2) 新しく複製されたDNAの検出を，放射性物質や蛍光物質であらかじめ標識したプライマーの検出により行う場合，複製されたDNAの本数が少なければ少ないほど，検出が困難になる。サンガー法で複製された短いDNAと長いDNA，どちらが検出されやすいか記せ。本数以外の要因は考慮しなくてよい。

(3) (2)の方法で塩基配列をなるべく長く解読するには，アデニンで複製が終了する確率

を最適化することが重要である。確率が高すぎても低すぎても長く解読することは困難になるが，その理由を述べよ。

問2 下線部に関し，あるDNAの塩基配列を解読するため，各塩基で複製を終了させた4種類のサンプルを用意し，それぞれに含まれるDNAの長さを，ゲル電気泳動により検出した（図2）。この結果から解読できる，複製されたDNAの塩基配列を，プライマーの3'末端の次の塩基から10塩基分記せ。なお，用いたプライマーの長さは20塩基である。

〔20 日本女子大〕

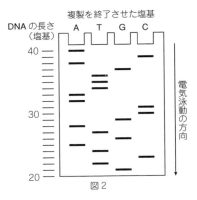

図2

必 38. 〈PCR法〉

PCR法は，通常，以下のような条件で実施される。反応液は，増幅したい少量の2本鎖DNA（鋳型），それぞれ約25ヌクレオチドからなり増幅部分両端に対応する2種類の1本鎖DNA（プライマー），4種類のデオキシリボヌクレオチド，耐熱性の ア などを含む。また温度処理として，①まず90℃以上に数十秒間保ち，次に55～60℃に数十秒間保ち，最後に70℃に数十秒間ないし数分間保つ。このサイクルを1回，2回，3回，…と繰り返せば，プライマーに挟まれた領域の2本鎖DNAが2倍，4倍，8倍，と増幅される。

緑色蛍光タンパク質（GFP）は イ から見出された238アミノ酸からなるポリペプチドであり，そのうち連続した3つのアミノ酸が発色団を形成し，紫色ないし青色の励起光が当たると緑色の蛍光を発する。ただし， イ ゲノムのGFP遺伝子では，②4つの ウ が互いに離れて存在しているので，この形では種々の生物での発現に適さない。そこで，GFP遺伝子の開始コドンの位置からはじまるプライマーFと終止コドンの相補配列からはじまるプライマーRを用い，GFP産生に必要な遺伝子領域を以下のようにPCRで増幅した。まず， イ から抽出したmRNA（伝令RNA）にプライマーRと4種類のデオキシリボヌクレオチドを加え，③逆転写酵素（RNA依存性 ア ）を作用させてGFP遺伝子の相補的DNA（cDNA）だけを合成した（図1）。④この1本鎖cDNAを鋳型としてプライマーFとプライマーRを用いて上記と同じ条件で行ったPCRにより，GFP遺伝子の ウ だけが連なった2本鎖cDNAを増幅した。

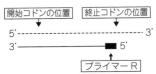

図1 逆転写反応の模式図
破線はRNA鎖，実線はDNA鎖を表す。プライマーR（黒四角）の特異性により，GFPのmRNAのみが逆転写される。なお，5'と3'は分子の方向性を示し，ポリヌクレオチド鎖は酵素反応により5'から3'方向に伸長する。

問1 空欄 ア ～ ウ に最も適切な用語または生物名を答えよ。
問2 下線部①の各段階で何が起こるか，それぞれ簡潔に説明せよ。
問3 下線部②のような遺伝子を大腸菌に導入して発現させたところ，mRNAが合成されたがGFP蛍光は検出されなかった。この理由を説明せよ。
問4 mRNAを材料としてGFP遺伝子を増幅するために，なぜ下線部③の操作が必要か。

第3章　遺伝情報の発現　39

PCR に用いる酵素の性質に留意しつつ説明せよ。

問5　下線部④の逆転写反応後の PCR において，1 回目のサイクルで形成される 2 本鎖 GFP cDNA 数を n とすると，引き続く反応によって cDNA 数が $n \times 10^6$，$n \times 10^7$ をこえるのは，それぞれ何回目のサイクルが終了した後か。ただし，この間の酵素反応は理想的に進み，速度に変化はないものとする。また，必要なら $\log_{10}2 = 0.301$ の値を用いてもよい。

〔14 名古屋大〕

準 39. 〈プラスミドの構造解析〉　**思考**

ある環状プラスミド上に存在する 2 つの遺伝子 X と Y の位置，向きおよび制限酵素 A，B，C の切断部位を決めるために以下の実験を行った。

【実験 1】　プラスミドを制限酵素 A，B，C のさまざまな組み合わせで切断した。その後，電気泳動により DNA 断片を分離した。結果は表 1 のようになった。

【実験 2】　遺伝子 X のそれぞれ 5′ 末端側，3′ 末端側から増幅するためのプライマー X1，X2 および遺伝子 Y のそれぞれ 5′ 末端側，3′ 末端側から増幅するためのプライマー Y1，Y2 をさまざまな組み合わせで用い，PCR を行った。PCR は (1) 95℃で保温，(2) 60℃で保温，(3) 72℃で保温，という (1) から (3) の反応を 30 回繰り返すことによって行った。その後，電気泳動により PCR 産物を分離した。結果は表 2 のようになった。

表 1

用いた制限酵素	電気泳動により分離された DNA 断片の大きさ（キロ塩基対）		
A	3.5	1.5	
B	5.0		
C	5.0		
A と B	3.5	1.0	0.5
B と C	2.8	2.2	
A と C	1.8	1.7	1.5

表 2

PCR に用いたプライマー	電気泳動により分離された DNA 断片の大きさ（キロ塩基対）
X1 と X2	1.0
Y1 と Y2	1.5
X1 と Y1	3.5
X2 と Y2	4.0
X1 と Y2	DNA は検出されなかった※
X2 と Y1	DNA は検出されなかった※

※ PCR で増幅されなかった。

【実験 3】　実験 2 で得られた PCR 産物を制限酵素 A，B，C のいずれかで切断した。その後，電気泳動により DNA 断片を分離した。その結果は表 3 のようになった。ただし，制限酵素 A，B，C はそれぞれ異なる塩基配列を認識し，切れ残った DNA はないものとする。これらの実験内容と結果をもとに，次の問いに答えよ。

問1　実験から 2 つの遺伝子 X と Y は，逆向きに配置していることがわかった。どのような実験結果から逆向きに配置されていると結論づけることができたのか，その具体的な理由を簡潔に記せ。ただし，2 つの遺伝子が同じ向きとは 2 つの遺伝子が 2 本鎖 DNA のうち同じ鎖に指定されていること，2 つの遺伝子が逆向きとは 2 つの遺伝子がそれぞれ異なる鎖に指定されていることをいう。

問2　プラスミドに含まれる遺伝子Xと遺伝子Y以外の領域の長さ(キロ塩基対)をすべて答えよ。

表3

PCRに用いた プライマー	用いた 制限酵素	電気泳動により分離された DNA断片の大きさ(キロ塩基対)	
X1とX2	A	1.0	
	B	0.8	0.2
	C	1.0	
Y1とY2	A	1.5	
	B	1.5	
	C	1.0	0.5
X1とY1	A	2.2	1.3
	B	2.7	0.8
	C	3.0	0.5
X2とY2	A	2.8	1.2
	B	3.8	0.2
	C	3.0	1.0

問3　次の(a)〜(f)のうち，記述内容が正しいものをすべて選び，その記号を記せ。

(a) 制限酵素Aが認識する塩基配列は遺伝子Xと遺伝子Yの内部にそれぞれ1カ所ずつある。

(b) 制限酵素Aが認識する塩基配列は遺伝子Xと遺伝子Yの間の領域のうち，遺伝子Xの末端から200塩基対離れたところにある。

(c) 制限酵素Bが認識する塩基配列は遺伝子Xの外部にあり，遺伝子Xの末端から200塩基対離れたところにある。

(d) 制限酵素Bが認識する塩基配列は遺伝子Yには存在しない。

(e) 制限酵素Cが認識する塩基配列は遺伝子Yの内部にあり，遺伝子Yの末端から500塩基対離れたところにある。

(f) 制限酵素Cが認識する塩基配列は遺伝子Xと遺伝子Yの間の領域のうち，遺伝子Xの末端から300塩基対離れたところにある。

〔20 立教大〕

必 40.〈遺伝子組換え技術〉

大腸菌のプラスミドには，遺伝子の運び屋として遺伝子組換えに利用されているものがある。そのようなプラスミドの1つであるプラスミドA(図1)は，以下の1と2の性質をもっている。

1. 大腸菌に作用する抗生物質であるアンピシリンを分解する酵素の遺伝子，amp^r をもっている。
2. ラクトースを分解する酵素である β-ガラクトシダーゼの遺伝子(lacZ)の上流には，lacZの転写調節にかかわるプロモーターおよびオペレーターとよばれるDNA領域があり，lacZの転写は負の調節を受けている。

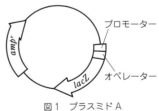

図1　プラスミドA

外来の遺伝子が lacZ に組みこまれた場合，lacZ は分断され，活性のある β-ガラクトシダーゼを合成することができない。プラスミドKは，大腸菌に作用する抗生物質であるカナマイシンを分解する酵素の遺伝子をもっている。この遺伝子を，プラスミドAを利用し

て大腸菌に導入する実験として，以下の操作(1)～(8)を行った。

操作(1)　制限酵素 H をプラスミド K の DNA に作用させ，いくつかの DNA 断片にした。そのうちの 1 つの DNA 断片はカナマイシン分解酵素の遺伝子の全長をもつ。制限酵素 H で切断されてできた 2 本鎖 DNA 断片の両方の末端は，短い 1 本鎖 DNA となっている。両端の塩基配列は，互いに相補的である。

操作(2)　プラスミド A にも制限酵素 H を作用させて，*lacZ* の中の 1 か所で切断した。

操作(3)　操作(1)および操作(2)で得た 2 種類の DNA を混合し，両者の切断部をつなぐ酵素を作用させた。

操作(4)　操作(3)で得た DNA 混合液を，β-ガラクトシダーゼをつくることができない大腸菌株の菌液と混ぜ，DNA を取りこませた。

操作(5)　操作(4)で得た DNA と大腸菌の混合液 0.1 mL を，滅菌した生理食塩水 9.9 mL に移してよく混合し，希釈菌液 1 を作成した。

操作(6)　希釈菌液 1 を 0.1 mL とり，滅菌した生理食塩水 9.9 mL に移してよく混合し，希釈菌液 2 を作成した。次に，希釈菌液 2 を 0.1 mL とり，滅菌した生理食塩水 9.9 mL に移してよく混合し，希釈菌液 3 を作成した。

操作(7)　表 1 に示す 4 種類の寒天培地を用意した。培地 2，培地 3，および培地 4 の，それぞれの表面に希釈菌液 1 を 0.1 mL 滴下して塗り拡げた。また，培地 1 の表面には，希釈菌液 3 を 0.1 mL 滴下して塗り拡げた。

表1　大腸菌用の培地の組成

培地名	培地の組成
培地 1	豊富な栄養分を含み，大腸菌の培養に適した寒天培地
培地 2	培地 1 にアンピシリンを加えた寒天培地
培地 3	培地 1 にアンピシリン，X-gal*および IPTG**を加えた寒天培地
培地 4	培地 1 にアンピシリンおよびカナマイシンを加えた寒天培地

* X-gal の構造はラクトースに似ており，β-ガラクトシダーゼの基質となる。分解されると青色の色素を生じる。
**β-ガラクトシダーゼの発現を誘導するために必要な物質である。

操作(8)　それぞれの寒天培地を 37 ℃で一晩培養し，表面に出現したコロニーをかぞえた（細菌細胞が寒天平板上で分裂・増殖してできた集落をコロニーとよぶ）。表 2 は出現したコロニー数をまとめたものである。

表2　大腸菌のコロニー数

大腸菌の希釈菌液***	計数に使用した培地	出現したコロニー数
希釈菌液 1	培地 2	110
	培地 3	白色 25 青色 95
	培地 4	4
希釈菌液 3	培地 1	50

***各希釈菌液の 0.1 mL を寒天培地に滴下して塗り拡げた。

問1　プラスミド A の転写調節についての，以下の問い(a)～(c)に答えよ。

(a) プロモーターに結合するものは何か。

(b) オペレーターに結合するものは何か。

(c) X-gal は，β-ガラクトシダーゼで分解されるが，同じくこの酵素の基質であるラクトースとは違い，β-ガラクトシダーゼの発現を誘導しない。β-ガラクトシダーゼの

発現を誘導させるために培地に加えた IPTG は，何と結合するか。

問 2 制限酵素 H は，DNA 中のある特定の 6 個の塩基配列を認識して，その部分を切断する。1 本鎖 DNA に A，G，T，C が偏りなく分布していると仮定すると，制限酵素 H が認識する塩基配列は何塩基につき 1 回出現すると推定されるか。

問 3 表 2 に示す結果で，以下の(a)〜(d)それぞれのコロニーに含まれる大腸菌はどれか。下の解答群の 1)〜4)の中から，あてはまるものをすべて選べ。

(a) 培地 1 で培養して生じたコロニー　　(b) 培地 2 で培養して生じたコロニー
(c) 培地 3 で培養して生じた白色のコロニー
(d) 培地 3 で培養して生じた青色のコロニー

[解答群]
1) プラスミド A を取りこまなかった大腸菌
2) lacZ に外来遺伝子が組みこまれていないプラスミド A を取りこんだ大腸菌
3) lacZ に外来遺伝子が組みこまれたプラスミド A を取りこんだ大腸菌
4) lacZ にカナマイシン分解酵素の遺伝子の全部が組みこまれたプラスミド A を取りこみ，組みこまれた遺伝子が発現した大腸菌

問 4 表 2 に示す結果をもとに，操作(4)で DNA を混合した後の大腸菌液 1 mL 中の，以下の(a)〜(c)に示す大腸菌の数を求めよ。計算結果は $a \times 10^b$ の形式で表し，b は整数で答えよ。ただし，1 つのコロニーは 1 個の大腸菌細胞に由来するものとする。

(a) すべての大腸菌
(b) lacZ に外来遺伝子が組みこまれたプラスミド A を取りこんだ大腸菌
(c) カナマイシン分解酵素の遺伝子の全部が組みこまれたプラスミド A を取りこみ，その遺伝子が発現した大腸菌

問 5 操作(4)で DNA を混合した後の大腸菌の菌液 1 mL に含まれるすべての大腸菌の中で，プラスミド A に組みこまれたカナマイシン遺伝子が発現した大腸菌の割合を求めよ。計算結果は，百分率(パーセント)で答えよ。　　〔14 中央大〕

B　応用問題

準 41. 〈細胞周期の各期の時間〉

真核細胞の細胞周期の過程を調べるため，以下の実験を行った。ある真核生物の細胞を適切な条件で培養して，一定時間ごとに細胞数を測定した。図 1 は，さかんに増殖している時期における 1 mL の培養液に含まれる細胞数と培養時間の

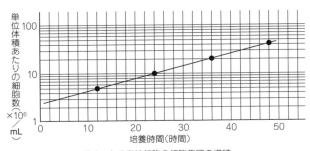

図 1　ある真核細胞の細胞集団の増殖

関係を解析した結果で，増殖のようすを片対数目盛りで示したものである。
問1 この細胞の細胞周期は何時間か。図1から推定し，自然数で答えよ。

この細胞に，核酸塩基のチミンを含む化合物であるチミジンを与える実験を行った。ただし，ここでは，分子中のHが放射性の同位元素である^{3}Hで標識（置換）された^{3}H-チミジンを用いる。^{3}H-チミジンを取りこんだ細胞内の部位は，いくつかの処理により写真フィルム上に黒い像として観察できる。このような物質の所在の検出法をオートラジオグラフ法という。この細胞の培養液に^{3}H-チミジンを加えて短時間培養し，取りこまれなかった^{3}H-チミジンを除去し（この時点を0時間とする），培養を続けた（図2）。なお，^{3}H-チミジンを加えて培養した時間は十分に短く，これ以外の時間には非放射性チミジンを加えて培養する。

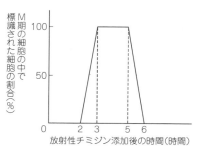

図2 放射性チミジン添加後のM期の細胞の中で標識された細胞の割合を示したグラフ

^{3}H-チミジンはS期の細胞にだけ取りこまれ，^{3}H-チミジンで標識されたM期の細胞は2時間後に初めて見つかった（図2）。その後，M期の細胞の中で標識された細胞の割合は増加し，3時間後に一定になり，5時間後に減少し始めた（図2）。

この細胞のG_1期，S期，G_2期，M期がそれぞれ何時間かを考える。この実験ではさかんに増殖している細胞を使っているので，いろいろな細胞周期のステージの細胞が存在していることになり，S期の開始からS期の終わりまでのいろいろな段階のS期の細胞が標識される。2時間後にM期の標識された細胞が現れていることから，この細胞は0時間のときに細胞周期がS期の終わりであった細胞と推定されるので，G_2期は ア 時間である。また，3時間後には，標識されたM期の細胞の割合が一定になっていることから，M期は イ 時間であることがわかる。また，5時間後に標識されたM期の細胞の割合が減少した。これは，0時間でS期の開始直前だった細胞がM期に進んだためである。すなわち標識された細胞の割合が増え始めてから減り始めるまでの時間がS期であると考えられる。このことからS期は ウ 時間であることがわかる。また，細胞周期全体からS期，G_2期，M期の長さを引くとG_1期が エ 時間であると推定される。

問2 ア ～ エ に入る適切な数字を入れよ。 〔19 中央大〕

準 42.〈細胞周期のしくみ〉 思考

次の文章を読み，あとの問いに答えよ。

ある動物の体細胞の集団を用いて実験を行った。この細胞集団は，同じ細胞周期の長さ（時間）で活発に細胞分裂を行っているが，個々の細胞の細胞周期の時期はばらばらであり，さまざまな時期の細胞を含んでいる。そこでまず，細胞をG_1期，S期，G_2期，M期に分けて集めた。次に，G_1期，S期またはG_2期のいずれかの2つの細胞を融合させて，1つの細胞に2つの核をもつ細胞をつくった。融合後の細胞を培養し，融合した直後から経時的

に2つの核のDNA複製を調べたところ,図1のようになった。

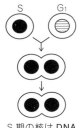
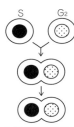

図1 細胞融合の実験

問1 真核細胞にはゲノムDNAの複製を開始させる因子が存在し,それによってDNA複製が調節されることが知られている。図1の実験結果をふまえ,DNA複製の調節について説明する以下の(1)～(5)の文章のうち適切なものを2つ選べ。

(1) G_1期にDNA複製が起こらないのは,DNA複製を開始させる因子は存在するが,核でDNA複製の準備ができていないためである。
(2) S期にDNA複製が起こるのは,S期になるとDNA複製を開始させる因子が細胞質に現れ,これが核に作用してDNA複製を開始させるためである。
(3) S期にDNA複製が起こるのは,S期になるとDNA複製を開始させる因子が核に現れ,これが核にとどまってDNA複製を開始させるためである。
(4) G_2期にDNA複製が起こらないのは,核でDNA複製の準備はできているが,DNA複製を開始させる因子がないためである。
(5) G_2期にDNA複製が起こらないのは,核でDNA複製を開始させる因子が作用できないようになっているためである。

問2 図1と同じ体細胞を用いて,S期,M期,G_1期,G_2期のいずれかの異なる時期の2つの細胞を融合させ,融合直後の細胞のゲノムDNAの量を測定した。ゲノムDNA量をG_1期の値を1とした相対値で表したとき,相対値が3から4の間(3<相対値<4)である融合細胞はどの時期の細胞どうしを融合させたものか。考えられるすべての組み合わせを答えよ。

〔19 名古屋大〕

準 43. 〈細胞内の情報伝達〉

哺乳類のある細胞では,増殖因子Mが細胞膜表面の受容体Yと結合しないと,細胞が分裂するのに必要なさまざまな反応(例えば,DNAの複製)が始まらない。

増殖因子がない場合は,細胞の核内でタンパク質Aはタンパク質Bに結合することによって,タンパク質Bのはたらきを抑制している。なお,タンパク質Bは遺伝子dの転写を活性化するはたらきをもち,遺伝子dからつくられるタンパク質DはDNAの複製の開始に必須である。

一方,増殖因子Mが受容体Yと結合すると,タンパク質Cが活性化される。タンパク質Cはタンパク質Aにリン酸を付加する反応を触媒する酵素で,活性化されたときのみ,

酵素の作用を発揮する。リン酸が付加されたタンパク質Aは，もはやタンパク質Bと結合することはできなくなる。その結果，遺伝子dが発現し，DNAの複製が開始される。このようにして，増殖因子MはDNA複製の活性化を引き起こす。

問1 増殖因子M，受容体YおよびタンパクA～Dの中で，DNAに結合して転写調節因子（調節タンパク質）としてはたらくタンパク質と考えられるものはどれか。最も適切なものを1つ選べ。

問2 タンパク質A～Dの中で，増殖因子Mの作用によって細胞内の存在量が増加すると考えられるタンパク質はどれか。最も適切なものを1つ選べ。

問3 タンパク質Cの酵素活性を阻害するタンパク質Eが，細胞のおかれた状況に応じて生産される。増殖因子Mが作用する中でも，タンパク質Eを過剰に生産させると，その細胞のDNAの複製は開始しなかった。その理由を，「タンパク質A，タンパク質B，タンパク質C，タンパク質D，タンパク質E」という言葉をすべて用いて説明せよ。

問4 文にある細胞に，ある種類のウイルスが感染すると，ウイルスのもつタンパク質FがタンパクA～Dのいずれかに結合して，そのはたらきを阻害することが知られている。その結果，増殖因子MがなくてもDNA複製が開始される。タンパク質Fが結合するタンパク質は，A～Dのいずれか。最も適切なものを1つ選べ。〔19 日本女子大〕

準 44.〈選択的スプライシング〉 思考

次の文章を読み，あとの問いに答えよ。

マウスにおいて，タンパク質 AR(L) と AR(S) はいずれも，X染色体上の遺伝子 *AR* から発現する。この遺伝子から転写されてできた mRNA 前駆体は，図1に示すように，5個のエキソンと4個のイントロンからなっている。この mRNA 前駆体の選択的スプライシングにより，大きいタンパク質 AR(L) の mRNA と小さいタンパク質 AR(S) の mRNA がつくられる。AR(L) の mRNA は5個のエキソンすべてがつなぎ合わされてできる。一方，AR(S) の mRNA は，エキソン1とエキソン2にイントロン2が除去されずにつなぎ合わされてできる。そのため，AR(S) の mRNA ではイントロン2はエキソンとしてはたらく。なお，図1において，mRNAの終止コドンの位置を＊で示す。

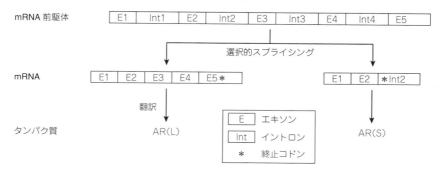

図1 選択的スプライシングによる AR(L) と AR(S) の発現

ある培養細胞では AR(L) と AR(S) がいずれも発現している。(1)AR(S)mRNA の一部の配列をもった短い2本鎖RNA をこの培養細胞に導入した。すると, AR(L) の発現には影響は見られずに, AR(S) の発現が抑制された。この短い RNA を導入した細胞と導入していない細胞をそれぞれ培養し続けると, 細胞数の変化は図2のようになった。

染色体の特定の遺伝子を別の遺伝子などで置き換えることにより, 特定の遺伝子を欠損させて発現しないようにしたマウスをノックアウトマウスという。AR(L) と AR(S) は選択的スプライシングによりつくられるため, AR 遺伝子全体を欠損させると, AR(L) も AR(S) も発現しない。そこである工夫をして, (2)AR(L) は発現するが, AR(S) は発現しないノックアウトマウスを作製した。(3)生まれてきたノックアウトマウスはいずれも, 形態形成の異常により生後1か月以内に(成熟する前に)死んだ。

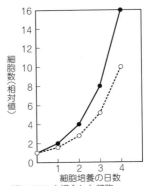

● 短い RNA を導入した細胞
○ 短い RNA を導入していない細胞
図2　細胞数の変化

問1 下線部(1)について, 次の(1)〜(4)に答えよ。
(1) この短い RNA は, AR(S)mRNA の一部の配列をもっているが, この配列は, AR(S) mRNA のどの部分に相当するか答えよ。
(2) この短い RNA は, どのように作用して AR(S) の発現を抑制するか, 40字以内で答えよ。
(3) 図2の結果から, AR(S) のタンパク質は培養細胞の増殖についてどのようなはたらきをしていると考えられるか, 20字以内で答えよ。
(4) AR(S) の mRNA を鋳型として, 逆転写酵素を用いて相補的 DNA(cDNA) を合成した。この cDNA をベクターに組みこんで, 培養細胞に導入して, AR(S) を発現させた。この培養細胞では, 短い RNA を導入した細胞や導入していない細胞と比べて, 培養4日間の細胞数の変化はどのようになると考えられるか。図2に折れ線で記入せよ。

問2 下線部(2)について, AR(L) は発現するが, AR(S) は発現しないノックアウトマウスを作製するには, 染色体上の AR 遺伝子をどのような遺伝子または DNA と置き換えればよいか。40字以内で答えよ。

問3 下線部(3)について, 次の(1)〜(2)に答えよ。
(1) AR 遺伝子は X 染色体上にある。成熟したマウスどうしを交配させて AR(S) のノックアウトマウスを得るには, どのようなマウスどうしを交配させればよいか。ただし, 正常な AR 遺伝子をホモ接合体としてもっているメスマウスは AR/AR, 正常な AR 遺伝子と問2で置き換えた AR 遺伝子をヘテロ接合体としてもっているメスマウスは AR/ar と表記して, 40字以内で答えよ。
(2) このようなマウスどうしの交配により生まれたマウスでは, オスとメスについてそれぞれどのような頻度(%)でノックアウトマウスが現れると考えられるか答えよ。

〔19 千葉大〕

編末総合問題

必 45.〈赤血球膜の能動輸送〉 思考

ヒトの赤血球内にはナトリウムイオン(Na^+)が少なく、カリウムイオン(K^+)が多いが、血しょう中には Na^+ が多く、K^+ が少ない。赤血球の細胞膜に見られる能動輸送を調べるために、以下の条件で、赤血球内の K^+ の濃度変化を観察し、相対値をグラフにした。

(実験1) 採血して得られたヒトの赤血球を生理的塩類溶液に浸し、4℃に設定した恒温器内で数日間放置し、観察した。

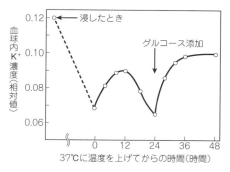

(実験2) 恒温器の温度を 4℃から 37℃に上げ、24 時間観察した。
(実験3) 引き続き温度はそのままで、溶液中にグルコースを添加して、24 時間観察した。

問1 実験1の結果から考えられることとして誤っているのはどれか。1つ選べ。
① 赤血球を低温におくと解糖が起こりにくくなり、能動輸送に必要なエネルギーが不足してくる。
② 赤血球内のエネルギーが不足してくると能動輸送のはたらきが低下してくる。
③ 能動輸送のはたらきが低下すると受動輸送のはたらきが上昇する。
④ 低温でも濃度差にしたがって受動輸送は起こる。
⑤ 受動輸送による K^+ の流出が能動輸送による K^+ の取りこみを上まわると、赤血球内の K^+ 濃度が減少する。

問2 実験2の結果から考えられることとして誤っているのはどれか。1つ選べ。
① 温度が上昇すると解糖が起こり始め、能動輸送に必要なエネルギーが補われる。
② 赤血球内のエネルギーが補われると能動輸送が再び起こってくる。
③ 能動輸送による K^+ の取りこみが受動輸送による K^+ の流出を上まわると、赤血球内の K^+ 濃度が上昇する。
④ 能動輸送のはたらきは赤血球内のエネルギー量によって左右される。
⑤ 赤血球内の K^+ 濃度が一定の値以上になると、能動輸送の方向が逆転し、K^+ が赤血球内から赤血球外へ輸送され始める。

問3 実験3でグルコースとともに ATP 溶液を加えると赤血球内の K^+ 濃度はどうなるか。最も適当なものを1つ選べ。
① グルコースのみを添加したときよりも急激に上昇する。
② グルコースのみを添加したときと同じである。
③ グルコースのみを添加したときよりもゆるやかに上昇する。

問4 赤血球に解糖によるエネルギーの生成を阻害する物質を与えると赤血球内の K^+ の濃度はどうなるか。最も適当なものを1つ選べ。
① 上昇する。　② 変化しない。　③ 低下する。

〔06 川崎医大〕

46. 〈調節遺伝子と変異〉

ある2倍体の一年生被子植物において，タンパク質Sは，通常，根特異的に合成される。しかし，特定のとある集団では，葉でもSを合成する個体が見つかっている。

タンパク質Sの合成がどのように調節されているのかを調べるために，葉でSを合成しない純系個体を作出し，その個体に塩基置換を引き起こす変異原を処理したところ，Sの合成において野生型と異なる2種類の変異株が得られた。これらの変異株では，調節遺伝子ⅠまたはⅡの機能が失われていた。調節遺伝子Ⅰの変異型遺伝子をb，野生型遺伝子をB，調節遺伝子Ⅱの変異型遺伝子をc，野生型遺伝子をCとした。さまざまな遺伝子型において，Sの合成を，葉と根で調べたところ表のような結果が得られた。ただしいずれの調節遺伝子も，タンパク質Sをコードする遺伝子Sの上流で機能する調節タンパク質をコードすることが想定された。

表　それぞれの遺伝子型と組織におけるタンパク質Sの合成の有無

組織		$BBCC$	$BBcc$	$bbCC$	$bbcc$	$BbCc$	$BbCC$	$BBCc$
	葉	×	○	×	○	×	×	×
	根	○	○	×	○	○	○	○

○：タンパク質Sの合成あり　×：タンパク質Sの合成なし

問　調節遺伝子Ⅰと調節遺伝子Ⅱによる遺伝子Sの調節機構として最も適切であると思われるモデルを図の(ア)〜(ク)より選び，記号で答えなさい。そして，野生型において，根と葉でSの合成がどのように調節されているのかをそれぞれ80字以内で説明しなさい。ただし，句読点も字数に含める。なお，図中の白抜きの矢印は，遺伝子の発現を表す。

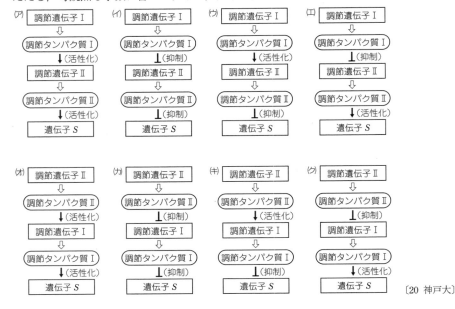

〔20 神戸大〕

編末総合問題　**49**

㊅ 47.〈タンパク質の機能解析〉 思考

　プラスチックを分解する新種の微生物を発見したとする。この微生物はプラスチックの存在を感知して，プラスチックを分解する酵素 α を分泌する。酵素 α は分子量約 100,000 のタンパク質で，プラスチックを分解する部分とプラスチックに強く吸着する部分からなる。

　この微生物の培養液にプラスチックビーズを添加し，しばらく放置した場合と，添加せずに放置した場合の遺伝子発現を比較した。その結果，特に遺伝子 A，遺伝子 B，遺伝子 C の発現量がプラスチックビーズを加えた場合に多くなっていた。遺伝子 A は分子量約 90,000 のタンパク質を，遺伝子 B は分子量約 70,000 のタンパク質を，遺伝子 C は分子量約 30,000 のタンパク質をそれぞれコードしていた。

　次に，それぞれの遺伝子を欠失した微生物を作成したところ，遺伝子 A，遺伝子 B のいずれか 1 つを欠失しただけで酵素 α と思われる分子量約 100,000 のタンパク質は確認できなくなり，プラスチック分解能力も失われることが判明した。遺伝子 C を欠失した場合，やはり酵素 α と思われる分子量約 100,000 のタンパク質は確認できなくなったが，もとの微生物（野生型）よりも微弱ながらプラスチック分解能を示した。

問1　遺伝子 A を欠失した場合，遺伝子 B と遺伝子 C は転写されなくなった。遺伝子 A はどのようなはたらきをするタンパク質をコードしているのかを 40 字以内で答えよ。

問2　遺伝子 B の塩基配列のうち 1 つだけに変異を加える操作を行った。同じ操作を繰り返し行い，遺伝子 B のいずれかの塩基 1 つだけが他の塩基に置換された変異体群を作成した。それぞれの変異体は以下に示す①〜⑤のいずれかの性質に分類できた。遺伝子 B はどのような機能をもつタンパク質をコードしているのかを 40 字以内で答えよ。

①　野生型と同じように酵素 α を生産し，野生型と同じようにプラスチックを分解した。

②　酵素 α と思われる分子量約 100,000 のタンパク質が確認できたが活性はなく，プラスチックを分解しなかった。

③　酵素 α と思われる分子量約 100,000 のタンパク質が確認できたが，活性は微弱であり，プラスチック分解能が野生型より劣っていた。

④　酵素 α と思われる分子量約 100,000 のタンパク質が確認されず，プラスチック分解能が野生型より劣っていた。

⑤　酵素 α と思われる分子量約 100,000 のタンパク質が確認されず，プラスチックを分解しなかった。

問3　問2の④に分類されたすべての変異体を調べてみると，遺伝子 B 由来のタンパク質の特定のアミノ酸が別のアミノ酸に置き換わるような変異が起きていた。そのアミノ酸はシステインであった。システインは S（硫黄）を含むアミノ酸である。このことから問2の④の性質が生じた原因を 160 字以内で説明せよ。

問4　問2の⑤に分類された変異体のいくつかを選抜して遺伝子 B の産物である分子量約 70,000 のタンパク質を確認しようとしたが，確認できなかった。なぜこのようなことが起こったのか，理由を 120 字以内で説明せよ。

問5　遺伝子 C について，問2と同様の実験を行ったところ，変異体群は問2の①〜⑤のうち 3 つにしかあてはまらなかった。この 3 つを①〜⑤から選べ。　〔13 滋賀県立大〕

4 生　　殖

........**A**........　　　　　　　　　　　　　　　　　　　　　　　　標 準 問 題

必 48.〈生 殖 の 方 法〉

　動物は個体としての寿命が限られているが，自身が生きている間に次世代の生命をつくり出して種を存続させており，この営みを生殖という。生殖の様式には，①有性生殖と無性生殖の2つの様式がある。②有性生殖を行う動物は性別があり，それぞれが③雄性および雌性の配偶子を形成して，両性の配偶子の合体によって子孫の発生が始まる。

問1　下線部①について，子孫の繁栄や環境への適応という観点から，有性生殖と無性生殖の得失について130字以内で述べよ。

問2　下線部②について，哺乳類と鳥類の性染色体構成を「卵，精子，ヘテロ」という用語を用いて80字以内で述べよ。

問3　下線部③について，精子や卵はともに減数分裂を経て形成されるが，それぞれ1個の一次精母細胞や一次卵母細胞から形成される精子や卵の数は同じではない。この過程について100字以内で述べよ。　　　　　　　　　　　　　　　　　　　　　　　〔17 岩手大〕

必 49.〈ABO 式血液型〉

　ヒトの ABO 式血液型の表現型は赤血球の表面に存在する抗原（A抗原，B抗原）の有無によってA型，B型，AB型，O型の4型に大別され，それらは3種類の遺伝子（A, B, O）により支配されている。①A 遺伝子と B 遺伝子との間には優劣関係はなく（共優性），O 遺伝子は A, B のいずれの遺伝子に対しても劣性である。図1に A, B, O 遺伝子における塩基配列の違いを示す。A 遺伝子と B

塩基番号	261 297		525 557	703	795 803	930
A	…G…A…		…C…C…	…G…	…C…G…	…G…
B	…G…G…		…G…T…	…A…	…A…C…	…A…
O	…<u>G</u>…A…		…C…C…	…G…	…C…G…	…G…

図1　A, B, O 遺伝子の塩基配列の違い
二重下線（＝）はその塩基が欠失していることを表す。したがって，O 遺伝子の場合，それ以降の塩基番号は1つずつ減少する。

遺伝子には7か所の塩基に違いがあり，その違いがA酵素とB酵素というそれぞれ機能の異なった酵素活性をもつタンパク質をつくり出している。赤血球膜上の糖鎖の末端にA酵素により N-アセチルガラクトサミンが結合したものがA抗原となり，B酵素によりガラクトースが結合したものがB抗原となる。一方，O 遺伝子は基本的には A 遺伝子と同じであるが，261番の塩基（G）が O 遺伝子では欠失しており，この1塩基欠失が欠失以降の早期に終止コドンの出現をもたらしている。

問1　A型の母親からA型とO型の2人の子どもが生まれた場合，父親は何型か。あり得る型をすべて答えよ。

問2　下線部①に関して，以下の(1), (2)について答えよ。

　(1) A, B 遺伝子が共優性となる理由を60字以内で記せ。

　(2) O 遺伝子が A, B 両遺伝子に対して劣性となる理由を60字以内で記せ。

問3　B型とO型の両親からは一般的にはB型かO型の子どもしか生まれないが，1997年にO型（遺伝子型 OO）の父親とB型（遺伝子型 BO）の母親からA型の子どもが生まれた事例が見つかった。遺伝子解析の結果，子どものもつ母親由来の遺伝子は，B 遺伝子

第 4 章　生　　殖　　51

の一部と O 遺伝子の一部とが融合した遺伝子(以下，$B\text{-}O$ 遺伝子)であり，A 酵素の活性をもつことがわかった。この $B\text{-}O$ 遺伝子に関して，以下の(1)，(2)について答えよ。

(1) $B\text{-}O$ 遺伝子は卵母細胞から卵が形成される際にどのようにして生じたと考えられるか，40 字以内で記せ。

(2) $B\text{-}O$ 遺伝子はどのようにして A 遺伝子機能を獲得したのか，60 字以内で記せ。

〔12 岐阜大〕

㊲ 50.〈独 立 と 連 鎖〉

ここにオオムギ品種 X，Y，O がある。いずれも純系(すべての遺伝子についてホモである系統)である。これらにある植物病原菌を接種すると，それぞれ次の反応を示した。

X：強度抵抗性(健全植物と同じ表現型を示す)

Y：中度抵抗性(葉が一部褐色になるが枯死しない)

O：感受性(枯死する)

これらについて遺伝解析を行ったところ次の結果を得た。

(ⅰ) X と O を交雑して(X × O)得た F_1 は強度抵抗性であった。これを自家受粉して得た F_2 においては強度抵抗性：感受性が 3：1 に分離した。

(ⅱ) Y と O を交雑して(Y × O)得た F_1 は中度抵抗性であった。これを自家受粉して得た F_2 においては中度抵抗性：感受性が 3：1 に分離した。

(ⅲ) X と Y を交雑した(X × Y)ところ，その F_1 は強度抵抗性となった。

問 1　X の強度抵抗性に関与する遺伝子座と Y の中度抵抗性に関与する遺伝子座が異なる染色体に座乗していると仮定した場合，以下の(1)，(2)について，強度抵抗性：中度抵抗性：感受性はどのような比で分離すると期待されるかそれぞれ答えよ。

(1) X × Y の F_1 に O を交雑して得た世代　　(2) X × Y の F_1 を自家受粉して得た F_2

問 2　実際には，それら 2 つの遺伝子座は連鎖しており，X × Y の F_1 に O を交雑して得た世代における，強度抵抗性：中度抵抗性：感受性の分離比は，5：4：1 であった。

(1) それら 2 つの遺伝子座の組換え価は何％と推測されるか。

(2) これを確かめるため，X × Y の F_1 に O を交雑して得た世代のうち，強度抵抗性を示すものを 100 個体選んで自家受粉し，各個体に由来する集団を育成した。得られた 100 集団のうち，すべての表現型(強度抵抗性・中度抵抗性・感受性)が現れる集団 p と，中度抵抗性個体が現れない集団 q は，それぞれいくつずつ出現すると期待されるか。

(3) この連鎖がある場合，X × Y の F_1 を自家受粉して得た F_2 では，強度抵抗性：中度抵抗性：感受性はどのような比で分離すると期待されるか。

〔17 神戸大〕

㊲ 51.〈染色体と遺伝子〉　思考

(A) マウスの第 2 番染色体(常染色体)上には遺伝子 Y があり，この遺伝子の突然変異によりマウスの毛色が黄色化することが知られている。遺伝子解析を行った結果，Y 遺伝子座の正常型対立遺伝子のホモ接合体の毛色は灰色であるが，突然変異が生じた Y 遺伝子と正常型対立遺伝子のヘテロ接合体の毛色は黄色になることが示された。一方，突然変異が生じた Y 遺伝子のホモ接合体は，胎児の段階で死亡する。

問1 以下の交配から得られる産子のうち，毛色が黄色になる産子の予想される割合を百分率(%)で示せ。ただし，有効数字を2桁とする。
(1) 灰色マウスと黄色マウスの交配　(2) 黄色マウスどうしの交配

(B) 同種内の同一遺伝子座でも DNA 塩基配列がわずかに異なる部分があり，これを利用すれば，それぞれの個体がもつ対立遺伝子の組み合わせ（遺伝子型）を知ることができる。また，このような遺伝子をマーカー遺伝子として利用することで，相同染色体間の乗換えについて調べることができる。図1は，黄色マウスの第2番染色体上のマーカー遺伝子の位置と遺伝子型を示す模式図である。各対立遺伝子間の距離は正確な組換え価を反映していないが，動原体（灰色および黒色の丸）に近い側から A, B, C, D の順にマーカー遺伝子が並んでいる。また，突然変異した Y 遺伝子は A1, B1, C1, D1 対立遺伝子が乗っ

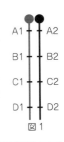

図1

遺伝子型	マーカーA	A2/A2	A2/A2	A2/A2	A2/A2	A1/A2	A1/A2	A1/A2	A1/A2
	マーカーB	B2/B2	B2/B2	B2/B2	B1/B2	B1/B2	B1/B2	B1/B2	B2/B2
	マーカーC	C2/C2	C2/C2	C1/C2	C1/C2	C1/C2	C2/C2	C2/C2	C2/C2
	マーカーD	D2/D2	D1/D2	D1/D2	D1/D2	D1/D2	D1/D2	D2/D2	D2/D2
表現型		灰色	灰色	黄色	黄色	黄色	黄色	灰色	灰色
匹数		90	2	2	3	96	2	4	1

ている染色体に存在する。この黄色マウスと，灰色マウス（動原体側から A2, B2, C2, D2 の順に対立遺伝子が並んだ第2番染色体のホモ接合体）との交配で200匹の産子が得られた。上の表は，それぞれの遺伝子型と表現型を示すマウスの匹数を表している。

問2 表のデータをもとに，マーカー遺伝子間（A-B間，B-C間，C-D間）の組換え価を百分率(%)で記せ。ただし，隣接するマーカー遺伝子間で二重乗換えはないものとする。また，有効数字は2桁とする。

問3 問2の結果を用いて，マウス第2番染色体の染色体地図を作成し，突然変異した Y 遺伝子の染色体地図上の位置を図示せよ。各マーカー遺伝子間の距離および Y 遺伝子とマーカー遺伝子間の距離は，組換え価で表すこと。ただし，有効数字は2桁とする。

(C) 突然変異には，染色体の構造や数に変化が生じた①染色体突然変異と，DNA の塩基配列に変化が生じた遺伝子突然変異がある。いま，第2番染色体上のマーカー遺伝子AからCまでのゲノム領域が逆位になった染色体をヘテロにもつマウスがいたとする。図2は，このマウスの染色体上の対立遺伝子の位置関係を表している。このような逆位の染色体をヘテロにもつ個体では，減数分裂時に相同染色体が図3のように対合する。このとき，マーカー遺伝子Bとマーカー遺伝子Cの間で単一乗換えが生じると，4種類の染色体が得られる。このうち，動原体を1つもつ染色体は2種類あり，（動原体）－(A1)－(B1)－(C1)－(D1)，（動原体）－(C2)－(B2)－(A2)－(D2)と表すことができる。残りの2種類の染色体のうち，動原体を2つもつ染色体は，（動原体）－(A1)－(ア)－(イ)－（動原体）と表される。また，動原体をもたない染色体は，

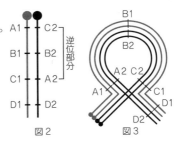

図2　図3

(D1)─(ウ)─(エ)─(オ)─(カ)と表される。
- **問4** 下線部①について，逆位の他に染色体の構造変化を伴う染色体突然変異を3つ答えよ。
- **問5** 文中の(ア)～(カ)にあてはまる適切な対立遺伝子名を答えよ。
- **問6** 図2に示す第2番染色体をもつマウスと灰色マウス(動原体側からA2, B2, C2, D2の順に対立遺伝子が並んだ第2番染色体のホモ接合体)を交配したところ，マーカー遺伝子Cとマーカー遺伝子Dとの間で組換えを生じた産子が得られた。しかし，逆位部分のマーカー遺伝子(A, B, C)の間で組換えが生じた産子を得ることはできなかった。その理由を，「動原体」と「乗換え」の2語を用いて説明せよ。　〔16 京都大〕

必 52. 〈ヒトの遺伝病〉

メンデルの法則に従うヒトの遺伝病に関する各問いに答えよ。
- **問1** A群(ア～エ)は単一の遺伝子の変異による遺伝病の様式であり，B群(①～⑤)はそれらの特徴を表している。A群のそれぞれに該当する特徴をB群中よりすべて選べ。該当する特徴がない場合は，「なし」と答えよ。ただし，遺伝病ではない人の中には遺伝病遺伝子の保因者も含まれる。

〔A群〕(ア) 遺伝子が常染色体上にあり，変異型が正常型に対して優性である遺伝病
　　　(イ) 遺伝子が常染色体上にあり，変異型が正常型に対して劣性である遺伝病
　　　(ウ) 遺伝子がX染色体上にあり，変異型が正常型に対して優性である遺伝病
　　　(エ) 遺伝子がX染色体上にあり，変異型が正常型に対して劣性である遺伝病

〔B群〕① 両親はともに遺伝病ではないが，男児，女児ともに患者が生じる場合，全患者の割合は25％である。
　　　② 両親ともに遺伝病でなければ，子どもも全員遺伝病にはならない。
　　　③ 男性のほうが，女性よりも遺伝病になりやすい。
　　　④ 患者の男女の比は1:1である。
　　　⑤ 父親が患者である男児は，母親が患者でない限り遺伝病にはならない。

- **問2** ある遺伝病は，遺伝子が常染色体上に存在する劣性遺伝病であり，一般的な集団中でのヘテロ接合体の頻度は1/100である。この対立遺伝子をA, aとする。この集団内のある家族では，両親はともに遺伝病ではなく，第一子(男性)は患者となり，第二子(女性)は遺伝病にはならなかった。
  - (1) 父親の遺伝子型を答えよ。
  - (2) 図のように第一子が，まったく血縁関係がなく遺伝病ではない女性と結婚した場合，生まれてくる女児ⓐが患者となる確率を分数で求めよ。
  - (3) 第二子がもつ可能性のある遺伝子型とその比を求めよ。
  - (4) 図のように第二子が，まったく血縁関係がなく遺伝病ではない男性と結婚した場合，生まれてくる女児ⓑが患者となる確率を分数で求めよ。

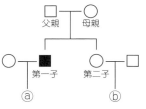

□：遺伝病ではない男性
○：遺伝病ではない女性
■：患者男性
ⓐ,ⓑ：不明の女児

〔08 東京慈恵医大〕

53. 〈X染色体の不活性化〉

哺乳類の雌はX染色体を2本もつが、そのどちらかのX染色体は、発生の初期にクロマチンが折りたたまれて遺伝子発現が停止し、不活性化される。不活性化された状態は、細胞分裂を経た後の子孫細胞でも維持される。そのため、1つの細胞に複数のX染色体があってもその影響は少ない。また、X染色体の不活性化により、X染色体上の遺伝子によって引き起こされる表現型が1つの個体の中でモザイク的に現れることがある。

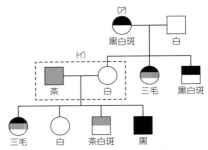

ネコの系図。○は雌を、□は雄を、模様は毛色を示す。

この例として、ネコの毛色があげられる。ネコは18対の常染色体と2本の性染色体をもつ。ネコの毛色をつかさどる遺伝子は複数あるが、三毛猫に見られる茶黒白の3色のまだら模様の毛色にかかわる対立遺伝子は、おもにAとa、Bとb、Hとhの3組であり、BとbはX染色体にある。遺伝子Aをもつ個体は、他の遺伝子にかかわらず全身が白色となる。aは他の遺伝子による毛色に影響を与えない。遺伝子Bが発現している細胞は茶毛となり、遺伝子bが発現している細胞は黒毛となる。HH、Hhの遺伝子型をもつ個体はともに白斑を生じ、hhは他の遺伝子による毛色に影響を与えない。

問1 毛色を決める遺伝子が、文章中の3組の対立遺伝子のみとしたときの、三毛猫の遺伝子型をすべて答えよ。

問2 図の雌親(ア)の遺伝子型を答えよ。ただし、この親から生じる仔は雄の遺伝子型にかかわらず、すべて白斑を生じる。

問3 図の(イ)で示されている両親の仔について、すでに示されている個体以外で、生じる可能性のあるすべての毛色を答えよ。ただし、配偶子形成時に組換えや突然変異は起きていないものとする。

問4 ごくまれに雄の三毛猫が生じることがある。このときの染色体の組み合わせを、36 + XY等の形式で答えよ。また、その組み合わせが生じる過程を75字以内で説明せよ。

〔19 中央大〕

B 応用問題

54. 〈電気泳動〉 思考

〔実験〕 ある雄のマウス個体Xから体細胞と15個の精子のDNAを得た。次に、マウスの5つの遺伝子座A、B、C、D、Eそれぞれに特異的なプライマーDNAのセットを使い、PCRによって、それぞれの遺伝子座のDNAを増幅した(注)。これらの増幅されるDNAは、遺伝的に異なった長さになることがわかっている。増幅されたDNAを電気泳動したところ、図のようなDNA染色像を得た。図中の短い黒い直線が各DNAを示す。

(注) 実際の実験では、A〜EのDNAは1つの試料として同時に増幅され、1つの寒

天ゲルの中でそれぞれの DNA の長さの違いが示された。ここではわかりやすくするため，$A \sim E$ の DNA を別々の電気泳動像として示した。

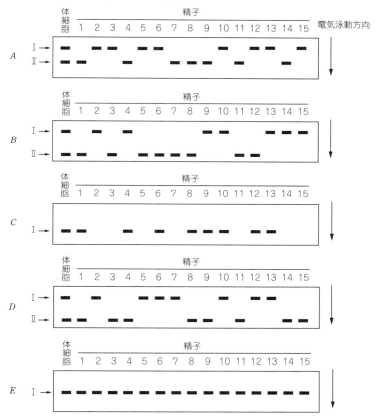

問1　C の泳動結果から，X の遺伝子座 C についてわかることを 20 字以内で答えよ。

問2　E の泳動結果から，X の遺伝子座 E についてわかることを 15 字以内で答えよ。

問3　5 つの遺伝子座 $A \sim E$ の中で，2 つの遺伝子座が同じ染色体にあることがわかっている。同じ染色体にあると考えられる組み合わせを遺伝子座と図中の DNA の記号（Ⅰ，Ⅱ）で答えよ。（例：F-Ⅰと G-Ⅰおよび F-Ⅱと G-Ⅱ）

問4　この実験結果をもとにして，同じ染色体にある 2 つの遺伝子座について，両者間の組換え価（％）を答えよ。

問5　X は 2 つの異なる系統のマウスを交配して得られた F_1 の雄である。同時に得られた F_1 の雌と X を交配して，F_2 の個体 Y を得た。これまでの実験結果をもとにして，遺伝子座 A，B，D について，Y の体細胞から X と同じ増幅結果が得られる場合の確率を，計算式とともに答えよ。なお，これらの遺伝子座の組換え価は雄，雌で同じものとする。

〔13 九州大〕

5 発　　生

標準問題

55.〈動物の配偶子形成と受精〉

問1　図1に示すグラフは，ヒトの精巣から精子形成のさまざまな段階にある細胞を分離して個々の細胞に含まれるDNA量を測定し，その相対量を横軸として細胞数の分布を表したものである。測定した細胞には，DNAの相対量が1，2，4にそれぞれピークをもつ3つの集団，P1，P2，P3が認められる。図1に関する小問(1)～(5)に答えよ。

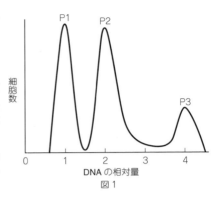

図1

(1) P1，P2，P3の細胞集団は，以下のA～Dのうちのどの細胞を含むか。それぞれあてはまるものをすべて選び，記号で答えよ。
　A．精子　　B．精原細胞　　C．二次精母細胞　　D．精細胞
(2) P1，P2，P3の細胞集団に含まれる細胞の核相を，それぞれについてすべて記せ。
(3) DNAの複製が起こるのは，P1，P2，P3のうちのどの集団からどの集団に移行する時期か。
(4) 相同染色体の分離が起こるのは，P1，P2，P3のうちのどの集団からどの集団に移行する時期か。
(5) P1の集団は，細胞あたりのDNA量がわずかに異なる2つの小集団からなっている。この2つの小集団の違いを述べよ。

問2　図2はウニの精子の模式図を示す。図2に関する小問(1)～(3)に答えよ。

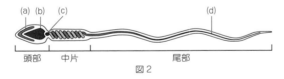

図2

(1) 図2中の(a)～(c)の名称を答えよ。
(2) 図2中の(a)～(c)の説明として最もよくあてはまるものを次のA～Dのうちからそれぞれ1つ選び，記号で答えよ。
　A．卵内で星状体を形成する。
　B．呼吸によりATPを生産する。
　C．ゲノムDNAがコンパクトに詰めこまれている。
　D．内容物のタンパク質分解酵素などが，ゼリー層を分解する。
(3) 図2中の(d)は鞭毛内部の構造で，精子に運動性を与える役割をもっている。鞭毛が運動を生み出すしくみを，その構成要素のはたらきにもとづいて説明せよ。

〔20 日本女子大 改〕

56. 〈ウニの発生〉 思考

バフンウニの16細胞期の胚では，図1に示すような大割球，中割球，小割球が生じる。発生が進むと，中割球からは外胚葉，大割球からは外胚葉・内胚葉・筋肉や色素細胞などをつくる二次間充織，小割球からは骨片をつくる一次間充織が生じる。バフンウニの内胚葉の運命決定機構について調べるため，以下の実験1～4を行った。

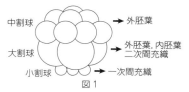

図1

【実験1】 他の動物胚で胚葉の形成に重要なはたらきをもつことが知られているタンパク質Aについて，バフンウニ胚での分布を調べると，16細胞期のすべての割球で細胞膜に存在していたが，小割球では核にも存在していた。タンパク質Aを胚全体に過剰に発現させると16細胞期すべての割球の核にタンパク質Aが存在するようになった。この胚では外胚葉はほとんど形成されず，おもに内胚葉が過剰に形成された。

ある人工的なタンパク質Bはタンパク質Aの核への移行を特異的に阻害することが知られている。タンパク質Bを胚全体に過剰に発現させると，タンパク質Aは16細胞期すべての割球の核から失われて，細胞膜にのみ存在するようになった。この胚は外胚葉のみからなるボール状の胚になった。

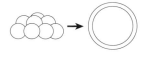

【実験2】 図2のように，バフンウニの16細胞期の胚から中割球のみを分離して培養すると外胚葉のみからなるボール状の胚になる。小割球のみを分離して培養すると一次間充織になった。また，中割球と小割球を組み合わせて培養すると，正常な幼生を生じた。

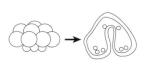

図2

【実験3】 図3のように，受精卵に色素を注入して培養した16細胞期胚の小割球を，正常な16細胞期胚の動物極側に移植して培養したところ，植物極側に加え動物極側からも内胚葉ができた。このとき，動物極側にできた内胚葉には色素で標識されていない細胞が含まれていた。

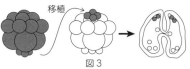

図3

【実験4】 人工的なタンパク質Bを胚全体に過剰に発現させて培養した16細胞期胚の小割球を，正常な16細胞期胚の動物極側に移植して培養したところ，動物極側に内胚葉はできず，正常な幼生が生じた。

問1 実験1の結果から，割球運命の決定におけるタンパク質Aの役割について述べよ。

問2 タンパク質Aの核内における役割として最も適当なものを次から1つ選べ。
 (a) 翻訳制御 (b) 転写制御 (c) 細胞接着 (d) 開口放出

問3 実験2の結果から小割球と小割球が隣接する割球との相互作用が内胚葉の形成に必要であることがわかったが，さらに実験3を行った。なぜ実験2のみでは「小割球が隣接する割球を内胚葉に誘導する」と結論するには不十分なのか理由を述べよ。

問4 実験1～4の結果をもとに，バフンウニの胚で内胚葉が形成されるしくみについて述べよ。

〔17 大阪大〕

57. 〈形成体の誘導〉 思考

多くの動物のからだは，前後・背腹・左右が区別できる。前後軸・背腹軸・左右軸といった体軸は胚発生の過程で決まる。これまで，カエルやイモリなどの両生類の胚を用いた研究から，これら脊椎動物の背腹軸・前後軸は，胚発生初期に決まることがわかっている。

カエルの未受精卵は，植物極側に卵黄を多く含むが，動物極一植物極を結ぶ軸に沿って回転相称である。精子は動物半球から進入する。これを引き金として，卵細胞の表面に近い部分が，そ

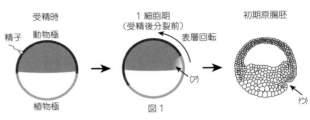

図1

の内側の細胞質に対して約30°回転する（図1）。これを表層回転という。これにより，精子進入点の反対側では，色素が少ない植物半球表層が，黒い色素を多く含む動物半球に動き，動物半球の細胞質が (ア) として見えるようになる。(ア) が見られる側が，将来のからだの (イ) 側となり，初期原腸胚において細胞が陥入して (ウ) が形成される。①胞胚期には，表層回転に依存して，精子進入点の反対側の細胞の核にβカテニンというタンパク質が蓄積することが知られている。

オランダの生物学者ニューコープは，アフリカツメガエルの胚を用いて，形成体の誘導に，胞胚期の細胞間のシグナルの受け渡しが関与することを示した（図2）。初期胞胚の動物極側(A)を切り取り，培養すると外胚葉に由来する (エ) に分化した。植物極側(B)を切り取り培養すると (オ) 胚葉に分化した。(A)と(B)を組み合わせて培養すると，本来 (エ) に分化すべき(A)が (カ) 胚葉組織に分化した。さらに，

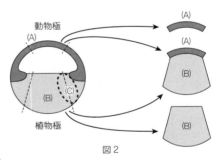

図2

②精子進入点とは反対側の植物極側の組織(C)を(A)と組み合わせて培養すると，(A)が形成体を含む (イ) 側 (カ) 胚葉に分化した。これらのことから，形成体の誘導には，植物極側の組織から産生される分泌タンパク質が関与すると考えられた。

問1 空欄 (ア) ～ (カ) に適切な用語を記入せよ。

問2 下線部①について，受精直後から胞胚期まで，βカテニンのmRNAは胚の中で一様に分布していた。表層回転により，精子進入点の反対側の細胞の核にβカテニンタンパク質が蓄積するメカニズムを考えて述べよ。

問3 βカテニンの発現を阻害したアフリカツメガエル胚においては，形成体は誘導されない。その胚を用いて，下線部②の実験を行ったところ，(A)から形成体は誘導されなかった。植物極側の組織(C)から産生される分泌タンパク質Yが形成体の誘導に関わることがわかっている。分泌タンパク質Yは受精卵には存在していないと仮定した場合，βカテニンとタンパク質Yの関係を考えて述べよ。

〔20 名古屋大〕

第 5 章 発   生   59

必 58. 〈中 胚 葉 誘 導〉 思考

　小型魚類のゼブラフィッシュは，両生類と同様の体軸形成機構をもつ。これまでの解析から，ゼブラフィッシュの形成体の誘導に関わる分泌タンパク質Yの候補として，互いに構造が似たノーダル N1，ノーダル N2 とアクチビンがあげられた。また，これら分泌タンパク質の受容体は複数のタンパク質から構成されるが，受容体に含まれるタンパク質Oの存在が明らかとなった。①2つのノーダルの遺伝子が欠失した変異体(N1：N2 二重変異体)，およびOの遺伝子が欠失した変異体(O 変異体)の胚では，内胚葉および背側中胚葉が欠損していた。なお，これらの遺伝子に変異をもたないゼブラフィッシュを野生型とよぶ。

　さらに，原腸胚における背腹軸形成には，胚の腹側で産生される分泌タンパク質BMPと，形成体で産生される分泌タンパク質コーディンが，重要な役割を果たしていることが明らかとなった。ゼブラフィッシュは複数の BMP タンパク質をもつが，②ある BMP タンパク質の遺伝子の欠失変異体では，腹側組織が縮小し背側組織が増大した。一方，コーディン遺伝子の欠失変異体では，背側組織が縮小し腹側組織が増大した。

　N1：N2 二重変異体および O 変異体では，アクチビンの発現量に変化はなかった。

問 1　下線部①の N1：N2 二重変異体，O 変異体，および野生型ゼブラフィッシュの受精卵に，ノーダル(N1，N2)およびアクチビンの mRNA を注入し，これらタンパク質を過剰につくらせた。1日間発生させた胚の形態観察の結果を表に示す。注入した mRNA は，原腸胚初期まで，胚のすべての細胞に受け継がれるものとする。比較のために水を注入した胚も観察した。ゼブラフィッシュの体軸形成と胚葉形成は1日以内に完了する。

ゼブラ フィッシュ ＼ 注入物	水	ノーダル N1 の mRNA	ノーダル N2 の mRNA	アクチビンの mRNA
野生型	正常に発生した	背側組織が 増大した	背側組織が 増大した	背側組織が 増大した
N1：N2 二重変異体	内胚葉および背側 中胚葉が欠損した	背側組織が 増大した	背側組織が 増大した	背側組織が 増大した
O 変異体	内胚葉および背側 中胚葉が欠損した	内胚葉および背側 中胚葉が欠損した	内胚葉および背側 中胚葉が欠損した	背側組織が 増大した

　次の文章のうち，これらの実験結果から，正しいと推測されるものには○を，誤っていると推測されるものには×を記入せよ。

(a) ノーダルは，形成体の誘導には必要だが，内胚葉の誘導には必要ない。

(b) ノーダル N1 と N2 は，複合体をつくらなければ機能しない。

(c) ノーダル N1 と N2 の両方とも，形成体誘導に O を必要とする。

(d) O は，ノーダルとアクチビン両方の機能に必要である。

(e) 胚にもともと含まれるアクチビンは，ノーダル非存在下では，形成体を誘導できない。

問 2　下線部②のコーディン遺伝子と BMP 遺伝子の両方が欠失した二重変異体の胚では，コーディン変異体か BMP 変異体のどちらかの胚と同じ形態を示した。二重変異体は，どちらの変異体の胚と同じ形態を示したか。名称を答えよ。また，そう考えた理由を述べよ。

〔20 名古屋大〕

60　　第2編　生殖と発生

（準）**59.**〈ニワトリの組織の移植実験〉　**思考**

　ニワトリの受精卵は37℃の恒温器に入れておくと21日でふ化する。温め始めてから6日経過した胚(6日胚)を取り出して観察すると，頭部や翼，あしなどのからだの各部は形成されているが，まだ羽毛などの皮膚の構造物はつくられていない。しかし，13日経過した胚(13日胚)では，体表面には羽毛が，あしにはうろこなどの皮膚の構造物が形成されている。一方，受精から12日経過したマウスの胚(12日胚)はニワトリの6日胚とほぼ同様な発生段階にあり，体表面に体毛はまだはえていない。皮膚の構造物がどのようなしくみで形成されるのかを調べるために，次の実験Ⅰ〜Ⅳを行った。

〔実験Ⅰ〕　ニワトリ6日胚から背中とあしの皮膚を取り出して培養したところ，背中の皮膚からは羽毛が，あしの皮膚からはうろこが形成された。次に，皮膚を表皮と真皮に分離して培養したが，それぞれ単独の培養では羽毛やうろこは形成されなかった。そこで表皮と真皮を組み合わせ再結合して培養したところ，表1の結果を得た。

表　1

表皮の由来	真皮の由来	形成された構造物
背　　中	背　　中	羽　　毛
あ　　し	あ　　し	うろこ
背　　中	あ　　し	羽　　毛
あ　　し	背　　中	羽　　毛

〔実験Ⅱ〕　ニワトリ6日胚の眼から角膜を取り出し，同じく6日胚の背中またはあしの皮膚から真皮を取り出して組み合わせて培養したところ，表2の結果を得た。

表　2

真皮と組み合わせた組織	真皮の由来	形成された構造物
角　　膜	背　　中	羽　　毛
角　　膜	あ　　し	羽　　毛

〔実験Ⅲ〕　ニワトリ6日胚の眼から角膜を，背中の皮膚から表皮を取り出した。次に，ニワトリ13日胚から背中とあしの皮膚の真皮を取り出した。それぞれ単独で培養したところ皮膚の構造物は形成されなかったが，組み合わせて培養したところ，表3の結果を得た。

表　3

角膜・表皮の由来	真皮の由来	形成された構造物
6日胚の背中	13日胚の背中	羽　　毛
6日胚の角膜	13日胚の背中	羽　　毛
6日胚の背中	13日胚のあし	うろこ
6日胚の角膜	13日胚のあし	うろこ

〔実験Ⅳ〕　ニワトリ6日胚およびマウス12日胚の背中の皮膚から真皮を，眼から角膜を取り出した。これらを組み合わせて培養したところ，表4の結果を得た。

表　4

角膜の由来	真皮の由来	形成された構造物
ニワトリ	ニワトリ	羽　　毛
マウス	マウス	体　　毛
ニワトリ	マウス	羽　　毛
マウス	ニワトリ	体　　毛

問1　実験ⅠおよびⅡから，ニワトリ6日胚のあしの真皮の誘導能の性質について60字以内で説明せよ。

問2　実験Ⅰ〜Ⅲの結果について60字以内で説明せよ。

問3　実験Ⅳの結果から考えられることを60字以内で答えよ。　　　　　　〔08 千葉大〕

第 5 章　発　　　生　61

60.〈カドヘリンによる細胞接着〉

次の文章を読み，あとの問いに答えよ。

生体を形づくる組織は，多くの細胞が互いに接着することで構築されている。代表的な細胞接着分子としてカドヘリンが知られている。カドヘリンには，E-カドヘリンや P-カドヘリンなど，さまざまな種類が存在する。細胞間の接着におけるカドヘリンの性質を調べるため，カドヘリンをもたず，細胞どうしで接着することができない培養細胞（NA 細胞）を用いて，以下の実験を行った。

〔実験1〕　NA 細胞に E-カドヘリンの遺伝子を導入し，人工的に発現させたところ，細胞どうしで接着するようになった。同様に P-カドヘリンの遺伝子を導入し，人工的に発現させたところ，細胞どうしで接着するようになった。

〔実験2〕　〔実験1〕で用いた E-カドヘリンを発現させた NA 細胞を培養し，細胞塊を形成させた。培養環境から Ca^{2+} を除去すると，細胞間の接着は非常に弱くなった。

次に，Ca^{2+} が除去された条件でタンパク質分解酵素による処理をすると，細胞どうしは接着できなくなった。

〔実験3〕　〔実験1〕で用いた E-カドヘリンを発現させた NA 細胞を培養し，細胞塊を形成させた。この細胞塊を Ca^{2+} の存在下でタンパク質分解酵素による処理を行ったが，〔実験2〕とは異なり細胞間の接着に変化はなかった。

〔実験4〕　E-カドヘリンを発現させた NA 細胞と P-カドヘリンを発現させた NA 細胞を混合して培養した。その結果，E-カドヘリンを発現する細胞どうし，P-カドヘリンを発現する細胞どうしが接着し，それぞれ細胞塊を形成した。

〔実験5〕　〔実験2〕で用いた E-カドヘリンを人工的に発現させた細胞塊を，E-カドヘリンに特異的に結合する抗体で処理した。このとき，細胞塊は細胞接着を維持することができなくなった。

問1　〔実験1〕～〔実験3〕の結果から，カドヘリンの立体構造と接着に Ca^{2+} がどのようにかかわっていると考えられるか説明せよ。なお，Ca^{2+} の有無はタンパク質分解酵素の活性には影響しないものとする。

問2　〔実験4〕から，カドヘリンを介した細胞どうしの接着にはどのような特徴があると考えられるか説明せよ。

問3　カドヘリンがもつ機能は，脊椎動物の発生に重要な役割を担っていることが知られている。神経板の周辺部で隆起する部分（神経）に発現するカドヘリンには，神経管形成過程においてどのような役割があるか説明せよ。

問4　〔実験5〕において，細胞接着が維持できなくなった理由を考えて説明せよ。

〔21 京都府立医大〕

61.〈ショウジョウバエの発生〉　思考

ある種の昆虫の受精卵では，はじめは核だけが分裂する。分裂した核は受精卵（胚）の表面に移動し，その後，それぞれの核の間が細胞膜で仕切られ1つ1つの細胞ができる。それぞれ細胞は，受精卵の前後軸に沿って，異なる運命に決定される。その運命決定の過程

は，前後軸に沿って異なるパターンで発現する調節遺伝子が他の調節遺伝子の発現を制御することで進んでいく。遺伝子Xが遺伝子Yの発現を誘導または抑制する場合，遺伝子Xは遺伝子Yに対し上流に位置するという。また，遺伝子Xが遺伝子Yの発現を誘導することを$X \rightarrow Y$と表し，遺伝子Xが遺伝子Yの発現を抑制することを$X \dashv Y$と表すことにする。調節遺伝子間の制御関係に関して，次の実験1～4を行った。図は昆虫の胚を表し，斜線部は該当する遺伝子の発現が見られる領域を表す。「無」と記した領域では該当する遺伝子の発現が見られない。

〔実験1〕 調節遺伝子A～Cの発現のパターンを調べたところ，図1のa～cのようであった。次に，遺伝子Aが欠失した変異体で遺伝子Bの発現を調べたところ，図1dのようにまったく発現が見られなかった。逆に，遺伝子Bが欠失した変異体で遺伝子Aの発現を調べたところ，野生型と同じパターンで発現していた。

〔実験2〕 遺伝子Aが欠失した変異体で遺伝子Cの発現を調べたところ，図1eのように胚の全体で発現していた。逆に，遺伝子Cが欠失した変異体で遺伝子Aの発現を調べたところ，野生型と同じパターンで発現していた。

〔実験3〕 遺伝子Cが欠失した変異体で遺伝子Bの発現を調べたところ，図1fのように胚の全体で発現していた。また，遺伝子Cを胚の全体で発現させると遺伝子Bの発現はまったく見られなかった。このとき，遺伝子Cの発現量は，遺伝子Aの発現量と同程度であった。

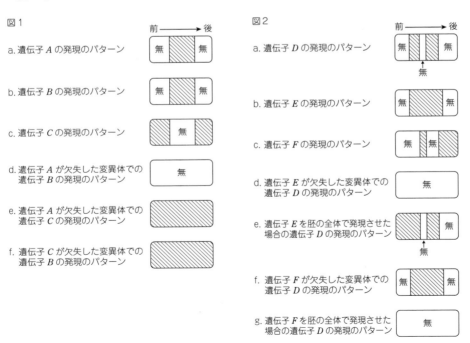

〔実験4〕 遺伝子D〜Fは図2のa〜cのように発現している。遺伝子Eが欠失した変異体で遺伝子Dの発現を調べたところ,図2dのようにまったく発現が見られなかった。逆に,遺伝子Eを胚の全体で発現させると,遺伝子Dの発現は図2eのようになった。また,遺伝子Fが欠失した変異体で遺伝子Dの発現を調べたところ,図2fのようになった。逆に,遺伝子Fを胚の全体で発現させると,図2gのように遺伝子Dの発現がまったく見られなかった。

ただし,実験1〜4において,各遺伝子の発現の調節関係は胚全体で同じであるとする。

問1 実験1の結果から考えて,遺伝子Aは遺伝子Bの発現を誘導するか,または抑制するか。→または⊣を用いて記せ。

問2 実験2の結果から考えて,遺伝子Aは遺伝子Cの発現を誘導するか,または抑制するか。→または⊣を用いて記せ。

問3 実験3の結果から考えて,遺伝子Bの発現に対する影響は,遺伝子Aと遺伝子Cではどちらが強いか。また,その理由も記せ。

問4 遺伝子Aを野生型の胚の全体で発現させると,遺伝子Bおよび遺伝子Cの発現はそれぞれどうなるか。図1にならってそれぞれ図示せよ。なお,発現がない領域には「無」と記すこと。

問5 実験4の結果から考えられる,遺伝子D〜Fの関係を,次の例にならって→や⊣を用いて記せ。 例) イ→ロ⊣ハ

問6 実験4の結果から考えて,遺伝子D〜Fのうち,上流の遺伝子としてもっとも影響が強いものを記せ。

〔14 立教大〕

62. 〈被子植物の配偶子形成と受精〉

花がつぼみのとき,おしべのやくの中では多数の(ア)が減数分裂によって(イ)とよばれる細胞になる。それぞれの若い花粉はもう一度細胞分裂を行い,成熟した花粉となる。このとき,細胞質の少ない(ウ)が(エ)の細胞質中に遊離している。花粉がめしべの柱頭につくと,発芽して(オ)を生じ,また,(ウ)が分裂して2個の(カ)となる。

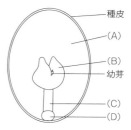

一方,めしべの子房内にある胚珠では,(キ)が減数分裂を行って1個の(ク)と3個の小形の細胞ができる。小形の細胞は退化するが,(ク)は3回の(ケ)を行い,8個の核をもつ(コ)となる。成熟した(コ)では,8個の核のうち6個のまわりにしきりができ,1個の(サ)と2個の(シ)と3個の(ス)ができる。残りの2個は(セ)とよばれる細胞の核となり,(ソ)とよばれる。(オ)の先端が(コ)に達すると,(カ)の1個は(サ)と融合し,もう1個は(セ)と融合する。

問1 文章中の( )に適切な語句を答えよ。

問2 2個の(シ)と3個の(ス)は,受精後にどうなるか。10字以内で述べよ。

問3 この植物の染色体数を$2n = 12$とすると,① (カ)と(サ)が融合した細胞と,② (カ)と(セ)が融合した細胞の染色体数は,それぞれいくつになるか。

64 第2編 生殖と発生

問4 受精後に形成される種子は，① 有胚乳種子と，② 無胚乳種子に大きく分けること
ができる。それぞれの種子の特徴を20字以内で述べよ。

問5 ① 図（前ページ）の(A)～(D)の名称を答えよ。また，② 図の(B)～(D)と幼芽は，次のa
～fのいずれから分化したものか。記号で答えよ。

　a．胚　乳　b．胚乳と胚球　c．胚　球　d．胚球と胚柄　e．胚　柄　f．胚乳と胚柄

問6 裸子植物のイチョウやソテツでは，(カ)がさらに別の細胞へと形を変える。① この
形を変えた細胞の名称を答えよ。また，この細胞を(カ)と比較した場合，この細胞に見ら
れる，② 形態的特徴を10字以内で，③ 機能的特徴を20字以内で述べよ。

問7 種子植物は，シダ植物と異なり，体内で受精を行う。現在，種子植物が陸上で繁栄
しているが，体内受精に注目してその理由を50字以内で述べよ。　　　　〔06 高知大〕

❸ **63.** 〈ABCモデル〉

花は被子植物の生殖器官である。花の形態は種によって多様であるが，花を構成する4
つの部分（花器官）が，基本的には外側から内側に向かって，　ア　の順に同心円状に配
置している。シロイヌナズナでは，花器官の形態に異常を示す複数の突然変異体が知られ
ており，表現型の原因となった遺伝子も明らかにされた。花器官の形態は，クラスA，B，
Cとよばれる3つのクラスの遺伝子の組合せによって調節されている。例えば，めしべは
クラスC遺伝子のみがはたらくことによって形成され，おしべは　イ　がはたらくこと
によって形成される。また，　ウ　は一方の発現が他方の発現を抑制するため，通常両遺
伝子が同時に発現することはない。3つのクラスの遺伝子のいずれかの機能が失われたホ
モ接合体（例えば，遺伝子型 $aaBBCC$ となった変異体）では，本来形成されるはずの花器
官が別のものに変化するホメオティック突然変異の表現型を示す。

問1 花を構成する4つの花器官を，文中の　ア　に当てはまるように正しい順で記せ。

問2 文中の空欄　イ　および　ウ　に入る適切な語句を，以下の(a)～(e)から選べ。

　(a) クラスA遺伝子のみ　　　　　　　　(b) クラスB遺伝子のみ

　(c) クラスA遺伝子とクラスB遺伝子　　(d) クラスB遺伝子とクラスC遺伝子

　(e) クラスA遺伝子とクラスC遺伝子

問3 下線部に関して，以下の(1)～(3)の場合において，花器官は外側から内側に向かって
どのような配置となるか。

　(1) クラスA遺伝子が機能を失った場合

　(2) クラスB遺伝子が機能を失った場合

　(3) クラスA遺伝子とクラスB遺伝子が同時に機能を失った場合

問4 クラスA遺伝子が機能を失った変異体（$aaBBCC$）から花粉を得て，クラスB遺伝
子が機能を失った変異体（$AAbbCC$）のめしべに受粉させた。雑種第一代では，花器官は
外側から内側に向かってどのような配置となるか。

問5 問4で得た雑種第一代を自家受粉して，雑種第二代を得た。このとき，おしべが形
成されない個体が生じる割合は何パーセントか。　　　　　　　　　　　〔16 日本女子大〕

応用問題

準 64. 〈中胚葉誘導のしくみ〉 **思考**

ニューコープらは，アフリカツメガエル胞胚の動物極周辺の組織(アニマルキャップ：AC)と植物半球の組織(植物極卵黄：VY)を切り出し，両者を結合して培養した。その結果，AC単独では生じない脊索や筋組織，さらには神経組織などが，予定背側域のVYからのはたらきかけを受けて，ACから生じることを発見した(図1)。この発見などから，予定背側域のVYから，隣接する予定背側赤道域にはたらきかけが起こり，この領域に，シュペーマンのオーガナイザー(形成体)が生じると考えられるようになった。

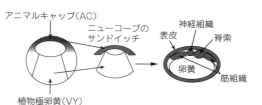

図1 ニューコープのサンドイッチ実験

キサントスらは，アフリカツメガエル胞胚において，予定背側域のVYによるはたらきかけに必要とされているVegTタンパク質とβ-catタンパク質という2つの調節タンパク質が，中胚葉の分化に関与する3つの遺伝子(*Xbra*, *gsc*, *Xwnt8*)の発現におよぼす影響を調べた(実験1)。なお，アフリカツメガエル胞胚における，VegTタンパク質と，調節タンパク質としてはたらいているβ-catタンパク質の分布は図2のようになっている。

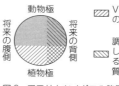

図2 アフリカツメガエル胞胚におけるVegTタンパク質と調節タンパク質としてはたらいているβ-catタンパク質の分布領域

〔実験1〕 アフリカツメガエル受精卵に処理をほどこし，VegT

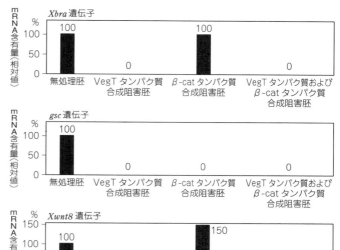

図3 VegTまたはβ-catタンパク質合成を阻害したアフリカツメガエル原腸胚全体での*Xbra*, *gsc*, *Xwnt8*の各遺伝子のmRNAの含有量(無処理胚での含有量を100%とした相対値)

遺伝子と β-cat 遺伝子の mRNA からタンパク質への翻訳だけを，受精直後から特異的に阻害しつづけた。そして，その状態で胚を原腸胚まで発生させ，胚全体での Xbra, gsc, Xwnt8 の各遺伝子の mRNA の含有量を測定し，図3の結果を得た。

問1 図2の分布図と実験1の結果(図3)から判断して，Xbra, gsc, Xwnt8 の各遺伝子の発現には，胚に VegT, β-cat タンパク質が存在する必要があるかどうかそれぞれ答えよ。

問2 図4は正常アフリカツメガエル中期原腸胚における Xbra, gsc, Xwnt8 のいずれかの遺伝子の mRNA の分布模式図である。図2の分布図と実験1の結果(図3)から判断して，Xbra, gsc, Xwnt8 の各遺伝子の mRNA の分布図として適切なものをそれぞれ選べ。

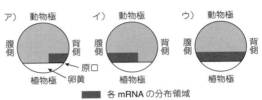

図4 アフリカツメガエル中期原腸胚における Xbra, gsc, Xwnt8 の各遺伝子の mRNA の分布領域胚を横から見た模式図で，各図の上が動物極側，下が植物極側，右が背側，左が腹側である。

問3 図2，図3から判断して，次の文中の □ に入る適切な語句を答えよ。
文：アフリカツメガエル胞胚では，[a] が分布する VY のうち，[b] も同時に分布する予定背側 VY が，[a] と [b] に誘発されて，隣接する予定背側赤道域の細胞・組織に対してはたらきかけを行う。予定背側赤道域の細胞・組織は，このはたらきかけに応答して，[c] を発現するようになり，背側中胚葉に分化する。

〔13 山形大 改〕

65. 〈ニワトリの肢芽の形成〉 思考

ニワトリには羽毛をもつ翼と，うろこをもつあしがある。ニワトリの四肢の発生は，ステージ18ごろから脇腹に肢芽とよばれる膨らみが出現することで始まる。肢芽はその後伸長し，へん平になり，ステージ22で指骨の個性が決まり，種々の筋肉と骨の要素ができる。その後発生が進み，最終的に前肢は3本指骨(a-b-c)をもつ翼となり，後肢は4本指骨(Ⅰ-Ⅱ-Ⅲ-Ⅳ)をもつあしとなる(図1)。ニワトリ肢芽の後方部分には，ソニックヘッジホッグ(shh)という分泌タンパク質をコードする遺伝子が発現していることがわかっている。発生過程では指の個性(番号)が決まるステージ22で，前肢，後肢とも shh の発現領域に隣接する外側前方部から肢芽の前側に向かってⅢ-Ⅱ-Ⅰと指骨の性質が決定される。

実験1 ステージ22の前肢肢芽の shh 発現領域を標識し，切り取り，同じステージの別の個体(宿主)の前肢肢芽の前方部に移植すると，c-b-a-a-b-c といった鏡面対称の指骨をもつ翼が発生した。標識した細胞は形成された指骨の中には存在しなかった。

実験2 ステージ22の前肢肢芽の shh 発現領域を標識し，切り取り，同じステージの別の個体(宿主)の後肢肢芽の前方部に移植するとⅣ-Ⅲ-Ⅱ-Ⅰ-Ⅰ-Ⅱ-Ⅲ-Ⅳ といった鏡面対称の指骨をもつあしが発生した。標識した細胞は形成された指骨の中には存在しなかった。

実験3 ステージ22に後肢肢芽のshh発現領域を標識し，切り取り，同じステージの別の個体（宿主）の前肢肢芽の前側に移植すると，X-b-a-a-b-cといった指骨をもつ翼が発生した。ここで「X」は標識された細胞からなる後肢型指骨を示す。

実験4 ステージ20の肢芽のshh発現領域を標識すると，その後の発生では，前肢肢芽で標識された細胞は翼の後方部およびc指骨にも存在し，後肢肢芽で標識された細胞はあしの後方部およびIV指骨にも存在した。

実験5 ステージ22の肢芽のshh発現領域を標識すると，その後の発生では，前肢肢芽で標識された細胞は指骨を除く翼の後方部に存在し，後肢肢芽で標識された細胞はあしの後方部およびIV指骨にも存在した。

実験6 ステージ22の肢芽でshh発現領域の前側（図2右）を標識すると，その後の発生では，後肢肢芽で標識された細胞は，あしのIII指骨に存在した。

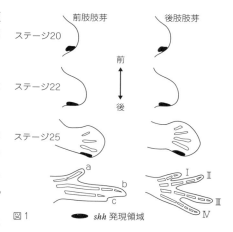

図1

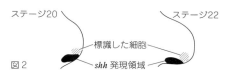

図2

問1 実験1，2から考えられるshh発現領域のはたらきを述べよ。

問2 実験2と実験3から考えられる移植片の性質について下記からすべて選べ。
(a) 前肢の移植片には宿主後肢の肢芽から翼を分化させる性質がある。
(b) 後肢の移植片には宿主前肢の肢芽から足を分化させる性質がある。
(c) 後肢の移植片はそれ自身が後肢型指骨に分化できる。
(d) 前肢の移植片はそれ自身が前肢型指骨に分化できる。
(e) 後肢の移植片はそれ自身が前肢型指骨に分化できる。
(f) 前肢の移植片はそれ自身が後肢型指骨に分化できる。

問3 細胞を標識し，その後の発生を観察することにより何がわかるか簡潔に述べよ。

問4 ステージ22の肢芽でshh発現領域の前側（図2右）を標識したとき，前肢肢芽で標識された細胞が，その後の発生で翼のどの部分におもに存在すると考えられるか。

問5 ステージ20の肢芽でshh発現領域の前側（図2左）を標識したとき，前肢肢芽および後肢肢芽で標識された細胞が，その後の発生で翼およびあしのどの部分におもに存在すると考えられるか。

問6 ニワトリ前肢のc指骨は，後肢の何指骨と相同と考えられるか。その理由も述べよ。

問7 これらの実験から前肢の最後方指骨cの形成について考察できることを述べよ。

〔12 奈良県医大〕

編末総合問題

66. 〈生殖細胞の分化と細胞質〉

ショウジョウバエの卵では，将来，胚の前方になる側(前極)と後方になる側(後極)を区別することができる。卵の後極には，RNAを含む果粒が存在する極細胞質が局在している。受精して，卵割が生じ，やがて胚の表面が1層の細胞で取り囲まれ，胚の内部は卵黄に満たされた胞胚となる。このとき，卵の後極から膨れだすように形成された細胞が16～32個認められる。これらの細胞は極細胞質を取りこんだ細胞で，極細胞とよばれ(注および図参照)，発生途中で将来の生殖腺(精巣や卵巣)に移動し，その中で生殖細胞に分化する始原生殖細胞である。

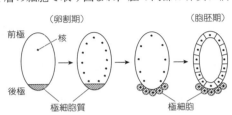

実験的に，(a)卵割に先立って極細胞質に紫外線照射すると，極細胞の形成が抑えられ，不妊のハエが生じることが示された。また，極細胞質を微小注射器で吸い取り，極細胞質を含まない卵の前極に注入すると，この前極に極細胞が形成され，(b)この極細胞が生殖細胞に分化する能力をもつことも示された。これらの実験から，極細胞質が，細胞に生殖細胞となる運命を与えるはたらきをもつことが明らかとなった。

注：卵割は表割とよばれ，卵黄塊の中心部にある核だけが分裂し，細胞質の分裂を伴わない。核は数を増加しながら卵表面に移動し，各々の核は最終的に細胞膜に包まれる。

問1 下線部(a)のハエの特徴として適するものを次の①～④から，1つ選べ。
① 生殖腺が形成されない。
② 生殖腺が形成され，その中に生殖細胞がある。
③ 生殖腺が形成され，その中に始原生殖細胞だけがある。
④ 生殖腺が形成され，その中に生殖細胞はない。

問2 下線部(b)を検証するために，次の交配実験を行った。文中の□に適する語をあとの①～⑧から，1つずつ選べ。

材料：異なった劣性突然変異を1つずつ表現するキイロショウジョウバエの3系統(痕跡翅の系統，黒体色の系統，セピア色眼の系統)の胚および成虫(ハエ)

方法：(i) セピア色眼の胚の極細胞質(核を含むことはない)を，卵割初期の黒体色の胚の前極に移植して，前極に極細胞を発生させる。
(ii) (i)の前極に発生した極細胞を，卵割中の痕跡翅の胚の後極に移植する。
(iii) (ii)の宿主の胚を適切な条件下で飼育して，羽化させる。
(iv) 羽化した(iii)のハエを，移植を行っていない □(ア)□ の成虫(ハエ)と交配する。

結果：生じた子の80～90%が □(イ)□ ，10～20%が黒体色であった。

① 痕跡翅　　　　　　② 黒体色　　　　　　③ セピア色眼
④ 野生型　　　　　　⑤ 痕跡翅で黒体色　　⑥ 黒体色でセピア色眼
⑦ 痕跡翅でセピア色眼　⑧ 痕跡翅で黒体色でセピア色眼

〔06 東京医大〕

67.〈被子植物の遺伝〉

タンポポに関する次の文章を読み，以下の問いに答えよ。

カンサイタンポポは日本在来のキク科草本植物で，被子植物に属する。カンサイタンポポのゲノムは8本の染色体で構成され，二倍体植物であるため体細胞には16本の染色体がある。一方，約100年前にヨーロッパから日本にもちこまれたセイヨウタンポポは三倍体植物で，ゲノムはカンサイタンポポと同じく8本の染色体からなるが，体細胞には24本の染色体がある。セイヨウタンポポでは，減数分裂が正常に行われないため，セイヨウタンポポの配偶子には24本の染色体がすべて含まれる。

①セイヨウタンポポの花粉がカンサイタンポポの柱頭につくと，雑種ができることがある。雑種には，セイヨウタンポポやカンサイタンポポの花とよく似た形態の花をつけるものがあるため，花の形態だけでカンサイタンポポ，セイヨウタンポポ，雑種を判別することはできない。これら3種類のタンポポの判別には，複対立遺伝子の関係にあるA，B，C，Dの4種類の遺伝子を用いる。これらの遺伝子の間に優劣関係はなく，カンサイタンポポの集団にはA，B，Cだけが，セイヨウタンポポの集団にはDだけがあることがわかっている。②この複対立遺伝子についての遺伝子型を調べれば，カンサイタンポポ，セイヨウタンポポ，雑種を判別することができる。

問1　右図は被子植物の胚のうと花粉の模式図である。図のア〜キの細胞の名前を答えよ。同じ名称を複数回使ってもよい。

問2　遺伝子型がABのカンサイタンポポがある。卵細胞の遺伝子型がBの胚のうと，花粉管細胞の遺伝子型がAの花粉について，図のア〜キの細胞の遺伝子型を答えよ。

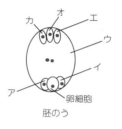

問3　下線部①について，遺伝子型がABのカンサイタンポポの柱頭にセイヨウタンポポの花粉がついて雑種ができる場合を考える。この雑種の胚乳，種皮，子葉の遺伝子型として考えられるものをすべて答えよ。ただし，受精は正常に起こるものとする。

問4　下線部②について，雑種の遺伝子型は，カンサイタンポポやセイヨウタンポポの遺伝子型とどのように違うか，説明せよ。

問5　遺伝子型の異なるカンサイタンポポ2個体を用いて交配実験を行った。遺伝子型がABの個体とACの個体の花どうしをこすり合わせ，柱頭に同一個体の花粉と他個体の花粉が同数つくようにした。それぞれの個体が生産したすべての種子を採取して混合し，それらの遺伝子型を調べた。

得られた種子全体における遺伝子型の割合は，自家受精で種子ができるかどうかで異なると予想される。自家受精で種子ができる場合とできない場合のそれぞれについて，予想される遺伝子型とその割合を例にならって答えよ。ただし，自家受精で種子ができる場合には，同一個体の花粉と他個体の花粉は同じ効率で種子を形成するものとして計算すること。　　例）　AA：BB ＝ 1：3

〔12 大阪市大〕

6 生物の体内環境

A 標準問題

準 68. 〈動物の循環系〉 **思考**

ヒトの心臓では(a)左心室から大動脈に送り出された血液はからだの各部に到達し，毛細血管を流れた後，大静脈に集められ，右心房に帰ってくる。右心房に帰った血液は(b)右心室から肺動脈に送り出され，肺の毛細血管，肺静脈を経て左心房にもどる。このような循環は心臓の収縮と拡張によって維持されている。収縮と拡張を繰り返す1周期の左心室の内圧と容積の変化を図に示す。心室の活動は次の4つのステージに分かれる。

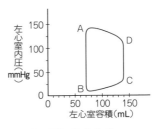

ステージ1　心室の収縮とともに心室の内圧が上昇するが弁は閉じたままであり，心室内容積は変化しない。
ステージ2　心室の筋がさらに収縮すると出口の弁が開放し，血液が動脈に送り出される。
ステージ3　心室の筋の弛緩が始まり，心室の内圧が低下してくる。
ステージ4　心室の内圧が低下し心房の内圧よりも低くなると心房にたまっていた血液が心室内へ流れこむ。

問1　図に示した収縮と拡張を繰り返す周期，A→Bとまわり再びAにもどるまでの時間が1秒のとき，1分間に送り出される血液量を求め，単位も含めて答えよ。
問2　ステージ4に相当する区間を次から選び，番号で答えよ。
　① A→B　② B→C　③ C→D　④ D→A
問3　大動脈弁が開き，左心室から大動脈に血液が流れていく。図で，大動脈弁が閉じているのはどの区間であるか。問2の選択肢からすべて選び，番号で答えよ。
問4　下線部(a)と下線部(b)の各過程で，1分間に流れる血流量の比はいくらか。
問5　脳下垂体後葉からのバソプレシン分泌が低下すると，図に示したA点はどのように動くことが想定されるか，方向を答えよ。動かない場合は0と答えよ。　〔16 熊本大〕

必 69. 〈酸素解離曲線〉

赤血球は，白血球などとともに，成人においては（ア）に存在する造血幹細胞から増殖と分化を経てつくられる。細胞分化の過程においてリボソームで産生されるグロビンと，ミトコンドリアなどで産生される（イ）が結合して大量のヘモグロビンがつくられた後，最終的に細胞は，リボソームやミトコンドリアなどを失って，ヘモグロビンを運ぶ袋と化す。図Aに示すように，

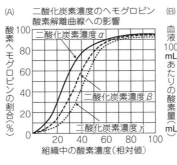
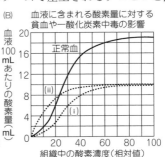

第6章　生物の体内環境　71

ヘモグロビンと酸素の結合や解離は酸素濃度のほかに二酸化炭素濃度の影響を受ける。したがって，ヘモグロビンは（　ウ　）の過程で多くの酸素分子と結合し，体循環の過程では，結合した酸素を効率よく放出することができる。

問1　（　ア　）〜（　ウ　）に当てはまる適当な語句を答えよ。

問2　下線部について，次の問いに答えよ。

(1) 図において，酸素濃度が100で二酸化炭素濃度がαである組織 X と，酸素濃度が30で二酸化炭素濃度がγである組織 Y の間を正常血が循環しているとき，

　(a) 血液 100 mL 当たり何 mL の酸素が

　(b) どちらの組織からどちらの組織まで運ばれるか。

図 A と図 B の正常血の値を参考に，(a)については整数値で答えよ。ただし，図 B の正常血のグラフは二酸化炭素濃度が図 A のαの条件下で測定した結果を示すものとし，血液中の酸素はすべてヘモグロビンと結合しているものとする。

(2) 図 A のグラフにある$\alpha \sim \gamma$の中で二酸化炭素濃度を示す値として最も大きいものはどれか答えよ。

(3) 図 B には，実線で正常血での値を示すとともに，腎障害による腎性貧血の状態にある血液での値を点線(i)で，一酸化炭素中毒の状態にある血液での値を点線(ii)で示している。一酸化炭素はヘモグロビンと結合し，かつ，ヘモグロビンと酸素の結合様式を大きく変化させる。ここで組織中の酸素濃度が100から30に低下する際に，血液から放出される酸素の量について，

　(a) 腎性貧血の状態にある血液

　(b) 一酸化炭素中毒の状態にある血液

のそれぞれでは，各々正常血における放出量の何パーセントになるかを図 B のグラフから求めよ。小数点以下第一位を四捨五入して答えること。ただし，ここでは二酸化炭素濃度については考慮しないこととする。　〔21 和歌山県医大〕

必 70. 〈腎臓のはたらき〉

　ヒトの腎臓は腹腔背中側に一対あり，1個の腎臓中には約 100 万個の ☐1 とよばれる尿を生成する単位構造がある。腎臓には大動脈から分かれた血管を通して大量の血液が流れこみ，血液は毛細血管の糸玉状のかたまりである糸球体でろ過されて，これを取り囲んでいる ☐2 に入る。糸球体と ☐2 は合わせて ☐3 とよばれる。ろ過されたものを原尿といい，その量は血圧の影響を受ける。細尿管や集合管で見られる水の再吸収は，血液の塩類濃度を一定の範囲に保つように調節される。多量の塩分の摂取により一時的に血液の塩類濃度が上昇すると，これが刺激となり，いくつかの段階を経て ☐4 からバソプレシンの分泌が促進される。バソプレシンは腎臓に運ばれ，その作用により ☐5 での ☐6 の再吸収が促進される。体液が減少した場合は，いくつかの段階を経て ☐7 から鉱質コルチコイドが分泌される。鉱質コルチコイドにより，腎臓での ☐8 の再吸収が促進される。一方，原尿に含まれる老廃物はほとんど再吸収されないため濃縮され，尿として体外に排出される。

72　第3編　生物の生活と環境

問1　文章中の　□　に入れるのに最も適当な語句を記入せよ。

問2　下線部に関して，ある健康な人の血しょう，原尿および尿における各種成分を質量パーセント濃度（%）で示したものを表にまとめた。表について，次の(i)〜(iv)に答えよ。

(i) 糸球体でろ別できる成分として最も適当なものを，表中の成分から1つ選べ。

(ii) 血しょう中のグルコース濃度

表　血しょう，原尿，尿中の各種成分の質量パーセント濃度（%）

成　分	血しょう	原　尿	尿
ナトリウムイオン	0.3	0.3	0.34
カルシウムイオン	0.008	0.008	0.014
グルコース	0.098	0.098	0
尿　素	0.030	0.030	2.0
尿　酸	0.004	0.004	0.04
タンパク質	7.2	0	0
クレアチニン	0.001	0.001	0.075

　（mg/mL）を計算し，その数値を答えよ。ただし，血しょうの密度は 1.0 g/mL とする。

(iii) クレアチニンは，原尿から尿へ何倍に濃縮されたか。計算し，その数値を答えよ。

(iv) 原尿中の尿素の1日の再吸収量（g）を計算し，その数値を答えよ。ただし，1日の原尿と尿の生成量はそれぞれ 170 L，1.5 L とし，いずれも密度は 1.0 g/mL とする。

〔17 関西大〕

必71.〈自律神経系〉

　自律神経系によって制御されている多くの生命維持のはたらきについては，その上位中枢が脳幹にあって意識を伴わないことが多い。交感神経と副交感神経は，大脳とは無関係に内臓諸器官のはたらきを拮抗的に調節している。

問1　交感神経は脊髄から出ると一度シナプスを経て，その後長い繊維が各器官と接続している。脊髄から出た神経繊維がシナプスをつくるところの名称を記せ。

問2　副交感神経は，中枢神経から出た後，臓器の近くや内部でシナプスを経て，内臓諸器官に分布している。副交感神経が出ている中枢神経の名称を3つ答えよ。

問3　自律神経系の標的器官ではたらく神経伝達物質は何か。(1) 交感神経，(2) 副交感神経それぞれについて答えよ。

問4　幼児の手が赤く温かくなると「もう眠いのだろう」と推測することがある。このことを自律神経系のはたらきをふまえて説明せよ。ただし，皮膚の血管は，例外的に交感神経だけによって制御されている。

問5　自律神経系は大脳とは無関係にはたらくため無意識であることが多い。しかし，自律神経系が大脳からの影響を受ける場合もある。どのような場合か，例をあげて説明せよ。

〔14 滋賀医大〕

必72.〈ホルモン濃度の調節〉

　体内環境の恒常性の多くの部分は内分泌系によって維持されている。内分泌腺を含む組織の顕微鏡観察には，ヘマトキシリンで染色された標本が用いられる。ヘマトキシリンは，細胞内で負電荷をもつ酸性高分子に結合する。その染色の程度は，細胞小器官の発達によ

り異なり，リボソームが発達している細胞はよく染まる。脳下垂体をヘマトキシリンで染めると，(1)後葉は前葉ほど強くは染まらない。また，(2)副腎皮質も，脳下垂体前葉と比べると染まり方が弱い。

　脳下垂体前葉からは，他のホルモンの分泌を調節するホルモンが分泌される。例えば，甲状腺刺激ホルモンや副腎皮質刺激ホルモンはそれぞれ，甲状腺や副腎皮質に作用してホルモンの分泌を促す。(3)甲状腺や副腎皮質からホルモンの分泌が過剰になると，脳下垂体前葉からのホルモンの分泌は抑制され一定に保たれる。一方，病的な状態で，(4)甲状腺刺激ホルモンと同じ作用をもつ物質がつくられると，甲状腺を過剰に刺激し，甲状腺ホルモンが過剰に分泌され続けてしまう。

　これに対して，上記とは異なった調節の仕方がある。脳下垂体前葉からは，生殖腺刺激ホルモンが分泌され，卵巣にはたらきかけて女性ホルモンの分泌や排卵などの調節を行っている。生殖腺刺激ホルモンの分泌は視床下部から分泌される生殖腺刺激ホルモン放出ホルモン（GnRH）により調節されている。(5)卵細胞を包んでいるろ胞が成熟してくると，ろ胞からの女性ホルモンの分泌が高まる。すると，GnRH の作用を介して生殖腺刺激ホルモンの分泌が急激に高まり，その結果排卵が起こる。

問1　下線(1)に関して，前葉も後葉もどちらもペプチドホルモンを分泌するのに，前葉のほうが強く染まるのはなぜか。その理由を説明せよ。

問2　下線(2)に関して，副腎皮質の染まり方が弱い理由を説明せよ。

問3　下線(3)に関して，このような調節の仕方を何とよぶか。

問4　下線(4)に関して，（ⅰ）この物質は甲状腺ホルモンを分泌する細胞の何に結合して作用するか。また，（ⅱ）このような状態では，甲状腺刺激ホルモンの分泌は促進されるか抑制されるか，理由と合わせて答えよ。

問5　下線(5)に関して，このような排卵の調節にはどのような意味があるか説明せよ。

〔17 京都府医大〕

㊗ **73.** 〈血糖濃度の調節〉

　血液中のグルコースの濃度は₁血糖濃度とよばれる。激しい運動などによる血糖濃度の低下は，間脳の（　イ　）で感知される。この情報は，（　ロ　）神経を介して副腎髄質へ伝えられ，アドレナリンの分泌を促進する。また，低血糖の血液による刺激などによって，すい臓のランゲルハンス島にある（　ハ　）細胞からは（　ニ　）が分泌される。間脳の（　イ　）は，（　ホ　）を刺激して副腎皮質刺激ホルモンを分泌させる。その結果，副腎皮質から糖質コルチコイドが分泌される。これらのホルモンはいずれも，血糖濃度の上昇を引き起こす。

　食後，小腸で吸収されたグルコースやアミノ酸などは₂肝臓を経由して全身に運ばれる。食事などによって血糖濃度が上昇すると，間脳の（　イ　）がこれを感知し，（　ヘ　）神経を通じてすい臓のランゲルハンス島にある（　ト　）細胞を刺激する。また，ランゲルハンス島の（　ト　）細胞は，血糖濃度の上昇を直接感知する。これらの刺激によって（　ト　）細胞からは₃インスリンが分泌され，血糖濃度が低下する。

　血糖濃度を下げるしくみがはたらかないと，常に高い血糖濃度になる。このような症状

の病気を₄糖尿病という。糖尿病の患者では血糖濃度が高いため，腎臓におけるグルコースの再吸収が間に合わず，グルコースが尿中に排出されることがある。

問1　文中の空所(イ)〜(ト)それぞれにあてはまるもっとも適当な語句を記せ。

問2　文中の下線1に示す血糖濃度は，アドレナリンと糖質コルチコイドのどちらのはたらきによっても上昇する。両者のはたらきを比較し，血糖濃度を上昇させるしくみの違いを記せ。

問3　文中の下線部2に示す肝臓について，次の(1)〜(4)に答えよ。

(1) 小腸で吸収されたグルコースやアミノ酸などを含む血液を肝臓に送る血管は何とよばれるか，その名称を記せ。
(2) 肝臓を構成する角柱形をした機能的単位は何とよばれるか。その名称を記せ。
(3) 血しょう中には，血液成分の調節や運搬に関わる複数の種類のタンパク質が含まれている。これらの中から，肝臓で合成される代表的なタンパク質の名称を1つ記せ。
(4) 肝臓でビリルビンなどからつくられた胆汁は，いったん胆のうへ蓄えられた後，胆管を通って消化管へ放出される。胆管がつながる消化管の部分は何とよばれるか。

問4　文中の下線部3に示すインスリンが血糖濃度を下げるしくみを1行で記せ。

問5　文中の下線部4に示す糖尿病の患者では，血糖濃度が上昇して腎臓におけるグルコースの再吸収が間に合わない場合に，尿中へグルコースが排出されるようになる。細尿管を流れるグルコース量と再吸収されるグルコース量および尿中へ排出されるグルコース量の関係を示した図として正しいものを，次のa〜dから1つ選べ。

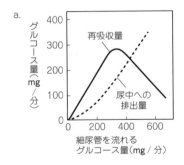

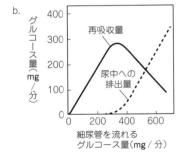

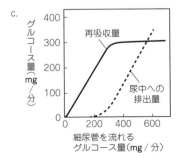

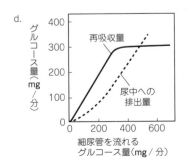

〔20 立教大〕

第6章 生物の体内環境　75

必 74.〈体 温 調 節〉

　ヒトの体温は，脳にある①体温調節中枢を介して，自律神経系とホルモンにより調節されている。周囲の環境温度が下がると，皮膚の温度受容器から情報が（　A　）神経によって脳に伝わる。その後，脳の体温調節中枢は自律神経系の（　B　）神経の活動を高め，皮膚の血管と立毛筋を(a)（ア.収縮　イ.弛緩）させ，放熱量を(b)（ア.増大　イ.減少）させる。またホルモンによる体温調節に関しては，副腎髄質から（　C　），副腎皮質から（　D　）がそれぞれ分泌され，さらに②甲状腺からチロキシンが分泌されることで，発熱量を増加させる。骨格筋では，発熱量を増大させるために，不随意的な運動である（　E　）が生じる。また，③環境温度が下がると酸素消費量が増大することもわかっている。
　環境温度が上がった場合は，自律神経系の（　F　）神経の活動が高まり，皮膚の血流量を(c)（ア.増大　イ.減少）させるとともに，同じく自律神経系の（　G　）神経もはたらくことで（　H　）腺の活動が活発になり（　I　）が促され放熱量が増大する。また，放熱量は立毛筋の(d)（ア.収縮　イ.弛緩）によっても増大する。

問1　（A）～（I）に適語を答えよ。また，(a)～(d)に適切な語句を選べ。
問2　下線部①が存在する脳部位の名称を答えよ。
問3　下線部②により体温が高まるしくみを説明せよ。
問4　下線部②について，ある哺乳動物を常温（24℃）から低温室（0℃）に移した後の体温変化と，チロキシンの血中濃度変化を図1に示す。それらと同時に測定した甲状腺刺激ホルモンの血中濃度変化を表したグラフとして適切なものを下記の図2の(ア)～(エ)から1つ選べ。

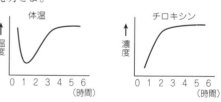
図1 体温とチロキシンの血中濃度の時間変化

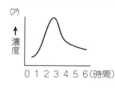 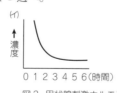 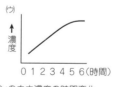 
図2 甲状腺刺激ホルモンの血中濃度の時間変化

問5　下線部③について，酸素消費量が増大する理由として適切なものを次から選べ。
(a) 呼吸の増大により$FADH_2$が分解される際に熱生産が増えるから。
(b) 呼吸の増大によりグルコースが分解される際に熱生産が増えるから。
(c) 呼吸の増大によりミトコンドリア内で有機物が合成される際に熱生産が増えるから。
(d) 呼吸の増大により肺の動きが活発になる際に熱生産が増えるから。　〔16 同志社大〕

必 75.〈免疫のしくみ〉

　私たちのからだには病原体などの異物から身を守る生体防御機構が備わっている。まず，私たちの皮膚や消化管・①気管の粘膜は，外界と体内を隔てるバリアーとして異物の侵入

76　第3編　生物の生活と環境

を防いでいる。また，眼や鼻に侵入した病原細菌は，②リゾチームによってその生育が阻害されている。さらに皮膚や消化管の内壁には多数の③常在菌が生息しており，これによって病原体となる他の細菌の生育を阻止している。しかし，この防御機構を突破して病原体などの異物が体内に侵入すると自然免疫系が活性化される。自然免疫系は，マクロファージ，好中球，樹状細胞を含み，④食作用によって病原体などを排除する。

食作用によって異物を取りこんだ樹状細胞やマクロファージの一部がリンパ節などへ移動し，異物の情報をキラーT細胞やヘルパーT細胞に伝え，これらT細胞が活性化して増殖する。これが⑤獲得免疫（適応免疫）の始まりである。このうち活性化したキラーT細胞は，リンパ節を出て感染した組織へ移動する。病原体に感染した細胞は，表面に病原体の断片（抗原）を提示している。キラーT細胞はこの抗原を認識し，感染細胞を攻撃し死滅させる。活性化したヘルパーT細胞はマクロファージを活性化させる。また，ヘルパーT細胞は，リンパ節内で同じ抗原を提示しているB細胞を活性化させる。活性化されたB細胞は抗体を生産し，体液中に放出する。放出された抗体は，抗原と特異的に結合することで抗原を無毒化する。

通常は⑥自己成分に対する免疫反応は起こらないようになっているが，まれに自己成分に対して自己抗体が作用することで自己免疫疾患を発症することがある。⑦I型糖尿病は，すい臓のB細胞に対する自己抗体が生成することで発症する疾患である。また，バセドウ病の患者では患者血清中に甲状腺刺激ホルモン受容体に対する自己抗体が見出される。この抗体は甲状腺刺激ホルモン受容体を刺激して⑧必要以上に甲状腺機能が亢進する。このような自己免疫疾患はかかりやすさに性差があり，性ホルモンの関与が疑われている。

問1　下線部①について，気管の粘膜は異物を体外へ送り出すためにある特徴をもっている。どのような特徴をもっているか答えよ。

問2　下線部②について，リゾチームはどのような作用で病原細菌の生育を阻害しているか答えよ。

問3　下線部③について，常在菌は通常は病気を引き起こさないが，免疫力が低下したときなどに病気を引き起こすことがある。このような感染を何とよぶか答えよ。

問4　下線部④について，病原体に感染したときに感染した組織付近の毛細血管が炎症を起こす。食作用による病原体排除における炎症の役割について120字以内で述べよ。

問5　下線部⑤について，獲得免疫のうちウイルス感染した場合は体液性免疫に比べて細胞性免疫が有効である場合が多い。その理由を60字以内で述べよ。

問6　下線部⑥について，このような現象は何とよばれているか答えよ。

問7　下線部⑦について，I型糖尿病ではすい臓のB細胞に対する自己抗体が生成され，自分のすい臓を攻撃，破壊されることが原因と考えられる。I型糖尿病患者で血糖値が上昇する機構を120字以内で述べよ。ただし，肝臓という単語を必ず使用すること。

問8　下線部⑧について，通常は必要以上に甲状腺機能が亢進しないためにどのように調節されているか120字以内で述べよ。

〔18 慶応大〕

第6章 生物の体内環境　77

❷ 76.〈免疫のしくみ〉

　　生体に異物が侵入すると，自然免疫と獲得免疫は異物を排除するようにはたらく。自然
免疫の担当細胞は，（　①　）により異物を細胞内に取りこんで分解する。獲得免疫を担当
するヘルパーT細胞は，分解された異物の一部を認識し，キラーT細胞やB細胞の活性
化を助ける。これらの免疫担当細胞には，(1)異物を識別するタンパク質が存在する。自然
免疫を担当する細胞の異物識別タンパク質には，個々の細胞間に違いがない。これに対し，
獲得免疫を担当するリンパ球は，それぞれ異なる異物識別タンパク質を発現するため，特
定の異物に対してのみ反応する。リンパ球の識別タンパク質は2種類のポリペプチドから
なり，各々に（　②　）部と（　③　）部がある。抗原と結合するのは（　②　）部である。リ
ンパ球のうち，B細胞は免疫グロブリンを産生し，（　④　）により細胞外に分泌する。

　　哺乳類細胞には，免疫グロブリンをつくるためのH鎖とL鎖の遺伝子がある。B細胞に
分化する前のゲノムには，H鎖とL鎖の各々に遺伝子の断片が多数あり，いくつかの集団
をつくって並んでいる。B細胞に分化するとき，それぞれの集団の中から遺伝子の断片が
1つずつ選択されて，（　②　）部をつくる遺伝子ができる。その結果，1つのB細胞は固
有の組み合わせのH鎖とL鎖をもち，体内には異なるH鎖とL鎖をもつ多様なB細胞が
存在することになる。(2)抗原が侵入すると，多様なB細胞集団のうち，その抗原と反応す
る特定の免疫グロブリンをつくるB細胞が優先的に増殖する。

　　近年，生体から採取したさまざまな細胞を用いて人工多能性幹細胞（iPS細胞）が作製さ
れている。例えば，リンパ球や皮膚の繊維芽細胞にウイルスベクターなどを用いて多能性
誘導因子を導入することにより，iPS細胞が作製される。(3)iPS細胞は多能性をもつため，
種々の細胞に分化させることができ，それを患者に移植するなどの研究が進められている。

問1　文中の①〜④に適切な語句を入れよ。

問2　下線部(1)について，(i)自然免疫と，(ii)獲得免疫の免疫担当細胞が発現する識別タ
　　ンパク質を次から1つ選べ。また，それぞれどのような物質を認識するか述べよ。

　(a) Gタンパク質　　　(b) T細胞受容体　　　(c) シャペロン

　(d) インターロイキン受容体　　　(e) トル様受容体

問3　下線部(2)の説を何とよぶか。

問4　下線部(3)について，iPS細胞の多能性を確かめるために，胸腺を欠損するヌードマ
　　ウスにiPS細胞を移植することがある。このときにヌードマウスを用いる理由を説明せ
　　よ。また，多能性がある場合，どのような現象が見られるか述べよ。

問5　同一の動物個体の皮膚の繊維芽細胞と血液のB細胞からそれぞれiPS細胞を作製
　　した。皮膚細胞由来iPS細胞から分化させたB細胞と，B細胞由来iPS細胞から分化さ
　　せたB細胞を比較したとき，それらの認識する抗原に違いがあるか述べよ。また，その
　　理由について説明せよ。

〔16 滋賀医大〕

❷ 77.〈拒　絶　反　応〉

　　いろいろな病気により，腎臓や肝臓などの機能が著しく低下した場合，他人の臓器を移
植することがある。移植された臓器も異物であるため，移植を受けた患者（レシピエント）

78　第3編　生物の生活と環境

のT細胞は臓器提供者(ドナー)の臓器の　①　を認識し，反応することがある。この反応が起こると移植された臓器はキラーT細胞により破壊され，生着率は低下する。そのため移植のときにはレシピエントとドナーの　①　が一致していることが望ましい。

　骨髄には血液中の種々の細胞のもとになる　②　がある。血液細胞の病気である白血病などの治療のために骨髄移植が行われることがある。(1)移植前には，放射線をレシピエントに照射する。その後，ドナーの　②　を含む骨髄細胞を移植する。数週間たつと(2)レシピエントの体内の細胞の一部はドナー由来の細胞に置き換わり，病気は治癒する。

　これらの免疫反応について，異なる系統のマウス(ハツカネズミ)A，マウスB，およびAとBの雑種第一代((A×B)F1と表す)を用いて次の実験を行った。

(実験1)　マウスAとマウスBおよび(A×B)F1マウスにウイルスXを感染させ，1週間後にひ臓細胞(キラーT細胞が含まれる)を採取した。また，ウイルスを感染させていないマウスから採取した皮膚の細胞に，ウイルスXを試験管内で感染させた。これらのひ臓細胞とウイルスXを感染させた細胞を一緒に培養し，数時間後にウイルス感染細胞の破壊の有無を測定した。

(実験2)　マウスAとマウスBおよび(A×B)F1マウスをドナーあるいはレシピエントとして用いて皮膚移植実験を行った。マウス(ドナー)の皮膚の一部を他のマウス(レシピエント)に移植し，移植された皮膚組織のようすを観察した。

(実験3)　マウスAとマウスBおよび(A×B)F1マウスをドナーあるいはレシピエントとして用いて骨髄移植実験を行った。放射線をレシピエントマウスに照射後，ドナーマウスの骨髄細胞を移植した。移植された骨髄細胞が生着した後，実験2と同様に皮膚移植を行い，移植された皮膚組織のようすを観察した。

問1　文中の①，②に適切な語句を入れよ。

問2　実験1において，ウイルス感染細胞が破壊されない培養の組み合わせはどれか，右表から選べ。

培養の組み合わせ	ひ臓細胞の由来	ウイルスXを感染させた細胞の由来
ⓐ	マウスA	マウスA
ⓑ	マウスA	(A×B)F1マウス
ⓒ	マウスB	マウスA
ⓓ	(A×B)F1マウス	マウスB

問3　実験2において，移植された皮膚が生着したのはどれか。

(a) (A×B)F1マウスの皮膚をマウスAに移植した。

(b) (A×B)F1マウスの皮膚をマウスBに移植した。

(c) マウスBの皮膚をマウスAに移植した。

(d) マウスAの皮膚を(A×B)F1マウスに移植した。

問4　下線部(1)の処置を行うのはなぜか。理由を2つ述べよ。

問5　下線部(2)について，骨髄移植後レシピエントの体内のドナー由来細胞をすべて選べ。

(a) T細胞　　(b) 好中球　　(c) 赤血球　　(d) 神経細胞　　(e) 肝細胞

問6　実験3において，(A×B)F1マウスの骨髄を移植されたマウスBにマウスAの皮膚を移植した場合，皮膚は生着するか。また，その理由も述べよ。　　〔15 滋賀医大〕

第6章 生物の体内環境　79

78. 〈インフルエンザウイルスと免疫反応〉 [思考]

インフルエンザウイルスの表面に発現するHA抗原は，体内の抗体産生細胞がつくる抗体に認識される。そのため，ワクチンにおいてHA抗原は，人為的に増やしたウイルスから精製され，抗体をつくるための標的として用いられる。

- 「Aさん」は，昨年インフルエンザに感染せず，今年は流行前にHA-1型抗原を含むワクチンを接種した。
- 「Bさん」は，昨年HA-2およびHA-3型抗原をもつ2種類のインフルエンザに感染し，今年はHA-1型抗原を含むワクチンを接種した。
- 「Cさん」は昨年HA-1およびHA-3型抗原をもつ2種類のインフルエンザに感染したが，今年はワクチンを接種しなかった。

その後，(a)HA-1，HA-2，HA-3型抗原のいずれかをもつインフルエンザウイルスが2種類同時に流行し，「Aさん」は感染後，高熱などのひどい症状が出た。一方，「Bさん」，「Cさん」は感染しても症状はひどくならなかった。そこで，(b)体内の免疫細胞の増減を調べるとともに，感染ピーク時に「Aさん」の喉からウイルスを採取して，増えたウイルスの解析を行った。

問1　下線部(a)に関して，症状がひどくならなかった「Cさん」ではたらき，症状がひどくなった「Aさん」ではたらかなかった免疫応答の名称を答えよ。また，「Aさん」の症状を引き起こしたウイルスがもつHAの型を答えよ。

問2　下線部(b)に関して，図のグラフの1)と2)のいずれかは「Aさん」から得られたデータであり，残りは「Bさん」，あるいは「Cさん」のものである。そして，グラフ内の線Ⅰ～Ⅳは，それぞれウイルス，NK細胞，T細胞，抗体の量の経時的変化のいずれかを示している。このうち，線Ⅲは何の経時的変化を示しているか答えよ。

問3　ヒトの皮膚がウイルスからの感染を防いでいる方法を，ウイルスの性質に着目して答えよ。（50字前後）

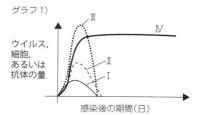

グラフ1)
ウイルス，細胞，あるいは抗体の量
感染後の期間（日）

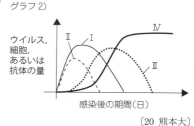

グラフ2)
ウイルス，細胞，あるいは抗体の量
感染後の期間（日）

〔20 熊本大〕

B　応用問題

必 79. 〈インフルエンザウイルス〉

インフルエンザウイルスは，遺伝物質としてのRNAと十数種類のタンパク質でできた粒子である。インフルエンザウイルスには8本のRNAが含まれており，これらのRNAにはわずか十数種類のタンパク質（殻を構成するタンパク質と，RNAを鋳型として相補的なRNAを合成するRNA複製酵素）の遺伝子しかコードされていない。殻に存在する1種類

80　第3編　生物の生活と環境

のタンパク質が，宿主細胞の表面に存在する特定の糖鎖に結合すると，ウイルスが宿主細胞内に取りこまれ，RNA と RNA 複製酵素が宿主細胞質中に放出される。ウイルスの RNA は RNA 複製酵素と複合体を形成し，宿主細胞の核内に運ばれ，複製と転写が起こる。殻のタンパク質は宿主の細胞膜に取りこまれながら集合し，ウイルスの RNA やタンパク質を包みながら細胞外に出る。この過程でも宿主の細胞表面の糖鎖に結合するため，その結合を殻に含まれる酵素が切断することによって，ウイルスは細胞から離れることができる。感染した宿主細胞ごとに多数のウイルスがつくられる。宿主細胞から排出されたウイルスは，他の細胞に感染して症状を悪化させたり，体外に排出されて他の宿主個体に感染したりする。

　インフルエンザは，ウイルスの RNA 配列が変化しながら流行してきた。1968 年から 1996 年までには，6 回の大流行をもたらしている。大流行したインフルエンザウイルスの糖切断酵素をコードする遺伝子の一部（アミノ酸 27 個をコードする部分）を調べると，突然変異によって(ア)アミノ酸を変える塩基置換（非同義置換）は 5 回，アミノ酸を変えない塩基置換（同義置換）は 10 回起こっていた。

問1　インフルエンザウイルスは，ヒトなどの宿主細胞に感染することによってのみ増殖することができる。その理由を説明せよ。

問2　下線部(ア)に記した計 15 回の塩基置換は，アミノ酸 27 個をコードする部分において 29 年間で発生したものである。この頻度は，さまざまな生物の遺伝子における一般的な置換頻度に比べてきわめて高い。なぜ塩基が頻繁に置換するのか，その分子的しくみを説明せよ。

問3　下線部(ア)の非同義置換と同義置換の比率は 1：2 となっており，さまざまな生物の遺伝子における一般的な比率と比べて，非同義置換が数倍から数十倍も高い値である。非同義置換の比率が高い理由を説明せよ。

問4　同じウイルスによって，インフルエンザが数年にわたり次々と異なる地域で流行することがある。その理由を説明せよ。

問5　インフルエンザの予防方法にはワクチン接種がある。ワクチンがどのように機能するかを簡潔に説明せよ。

問6　インフルエンザの予防や治療のための，ウイルスに直接はたらきかける薬は，どのような作用を有する化合物であればよいか。考えられる薬の作用を 2 つあげよ。

〔19 お茶の水大〕

準 80.〈免疫グロブリン〉　**思考**

　Rh 式血液型では，アカゲザルと共通するタンパク質抗原の Rh 因子が赤血球にある場合を Rh 陽性（Rh$^+$），ない場合を Rh 陰性（Rh$^-$）とする。Rh$^-$型の母が Rh$^+$型の子を妊娠すると，出産時に胎児の Rh$^+$型赤血球が母体血液中に移行し，母体に Rh 因子に対する抗体（Rh 抗体）がつくられる場合がある。この女性が次回に Rh$^+$型の子を妊娠した場合，(1)胎児内で抗原抗体反応が起こり，(2)胎児に障害が現れることがある。この現象を血液型不適合とよび，これを防止するために，Rh$^+$型の子を出産した直後に母体に Rh 抗体を投与する

ことがある。(3)投与されたRh抗体は母体中のRh因子に結合し，胎児由来のRh⁺型赤血球は食細胞により排除される。下線部(3)に関連して，以下の実験1～3を行った。

実験1　Rh抗体を含まない血清またはRh抗体を含む血清とRh⁺型赤血球を混合し，しばらくおいた。血清を取り除いた後，食細胞を加えて培養し，顕微鏡で赤血球を貪食している食細胞数を測定した。加えた食細胞のうち，赤血球を貪食した食細胞の割合を表1に示す。

表1

加えた血清	赤血球を貪食した食細胞の割合(%)
Rh抗体を含まない血清	2
Rh抗体を含む血清	69

実験2　Rh抗体を含む血清とRh⁺型の赤血球を混合し，しばらくおいた。血清を取り除いた後，新たに表2の溶液と食細胞を加え培養し，顕微鏡で赤血球を貪食している食細胞数を測定した。加えた食細胞のうち，赤血球を貪食した食細胞の割合を表2に示す。

表2

加えた溶液	赤血球を貪食した食細胞の割合(%)
生理食塩水	86
Rh抗体を含まない血清	4
Rh抗体を含む血清	4

実験3　免疫グロブリンを図1のように断片1と断片2に分解する酵素がある。この酵素を用いてRh抗体を含まない血清中の免疫グロブリンを処理し，断片1のみを含む溶液を作製した。

図1　酵素による免疫グロブリンの分解

Rh抗体を含む血清とRh⁺型の赤血球を混合し，しばらくおいた。血清を取り除いた後，新たに表3の溶液と食細胞を加え培養し，顕微鏡で赤血球を貪食している食細胞数を測定した。加えた食細胞のうち，赤血球を貪食した食細胞の割合を表3に示す。

表3

加えた溶液	赤血球を貪食した食細胞の割合(%)
生理食塩水	92
酵素処理をしていない免疫グロブリンの溶液	2
図の酵素で処理した免疫グロブリンの断片1の溶液	90

問1　下線部(1)について，胎児の体内で抗原抗体反応が起きるのはなぜか。
問2　下線部(2)について，胎児にはどのような障害が現れると考えられるか述べよ。
問3　実験1について，Rh抗体の食作用に対するはたらきを述べよ。
問4　実験2について，新たに血清を加えた2つの培養を比較したとき，赤血球を貪食した食細胞の割合に差が見られないのはなぜか。理由を述べよ。
問5　実験3の結果から，どのようなことがわかるか述べよ。
問6　実験3において，血清を取り除いた後，新たに断片2のみを含む溶液と食細胞を加えて培養した場合，赤血球を貪食する食細胞の割合はどのようになると予測されるか。理由とともに述べよ。

〔17　滋賀医大〕

7 動物の反応と行動

標準問題

81.〈神経細胞のはたらき〉

神経細胞のはたらきに関する次の文を読み，問いに答えよ。

神経細胞は，情報を他の神経細胞や筋細胞などさまざまな細胞に伝える役割をもつ。この情報は，(a)電気的信号として神経細胞の軸索上を進み，軸索の末端において化学的信号におきかえられ，軸索の末端に近接した情報の受け手の細胞に伝えられる。

この電気的信号を形成しているのは，(b)急激な一過性の膜電位の変化である。すなわち，膜電位は，(c)あるイオンが細胞膜を通ることですばやく上昇した後，(d)別のイオンが細胞膜を通ることですぐにもとの状態にもどる。(e)この電気的信号が強まると，軸索の末端における化学的信号も強まり，多くの場合は受け手の細胞の反応が強まる。

しかし，(f)一部の軸索の末端では，化学的信号に対して負のフィードバックがはたらいており，受け手の細胞の反応が緩和されている。

問1 下線部(a)の速度を説明した以下の文の空欄に適当な語句を入れよ。

有髄神経の軸索では ［(ア)］ が起きるため，同じ径の無髄神経の軸索よりも信号の進む速度が大きい。有髄神経どうしで比べると，軸索の径が ［(イ)］ ほど，［(ウ)］ 電位によって生じる電流が軸索を通りやすいので，次の ［(ウ)］ 電位が発生する ［(エ)］ の膜電位がより早く閾値に達する。したがって，［(エ)］ の間隔がほぼ等しければ，軸索の径が ［(イ)］ ほど信号の進む速度は大きい。

問2 下線部(b)が生じる前の膜電位は，次の(ア)〜(オ)のどれに近い値であるか，記号で答えよ。また，このときの電位を表す用語を答えよ。

(ア) +60 mV　　(イ) +20 mV　　(ウ) 0 mV　　(エ) −80 mV　　(オ) −800 mV

問3 下線部(c)のイオンは，① 正または負のいずれの電荷をもつか，また，② 細胞の内から外，または外から内のいずれの向きに細胞膜を通り，膜電位を上昇させるか。

問4 下線部(c)と下線部(d)に共通する物質輸送を表す用語を答えよ。

問5 下線部(d)のイオンは，下線部(c)のイオンと同じ符号の電荷をもつ。実験的に，下線部(d)のイオンのみが細胞膜を通る状態をつくり，細胞膜の外側でこのイオンの濃度を高めると，問2に示した膜電位はどうなるか，その理由とともに簡潔に述べよ。

問6 下線部(e)の場合に，下線部(b)の振幅と発生回数はどうなっているか。それぞれ次の(ア)〜(ウ)から選び，記号で答えよ。

(ア) 増大している　　(イ) 減少している　　(ウ) 変わらない

問7 下線部(f)の負のフィードバックとはどのようなことか，簡潔に説明せよ。〔01 東北大〕

82.〈眼の構造とはたらき〉

次の文章を読み，あとの問いに答えよ。

ヒトの眼の全体像を図1に，網膜を図2に示している。暗い場所から明るい場所に急に出ると，(1)ただちに瞳孔（ひとみ）が縮小する。(2)はじめはまぶしくて見にくいが，しばらくすると見やすくなる。これは視細胞の感度の低下などによっている。(3)逆に明るい場

から暗い映画館に入ると，はじめは床の階段も見えないが，しばらくすると徐々に状況が見えてくる。観客は座席に座り，色鮮やかな映画を見る。

色の認識は大脳のはたらきを含む複雑な過程であるが，網膜のレベルでは錐体細胞が関与している。ヒトの錐体細胞のもつ光受容物質は3種類あり，1つの錐体細胞はどれか1種類をもっている。3種の錐体細胞の反応の比で色の感覚が生じる。(4)3種の錐体細胞の波長による感度の変化が図3に示されている。

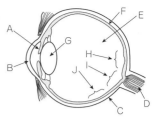
図1 ヒトの左眼球の水平断面

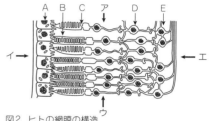
図2 ヒトの網膜の構造

問1 図1の断面図は上（頭頂側）から見たものか，下（あご側）から見たものか。

問2 図1のJで処理されるのは視野の左右どちらの情報か。

問3 図1のA～Gの中で，光が網膜に達するまでに通過する構造の名称を順に記せ。

問4 図2で，外界からの光はどの方向から網膜に達するか。ア～エの中から選べ。

問5 下線部(1)は対光反射とよばれる現象である。この反射の反射弓を構成する，① 受容器，② 感覚神経，および，③ 効果器はそれぞれ何か。その名称を記せ。また，④ この反射中枢はどこにあるか。

問6 瞳孔のサイズは自律神経に支配されている。有機リン化合物のようにアセチルコリンの分解酵素のはたらきを阻害する毒物による中毒では，瞳孔は縮小するか拡大するか。

問7 下線部(2)の現象を何というか。

問8 下線部(3)のときに，階段を認識するのにおもに使用されている視細胞は何か。その名称を記せ。また図2ではA～Eのどの細胞にあたるか。

問9 色鮮やかな映画の画面を見るのにおもに使われている網膜の場所は図1のどこか。記号で答えよ。

問10 眼に黄色の光が入ると黄色の感覚が生じる。しかし，黄色と感じても刺激が黄色の光とはかぎらない。黄色の光以外で黄色の感覚が生じるのはどのような光が刺激となったときか。下線部(4)と図3を参考にして述べよ。

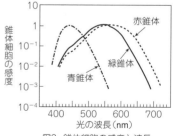
図3 錐体細胞の感度と波長

〔06 同志社大〕

必 83.〈いろいろな受容器〉

動物は体外や体内の状態の変化を刺激として受け取り何らかの反応を示す。刺激には，におい，味，ホルモンなどの化学的刺激と光，音，圧力，温度などの物理的刺激がある。ヒトなどの脊椎動物では刺激を受け取るための受容器（感覚器）が発達していて，眼，耳，

84 第3編 生物の生活と環境

鼻，舌，皮膚などで刺激を受容する。例えば，光は眼，味は舌というように，それぞれの受容器は決まった刺激を受け取り興奮する。このように，ある受容器が受け取る特定の刺激を適刺激という。一般的に，(a)受容器にはある刺激の大きさ以下では興奮が起こらず，それ以上では刺激の大きさに関係なく同じ大きさの興奮が起こる性質がある。

ヒトの聴覚のしくみとしては，まず音波による鼓膜の振動が(b)耳小骨を通って内耳の前庭の卵円窓に伝わる。その振動がさらに前庭を満たしているリンパ液に伝わり，基底膜を振動させることで基底膜上にある繊毛(感覚毛)をもつ聴細胞を興奮させ，その情報が聴神経を通って大脳に伝えられる。からだの回転の知覚にも半規管にある感覚毛をもつ細胞がはたらいている。(c)からだの回転をしばらく続けてから急に止めると回転が続いているように感じて目がまわる状態になることがある。

ヒトの舌にはだ液に溶けた化学物質を刺激として受け入れる味細胞が，鼻腔には空気中の化学物質に対する受容体をもつ嗅細胞が，また，(d)皮膚には圧力を受容する触点(圧点)，温度を受容する温点と冷点，痛さを受容する痛点が分布している。

問1 下線部(a)のような性質を何とよぶか答えよ。

問2 下線部(b)について，3つの耳小骨が鼓膜と卵円窓を連結しており，鼓膜の面積は卵円窓よりもはるかに広い。これらが音波を伝えるうえでどのような効果があるかについて50字以内で述べよ。

問3 下線部(c)について，この現象が起こるしくみをリンパ液と感覚毛の関係から50字以内で述べよ。

問4 下線部(d)について，ヒトは皮膚に感覚点として圧点，温点，冷点，痛点しかもたないが，何かに触れたとき，それが固いのかやわらかいのか，乾いているのか濡れているのかといった微妙な感覚も瞬時に感じとることができる。こうした感覚を可能にするしくみについて考えられることを50字以内で述べよ。　〔07 東京大〕

準 **84.** 〈ヒトの中枢神経系〉

ヒトの大脳の新皮質には，皮膚感覚を受ける領域(体性感覚野)や運動を発現する領域(運動野)が，身体の部分に対応する地図のように広がっている。また，言葉を発するための言語野や，言葉の意味を理解するための言語野の位置も明らかになっている。言語野は，一般にヒトの左脳に存在する。一方，呼吸運動や心臓拍動，体温や血糖濃度なども脳によって調節されている。これらの調節系は，大脳以外の間脳(視床，視床下部)，中脳，延髄などを合わせた脳幹にあり，生命維持に重要な中枢である。

問1 体性感覚野(i)，運動野(ii)，視覚野(iii)，聴覚野(iv)は，大脳のどの領域にあるか，それぞれ語群より選び記号で答えよ。

(a) 前頭葉　　(b) 後頭葉　　(c) 頭頂葉　　(d) 側頭葉

問2 脳卒中(脳出血や脳梗塞)の患者に，言語障害を生じる場合がある。そして同時に半身不随を伴う場合，左右のどちらの不随が多いか，またその理由を述べよ。

問3 大脳の中には，本能，欲求，感情など他の動物と共通した生命活動にかかわる部分がある。ヒト大脳ではどのような場所にあるか。

第7章　動物の反応と行動　85

問4　人の死を判断する場合，呼吸の停止と心拍の停止に加えて，瞳孔反射の消失の確認が行われている。瞳孔反射の消失は，脳幹機能の停止を意味する。関連する脳の部分の名をあげてその理由を説明せよ。

問5　深い昏睡状態だが，自発呼吸があり長期生存している場合を植物状態とよぶ。この場合，脳のどの部分が機能停止し，どの部分は機能していると考えられるか。

問6　臓器移植のため，脳死が確認された。この場合には，脳のどの部分が機能停止していると考えられるか。

問7　体温や血糖濃度の調節などは，大脳の直接の支配を受けない基本的な生命維持活動である。(1)これに関わる2種類の調節系を答えよ。(2)その両者を兼ねて支配する脳の部位の正確な名前を答えよ。

問8　脳下垂体から分泌される副腎皮質刺激ホルモンなどは水溶性であるが，副腎皮質からの糖質コルチコイドなどは脂溶性であり，それぞれ標的細胞への作用の仕方が異なる。脂溶性ホルモンの作用機構を，受容体と調節タンパク質という言葉を使って述べよ。

〔12 滋賀医大〕

必 85.〈反射とその経路〉

　脊髄は脊椎骨に囲まれた円柱状の中枢神経で，中心管の周辺にはニューロンの細胞体が集まった　①　があり，その外側に神経繊維が束になった　②　がある。脊髄からは各椎骨に対応するように，原則として左右1対の腹根と背根が出ており，これらが束になり左右の　③　となる。頸椎，胸椎，腰椎，仙椎，尾椎の各椎骨に対応して，脊髄も各　③　を出す頸髄，胸髄，腰髄，仙髄，尾髄に分けられる。

　神経系を構成する神経回路はそれぞれに固有のしくみで情報を処理し，さまざまな機能を実現している。脊髄は脳と末梢神経の連絡路であり，脳からの指令を筋などの効果器に伝達する一方，筋，関節，皮膚などにある受容器から送られる感覚情報を脳に伝える。このほか，脊髄が中枢としてはたらき，受容器の刺激によって起こった興奮が，脊髄のみを経て筋肉などの効果器の反応を引き起こす脊髄反射がある。その一例は膝蓋腱反射であり，(1)ひざ関節のすぐ下を軽くたたくと，ひざを伸ばす筋が収縮し足が跳ね上がる。このとき，(2)伸筋が収縮するとともに，(3)屈筋の収縮は抑制される。反射における興奮伝達の経路は反射弓とよばれ，膝蓋腱反射では受容器は　④　であり，反射中枢は腰髄にある。

問1　文中の①～④に適切な語句を入れよ。

問2　下線部(1)について，最も効率よく膝蓋腱反射が引き起こされるのは，図の@～©のうちどこをたたいたときか。記号で答え，その理由を述べよ。

問3　次の場合，膝蓋腱反射はどうなると考えられるか答えよ。

(ⅰ)腰髄の背根が切断された場合　　　(ⅱ)仙髄が切断された場合

問4　下線部(2)と(3)について，反射中枢において運動ニューロンに刺激を伝達する神経伝

達物質を以下の(a)～(f)からそれぞれ1つ選び，記号で答えよ。
(a) グルタミン酸　(b) アクチン　(c) γ-アミノ酪酸（GABA）
(d) トロポミオシン　(e) ロドプシン　(f) ノルアドレナリン

問5 下線部(2)と(3)について，伸筋の受容器から反射中枢までの長さが50cm，その間の感覚神経の伝導速度が100m/秒，シナプス伝達に要する時間は一定で0.5ミリ秒であるとき，受容器の感覚神経終末に活動電位が生じてから運動ニューロンに伝達されるまでに要する時間はいくらか。それぞれ計算式とともに答えよ。

問6 脊髄反射には，熱いものに触れたときに瞬時に手を引っ込めるなどの屈曲反射（屈筋反射）もある。膝蓋腱反射と比較し，反射弓におけるおもな違いを説明せよ。

問7 膝蓋腱反射と同じしくみの反射はほとんどの骨格筋に見られる。軽く曲げているAさんのひじをBさんがすばやく伸ばしたとき，ひじの関節の屈筋と伸筋にはそれぞれどのような反応が見られるか答えよ。〔18 滋賀医大〕

86.〈筋収縮のしくみ〉

骨格筋は筋繊維（筋細胞）からなり，筋繊維の中には多数の筋原繊維が束になって存在する。筋原繊維は　a　という袋状の膜構造によって取り囲まれており，また　b　という構造で仕切られている。　b　から隣の　b　までを　c　とよび，これが筋原繊維の構造上の単位となっている。筋原繊維はアクチンフィラメントとミオシンフィラメントからできており，これらが規則的に配列しているので，明暗の横縞が見られる。図1は筋原繊維を模式的に示したものである。

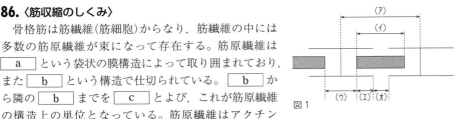
図1

筋肉が収縮するには，反応の引き金としてCa^{2+}が必要である。神経からの興奮が筋繊維に伝えられると，　a　からCa^{2+}が放出され，①これがアクチンフィラメント上のトロポニンに結合する。その結果，ミオシン頭部がアクチンと結合し，ミオシン頭部が　d　としてはたらき，ATPが分解される。このエネルギーによって，ミオシンフィラメントがアクチンフィラメントをたぐり寄せ，筋収縮が起こる。神経からの興奮がなくなると②Ca^{2+}は　a　に取りこまれ，筋肉は弛緩する。

トロポニンはトロポニンC，トロポニンIなどの成分からなる。これらの成分のはたらき，および，Ca^{2+}の作用を調べるために次の実験を行った。

【実験】 細胞膜を除いた筋繊維を種々のCa^{2+}濃度の液に浸し，Ca^{2+}濃度と発生する張力の関係を調べた。図2の破線のグラフはその結果を示したものである。次に，(A) トロポニンCを除去したとき，(B) トロポニンCとトロポニンIの両方を除去したときの，Ca^{2+}濃度と発生する張力の関係をそれぞれ同様に調べた。図2の(A)，(B)はその結果を示したものである。

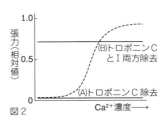
図2

問1 文章中の　a　～　d　に入る最も適切な語句を答えよ。

第7章 動物の反応と行動　**87**

問2 図1に関して，次の(1)，(2)に答えよ。

(1) 図中の(ア)～(オ)のうち，弛緩時に比べて収縮時のほうが短くなる部位をすべて選び，その記号を答えよ。

(2) 筋肉を人為的に引き伸ばして固定し，電気刺激を与えると張力が発生した。さらに筋肉を徐々に引き伸ばすと張力は徐々に減少し，(ア)の長さが 3.6 μm 以上になると，張力は発生しなくなった。

弛緩時における(ア)の長さは 2.4 μm，(イ)の長さは 1.6 μm，(ウ)の長さは 0.8 μm であった。弛緩時における(エ)の長さを求めよ。

問3　下線部②に関して，筋繊維の興奮が終わると，Ca^{2+} は再び　 a 　に取りこまれ，筋肉は弛緩する。このしくみについて，以下の語句を用いて説明せよ。

(語句) カルシウムポンプ，アクチンフィラメント，ミオシンフィラメント

問4　実験に関する次の文章を読み，以下の(1)，(2)に答えよ。

実験の結果から，トロポニンの成分のうち，トロポニン　 e 　は Ca^{2+} 濃度に関わらず，収縮を　 f 　させるはたらきをもつが，Ca^{2+} が存在すると，Ca^{2+} がトロポニン　 g 　に結合して，これがトロポニン　 e 　に作用することで③トロポニン　 e 　によるはたらきが消失すると考えられる。

(1) 文章中の　 e 　～　 g 　に入る適切な語句を答えよ。

(2) 下線部③に関して，Ca^{2+} が存在するとトロポニン　 e 　によるはたらきが消失するとは，具体的にどのような反応が起こるのか，前ページの文章の下線部①を参考にし，また，次の語句を用いて 80 字以内で説明せよ。

(語句) トロポミオシン，結合部位　　　　　　　　　　　　　　　　〔17 名城大〕

🉑 **87.** 〈リズミカルな行動〉　**思考**

神経細胞の軸索の末端は神経終末とよばれ，わずかなすき間をおいて，他の神経細胞の樹状突起や細胞体などに接している。この部分をシナプスという。活動電位が神経終末に到達すると，電位依存性の　 ア 　チャネルが開き，　 ア 　が神経終末に流入し，　 イ 　が神経終末の膜に融合する。これにより　 イ 　から神経伝達物質がシナプス間隙に放出される。興奮性の神経伝達物質としてグルタミン酸などがあり，抑制性の神経伝達物質として γ－アミノ酪酸（GABA）などがある。また快感などの報酬系に関する神経回路では，主要な神経伝達物質として　 ウ 　がある。シナプス前細胞による神経伝達物質の放出の結果，シナプス後細胞に生じる変化をシナプス後電位とよぶ。例えば，　 エ 　チャネルが開くと脱分極性の興奮性シナプス後電位が生じ，クロライドイオン（Cl^-）チャネルが開くと過分極性の抑制性シナプス後電位が生じる。興奮性シナプス後電位を生じさせるシナプスを興奮性シナプス，抑制性シナプス後電位を生じさせるシナプスを抑制性シナプスという。

問1　文中の　 ア 　～　 エ 　に適切な語句を入れよ。

脳内ではニューロンがシナプスを介して結合し，神経回路をつくっている。興奮性と抑制性のシナプス結合をもつ神経回路の例を図 1A ～ C に示す。これらの神経回路のシナプス結合は，次の 2 点の性質をもつとする。

(i) 1つの興奮性シナプスからの興奮性シナプス後電位によってシナプス後細胞で活動電位が生じる。
(ii) 抑制性シナプス後電位は興奮性シナプス後電位をある一定時間打ち消すことができる。

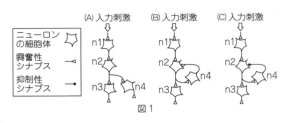

図1

問2 図1Aのニューロン n1 〜 n4 の活動電位の発生パターンが図2Aのようになった。
(1) 図1Bのニューロン n1 と n3 の活動電位の発生パターンが図2Bのようになるとき，n2 と n4 の活動電位の発生パターンを図2Bの①〜⑤からそれぞれ選べ。
(2) 図1Cのニューロン n1 と n4 の活動電位の発生パターンが図2Cのようになるとき，n2 と n3 の活動電位の発生パターンを図2Cの⑥〜⑩からそれぞれ選べ。

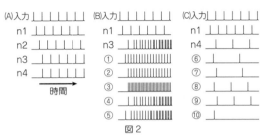

図2

アフリカツメガエルの幼生は，左右の体側筋を交互に収縮することによって水中で遊泳行動をする。アフリカツメガエル幼生の遊泳軌跡を図3Aに，左体側筋（図3Aの矢印部）の収縮変化の一部を図3Bに示す。図3Cに簡略化して示した神経回路によって，このようなリズミカルな行動パターンがつくられると考えられており，これら複数のニューロンの遊泳中の活動電位の発生パターンの一部を図3Dに示す。ただし，図3Cの興奮性と抑制性シナプスの性質は前述の(i)と(ii)の性質をもつとする。また，ニューロン n1 と n4 は活動電位を連続して4回まで発生することができるが，その最後の活動電位の発生後20ミリ秒間は一時的に興奮できない性質をもつとする。

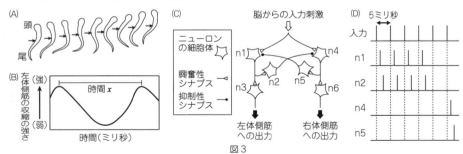

図3

問3 図3Dのニューロン n1, n2, n4, n5 の活動電位の発生パターンの続きを40ミリ秒分図示せよ。
問4 図3Dで示したように入力刺激が5ミリ秒間隔で繰り返して入力されるとき，図3Bの時間 x は何ミリ秒になるか。

問5　図3Cのニューロンn1とn4が活動電位を連続して2回まで発生することができ，その最後の活動電位発生後20ミリ秒間は一時的に興奮できない性質をもっていた場合，図3Aと比べてどのような泳ぎ方になるか。次の(a)〜(d)から1つ選べ。
(a) 尾を振るリズムがゆっくりとなり，尾の曲がりは大きくなる。
(b) 尾を振るリズムがゆっくりとなり，尾の曲がりは小さくなる。
(c) 尾を振るリズムが速くなり，尾の曲がりは大きくなる。
(d) 尾を振るリズムが速くなり，尾の曲がりは小さくなる。　　　　　〔16 北海道大〕

必 88. 〈アメフラシの学習〉

動物はさまざまな状況下で，学習によって柔軟に行動を変化させることができる。

　　1　門に属するアメフラシ（図1）は背中にえらをもつ。えらのそばにある水管への刺激の情報は，水管感覚ニューロンとえら運動ニューロンとのシナプスを介して，えらの筋細胞に伝えられ，えらを引っこめる反応が生じる（図2）。しかし，水管を刺激

図1　アメフラシ

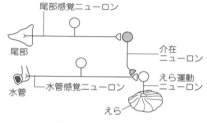
図2　水管刺激とえらを引っこめる反応にかかわる神経回路

し続けると，やがてえらを引っこめなくなる。これは　2　とよばれる，最も単純な学習の1つである。一方，尾を強く刺激すると，尾部感覚ニューロンの情報を受け取る介在ニューロンの作用により，ふつうではえらを引っこめることのないような水管に対する弱い刺激に対しても，えらを引っこめるようになる（図2）。このような現象を鋭敏化（先鋭化）とよぶ。

　　2　や鋭敏化は，水管感覚ニューロンとえら運動ニューロンとの間のシナプスで，伝達効率が変化することによって生じる。

問1　文中の空欄　1　と　2　に適切な語句を入れよ。
問2　下線部について，図2を参考にして，以下の小問(1)〜(5)に答えよ。
(1) 以下の文中の空欄　a　と　b　にあてはまる適切な語句を答えよ。
　　脊椎動物では，運動ニューロンの軸索末端に興奮が到達すると，　a　Ca^{2+}チャネルが開き，Ca^{2+}が軸索内に流入する。それによって　b　がシナプス前膜と融合し，　b　内の興奮性伝達物質が放出され，筋細胞膜受容体に結合することで，興奮が伝達される。
(2) (1)の　a　Ca^{2+}チャネルと同様の性質をもつ，興奮の発生と伝導に密接に関与しているイオンチャネルの名称を答えよ。
(3) 興奮性伝達物質が受容体に結合することで筋細胞に生じる電位の名称を答えよ。
(4) 鋭敏化でシナプスの伝達効率が変化するときに，水管感覚ニューロンとえら運動ニューロンの間のシナプスで具体的に起きていることを，次から2つ選べ。

(a) 水管感覚ニューロンからの伝達物質の放出量が増加する
(b) 水管感覚ニューロンからの伝達物質の放出量が減少する
(c) シナプス間隔が狭くなる
(d) シナプス間隔が広くなる
(e) 水管感覚ニューロンの軸索末端で活動電位の持続時間が長くなる
(f) えら運動ニューロンの細胞体で、活動電位の持続時間が長くなる

(5) 鋭敏化が起こっているときに、水管感覚ニューロンの軸索末端内部で進行していることを、以下の用語をすべて用いて記せ。
〔 cAMP, K^+チャネル, Ca^{2+} 〕

〔16 日本女子大〕

B 応用問題

89. 〈活動電位の発生のしくみ〉 思考

細胞膜そのものはイオンを通さないが、細胞膜にはイオンなどの物質を運搬するしくみが備わっている。その1つがイオンチャネルである。イオンチャネルには後シナプス膜に存在する伝達物質依存性チャネルや、電位変化によって活動する電位依存性チャネルなどがある。①ニューロンが活動していない状態(静止状態)では、電位に依存せずにK^+を透過させるカリウムチャネルが常に開いた状態になっている。

細胞に閾値以上の刺激が加わると、電位依存性ナトリウムチャネルが開いてNa^+が細胞内に流入する。その結果、細胞内の電位が上昇し、細胞内外の電位が逆転する。その後、電位依存性ナトリウムチャネルが閉じるとともに、②電位依存性カリウムチャネルが開き、最終的に静止電位にもどる。活動電位の発生のしくみを調べるため、次の実験を行った。

〔実験1〕 イカの巨大軸索を切り取り、軸索の内側および外側に、組成の異なる一定の溶液を流し続けることができる標本を作製した。このような標本を用い、細胞膜内外の溶液のイオン濃度を人為的に変えて膜電位を測定した。細胞外液と細胞内液の相対的な濃度を、生体内と同様にK^+が1.0(細胞外)と31.1(細胞内)、Na^+が31.1(細胞外)と3.3(細胞内)にして膜電位を測定し閾値以上の刺激を与えると図1の結果が得られた。

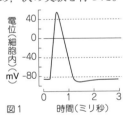
図1

〔実験2〕 実験1で用いた標本で、細胞外のNa^+をすべてK^+に置き換えて膜電位を測定し、実験1と同じ強さの刺激を与えた。

〔実験3〕 実験1で用いた標本で、細胞内のK^+の半分をNa^+に置き換えて膜電位を測定し、実験1と同じ強さの刺激を与えた。

問1 下線部①に示す事実は静止電位が生じるために重要である。これにより静止電位が生じる理由を80字以内で記せ。

問2 下線部②について、電位依存性カリウムチャネルを阻害する薬物を投与したとき、活動電位にどのような変化が生じるか、予想される結果を40字以内で記せ。

問3 実験2で予想される結果を「静止電位」と「活動電位」の2語を用いて述べよ。

問4 実験3で予想される結果を以下の(ア)～(エ)から選び、その理由も説明せよ。

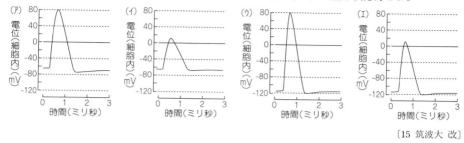

〔15 筑波大 改〕

90.〈ニューロンと活動電位の発生〉

細胞内に微小な電極を挿入すると、細胞内外の電位差を測定することができる。この細胞膜を隔てた電位差を膜電位という。細胞がほかの細胞から信号を受け取っていないときの膜電位を静止電位という。また、一定以上の大きさの脱分極が起こると膜電位が急速に上昇するが、これを活動電位という。ニューロンでは静止電位は-70～-60 mV程度、また活動電位のピーク値は$+30$～$+40$ mV程度であることが多い。ニューロンの興奮が神経終末まで伝導すると、神経伝達物質が放出される。

静止電位や活動電位の値は、それぞれK^+またはNa^+の細胞内外の濃度比によって決まっている。表に細胞内外の主要なイオン濃度を示した。

表　細胞内外のイオン組成(哺乳類の神経細胞の一例)

イオン	細胞内(10^{-3} mol/L)	細胞外(10^{-3} mol/L)
K^+	140	5.0
Na^+	10	145
Cl^-	4.0	110

細胞が静止状態のとき、細胞膜の一部のK^+チャネルは開いており、K^+は低濃度である細胞外へ拡散して出ていこうとする。一方、細胞の内側は細胞の外側に対して電気的に負になって、K^+を引きもどそうとする。この結果として、K^+が濃度差にしたがって細胞外へ拡散しようとする力と、電気的に引きもどそうとする力がつり合う状態(平衡状態)になる。この平衡状態は電位の値で表され、そのイオンの平衡電位とよばれる。そのイオンの細胞内外の濃度(mol/L)をそれぞれ$[C]_{in}$と$[C]_{out}$とすると、平衡電位E(mV)は室温の場合に以下の式で表される。

$$E = \frac{57.5}{n} \times \log_{10} \frac{[C]_{out}}{[C]_{in}}$$

ここで、nはイオンの正負を含む価数(K^+の場合は$+1$)である。

例えば、K^+の平衡電位は表の値を上の式に代入することにより、

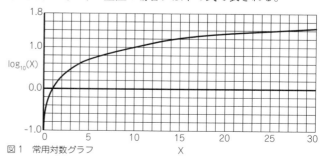

図1　常用対数グラフ

として計算できる。ここで、

$$\log_{10}\frac{5.0}{140} = -\log_{10}\frac{140}{5.0} = -\log_{10}28$$

であり、かつ図1の常用対数のグラフより $\log_{10}28$ は約1.4であるとわかる。したがって、K^+ の平衡電位を四捨五入によって有効数字2桁まで求めると、-81 mV となる。

問1 表のイオン組成をもつ細胞における Na^+ の平衡電位を求めよ。ただし、有効数字は2桁とする。解答には計算過程も示せ。

問2 グルタミン酸を放出する興奮性シナプスでは、興奮が伝導するとシナプス前細胞の神経終末からグルタミン酸が放出される。シナプス後細胞の細胞膜にはグルタミン酸と特異的に結合することでイオンを通すように変化するグルタミン酸依存性イオンチャネルが存

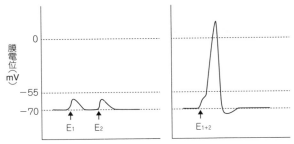

図2 シナプス後電位の加算と活動電位の発生の例。
矢印は EPSP の発生時期を示す。グラフの横軸は時間。

在している。グルタミン酸に結合したグルタミン酸依存性イオンチャネルは Na^+ を流入させ、シナプス後細胞の膜電位を脱分極させる。多くの場合、1つの興奮性シナプスで発生する単一の興奮性シナプス後電位(EPSP)は閾値に達するほどの大きさにはならない(図2左、E_1 や E_2)。しかし、時間的または空間的加重が発生した場合は、EPSP が加算によっておよそ -55 mV の閾値を超え、活動電位が発生する(図2右、E_{1+2})。

一方、神経伝達物質の1つ GABA を放出する抑制性シナプスでは、GABA の結合によりシナプス後細胞の細胞膜に存在する GABA 依存性イオンチャネルが開く。このイオンチャネルは Cl^- を通す。表のイオン組成をもつ細胞における Cl^- の平衡電位を求めよ。ただし、有効数字は2桁とする。

問3 未成熟のニューロンでは、細胞内 Cl^- 濃度が高い場合があることが知られている。細胞内の Cl^- 濃度が 20×10^{-3} mol/L であるニューロン(ただしそれ以外の細胞内外のイオン濃度や閾値は表や図2と同じ)が存在した場合、このニューロンがシナプス前細胞から同時に多くの GABA 放出を受けたときにどのような現象が起こると考えられるか。理由と共に80字程度で説明せよ。

〔21 名古屋市大〕

準 91.〈嗅覚が生じるしくみ〉 思考

次の文章を読み、以下の問いに答えよ。

嗅覚は、におい物質がにおい物質結合タンパク質(嗅覚受容体)に結合して引き起こされる感覚である。嗅覚受容体は、嗅上皮にある嗅細胞から伸びている繊毛の表面にある。繊

毛は外界に向かって伸びているが，粘液でおおわれている。粘液の中のイオン組成は，水中であれば外界の水のイオンの組成とほぼ同じである。

におい物質の多くは低分子化合物であり，(1)図に示すように複数の嗅覚受容体に結合できるものがある。におい物質の種類は10万とも100万ともいわれている。一方，嗅覚受容体の遺伝子の数は，ネズミで約1000，ヒトでは約400，魚類や両生類では数十から200くらいである。嗅細胞はヒトでは数百万あるといわれているが，1つの嗅細胞には1種類の受容体しかない。

におい物質が嗅覚受容体に結合すると，(2)イオンチャネルが開いてイオンの流れが生じて脱分極が起こり，これを受容器電位とよぶ。(3)受容器電位は嗅覚細胞自身に活動電位を誘発させ，嗅細胞はにおいの情報を脳に伝える。

におい物質

① ② ③ ④ ⑤

嗅覚受容体

受容体A　　受容体B　　受容体C

図1　におい物質と嗅覚受容体
例えば，におい物質①は受容体Aにのみ結合できるが，②は受容体AとBに結合できる。

問1　下線部(1)に関して，嗅覚受容体の種類は少ないにもかかわらず，非常に多くの種類のにおい物質を識別するしくみについて，図を参考にして説明せよ。

問2　下線部(2)に関して，静止電位は細胞外に対して-70 mV程度である。神経細胞では，このような静止電位のもとではカリウムチャネルが開いているにもかかわらず，K^+のみかけ上の流出や流入といった動きはない。一方，活動電位の発生過程で膜電位が逆転し細胞内がプラスになった状態でさらにカリウムチャネルが開くと，K^+は細胞外にいっせいに流出する。静止電位のときには，K^+は細胞内の濃度が高いにもかかわらず，なぜ見かけ上の動きはないのか説明せよ。

問3　下線部(3)に関して，味覚や聴覚における感覚情報の脳への伝わり方は，嗅覚における伝わり方とどのように違うか説明せよ。

受容器電位を発生させるためのイオンチャネルは繊毛に存在している。嗅細胞では，におい物質が嗅覚受容体に結合すると，Gタンパク質を介してイオンチャネルが開き，Na^+やCa^{2+}が入って受容器電位が発生する。さらに，(4)Ca^{2+}はCl^-に対するイオンチャネルを開かせる。嗅細胞は，他の細胞と比べて細胞内のCl^-の濃度が高くなっており，外界のイオン組成によってはCl^-が細胞外に流出して脱分極を引き起こし，受容器電位の発生にかかわる。

問4　下線部(4)の現象は，淡水に生息する魚にとっては非常に重要であると考えられている。表をもとに，その理由を考えて説明せよ。

表　魚の嗅細胞と淡水中のイオン濃度の比較

イオン	嗅細胞内の濃度との比較
Na^+	嗅細胞＞淡水
Cl^-	嗅細胞＞淡水
Ca^{2+}	嗅細胞＜淡水
K^+	嗅細胞＞淡水

〔21 京都府立医大〕

92. 〈体内時計と明暗周期〉 **思考**

夜行性のマウスを用いて図1Aの飼育環境において以下の実験を行った。12時間の明期と12時間の暗期の部屋で飼育し(1－3日の明暗条件)、その後このマウスを常に暗い状態の部屋で飼育すると(4－14日の恒暗条件)、行動リズムのパターンは図1Bのようになった。次に別のマウスを用いて図2Aの飼育環境において以下の実験を行った。12時間の明期と12時間の暗期の部屋で飼育し(1－2日)、その後明暗周期を6時間前進させた(3－10日)。11日から明暗周期を6時間後退させ(11－16日)、元の明暗環境で飼育した。このときのマウスの行動リズムの位相を模式的に示したのが図2Bである。明暗周期を前進させたときになぜ行動リズムが前進するかを考えてみる。3－10日目では、1－2日目の明暗周期の暗期の後半にあたるタイミングの

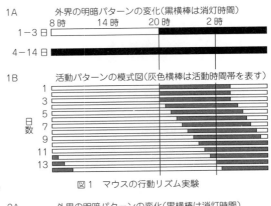

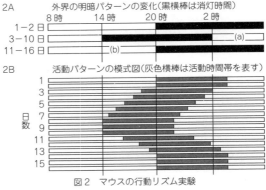

(a)に光が当たる。このことが体内時計の位相前進をもたらした。一方、11－16日目では、3－10日目の明暗周期の暗期の前半にあたるタイミングの(b)に光が当たる。このことが体内時計の位相後退をもたらした。

問1 このマウスは明暗環境下においては、活動開始時刻を24時間周期で刻んでいるが、恒常暗環境下では周期が変化して、活動開始時刻が徐々にずれていく。恒常暗環境下での周期は何時間何分であるか。図1Bの結果を参考にし、理由とともに答えよ。

問2 人が海外旅行に行くときに、日本からの時差の絶対値がいずれも6時間で、同一緯度の東方向の都市、または西方向の都市に行く場合は、いずれのほうが一過性の時差ボケの続く日数が長いと考えられるか、マウスを用いた図2Bの結果を参考にし、理由も答えよ。一過性時差ボケとは、現地の実時間と自分の体内時計の時間が合っていないと生じる現象であり、健康問題が出やすい。

問3 問2の東方向の都市に行って2日目の夜になったので寝始めたが、一過性の時差ボケで3時間後に目が覚めた。自分の体内時計を現地時間に早く合わせるという意味では、このとき光をつけて本などを読むことと、我慢してそのまま光を避けることとではどちらがよいと考えられるか、理由も含めて答えよ。

〔19 早稲田大〕

8 植物の環境応答

A 標準問題

93.〈植物ホルモン〉 思考

8日間生育させたエンドウから図1のように茎の一部を切り出し，水，あるいはオーキシンを1 mg/L含む水に浮かべて25℃で保温した。また，茎から表皮組織のみをはがしたものを作製し，同様の処理を行った。一定時間後に茎の長さを測定し，その変化をグラフで表した（図2）。

問1 図2について次から正しくないものをすべて選べ。
(a) この実験で見られる茎の伸びは，茎の細胞の伸びを足し合わせたものである。
(b) オーキシンの作用は2時間以降ではっきりと見られ，その程度はそれ以降のいずれの時点でも未処理の茎のほうが表皮組織をはがした茎よりも大きい。
(c) 表皮組織をはがした茎が処理後1時間で伸びているのは，表皮組織をはがしたことでしみこみやすくなったオーキシンにより茎の伸びが促進されたからである。
(d) オーキシンは内部組織と表皮組織のどちらの細胞の伸びも促進する。
(e) オーキシンは正常な表皮組織を通過して浸透したときにしか成長を促進しない。
(f) 水の代わりに12%スクロース溶液を使って実験を行うと，茎はスクロースを栄養にして伸びやすくなり，オーキシンの有無による伸びの差が大きくなる。

問2 この実験でオーキシンはエンドウの茎に対して成長を促進する作用があることを確認した。さらにこの実験では表皮をはがした茎を使うことで何を明らかにしようとしているのか，35字以内で答えよ。また，その目的をより明確にするには，さらにどのような実験を行えばよいか，30字以内で答えよ。

問3 切り出したエンドウの茎に，図3の破線のように縦に深く切り込みを入れ，水，あるいはオーキシンの入った水に浮かべてそれらの屈曲を観察した。水に浮かべて20時間後に観察すると，切れ目を入れた茎は図3のように外側に向かって屈曲した。図2の結果から，オーキシンの入った水に浮かべた茎はどのような曲がり方をすると予測されるか。最も適切と考えられるものを図3下のa〜cから選べ。　　〔12 名古屋大〕

94. 〈オーキシンのはたらき〉 思考

植物ホルモンであるオーキシンは，細胞の伸長や増殖・分化など植物の成長においてさまざまなはたらきをしている。インドール酢酸は植物の主要なオーキシンである。オーキシンによる植物伸長のしくみを調べる目的で以下の実験を行った。

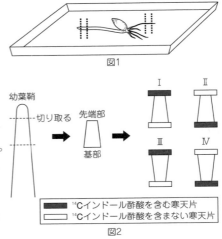

図1

図2

■ ^{14}C インドール酢酸を含む寒天片
□ ^{14}C インドール酢酸を含まない寒天片

〔実験1〕 オートムギの種子を暗所で発芽させ，生育した幼葉鞘と根が水平になるように芽生えを横にして1時間放置した(図1)。その後，先端部分を図に示すように切り取り，それぞれを横にしたときの上側と下側に切り分けた。得られた切片のインドール酢酸の濃度を測定したところ，下側の濃度が上側に比べて数倍高くなっていた。

〔実験2〕 オートムギの幼葉鞘切片を用意して，放射性同位元素 ^{14}C で標識されたインドール酢酸(以下「^{14}C インドール酢酸」と表す)を含む寒天片と含まない寒天片を図2のように先端部と基部に4通りの方法でおき，蒸散の影響のない状態で暗所に一定時間放置した。はじめインドール酢酸を含まなかった寒天片を調べたところ，ⅠとⅣの場合のみ ^{14}C インドール酢酸が寒天片に検出された。

〔実験3〕 野生型シロイヌナズナとA遺伝子に突然変異を起こした変異体シロイヌナズナの茎の一部を同じ長さに切り取り，先端部側の端を ^{14}C インドール酢酸を含む溶液に浸した。一定時間後に溶液に浸されていない基部側の端に含まれる ^{14}C インドール酢酸の量を測定したところ，変異体では野生型で検出された量の10％以下の ^{14}C インドール酢酸しか検出できなかった。

〔実験4〕 シロイヌナズナのA遺伝子によってつくられるAタンパク質のはたらきを調べるために，ある植物の培養細胞にA遺伝子を導入して，Aタンパク質を過剰につくっている細胞を得た。細胞を壊して細胞質と細胞膜に分けたところ，Aタンパク質は細胞膜にあった。次にA遺伝子を導入した細胞と導入していない対照の細胞を含む懸濁液に ^{14}C インドール酢酸を加え，細胞内に一定量の ^{14}C インドール酢酸を取りこませた。その後，インドール酢酸を含まない溶液に細胞を移し，一定時間経過後に細胞内の ^{14}C インドール酢酸量を調べた。インドール酢酸を含まない溶液に移した直後の細胞に含まれる ^{14}C インドール酢酸の量を100％とすると，対照の細胞では約80％の ^{14}C インドール酢酸が残っていたが，A遺伝子を導入した細胞では約20％しか残っていなかった。

問1 芽生えを横にして暗所に数時間放置していると，幼葉鞘と根は異なる方向に伸長する。実験1で得られた結果をもとに，オーキシンによる幼葉鞘と根の重力屈性のしくみを70字以内で説明せよ。

問2 実験2より，オーキシンは植物の幼葉鞘内を移動することがわかる。この移動には

どのような特徴があり，重力はどのような影響を与えているのか，実験結果にもとづき80字以内で述べよ。

問3　実験4の結果から，シロイヌナズナのAタンパク質はどのようなはたらきをしていると考えられるか，40字以内で述べよ。

問4　実験3と4で示されたAタンパク質の役割から，Aタンパク質は細胞のどの部分に存在していると推測できるか。茎内での細胞の配置を考慮し，理由とともに90字以内で述べよ。なお，オーキシンは細胞壁を通過して細胞から細胞に移動する。〔07 大阪大〕

準 95.〈重 力 屈 性〉

次の文章を読み，あとの問いに答えよ。

アブラナ科のシロイヌナズナの野生株では，植物体が横倒しになると，(a)茎が重力と逆方向に曲がる。この現象を負の（イ）という。シロイヌナズナのさまざまな変異株を用いた研究により，茎の重力感受機構が明らかになってきている。図1にシロイヌナズナの茎の構造を模式的に示す。

内皮細胞層を形成できないシロイヌナズナの変異株では，横倒しになっても茎がまったく曲がらない。一方，(b)グルコースからのデンプン合成に必要な酵素の1つが失われた別の変異株Pでは，茎の内部に内皮細胞層があるが，横倒しになっても茎の屈曲がほとんど起こらない。これらは，内皮細胞内のデンプン合成能の有無が，茎の重力感受にかかわっていることを示している。

図2は，シロイヌナズナの野生株の茎の内皮細胞を示している。茎の内皮細胞には，（ロ）の一種であるアミロプラストとよばれる細胞小器官が多数存在する。(c)野生株ではアミロプラストにデンプンが蓄積している。また，野生株と変異株Pの両方とも，茎の内皮細胞にはきわめて大きな液胞があり，細胞質が糸状になった多数の細胞質糸がその中を横切っている。野生株の内皮細胞のアミロプラストは，図2に示すように細胞質糸の中で重力の方向にかたよって分布する。しかし，(d)変異株Pでは，アミロプラストは重力の方向に関係なく細胞全体の細胞質糸の中にかたよらずに分布している。

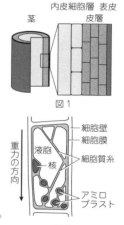

このように野生株のシロイヌナズナでは，内皮細胞内でアミロプラストの分布が重力の方向にかたよる。これが，茎における(e)屈曲にかかわる植物ホルモンの分布にかたよりが生じる原因となっている。

問1　文中の（イ）と（ロ）に該当する語句を記せ。
問2　下線部(a)にかかわる植物ホルモンは何か。その名称を答えよ。
問3　下線部(b)に関連して，光合成で生成され，グルコースの合成に利用される3個の炭素原子を含む有機化合物は何か。
問4　下線部(c)に関して，葉緑体内で合成されるデンプンを何とよぶか。
問5　下線部(d)の事実から，デンプン合成能の有無がアミロプラストの性質を変化させて

98 第3編 生物の生活と環境

いると考えられる。茎の重力感受にとってアミロプラストの変化のうち何が最も重要か。
次の(1)～(4)から1つ選び，番号で答えよ。
(1) 体　積　　(2) 硬　度　　(3) 密　度　　(4) pH
問6　下線部(e)に関連して，根は重力の方向に屈曲する。屈曲にかかわる植物ホルモンの
　　屈曲部における濃度はどのようになっているか。次の(1)～(4)から正しいものを1つ選べ。
(1) 茎と根の両方とも屈曲面側で高い。　　(2) 茎と根の両方とも屈曲面の反対側で高い。
(3) 茎では屈曲面側で高く，根では屈曲面の反対側で高い。
(4) 茎では屈曲面の反対側で高く，根では屈曲面側で高い。　　　　　　　　　　〔16 福岡大〕

必 96.〈光 受 容 体〉 思考
　　植物の光に対する反応を研究したいと思い科学部の先生に相談したところ，先生がシロ
イヌナズナの突然変異体の種子をくださった。シロイヌナズナは研究でよく用いられる植
物である。種子が入った袋には「光受容体A欠損株」，「光受容体B欠損株」，「光受容体C
欠損株」および「野生株」と書かれていた。しかし，光受容体A，B，Cがどのような受容体
であるかは教えてもらえなかった。そこで，光受容体A，B，Cがそれぞれ何という受容
体であるかを明らかにするために，実験1，2，3を行い，以下のような結果を得た。
〔実験1〕　種子に白色光を当てて発芽率を調べた結果，「光受容体A欠損株」以外はほぼ
　　100%の発芽率を示したが，「光受容体A欠損株」は低い発芽率を示した。
〔実験2〕　発芽した種子を ₐ暗所で育てると，すべての芽生えはもやし状になった。一方，
　　白色光を当てて育てると，「光受容体C欠損株」は「野生株」と同じような形態を示したが，
　　「光受容体A欠損株」と「光受容体B欠損株」は「野生株」に比べて胚軸が長くなった。
〔実験3〕　発芽した種子を窓際において育てたところ，「光受容体C欠損株」以外は ♭光が
　　当たる窓際に向かって成長したが，「光受容体C欠損株」は窓際に向かって成長すること
　　はなかった。
問1　種子の発芽調節には，光以外に植物ホルモンが関係することが知られている。その
　　調節にかかわるホルモンを2つあげ，発芽調節におけるはたらきをそれぞれ述べよ。
問2　実験2において，下線部aのもやし状とはどのような状態か，その特徴を3つ答えよ。
問3　暗所で発芽した種子がもやし状になることは，ほとんどの植物に見られる性質であ
　　り，特に地中で発芽する植物にとって重要な性質である。暗所でもやし状になることは，
　　これらの植物にとってどのような利点があると考えられるか，2つ答えよ。
問4　実験2から，胚軸の伸長に光がかかわっていることがわかるが，茎の成長にも同様
　　に光が重要な役割を果たしている。光は光受容体を介して植物ホルモンに何らかの影響
　　を与えている。茎の成長にかかわり，光の影響を受ける植物ホルモンを3つあげよ。
問5　下線部bについて，次の小問(1)～(3)に答えよ。
(1) 植物が光に向かって成長する反応を何というか。
(2) この反応にかかわる植物ホルモンの名称を答えよ。
(3) 下線部bの反応には，光受容体が関係していると考えられるが，植物が光に向かっ
　　て成長するしくみを，光受容体と植物ホルモンという語を用いて説明せよ。

問6　A，B，Cはそれぞれ何という光受容体と考えられるか，名称を答えよ。また，それぞれの受容体が活性型になるために吸収する光の色を答えよ。

問7　「光受容体C欠損株」は，実験3において，光に向かって成長する性質を失った表現型を示した。「光受容体C欠損株」は，他にどのような表現型の異常が見られるか。

〔16 静岡大〕

必 97.〈光 受 容 体〉

植物にとって，光はさまざまな反応を行うシグナルとなっている。植物の光受容体には，赤色光および遠赤色光を受容するフィトクロム，青色光を受容するクリプトクロムとフォトトロピンなどがある。フィトクロムは種子発芽などの反応に関与し，多くは赤色光で誘導され，遠赤色光で打ち消される。光受容体のはたらきを調べるために，次の実験1を行った。

〔実験1〕　野生型の個体，およびフォトトロピン欠損変異体の芽ばえに横から青色光を照射したところ，図1のような反応を示した。

図1

また，フォトトロピンは気孔の開口にも関与している。気孔は孔辺細胞の浸透圧が上昇することで開口する。青色光を受容すると，孔辺細胞の浸透圧が上昇するしくみを調べるために，次の実験2〜4を行った。

〔実験2〕　赤色光照射下で孔辺細胞に青色光を短時間照射した。このときの細胞外液のpHは図2のように変化した。

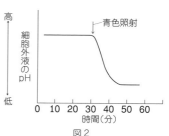

図2

〔実験3〕　実験2において，H^+-ATPアーゼの阻害剤を加えた場合，および細胞膜のH^+に対する透過性を高める物質を加えた場合には，このようなpHの変化は見られなかった。

〔実験4〕　孔辺細胞の細胞膜には複数の電位依存性K^+チャネルが存在することが知られている。孔辺細胞内のK^+濃度を調べたところ，気孔開口時には閉鎖時の5倍〜10倍に増加していた。

問1　実験1の結果からわかる，フォトトロピンが関与する反応の名称を答えよ。

問2　下線部に関して，気孔が開くことにより，二酸化炭素や酸素の出入りが行われる。これ以外に，気孔を開かせる意義について1つ答えよ。

問3　土壌の水分が不足したりすると，植物体内である植物ホルモンが合成され，気孔を閉じさせる反応が起こる。この植物ホルモンの名称を答えよ。

問4　実験2〜4の結果から，青色光により孔辺細胞の浸透圧が上昇するしくみについて述べた次の文章中の1)〜3)について，それぞれ適切なものを｛　｝内のア)，イ)から1つずつ選び，その記号を答えよ。

　　フォトトロピンが青色光を受容すると，孔辺細胞の細胞膜にあるH^+-ATPアーゼが活性化され，H^+が1)｛ア)細胞内，イ)細胞外｝に輸送される。この結果，細胞の膜電位

が2)｛ア）上昇，イ）低下｝し，電位依存性K⁺チャネルが開いてK⁺が3)｛ア）細胞内に流入，イ）細胞外へ流出｝して，細胞の浸透圧が上昇する。

問5 孔辺細胞の浸透圧が上昇すると気孔が開くしくみを「孔辺細胞の浸透圧が上昇すると，」の語句に続けて説明せよ。

〔17 名城大〕

必 98.〈植物の発芽と植物ホルモン〉 思考

(1)イネやコムギなどの穀類の種子は胚乳にデンプンを貯蔵する。これらの種子では，吸水すると胚で植物ホルモンAが合成され，それが胚乳を包んでいる糊粉層の細胞に作用してアミラーゼの合成を誘導する。アミラーゼは胚乳中のデンプンを糖に変える。この糖を利用して呼吸によりエネルギーを得ることにより胚は成長して発芽する。

一般に休眠中の種子には植物ホルモンBが多く含まれ，この物質は種子のアミラーゼの誘導に対して植物ホルモンAと反対の作用をもつ。

イネとコムギの発芽における酸素の必要性を調べたところ，イネは嫌気条件でも発芽するが，コムギは発芽しないことがわかった。そこで，イネとコムギの嫌気条件下での発芽反応の違いの原因を探るため下記の3つの実験を行った。

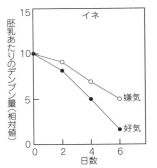
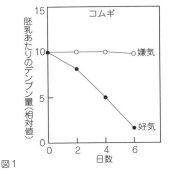

図1

〔実験1〕 イネとコムギの種子を好気条件と嫌気条件で吸水させ，胚乳中のデンプン含量の変化を測定したところ，図1のような結果が得られた。

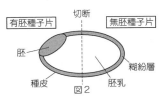

図2

〔実験2〕 イネとコムギの種子を図2のように切断し，それぞれの無胚種子片に植物ホルモンAの溶液を与えて好気条件と嫌気条件でアミラーゼ合成の誘導を調査したところ，表1のような結果が得られた。

〔実験3〕 イネ種子とコムギ種子に水あるいは糖溶液を与え，嫌気条件で発芽試験を行ったところ，表2のような結果が得られた。

問1 植物ホルモンAとBの名称をそれぞれ答えよ。

問2 下線部(1)について，ブドウ糖やショ糖ではなくデンプンで貯蔵する利点を50字以内で説明せよ。

問3 実験1の結果から，吸水後のイネとコムギの種

表1

	好気条件	嫌気条件
イネ	○	○
コムギ	○	×

○：アミラーゼ合成が誘導された
×：アミラーゼ合成が誘導されなかった

表2

	水	糖溶液
イネ	○	○
コムギ	×	○

○：発芽した ×：発芽しなかった

子中のアミラーゼ活性は嫌気条件ではどのように変化すると考えられるか。図3の(a)〜(f)の中からそれぞれ選び答えよ。なお，好気条件では，イネとコムギともに●で示したようなアミラーゼ活性の変化が見られた。

問4　実験1〜3の結果をふまえて，次の文章のうち，否定できるものには×を，否定できないものには○を答えよ。
(a) コムギ種子は嫌気条件下で植物ホルモンAが合成できない。
(b) コムギ種子は発酵ができない。
(c) 植物ホルモンAは嫌気条件下のコムギの糊粉層ではアミラーゼの合成を誘導できない。
(d) コムギ種子は嫌気条件で水は吸収できるが糖溶液は吸収できない。
(e) コムギのアミラーゼは嫌気条件下ではデンプンを糖に変えることができない。

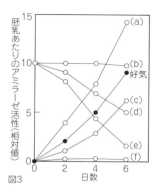

〔13 神戸大〕

99.〈植物のストレス応答〉

　植物には，食害や病原体などの生物的なストレスに応答するしくみがある。昆虫による食害を受けると，周辺の細胞で合成されたシステミンによってジャスモン酸がつくられる。aジャスモン酸は，昆虫による食害が拡大することを抑制する。ジャスモン酸の一部は，ほかの葉にも移動して，同様のはたらきをする。一方，植物がウイルスなどの病原体に感染すると，b病原体を感染部位に閉じこめて病気が全身に広がるのを防ぐ。このようなしくみは，植物免疫とよばれている。

問1　下線部aについて，ジャスモン酸はタンパク質分解酵素の阻害物質の合成を促進するが，なぜ，それが昆虫の食害の拡大を防ぐことにつながるのか。「消化」という語句を用いて説明せよ。

問2　下線部bについて，この応答の名称と，この応答によって感染細胞を含めた周辺の細胞で何が起こるのか簡潔に説明せよ。

〔20 群馬大〕

100.〈花芽形成の調節〉

　アサガオは日長に対して敏感な植物であり，ただ一度の短日処理を行った場合でも花芽が形成される。このような花成刺激は花成ホルモン（フロリゲン）とよばれる物質により伝達されると考えられている。

　さまざまな草丈のアサガオについて，以下のような実験を行った。まず最上部の完全に開いた葉より上の部分を切除し，かつ上から3枚の葉を残して，それ以外のすべての葉を除去した。これらのアサガオを次ページの図のように2つのグループに分けた。Aグループでは3枚の葉のうち一番下の葉が着生している節の側芽だけを残し，それ以外の芽をすべて除去した。Bグループでは，茎の基部にある側芽を1つ残し，それ以外の芽をすべて

除去した。これらのアサガオに14時間もしくは16時間の暗期を1回だけ与え，暗期終了直後に側芽よりも上の茎とすべての葉を除去(図で「切断」と記載)して，その後の側芽における花芽形成を調べた。

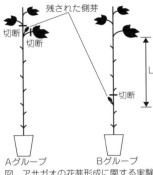

図 アサガオの花芽形成に関する実験

問1 アサガオは短日植物であり，一定の長さ以上の暗期を与えられると花芽の形成が始まる。一方，長日植物とよばれる植物では，暗期が一定の長さ以下になると花芽の形成が始まる。このように日長によって引き起こされる生物の反応性のことを何というか答えよ。

問2 Aグループでは，14時間の暗期を与えた場合には花芽が形成されず，16時間の暗期を与えた場合には花芽が形成された。この結果から花成ホルモンについていえることを40字以内で述べよ。

問3 Bグループで図中のL(一番下の葉が着生している節から側芽が着生している節までの長さ)が102 cmのアサガオを用いたところ，14時間の暗期を与えた場合にはAグループとBグループの両方で花芽が形成されず，16時間の暗期を与えた場合にはAグループとBグループの両方で花芽形成が起こった。この結果から花成ホルモンの移動についてどのようなことがいえるか。25字以内で述べよ。

問4 文中の下線部に示すような処理を行ったのはなぜか。その目的を80字以内で述べよ。

〔08 九州大 改〕

必 101. 〈光周性における緯度の影響〉

異なる緯度における日長時間の季節変化を示した図1を参考にしつつ，アサガオの花芽形成・開花に関する以下の問いに答えよ。ここでは，日長条件だけが花芽形成に影響するものとして考えよ。なお，アサガオは子葉が開けばすぐに花芽を形成できる。

春に開花する植物には長日植物が多く，秋に開花する植物には短日植物が多いという。では，夏に開花する植物はどちらなのだろう。夏に開花するアサガオの品種ムラサキについて図2のような実験データが得られている。

問1 新潟(北緯38°)の8月にアサガオが開花できる理由を具体的に述べよ。

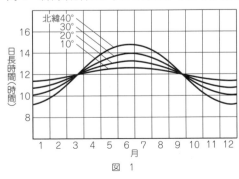

図 1

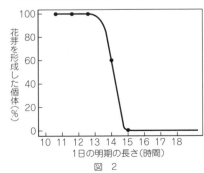

図 2

問2　自生種と思われるアサガオが世界の3地点から採集されている。これらの花芽形成に関する性質を表にあげた。

品　種	原産地(緯度)	限界暗期
アフリカ	ギニア(北緯10°)	11時間
ネパール	ネパール(北緯27°)	10時間
テンダン	北京(北緯40°)	9時間

(1) これら3品種の種子を東京(北緯36°)で6月はじめにまいたとき，花芽を形成する時期は同時だろうか，それとも，品種により異なるだろうか。同時期と思う場合は，同時期と記せ。異なると思う場合は，早い順に品種名を並べよ。いずれの場合も，そのように判断した根拠を具体的に述べよ。

(2) 品種アフリカの種子を北京で，品種テンダンの種子をギニアで，それぞれ6月はじめにまいたとき，何月に花芽を形成し始めるだろうか。それぞれの品種について答えよ。
〔01 新潟大〕

B　応用問題

準 102.〈変異体とジベレリン〉 思考

2000年前後になると，シロイヌナズナやイネを中心に変異体の表現型の解析と，その原因遺伝子の単離や解析が盛んに行われるようになった。植物ホルモンの合成や情報伝達のしくみについても，変異体の解析から次々と明らかになっていった。

ジベレリンの情報伝達において最初に報告されたのは，シロイヌナズナの変異体であった。英国ジョン・イネス・センターのグループは，図1(B)のような草丈が低くジベレリンを与えても伸びない変異体の遺伝子を解析した。変異体ではGAI遺伝子に変異がみられ，それにより，GAIタンパク質のN末端側の17アミノ酸は欠けるものの，C末端側は正常なGAIタンパク質と同じアミノ酸配列になることがわかった(図2)。今後，この変異体をd変異体とよぶことにする。その後，シロイヌナズナには，GAI遺伝子とよく似た遺伝子が他に4つあることがわかり，どの遺伝子産物にも，N末

(A) 野生型

(B) GAI遺伝子の d変異体

(C) GAI遺伝子の 欠失変異体

野生型は，GAI遺伝子に変異のないものとする。
図1　シロイヌナズナの野生型および変異体

N末端はタンパク質のアミノ基がある末端を指し，C末端は タンパク質のカルボキシル基がある末端を指す。
図2　GAIタンパク質の一次構造

端側にDELLA(アスパラギン酸―ロイシン―ロイシン―アラニン)という保存配列があったため，これらの5つのタンパク質は，DELLAタンパク質とよばれることになった。図1(C)は，GAI遺伝子の欠失変異体を示している。

104　第3編　生物の生活と環境

　一方，名古屋大学のグルー
プを中心にジベレリンにかか
わるイネのさまざまな変異体
が単離された（図3）。野生型
(D)と変異型(E)を比較すると，
(E)は草丈が低く，イネの中で
ジベレリンをつくることがで
きないジベレリン合成酵素の
欠失変異体であることがわ
かった。(F)の変異体も草丈が
低く(E)の変異体と見分けがつ
かなかったが，①(E)と(F)の変

(G) 草丈が高い変異体
（イネのDELLA
タンパク質遺伝子
の欠失変異体）

(D) 野生型のイネ

(E) 草丈が低い変異体
（ジベレリン合成
酵素遺伝子の欠失
変異体）

(F) 草丈が低い変異体
（*GID1*遺伝子の欠失
変異体）

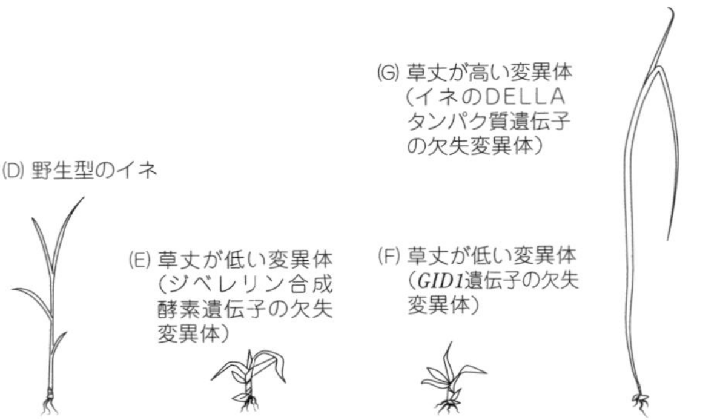

図3 イネの野生型と変異体。野生型とは，これらの遺伝子に変異がないイネを指す。

異体を用いた実験から，(F)はジベレリンの情報伝達の変異体であると推定した。(F)の変異
体の原因遺伝子を単離したところ，ジベレリンの細胞内受容体である GID1 の遺伝子が欠
失していることが明らかになった。一方，(G)で示すような草丈が高い変異体も得られた。
この変異体の遺伝子を解析したところ，シロイヌナズナの *GAI* とよく似たイネの DELLA
タンパク質遺伝子が欠失していた。また，②(F)と(G)の二重変異体をつくると，二重変異体
は（　ア　）と全く同じ形質を示した。

　さらにイネの DELLA タンパク質と緑色蛍光タンパク質（GFP）の融合タンパク質
（DELLA-GFP 融合タンパク質）の遺伝子を，野生型のイネに遺伝子導入をしたところ，
DELLA-GFP 融合タンパク質はイネ細胞の核に局在し，ジベレリンを与えると GFP シグ
ナルは核から消失した。また，GID1 はジベレリンと結合したときのみ，DELLA タンパク
質と結合できることもわかった。

　現在では，DELLA タンパク質と，GID1 細胞内受容体を中心としたジベレリン情報伝
達のしくみは，ジベレリンを植物ホルモンとして使うすべての植物に共通であると考えら
れている。

問1　下線部①の推定が導き出された実験を設定し，どのような結果が得られたか述べよ。

問2　イネにおける変異体の解析や実験結果から，ジベレリンの情報伝達とその作用につ
　　　いてジベレリンがないときとあるときに分けて述べよ。ただし，以下のリストの用語を，
　　　それぞれの解答の中ですべて1回は用いること。

　　　（用語リスト）　草丈伸長　　細胞内受容体　　GID1　　DELLA タンパク質

問3　下線部②の（　ア　）にあてはまるのは，(F)，(G)のうちどちらの変異体か答えよ。

問4　シロイヌナズナの *d* 変異体（図1(B)）が「草丈が低く，ジベレリンを与えても伸びな
　　　い」という表現型である原因についてどのような可能性が考えられるか。ジベレリン情
　　　報伝達のしくみと図2を考え合わせて述べよ。ただし，以下のリストの用語を，すべて
　　　1回は用いること。

　　　（用語リスト）　草丈伸長　　細胞内受容体　　DELLA タンパク質
　　　　　　　　　　GID1　　　N 末端側の 17 アミノ酸　　　　　　〔21 名古屋大〕

編末総合問題

103. 〈ホルモンによる浸透圧調節〉

　真夏の昼間に運動すると体温の上昇に伴う大量の発汗により、体液の浸透圧が上昇し、体液量も減少する。このような体液の浸透圧や体液量の変化によって、①バソプレシンの分泌が促されると同時に、副腎皮質から②鉱質コルチコイドが分泌されることにより、尿量が減少し体内の水分が保持される。

問1　下線部①について、下記の小問に答えよ。
(1) バソプレシンが合成される脳部位の名称を答えよ。
(2) (1)の脳部位にあるニューロンの細胞体で合成されたバソプレシンは、軸索内を通って脳下垂体後葉に運ばれ、分泌される。このように、ホルモンを分泌するニューロンの名称を答えよ。
(3) バソプレシンは腎臓のどの部位に作用し、どのようなことを起こして尿量を減少させるか、25字以内で述べよ。

問2　下線部②について、腎臓における図を参考にして、下記の小問に答えよ。
(1) 鉱質コルチコイドは、細尿管細胞における、ろ過された液体が通過する側の細胞膜に存在するナトリウムチャネルを活性化する。その結果、細尿管細胞内の浸透圧はどのように変化するかを記せ。

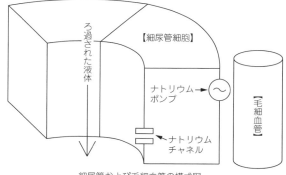

細尿管および毛細血管の模式図

(2) 鉱質コルチコイドは、細尿管細胞における、毛細血管側の細胞膜に存在するナトリウムポンプも活性化する。その結果、血液中のナトリウムイオン濃度はどのように変化するかを記せ。
(3) 鉱質コルチコイドによって、尿量が減少するしくみを、下記の語群を用いて述べよ。
　　語群：浸透圧、受動輸送、能動輸送

問3　表は、激しい運動によって被験者らに大量に発汗させた後に、水道水または0.9%食塩水を同量摂取させて、1時間ごとに尿量を測定した結果である。この場合、水道水も0.9%食塩水も、同じ割合で体内に吸収されたものとする。摂取された飲料によって水分の保持のされ方が異なる理由を記せ。ただし、「浸透圧」という用語を必ず用いること。

〔12 日本女子大〕

飲料＼飲水後の時間	直後	1時間	2時間	3時間	4時間
水道水(mL)	0	384	297	142	2
0.9%食塩水(mL)	0	75	146	149	145

104. 〈血糖濃度調節のしくみ〉

血液中のグルコースは血糖とよばれ，自律神経とホルモンのはたらきによって，健康な人では約 100 mg/100 mL の濃度に保たれている。食事などにより血糖濃度が上昇すると，間脳の視床下部が感知し，①自律神経を通してすい臓の ［ a ］ の B 細胞を刺激し，インスリンの分泌を促す。また，B 細胞は血糖濃度の上昇を直接感知し，インスリンを分泌する。このしくみは次のようである。

図に示すように，B 細胞の細胞膜には輸送体や種々のイオンチャネルが存在する。血糖濃度が上昇していないとき，電位依存性カルシウムチャネルは閉じているが，ATP 依存性カリウムチャネルは開いており，このチャネルを通して細胞外へ K^+ が流出することで静止電位が保たれている。血糖濃度の増加により，細胞外のグルコース濃度が上昇すると，糖輸送担体によりグルコースが細胞内に取りこまれる。

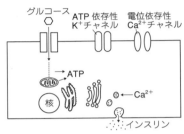

グルコースは細胞質基質内および細胞小器官の ［ b ］ 内で段階的に代謝を受け，その過程で ATP が合成される。②細胞内の ATP 量が増加すると，その後，種々の反応が起こり，細胞内の Ca^{2+} 量が増加する。細胞内にはインスリン含有分泌小胞が備わっており，Ca^{2+} によってこの分泌小胞からの ［ c ］ が引き起こされてインスリンが細胞外に分泌される。

問1 文中の ［ a ］ ～ ［ c ］ に入る適切な語を記せ。

問2 下線部①について，(1) この自律神経の名称を記せ。(2) 自律神経の刺激により分泌が促進されるホルモンを，次の(ア)～(カ)から2つ選べ。
(ア) アドレナリン　　(イ) チロキシン　　(ウ) 糖質コルチコイド
(エ) バソプレシン　　(オ) グルカゴン　　(カ) 成長ホルモン

問3 インスリンのはたらきとして誤っているものを，次の(ア)～(エ)から1つ選べ。
(ア) 肝臓や筋肉において，グリコーゲンの合成を促進する。
(イ) グルコースの細胞内への取りこみを促進する。
(ウ) グルコースの尿中への排出を促進する。
(エ) 呼吸によるグルコースの分解を促進する。

問4 図の糖輸送担体について述べた次の文中の(1)～(3)について，それぞれ適切な語を ｛ ｝ 内の(ア)，(イ)から1つずつ選べ。
この糖輸送担体は，ATP のエネルギーを(1)｛(ア) 利用して，(イ) 利用せず｝，グルコースの濃度勾配に(2)｛(ア) したがって，(イ) 逆らって｝，グルコースを(3)｛(ア) 能動輸送，(イ) 受動輸送｝する。

問5 下線部②について，細胞内の ATP 量が増加したことにより細胞内の Ca^{2+} 量が増加するしくみについて，2種のイオンチャネルのはたらきに着目して，「細胞内の ATP 量が増加すると，」の語句に続けて80字以内で説明せよ。

問6 B 細胞の細胞外の Ca^{2+} を除去すると，インスリンの分泌および血糖濃度はどのように変化するか，記せ。

〔18 名城大〕

編末総合問題　107

準 105.〈モノクローナル抗体〉 思考

次の文章を読み，以下の問いに答えよ。

毒ヘビにかまれた際に投与される①抗血清には，抗毒素抗体が含まれている。その抗体は毒素を無毒化する。一方，②ワクチン接種は，生体に病原体由来の抗原を接種することで人為的に免疫を誘導する方法であり，これにより感染時にすばやく抗体産生が起こり，一連の免疫応答が引き起こされる。これらの抗体を産生するのは白血球中のリンパ球の一員であるB細胞である。

近年，抗体を利用したがん治療などが進められている。では，がん治療に利用される抗体はいかにして作製されるのであろうか。マウスを用いた例について考えてみよう。あるヒトがん細胞に見られるタンパク質pを用いてマウスに免疫応答を起こさせると，抗p抗体を産生するB細胞の集団＊が現れる。この細胞集団はタンパク質pのさまざまな部分に結合する抗体を産生する。しかし，抗体を産生するB細胞を長期間（一週間以上）体外で培養することは難しいため，抗p抗体を安定して得ることはできない。そこで，免疫応答を起こさせたマウスよりB細胞の集団を取り出し，別に用意した不死化マウス細胞とポリエチレングリコールを用いて細胞融合を行う。③これにより一部のB細胞が不死化したハイブリドーマ（雑種細胞）となる。次に，これらを1細胞ごとに分けて培養を続け，得られた抗p抗体の反応性を試験するとともに，望む抗体を産生するハイブリドーマを選択する。このようにして作製された抗体をモノクローナル抗体という。しかしながら，④こうして得られたマウス抗体をそのままヒトに投与するのは適当ではない。⑤そこで，遺伝子組換え技術を併用してヒトに利用できる抗体が作製され，がん治療に利用されている。

＊1個のB細胞は1種の抗体しか産生しない。

問1　下線部①，②について，ワクチンの接種は抗血清の投与と比較して長期間有効である。その理由を90字以内で記せ。

問2　下線部③では，マウスのB細胞，不死化マウス細胞およびハイブリドーマが混在する細胞集団の中から，ハイブリドーマを選択する過程が必要である。以下の文章を手がかりに，効率よくハイブリドーマを選択するにはどのようにすればよいか。理由も含め200字以内で記せ。

　　すべての細胞は細胞増殖に必要なヌクレオチド合成経路を2つもっている。1つは新規にヌクレオチドを合成するデノボ経路である。もう1つはヌクレオチド分解産物の塩基部分（または培養液に添加した塩基h）を利用しヌクレオチドを合成するサルベージ経路である。用いた不死化マウス細胞は，後者のサルベージ経路に必要な遺伝子cを欠いている。また，デノボ経路は薬剤aで止めることができる。

問3　下線部④にあるように，マウス抗体をヒトに投与するのは適当でない。その理由を70字以内で記せ。

問4　下線部⑤にあるように，得られたマウス抗体をコードする遺伝子の塩基配列情報をもとに，遺伝子組換え技術を用いてタンパク質pに対する反応性をもち，かつ，ヒトに利用できる抗体をつくることができる。その理由を免疫グロブリンの構造に着目して90字以内で記せ。

〔12 京都大〕

9 植物の多様な分布

A   標準問題

106.〈植生の階層構造〉

ある地域の ┃(イ)┃ とそれを取りまく無機的環境とを1つのまとまりとしてとらえたとき、このまとまりを ┃(ロ)┃ という。┃(イ)┃ を構成する生物の間には ┃(ハ)┃、そして、生物と環境との間には ┃(ニ)┃ と ┃(ホ)┃ という相互に影響しあう関係が見られる。そのような関係を、森林の階層構造と二酸化炭素濃度および明るさの変化から見たのが、右図である。

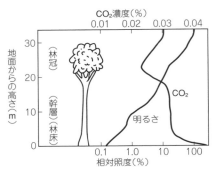

- 問1 文中の空欄に適する語句を記せ。
- 問2 日本の中南部のよく発達した照葉樹林の地上部で見られる森林の階層構造を、林冠から林床へと順に5つ記せ。
- 問3 図の中で日中の林内の照度が林冠から林床へと垂直的に顕著に減少している理由は何か。
- 問4 図の中で日中の林内の二酸化炭素の濃度が顕著な変化をしている理由は何か。
- 問5 よく発達した照葉樹林や落葉広葉樹林(夏緑樹林)では、地下部の土壌にも層別の構造が見られる。その中で、土壌動物が多く生活している層を2つ記せ。
- 問6 ピンセットでは容易に採集できない小さな生きた土壌動物を抽出する器具名を1つ記せ。

〔00 金沢大〕

107.〈植物の遷移〉

A森林が分布する地域で、火山の噴火などで森林が破壊されて裸地が形成されると、B二次遷移とよばれる一連の過程を経て森林が再生される。一次遷移では、まず、強光や乾燥、貧栄養の条件でも生きられる ┃①┃ が生育を始めることが多い。岩石の風化や ┃①┃ の環境形成作用により、少しずつ土壌が形成されると、┃②┃ が生育を始める。┃②┃ が定着すると、Cさまざまな植物が生育できるような土壌となる。┃②┃ の群落は ┃③┃ の群落へおきかわり、さらに、高い位置で日光を利用できる高木の群落へとおきかわる。主として ┃④┃ で構成されていた高木の群落は、D林床の環境が変化すると、しだいに陰樹の群落へおきかわる。最終的に、高木の群落は、E長年にわたり安定し、変化がないように見える森林を形成する。

- 問1 下線部Aについて、このような地域の気候の特徴を記せ。
- 問2 下線部Bについて、(1) 一次遷移の特徴を二次遷移と比較して簡潔に記せ。
- (2) 二次遷移を引き起こす事象の例をあげよ。
- 問3 空欄①〜④に入る用語を、(a)〜(g)から選び、記号で記せ。
  - (a) 草本植物   (b) シダ類   (c) 常緑樹   (d) 低 木
  - (e) 落葉樹   (f) 陽 樹   (g) 地衣類・コケ植物

第9章 植物の多様な分布　109

問4　下線部Cについて，(1) どのような土壌となるか。それ以前の土壌と比較して簡潔に答えよ。

(2) 陰樹以外の植物が優占する群落を経ることなく，この土壌に直接，陰樹の森林が形成されることはない。その理由を簡潔に答えよ。

問5　下線部Dについて，(1) おきかわる原因となる林床の環境変化を答えよ。

(2) (1)の変化後の環境に対する陰樹の特性を，陽樹と比較して答えよ。

問6　下線部Eについて，(1) このような森林は何とよばれるか。

(2) このような森林では，高木が倒れて林冠に大きな空隙が生じることがある。この空隙は何とよばれるか答えよ。

(3) 空隙がこのような森林の多様性に与える影響を簡潔に答えよ。　　〔19 神奈川大〕

準 108.〈植物の遷移〉 思考

火山噴火によって溶岩におおわれた場所では植生がすべて失われるが，その後の長い時間経過の中で一次遷移が進行してゆっくりと植生が回復していく。A君はある火山島での噴火後の経過年数ごとの出現植物リストのデータをみつけてこれをまとめてみることにした。まず，出現種数は数えることで簡単に得られたが，形も大きさも全く違う種類を含んでいるため，ラウンケルの生活形ごとにまとめ

表　ある火山島における噴火後の経過年数に伴う植物の出現種数の変化および出現種のラウンケルの生活形組成の変化

経過年数(年)	15	50	200	500
出現種数	7	73	76	94
生活形組成(%)				
地上植物(大形)	0.0	16.4	17.0	15.9
地上植物(小形)	28.0	33.0	37.0	42.5
地表植物	0.0	5.5	6.6	6.4
半地中植物	57.0	42.5	34.2	30.0
地中植物	14.0	2.7	5.2	5.3

てみた。地上植物は高さ2m以上の大形と2m未満の小形に分けた。その結果得られたのが表である。年数に伴う変化ははっきりと表すことができなかったが，いくつかの点を表の数値から読み取ることができた。

問1　表には二次遷移の初期には必ず出現する主要な生活形の1つが入っていない。それは何か。その名称を答えよ。

問2　植生の遷移を調べるためには通常長期的な観察が必要になるが，数百年もの変化を直接観察することは困難である。それでは，ここであげた火山島での調査はどのように行われたのか。調査方法を説明せよ。

問3　火山の遷移途上ではヤシャブシやヤマモモなどの根粒をもつ植物がよく出現する。

(1) 根粒をもつ植物で上記以外のものを1つあげよ。

(2) 根粒をもつ植物が火山の遷移途上で出現する理由を根粒の機能から推測せよ。

問4　この火山島における遷移に伴う植生の変化として表から読み取れることを述べよ。ただし，細かい数値の違いは無視して簡潔に述べよ。

問5　経過年数50年と500年の実際の植生の景観を比較すると，表から読み取れる傾向とは大きく異なることがわかった。景観の違いと，表にはそれが表れない理由を述べよ。

〔12 福島大〕

109. 〈光の強さと光合成速度〉

植物の光合成速度は，光の強さ，温度，二酸化炭素など周囲の環境要因に影響を受ける。図は，ある陽生植物（植物A）と陰生植物（植物B）の葉が受ける光の強さと二酸化炭素吸収速度との関係を調べた実験結果である。この実験は，光の強さ以外の条件が一定に制御された環境下で行われた。二酸化炭素吸収速度は，葉面積 $100\,\text{cm}^2$ 当たりの1時間の二酸化炭素吸収量で示されて

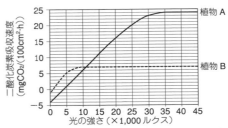

図 植物Aと植物Bの葉における二酸化炭素吸収速度と光の強さの関係

いる。植物Aでは，0から20,000ルクスまでは二酸化炭素吸収速度と光の強さが直線関係にあった。呼吸速度は，植物A，植物Bともに光の強さに関係なく一定であった。

問1 光補償点と光飽和点はどのように定義されるか。それぞれ50字以内で説明せよ。

問2 植物Aの光補償点の値を求めよ。

問3 植物Aの光飽和点における光合成速度は，植物Bの光飽和点における光合成速度の何倍か求めよ（計算の過程も記入すること）。

問4 葉面積 $40\,\text{cm}^2$ の植物Aの葉に25,000ルクスの光を12時間照射したとき，合成されたグルコース量を求めよ（計算の過程も記入すること）。なお，単位はmgとし，小数点第1位を四捨五入して答えよ。また，光合成の過程で吸収された二酸化炭素はすべてグルコースの合成に用いられたものとし，原子量は，水素：1，炭素：12，酸素：16とする。

問5 日陰のような弱い光のもとでは，陽生植物は生育できないが陰生植物は生育することができる。この理由について「光補償点」，「呼吸速度」，「光合成速度」の3つの単語を必ず用いて，140字以内で説明せよ。 〔17 信州大〕

110. 〈バイオームと気候の関係〉

図1は，世界の陸上で見られる各種のバイオームと，それらが分布する地域の年降水量と年平均気温の関係をあらわしている。

問1 植生はその外観によって分類すると，森林，草原，荒原に大別することができる。この区分のうち，草原と荒原に当てはまるバイオームをそれぞれ図1からすべて選べ。

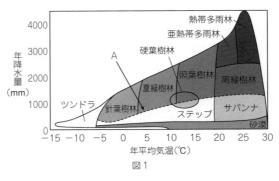

図1

問2 図1の点線Aは，森林が成立する限界値を示している。点線Aは左下がりになっているが，その理由を50字程度で説明せよ。

問3 日本の水平分布におけるおもなバイオームを図1から4つ選べ。

問4 日本の本州中部(飛騨山脈)付近におけるおもな垂直分布のバイオームは，高山帯を含めて4つの分布帯に分けることができる。残り3つの分布帯を答えよ。

問5 次の(a)～(c)の植物は，どのバイオームでよく見られるか。図1からもっとも適切なものをそれぞれ1つ選べ。
(a) オリーブ・コルクガシ
(b) ミズナラ・ブナ
(c) チーク・コクタン

問6 図1の硬葉樹林は他のバイオームと重なっている。その理由について図2のデータをもとに100字程度で説明せよ。図2は，ある地域の硬葉樹林における各月の総降水量(棒グラフ)と平均気温(折線グラフ)を示している。

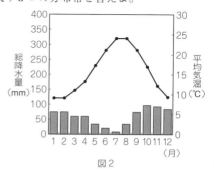

図2

〔20 京都産業大〕

準111.〈暖かさの指数〉

日本はほぼ全域にわたって降水量が豊かであり，森林が成立する条件を備えている。そのため，バイオームの違いはおもに気温の違いを反映している。緯度に沿って水平方向に生じる気温の変化に対応してバイオームが変化するだけでなく，(1)標高の違いによって生じる垂直方向の気温の変化に対してもバイオームが変化する。

気温によるバイオームの違いは，植物の生育に有効な気温を用いると，より明瞭となる。一般に，植物の生育には月平均気温で5℃以上が必要であるとされている。月平均気温が5℃以上の各月について，月平均気温から5℃を引いた値の1年間の合計値を(2)暖かさの指数(WI, warmth index)とよび，一定のWIの範囲内において特定のバイオームが成立することが知られている。降水量が多い日本においては，15＜WI≦45は(3)針葉樹林，45＜WI≦85は ア ，85＜WI≦180は イ ，180＜WI≦240は(4)亜熱帯多雨林となる。

(5)気温と降水量から判断すると，日本のほとんどの地域では極相として森林が発達するはずである。しかし，山地にはしばしばススキやシバなどの草原が見られる。これらの草原の多くは，人の手が加わることにより，森林へと遷移せず，草原に保たれている。

問1 文章中の空欄(ア，イ)に最も適当な語句を入れよ。

問2 下線部(1)について，一般に標高が1000 m増すごとに気温はどのくらい低下するか。最も適当な値を，次の選択肢から1つ選び，記号で答えよ。
(a) 1℃　(b) 3℃　(c) 6℃　(d) 12℃　(e) 24℃

問3 次の表は松江の月平均気温(℃)を示している。下線部(2)について①，②に答えよ。

1月	2月	3月	4月	5月	6月	7月	8月	9月	10月	11月	12月
3.9	4.3	7.2	12.5	17.2	21.1	25.3	26.6	22.3	16.4	11.3	6.6

① 表から松江の暖かさの指数を計算して，小数点以下第1位までで答えよ。
② 気候変動によって松江の月平均気温がすべての月で表の値よりもx℃上昇し，暖か

さの指数から，松江で亜熱帯多雨林が成立すると判断されたとする。この場合におけるxの最小値を，小数点以下第1位までで答えよ。ただし降水量は変化しないとする。

問4 下線部(3)と(4)のバイオームに見られる種として最も適当な種を，次の選択肢からそれぞれ2種ずつ選び，記号で答えよ。ただし，同じ種を2回以上選んではいけない。
(a) ブナ (b) ビロウ (c) ミズナラ (d) タブノキ
(e) アコウ (f) シラビソ (g) スダジイ (h) コメツガ

問5 下線部(5)に述べられているように，放置すれば森林へと遷移する場所が人為的に草原に保たれる草原管理の方法を2つあげよ。　〔15 島根大〕

B 応用問題

準 112. 〈ギャップ〉 思考

植生遷移の考え方では極相は最終段階の安定した植生であり，日本のような雨の多い気候では陰樹の森林になるとされている。しかし，実際の極相林は陰樹だけからなる森林ではなく，多くは陰樹と陽樹の混生する森林になる。これには極相林に存在するギャップと，森林を構成するさまざまな樹種の幼木の性質の違いがかかわっている。

極相に達した自然林で，森林を構成する樹種の次世代をになう幼木を探してみると，種によって出現のしかたが異なっている。例えば（ a ）と（ b ）はどちらも高木になり，風によって広範囲に種子を散布する能力のある樹種であるが，（ a ）の幼木は密度の差はあるものの森林内のさまざまな場所に出現するのに対し，（ b ）は通常の林床にはあまり出現せず，大きいギャップの部分に集中的に出現した。また，これら2種を含めた5種について芽生えたばかりの幼木の林床での生存率と大きいギャップでの成長速度との関係を調べてみると，図に示すような関係が得られた。図は生存率と成長速度との間にトレードオフ（一方を追求すると他方が犠牲にならざるを得ない）関係があることを示唆する。このような種ごとの幼木の性質の違いとギャップのもたらす森林内の環境の異質性が，極相林での多種の共存を可能にしていると考えられている。

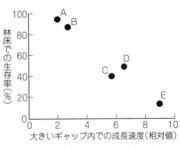

ある森林における A〜E の5種の幼木の林床での生存率と大きいギャップ内での成長速度との関係

問1 極相林内に存在するギャップとはどのようなものか。ギャップのでき方とギャップ内の環境に関して説明せよ。

問2 日本の落葉広葉樹林（夏緑樹林）における陽樹と陰樹の例をそれぞれ一種あげよ。

問3 （ a ）と（ b ）はそれぞれ図中のB種とE種のどちらかに対応する。（ a ）に対応する種の記号を答えよ。また，そう考えた根拠を述べよ。

問4 幼木の性質のトレードオフ関係について図から読み取れる傾向を簡単に説明せよ。

問5 図中のB種とE種のどちらが陽樹であるか。種の記号で答えよ。

問6 極相林で陰樹と陽樹が混生するしくみを簡単に説明せよ。　〔11 福島大〕

10 個体群と生物群集

標準問題

必 113.〈個体数の調査〉

ある池に外来生物のシグナルザリガニがどれくらいいるかを調べることにした。捕獲用の籠わな 10 個をランダムに池の中にしかけると一晩で合計 480 匹のシグナルザリガニが捕獲された。個体数を推定するため、すべてのシグナルザリガニの背中に特別な蛍光塗料でマークをつけて再び池にもどした。1週間後に再び籠わなをしかけると今度は合計 300 匹のシグナルザリガニが捕獲され、そのうち 120 匹にマークがついていた。

問1 標識再捕法によって正確な個体数を推定するためには、いくつかの条件(仮定)が満たされていなければならない。例えば、個体識別用のマークが消えないこと、調査期間中に新たな出生や死亡がないこと、があげられる。これら以外の条件を2つあげよ。

問2 問1の条件がすべて満たされているとき、この池のシグナルザリガニの推定個体数(N)はどのような数式で計算できるか。1回目に捕獲された個体数(マークをつけた個体数)を M、2回目に捕獲された個体数を C、2回目に捕獲された個体のうちマークがついていた個体数を R、として示せ。

問3 問2の式から推定されるシグナルザリガニの個体群密度(個体/m²)を整数で答えよ。割り切れない場合は小数第1位を四捨五入せよ。なお、池の面積は 400 m² である。

問4 問1の条件が満たされていないとき、問2の式で求めた推定個体数はどうなるか。次の(A)〜(D)から正しいものをすべて選び、記号で答えよ。

(A) 調査中に個体識別用のマークが消えていた場合、問2の推定個体数は過大評価となる。
(B) 調査中に個体識別用のマークが消えていた場合、問2の推定個体数は過小評価となる。
(C) 調査期間中に新たな個体が生まれていた場合、問2の推定個体数は過大評価となる。
(D) 調査期間中に新たな個体が生まれていた場合、問2の推定個体数は過小評価となる。

〔16 北海道大〕

必 114.〈生 命 表〉

表は、ある仮想動物個体群の生命表である。生命表に示された生存数の変化をグラフに描いたものを生存曲線という。実際の生物が示す生存曲線は多様であるが、大きく。3つの基本型に分類される。通常、生存曲線の縦軸は、生存数を対数目盛で表示する。したがって、各齢段階の死亡率が一定の場合には、グラフの形状は [(ア)] になる。実

年 齢	生存数	死亡数	死亡率(%)
0	904	42	4.6
1	862	74	(エ)
2	788	242	(オ)
3	546	360	65.9
4	186	152	81.7
5	34	34	100.0
6	0	—	—

際の野外の生物個体群は、いろいろな年齢の個体で構成されている。ある時期の個体群を [(イ)] とよばれる年齢ごとの個体数または個体数の割合で示し、それを齢階級別に積み上げて図示したものを年齢ピラミッドという。年齢ピラミッドも、その型から大きく。幼若型、安定型、[(ウ)] の3つの型に分類され、それにもとづいて個体群の将来の動向を予測することができる。

問1 文章中の [ ] に適当な語を入れよ。

問2　表の □ に入る適当な数値を，小数点以下第2位を四捨五入して答えよ。

問3　下線部aで，生存曲線が3つの基本型に分類される背景には，各生物の生活史にかかわる要因が大きく関与している。特に動物に関して考えられる要因を2つあげよ。

問4　出生個体の平均死亡年齢を平均寿命といい，生命表を用いて計算できる。表に示された動物の平均寿命は何年か。生まれてから1歳までの間に死んだ個体の場合は0.5年生存したと考え，また1歳から2歳の間に死亡した個体の場合は1.5年生存したと考えて，以下同様に処理すること。数値は，小数点以下第2位を四捨五入して答えよ。

問5　下線部bの幼若型の年齢ピラミッドを示す個体群の特徴を，その個体群の将来の予測も含めて記せ。
〔04 北海道大〕

◉ 115.〈縄張り〉思考

ある河川に，魚類種Nが生息している。この種Nは，河川の流れに乗って流下する水生昆虫をえさとして利用している。各個体は互いに排他的な生活空間である縄張りをもち，この中にとどまってえさをとる。このとき，各個体はそれぞれの縄張りの最も上流に位置して採食し，縄張り内の他の個体を排除している。この河川に長さ5mの実験区間を設け，区間内および実験区間の前後から魚をすべて除去して以下の実験を行った。

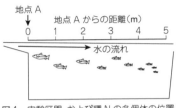

図1　実験区間，および種Nの各個体の位置

〔実験1〕この区間に，それぞれからだのサイズが異なるように選んだ12個体の種Nを放したところ，10個体（表の個体番号1～10）が実験区間内にすぐに縄張りをもった（図1）。一方，縄張りをもたなかった2個体（個体番号11と12）は，実験区間外に出ていった。実験区間に流れこむえさの量は一定で100mg/分であるとする。このえさを魚が食べることによって，流下するえさの量が減少する。各個体の採食量と縄張りの大きさをそれぞれ表に示す。ここで，採食量は，個体が生存するのに必要な時間当たりのえさの量で表し，縄張りの大きさは，水平方向の個体間の距離で表した。このとき，地点ごとのえさの供給量を，図2(a)に示す。この図を「えさ供給構造図」とよぶことにする。

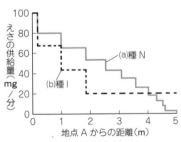

図2　種Nのえさ供給構造図(a)と種Iのえさ供給構造図(b)

表　実験に用いた12個体の種Nの採食量と縄張りの大きさ

個体番号	1	2	3	4	5	6	7	8	9	10	11	12
採食量(mg/分)	20	15	12	10	9	8	7	6	5	5	4	4
縄張りの大きさ(cm)	85	80	70	60	50	40	30	20	10	10	—	—

〔実験2〕実験区間から種Nを除去し，この河川に生息する魚類種Iを5個体新たに放したところ，図2(b)のようなえさ供給構造図が得られた。種Iは他の地域から人為的にも

ちこまれ，定着した種である。ここで，地点Aから数えて3番目の縄張りの大きさは70 cmであった。また，縄張りをもたなかった個体は，実験区間外へ出ていった。

〔実験3〕　種Iを除去し，実験1で用いた12個体の種Nと，実験2で用いた5個体の種Iを実験区間に放した。種Iは攻撃性が強く，種Nを縄張りの中から排除するのが観察された。

問1　下線部について，これら2個体が縄張りをもたなかった理由を実験1の結果から読み取って，90字以内で答えよ。

問2　種Iの個体の採食量と縄張りの大きさについて，実験2の結果からわかることを種Nと比較し60字以内で説明せよ。

問3　実験3の結果，実験区間内に縄張りをもった個体は，種N，種Iそれぞれ何個体であったか答えよ。また，このときえさ供給構造図はどのようになるか，図2に示せ。〔11 千葉大〕

116.〈相 互 作 用〉

　生物群集において，捕食者と被食者の関係は，両者の個体群動態を規定する要因になることに加えて，直接的には捕食―被食関係にない生物の個体群動態にも影響を及ぼすことがある。そのような影響はさらに，生態系ピラミッドや物質循環といった生態系のはたらきにも関わっている。

　南東アラスカの沿岸域では，(A)ラッコがウニを捕食することで，ウニと捕食―被食関係にあるケルプ（コンブの一種）の繁茂が維持されており，繁茂したケルプを利用する多様な魚類やそのえさとなる生物からなる豊かな海域が成立している。

　また，海岸の岩場では，ヒトデがイガイを捕食することで，フジツボがイガイと共存できている。(B)この共存は，フジツボとイガイの競争関係において　 a 　なイガイをヒトデが捕食することで，フジツボの生息場所が　 b 　なることによって成立している。

　これらの例は，(C)高次の捕食者が生態系から消えると，被食者との関係の変化を通して，生物群集やそれと関連する生態系の状態が大きく変化する可能性を示唆している。

問1　下線部(A)について，以下の(1)，(2)に答えよ。

(1) 生物群集の中で，複数の捕食―被食関係がつながっていることを何というか。

(2) ウニとケルプの捕食―被食関係の程度がラッコによって変化している。ラッコを通したこのような影響を何というか。

問2　下線部(B)について，以下の(1)，(2)に答えよ。

(1) 空欄aとbにあてはまる語句を下の語群からそれぞれ1つずつ選べ。
　　【語群】　劣位，優位，狭く，広く

(2) 捕食者は，競争関係で劣位な種に比べて，優位な種をより高い頻度で捕食することがある。それにも関わらず，その影響で劣位な種の存続が困難になる場合がある。この理由について，捕食に伴う捕食者の個体数密度の変化の観点から60字以内で答えよ。

問3　下線部(C)のような大きな変化が起こると，生態系をもとの状態にもどすことは困難である。この理由について，「平衡状態」，「復元力」という語句を用いて100字以内で答えよ。

〔15 神戸大〕

B 応用問題

準117.〈個体群の成長〉 思考

ある種の昆虫は一年で一世代を過ごす。このような昆虫の限られた環境の中での各世代の個体数は以下のような数式で表すことができる。

$$X_{t+1} = X_t + X_t \cdot R(1 - X_t/K) \cdots(1)$$

ただし, $X_{t+1} < 0$ となった場合は $X_{t+1} = 0$ とする。

ここでは, X_t は t 番目の世代の個体数を, X_{t+1} は $t+1$ 番目の世代の個体数を示す。

Rは内的自然増加率とよばれ, 個体群の密度が低く, 環境中に生存と生殖のための資源が十分にあるときの増加率を示す。Kはその環境で維持することができる個体数で環境収容能力とよばれる。個体数が世代を経てどのように変化するかはRの値によって規定され, $0 < R \leq 1$, $1 < R \leq 2$, および $2 < R < 3$ の3つの場合でそれぞれ異なる。右のグラフ1~3は, Rがそれぞれ 0.5, 1.5, 2.5 である場合について, Kを 4000, 3000, 2000 としたときの X_{t+1} と X_t の関係を示している。

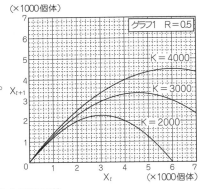

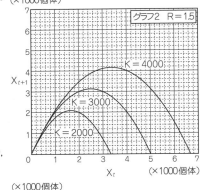

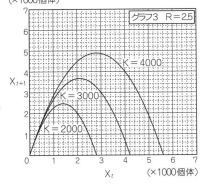

問1 (1)の式から世代間の個体数の変化がなくなるときの X_t をもとめよ。

問2 Rの異なる3つの場合について, Kを 4000, 第一世代を 1000 個体とした場合の個体数の変化をグラフ1~3から読み取り, それぞれ第十世代までの変化を折れ線グラフで表せ。

問3 問2と同じ条件で個体数が推移していたRの異なる3つの各個体群において, 第五世代で環境に変化が起こり, Kが 4000 から 3000 または 4000 から 2000 となった場合, 第六世代以降第十世代までの個体数がどのように変化するか, グラフ1~3および問2で作成した折れ線グラフから読み取り, それぞれの場合について簡潔な文章で答えよ。ただし, 個体数への影響は第六世代からのみ生ずるとする。

問4 問1~3の結果にもとづいて, Rの異なる3つの場合における個体数の変化のパターンを説明し, 個体数増加の速さや安定性, 環境変化への対応などの観点から個体群の維持に適したRの範囲について250字以内で考察せよ。

〔13 福島県医大 改〕

118. 〈血　縁　度〉

問1 アリの女王は，交尾飛行で1〜2匹のオスと交尾し貯精のうに一生分の精子を貯め，その精子によって受精卵を産む。その受精卵はすべてメス($2n$)になり，未受精卵がすべてオス(n)になる。個体どうしが共通の祖先から受け継いだ同じ遺伝子を共有する度合い(確率)を血縁度という。アリの場合，図1に示されるように父娘間の血縁度は父から娘を見た場合は1であり，娘から父を見た場合は$\frac{1}{2}$である。女王アリが1匹のオスと交尾した場合，女王から見た母娘間の血縁度(x)と姉妹間の血縁度(y)をそれぞれ答えよ。

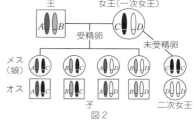

図1

問2 シロアリはふつう1対の女王と王で巣づくりを開始し，メス($2n$)もオス($2n$)も受精卵から生まれる。ある種類のシロアリでは巣が古くなってくると，女王の未受精卵から，2倍体(CC, DD)である二次女王(追加の女王)が生まれる。その後，同じ巣の中で2匹の女王が産卵を続ける。娘とは，受精卵から生まれたメスをさす。シロアリの血縁度について，次の文章の中から，適当なものをすべて選べ。

① 王から見た一次女王の娘との血縁度は，一次女王から見た娘との血縁度と等しい。
② 王から見た二次女王との血縁度は，一次女王から見た二次女王との血縁度より大きい。
③ 一次女王から見た二次女王との血縁度は，二次女王から見た一次女王との血縁度より大きい。
④ 一次女王の娘から見た一次女王との血縁度は，二次女王から見た一次女王との血縁度より小さい。
⑤ 一次女王の娘から見た二次女王との血縁度は，二次女王から見た一次女王の娘との血縁度より大きい。

問3 ミツバチは交尾飛行で10匹程度のオスと交尾して貯精のうに一生分の精子を貯めることがわかっている。また，アリと同じようにミツバチの受精卵からはメス($2n$)，未受精卵からはオス(n)が生まれる。

アリとシロアリの女王はそれぞれ1匹のオスと交尾をし，ミツバチの女王は10匹のオスと交尾をするとした場合，アリ，シロアリ，ミツバチのそれぞれの姉妹間の血縁度を比較するとどのような大小関係が見られるか。次の選択肢より適当なものを1つ選び，その番号を答えよ。

① アリ＞シロアリ＞ミツバチ　　② アリ＞ミツバチ＞シロアリ
③ シロアリ＞アリ＞ミツバチ　　④ シロアリ＞ミツバチ＞アリ
⑤ ミツバチ＞アリ＞シロアリ　　⑥ ミツバチ＞シロアリ＞アリ

〔19 立命館大〕

11 生態系とその保全

標準問題

119.〈森林の物質生産〉

図1は生態系におけるエネルギーの流れを示したものである。光合成によって生産者がつくり出した有機物の総量を ① とよぶ。このうち，生産者が生命活動のエネルギーとして利用する部分を ② とよぶ。 ① から ② を差し引いたものを純生産量とよぶ。生産者のからだの一部は，ある期間に一次消費者に食べられたり（被食），a 落葉・落枝などで失われたり（枯死）する。純生産量から被食量と枯死量を差し引いた残りの部分が生産者の ③ となる。

消費者は，他の生物を摂食して有機物を取りこむことでエネルギーを獲得している。摂食量から ④ を除いた部分を ⑤ とよぶ。 ⑤ から ② を差し引いたものを生産量とよぶ。

ある時点で一定の空間内に存在する生物量を現存量とよぶ。b 同じ面積の森林と草原を比較すると，現存量では森林は草原の約10倍であるのに対して，純生産量では森林は草原の2倍程度となる。

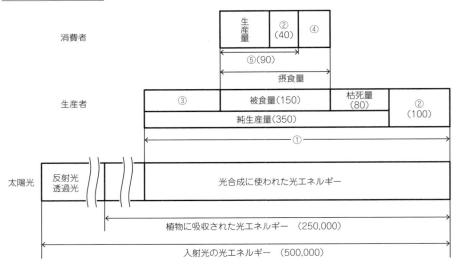

図1 生態系におけるエネルギーの流れの例

かっこ内の数字はエネルギー量[J/(cm²・年)]を示す。図中の①〜⑤はそれぞれ文章中の ① 〜 ⑤ に該当する。

問1 文章中および図1の ① 〜 ⑤ に入るもっとも適切な語を答えよ。

問2 下線部 a のような植物の枯死体は熱帯多雨林と針葉樹林のどちらのバイオームで早く消失するか，その理由とともに説明せよ。

問3 下線部 b で，現存量では森林は草原の約10倍であるのに対して，純生産量では森林は草原の2倍程度と比率が小さいのはなぜか，理由を説明せよ。

問4 図1の中の生産者のエネルギー効率(%)を計算式とともに答えよ。　〔19 静岡大〕

第 **11** 章 生態系とその保全 **119**

⊛ 120. 〈地球全体の物質生産〉

表は地球上のおもな生態系の面積，それぞれの生態系の生産者の現存量と，純生産量を表している。地球全体では，毎年$_A 170.2 \times 10^{12}$ kg の有機物が生産されていると推定される。このような生産者による純生産があるにもかかわらず，$_B$各生態系の生産者の現存量は 1 年ごとに大きく変化しないと考えられている。

問 1 下線部 A について，(1)と(2)に答えよ。

(1) 生産される有機物がすべて $C_6H_{10}O_5$ の組成式の炭水化物であるとすると，地球全体で毎年固定される二酸化炭素は何 kg か。原子量は H = 1，C = 12，O = 16 とする。

(2) 生態系の有機物生産により大気中の二酸化炭素が吸収されている一方で，現在，大気中の二酸化炭素の濃度は上昇を続けている。濃度上昇の原因となる人間の活動を記せ。

問 2 下線部 B について，その理由を簡潔に記せ。

問 3 森林と草原について，(1)と(2)に答えよ。

(1) 表から，森林と草原について，単位面積当たりの現存量を計算せよ。

(2) 地球の生態系の分布は，環境の非生物的要因の違いを反映している。森林と草原の分布の違いを決める非生物的要因を 2 つ記せ。

問 4 現存量 1 kg 当たり 1 年間に生産される純生産量を生産効率という。(1)と(2)に答えよ。

(1) 表の現存量と 1 年間の純生産量から，全陸地と全海洋について生産効率を計算せよ。

(2) (a)〜(d)の記述から正しいものをすべて選び，記号で答えよ。

(a) 生産効率の高い海洋では現存量の生態ピラミッドがしばしば逆転し，下が小さく上が大きい形となる。

(b) 樹高を維持して光を獲得するために茎の生物量が多い木本植物は，草本植物に比べて生産効率が高い。

(c) 生産効率の違いによらず，生産速度の生態ピラミッド(生産力ピラミッド)は必ず下が大きく上が小さい形となる。

(d) 陸上生態系では純生産量の一部しか捕食されないため，生産効率が高い。

生態系	面 積 ($\times 10^6$ km^2)	現存量 ($\times 10^{12}$ kg)	1 年間の純生産量 ($\times 10^{12}$ kg/年)
森林	57	1700	79.9
草原	24	74	18.9
荒原	50	18.5	2.8
農耕地	14	14	9.1
沼沢・湿地	2	30	4.0
湖沼・河川	2	0.1	0.5
全陸地	**149**	**1836.6**	**115.2**
浅海域	29	2.9	13.5
外洋域	332	1.0	41.5
全海洋	**361**	**3.9**	**55.0**
全地球	**510**	**1840.5**	**170.2**

〔18 神奈川大〕

121. 〈森林における炭素の循環〉

図1は、ある森林生態系における炭素の収支を模式的に示したものである。数値は、単位面積当たりの炭素量、または1年当たりの単位面積当たりの炭素の移動量である。なお、図中の矢印で表す①〜⑪は移動量を、四角で囲まれた⑫〜⑭は現在の存在量を示す。

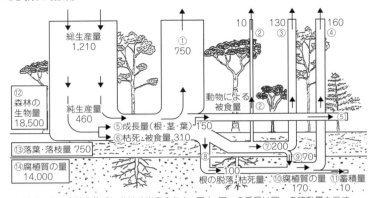

図1 ある森林生態系における炭素の収支。図中、同一の番号は同一の移動量を示す。

問1 図1の③、⑦、⑭の単位として最適なものを、それぞれ次の文字、記号から必要なものだけを選び、組み合わせて答えよ。

　　　g　　年　　℃　　m　　m²　　m³　　％　　・　　/　　(　)

問2 消費者全体の呼吸量を数値のみで答えよ。ただし、単位は図1と同じにすること。

問3 図1の状態から1年後における、森林の生物量(存在量)と腐植質の量(存在量)を、数値のみで答えよ。ただし、単位は図1と同じにすること。

問4 表のA、B、Cは、夏緑樹林、熱帯多雨林、照葉樹林のいずれかである。いずれの森林も、降水量が十分な地域に存在し、かつ成熟していた。A、B、Cはそれぞれどの森林か答えよ。

表　成熟した3種類の森林生態系における炭素の量または移動量

図中の番号	炭素の量または移動量	A	B	C
③	落葉・落枝の分解にともなう呼吸量	280	340	130
⑦	落葉・落枝量	410	530	200
⑧	根の脱落・枯死量	120	200	100
⑭	腐植質の量	9,300	6,600	14,000

問5 図2は、表の3種類の森林の土壌で計測された月別の平均気温の変化である。図2のⅠ、Ⅱ、Ⅲの森林で代表的な植物の組み合わせとして、最も適切なものを次の選択肢(a)〜(g)から1つずつ選び、それらの記号を答えよ。

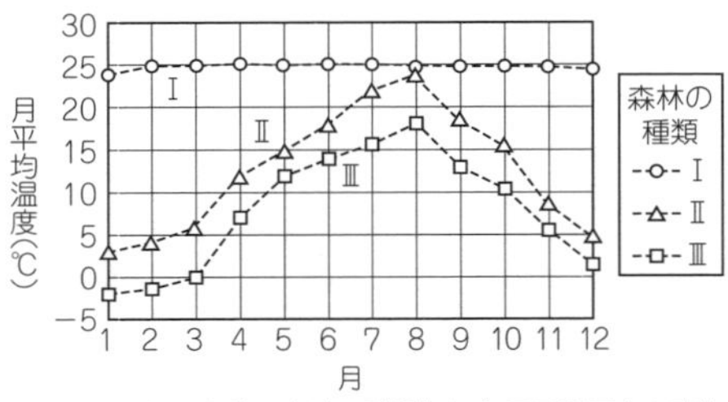

(a) アカシア、バオバブ
(b) シラビソ、トウヒ
(c) フタバガキ、ヒルギ　　(d) ブナ、ミズナラ　　(e) ハイマツ、コマクサ
(f) スダジイ、タブノキ
(g) オリーブ、コルクガシ

図2　3種類の森林の土壌で計測された月平均温度の変化

〔20 大阪府立大〕

第11章　生態系とその保全　**121**

必 122.〈生 物 多 様 性〉

次の文章を読み，あとの問いに答えよ。

生態系はさまざまな生物種の多様な個体を含んでいる。A生態系の階層性に対応して，生物多様性は遺伝的多様性，種多様性，生態系多様性に分けて考えることができる。生物多様性はB自然現象や人間活動の影響によって変化することが知られている。Cある程度の規模の影響が一定の頻度で生じることは，生物多様性を高く維持する要因となりうる。しかし，影響の規模が大きい場合や，影響が高頻度で生じた場合には生物多様性を著しく低下させる。生物多様性が低下すると，人類が生態系から受けているさまざまな恩恵が低下する。D生物多様性の保全は人類にとって重要な課題の1つである。

問1　下線部 A について，次の(1)〜(3)に答えよ。

(1) 生態系の階層性が正しい順で並べられているものを次の(a)〜(f)から選べ。

(a) 生態系 ― 群　集 ― 個体群 ― 個　体

(b) 生態系 ― 群　集 ― 個　体 ― 個体群

(c) 生態系 ― 個体群 ― 群　集 ― 個　体

(d) 生態系 ― 個体群 ― 個　体 ― 群　集

(e) 生態系 ― 個　体 ― 群　集 ― 個体群

(f) 生態系 ― 個　体 ― 個体群 ― 群　集

(2) 生態系の階層性と多様性について，最も正しい組み合わせを次の(a)〜(f)から選べ。

(a) 群集と遺伝的多様性　　　(b) 個体と遺伝的多様性

(c) 個体群と遺伝的多様性　　(d) 個体と種多様性

(e) 個体群と種多様性　　　　(f) 個体群と生態系多様性

(3) 熱帯では，森林を焼き払い，その後に牧草を育てて牧畜に利用することがある。この場合，遺伝的多様性，種多様性，生態系多様性は，それぞれどのように変化するか。簡潔に説明せよ。

問2　下線部 B の現象を何というか，用語を答えよ。

問3　下線部 C について，次の(1)と(2)に答えよ。

(1) このような説を何というか。

(2) 生物多様性が高く維持されるのはなぜか，簡潔に説明せよ。

問4　下線部 D について，次の(1)と(2)に答えよ。

(1) 生物多様性の保全に関して，正しい文を次の(a)〜(d)から選び，すべて答えよ。

(a) 日本で絶滅が心配されている生物は動物が多く，植物ではあまり深刻ではない。

(b) 絶滅の危機にある生物のリストをレッドデータブックという。

(c) さまざまな外来種を移入することは，生態系多様性を保全するために効果的である。

(d) 別の産地から取り寄せたホタルの幼虫を自然の河川に放流することは，在来の個体群の多様性に深刻な影響を与えることがある。

(2) 生物多様性の保全が特に必要と考えられている生態系に沖縄周辺のサンゴ礁海域がある。近年，この海域の環境はどのように変化し，その結果，生物多様性がどのように変化しているか，簡潔に説明せよ。

〔15 神奈川大〕

123.〈河川の自然浄化〉

右の図は河川の上流で有機物を多く含む汚水が継続的に流入したときに見られる河川の生物量と物質量の変化を示している。

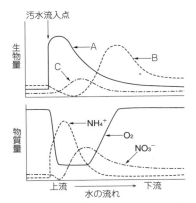

問1 河川の生態系を構成する微生物には藻類, 細菌, 原生動物が含まれる。それぞれの生物に当てはまるグラフをA〜Cより選べ。

問2 生物Aの量は汚水の継続的な流入によって増加するが, 下流に行くにしたがって再び減少していく。減少の原因について答えよ。

問3 物質量の変化に関する次の文の空欄ア〜ウに入る適切な語句をそれぞれ答えよ。

汚水が継続して流入すると, ア などの有機窒素化合物が分解されてアンモニウムイオン(NH_4^+)が増加する。下流になるにしたがってNH_4^+は イ によって酸化され, さらに ウ のはたらきによって硝酸イオン(NO_3^-)に変わる。

問4 水中の酸素の含有量は汚水の継続的な流入によっていったん低下するが, その後, 下流で再び増加する。その理由を説明した次の文の空欄ア〜エに入る適切な語句をそれぞれ答えよ。

汚水が継続的に流入する地点の付近では, 有機物が増加して水が濁った結果, 消費者と ア 者が多くなり, 藻類などの イ 者が減少する。そのため, ウ が行われなくなり溶存酸素量が減少する。一方, 下流では有機物の分解によって増加した硝酸イオンが藻類の エ 同化に利用され, それによって藻類が増加し溶存酸素量が増える。

〔17 東京慈恵医大〕

124.〈環境汚染物質〉

図は, ある生態系における被食者と捕食者の関係とメチル(有機)水銀の体内での濃度を示したものである。図のように生物に取りこまれた

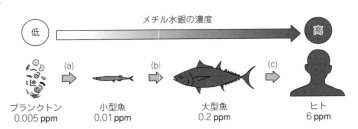

メチル水銀などの物質が, 食物連鎖を通じて, 栄養段階の上位の生物で高濃度になって蓄積していく現象のことを ☐ という。これらの物質には, 有毒なものもあり, 被食―捕食関係を通じて生物体内に蓄積すると死亡する場合がある。図の数字は, 体内でのメチル水銀の濃度である。なお, ppmは重量の割合であり, 1ppmは百万分の一をあらわす。

問1 文中の ☐ にもっとも適切な語句を入れよ。

問2 下線部の現象について,

(i) メチル水銀のように過去にヒトで健康被害の原因となった物質名を1つあげよ。
(ii) これらの物質が生物体内に蓄積する理由を2つあげ，30字程度で説明せよ。
問3 図の(a) プランクトンから小型魚，(b) 小型魚から大型魚，(c) 大型魚からヒト，の中でメチル水銀の濃縮率がもっとも高いものを選び，記号で答えよ。
問4 図の小型魚1kgに含まれるメチル水銀の量は何mgか，答えよ。
問5 河川や海に流入した汚濁物質は，岩・砂れきへの吸着や土壌への沈殿，水生植物による吸収，微生物のはたらきなどにより減少する。このような生態系がもつ復元力を何とよぶか。
〔20 京都産業大〕

B 応用問題

必 125.〈中規模かく乱〉 思考

20世紀の後半以降，生物多様性の減少が顕著になっている。その原因はさまざまだが，草原生態系における種の多様性の減少要因としては，窒素肥料の使用量の増加や窒素化合物を含んだ降雨による土壌の富栄養化，そして野生動物の絶滅や著しい増加などが注目されている。

そこで，ある草原において，土壌への窒素化合物の添加と草食獣が，植物群集に与える影響を調べる実験を行った。

(実験1) 野外において，以下の4種類の条件の実験区(各5m×5m)を設けた。
　　実験区 a：草食獣の摂食が自由に行われる自然状態の区(対照区)
　　実験区 b：窒素化合物を添加する以外は，実験区aと同じ区(窒素添加区)
　　実験区 c：草食獣が侵入できないように柵で囲った区(草食獣排除区)
　　実験区 d：柵で囲って窒素化合物を添加した区(窒素添加＋草食獣排除区)

実験区の設置1年後に，植物群集の現存量，種数，地面に届く光の強さを調べた。右図は，その結果を相対値で表したものである。

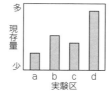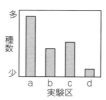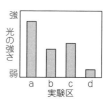

図　それぞれの実験区における植物群集の現存量，種数，地面に届く光の強さ

(実験2) 上記の実験では，自然状態での草食獣の密度はそれほど高いものではなかった。そこで，家畜を高密度に放牧した新たな実験区eをつくった。この実験区では，窒素化合物の添加は行っていない。その結果，1年後の植物の現存量は，図の実験区a(対照区)の値より減少したが，種数は実験区c(草食獣排除区)と同程度になった。しかし，実験区eと実験区cの種構成には大きな違いが見られた。

問1 実験1から，窒素化合物を添加すると植物の種数が減少することがわかった。次の文は，そのしくみを考察したものである。文中の空欄1〜3にあてはまる語句を答えよ。
考察：窒素化合物の添加により，植物の成長を制限している要因が，　1　から

124　第4編　生態と環境

　　　　2 へと変化した。そのため，　2 をめぐる　3 が激化し，　3 に
　　弱い種が排除され，種数が減少した。

問2　問1で考察した，窒素化合物の添加により種数が減少する効果は，草食獣がいると
　　緩和されることが図から読み取れる。緩和される理由について説明せよ。ただし，草食
　　獣による排泄物や遺体の影響は無視できるものとする。

問3　実験2の下線部について，実験区eにおける種構成の説明として不適切なものを，
　　以下の(1)～(5)からすべて選べ。

　　(1) トゲのある植物が多かった。　　　(2) 葉の柔らかい植物が多かった。

　　(3) 丈の高い植物が多かった。　　　　(4) タンニンを多く含む植物が多かった。

　　(5) 成長の遅い植物が多かった。
　　　　　　　　　　　　　　　　　　　　　　　　　　　　　　　　　　〔15 東京大〕

準 **126.**〈外 来 生 物〉

　次の文章を読んで，以下の問いに答えよ。

　ガラパゴス諸島は南米大陸から約900 km西の太平洋上に浮かぶ群島で，島の誕生以来
一度も大陸と陸続きになったことのない海洋島である。世界でもこの地域にしか生息・生
育しない生物種(固有種)が数多く見られることから「進化の島」といわれ，1978年に世界
自然遺産に登録された。しかし，1990年代以降の急速な観光地化，環境汚染，外来生物の
増加による自然の生態系への悪影響が深刻化している。

　一方，日本でも「東洋のガラパゴス」とよばれる（　　）諸島が2011年世界自然遺産に登
録された。（　　）諸島は，東京都心から約1000 km南の太平洋上にある亜熱帯の島々であ
る。この諸島でも人間がもちこんだ外来生物が大きな問題を引き起こしている。

問1　文中の（　）に適切な語を記しなさい。

問2　下線部の1つとして，北米原産の外来トカゲであるグリーンアノールの激増によっ
　　て，固有種を含む在来昆虫が激減し，多くの種が絶滅している。グリーンアノールは昆
　　虫やクモなどさまざまな節足動物を捕食し，繁殖力も旺盛で，この諸島では1 ha当た
　　り1000匹以上という高密度で生息している。海外でもハワイ諸島やミクロネシアの諸
　　島で分布が確認されているが，このような高密度にはなっていない。(1)～(3)の小問に答
　　えよ。

　　(1) この諸島でグリーンアノールが激増した理由の1つは，グリーンアノールを捕食す
　　る肉食動物(天敵)が島にほとんどいなかったためと考えられている。それ以外の理由
　　を生態的地位(ニッチ)に着目して説明せよ。

　　(2) グリーンアノールの激増によってチョウやハチなどの昆虫が激減したことは，島内
　　の植生にどのような影響を及ぼすと予想されるか説明せよ。

　　(3) 現在，グリーンアノールは積極的に駆除されている。駆除対策の1つとして，グ
　　リーンアノールを捕食する肉食動物(天敵)を新たに島外から導入する方法が考えら
　　れる。しかし，この方法を用いることにより島内の自然の生態系に悪影響を及ぼすこ
　　とが懸念される。どのような悪影響が予想されるか述べよ。
　　　　　　　　　　　　　　　　　　　　　　　　　　　　　　　　　〔12 静岡大〕

編末総合問題

127. 〈ラウンケルの生活形〉

次の文章を読み，以下の問いに答えよ。

植生は相観にもとづいてさまざまなバイオームに分けられている。それぞれのバイオームの分布域は気温や降水量などの気候条件と対応している。一方，気候によって，植生を構成する植物の生育に不適な期間の乗り切り方も異なっている。ラウンケルは休眠芽の位置にもとづいて，植物を右表のように分類した。

生活形の名称	休眠芽の位置
地上植物	地上30cm以上
地表植物	地上30cm未満
半地中植物	地表に接している
地中植物	地中にある
一年生植物	種子として生き残る

図1は，地点A～Eの年平均気温と年降水量を表している。各地点で見られる植生はそれぞれ異なるバイオームに属している。図2は，植生(i)～(iv)を構成する植物の種類数の割合を示している。なお，植生(i)～(iv)は，図1のA～Dで見られる植生のいずれかである。

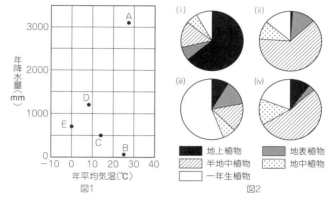

問1 図2の植生(i)は常緑樹が優占する森林であり，この植生が属するバイオームは世界のバイオームの中で最も樹木の種類が多いことで知られている。この植生が分布する地点を図1のA～Dから選び，記号で答えよ。また，この植生が属するバイオームの名称を答えよ。

問2 図2の植生(ii)は地点Cに分布しており，半地中植物が大半を占める。この植生で優占する半地中植物として適切なものを，次の(ア)～(オ)から1つ選び，記号で答えよ。
　(ア) 着生植物　(イ) つる植物　(ウ) イネ科草本　(エ) 硬葉樹　(オ) 落葉広葉樹

問3 図2の植生(iii)が分布する地域の気候の特徴を，25字以内で記せ。

問4 図2の植生(iv)は落葉樹が優占する森林である。一般に，樹木から落ちた葉や枯れ枝は土壌の最上部に層を形成し，この層の下には，分解した落葉や枯れ枝に由来する腐植に富んだ層が見られる。図2の植生(i)と植生(iv)の土壌を比べた場合，どちらのほうが，この腐植に富んだ層が厚いか。また，その理由を50字以内で記せ。

問5 図1の地点Eに分布する植生で優占する樹木は常緑樹である。この常緑樹は，図2の植生(i)で優占する常緑性の樹木と異なる葉の形態をもつ。どのように異なるか，50字以内で記せ。

〔08 山形大〕

126 第4編 生態と環境

準 **128.** 〈生態系の物質生産〉 思考

次の文章を読み，あとの問いに答えよ。

北半球の温帯のある大きな草原にウサギが高密度で生息しており，ウサギの摂食によっ
て草丈の低いイネ科草本の優占する植物群集が維持されてきた。もしウサギがいなければ，
草丈の高いイネ科草本の優占する植物群集に移り変わり，さらに長い年月を経て森林にな
る。この草原には15年前から毎年3月，金網で囲われた区（1つの囲い区の面積は
100 m^2）が数個ずつ設置されてきた。金網の網目は細かく，ウサギは囲い区の内部に入る
ことができない。そのため，ウサギの摂食は囲い区の外側に限られる。さらに，これらの
囲い区の近くにそれぞれ対となるように対照区（面積は100 m^2）が設置されている。

現在，同草原には15年前から昨年までの15種類の囲い区と対照区がある。昨年，これ
らの囲い区と対照区において生産者の現存量と純生産量，枯死量をそれぞれ測定した。さ
らに，分解者のはたらきも調べた。昨年設置された囲い区の現存量は5月には30 g/m^2，
6月には75 g/m^{2}であった。一方，その近くに設置された対照区の現存量はそれぞれ30 g/m^2，
40 g/m^{2}であった。この間にウサギが摂食した量は45 g/m^{2}と推定された。なお，地上部の
多くは冬には枯れる。また，囲い区を増やしても，対照区のウサギの密度は変わらないも
のとする。

問1 下線部について，(1)，(2)の小問に答えよ。なお，5月から6月の間の枯死量やウサ
ギ以外の動物による摂食量はごくわずかで無視できるものとする。

(1) 囲い区の5月から6月の間の純生産量（g/m^2）はいくらか。

(2) 対照区の5月から6月の間の純生産量（g/m^2）はいくらか。

問2 昨年設置された囲い区とその対照区について，(1)，(2)の小問に答えよ。

(1) 11月末に地上部枯死量を測定したところ，囲い区は180 g/m^2，対照区は110 g/m^{2}で
あった。このように対照区が下回った理由として，どのようなことが考えられるか，
答えよ。

(2) 6月から8月の間に面積1 m^{2}当たり土壌有機物から無機窒素化合物ができる量を推
定したところ，対照区が囲い区をやや上回った。その理由として，どのようなことが
考えられるか，答えよ。

問3 8年前に設置された囲い区とその対照区について，1年間の純生産量を推定したと
ころ，囲い区は420 g/m^2，対照区は340 g/m^{2}であった。囲い区が対照区を上回った理由
として，どのようなことが考えられるか，答えよ。

問4 15年前に設置された囲い区とその対照区について，6月から8月の間に面積1 m^2
あたり土壌有機物から無機窒素化合物ができる量を推定したところ，囲い区が対照区を
大幅に上回った。その理由として，どのようなことが考えられるか，答えよ。

問5 この草原ではウサギの摂食によって，種数の多い植物群集が維持されている。もし
ウサギがいなくなれば，種数が低下するおそれがある。そこで，ウサギがいなくなって
から10年間，植物群集を構成する植物種がどのように変化するかを知りたい。できる
だけ早く知るには，どのような調査を行えばよいか，答えよ。 〔13 静岡大〕

129.〈海洋の生態系〉 思考

　ペルーには,「グアノは聖者ではないが,多くの奇蹟をもたらす」とのことわざがある。これは,「グアノ」が高い濃度で窒素やリンなどの植物の栄養となる元素を含むため,肥料として用いられた際に,予想以上の農作物の成長をもたらすことに由来する。この「グアノ」は,海鳥の排泄物が堆積したものであり,「グアノ」を豊富に産出する要因は,ペルー沖の海域における植物プランクトンによる有機物の高い生産量である。

　低緯度の海域では,植物プランクトンの光合成による有機物の生産が行われる表層の水温と,それより深い下層の水温との差が一般に大きく,その間には水温躍層とよばれる水温が大きく変化する層がある。(a)このような海域においては,表層と下層で濃度に差が認められる物質もある。これに対して,同じく低緯度に位置するペルー沖の海域においては,通常,表層水温は周囲と比べて低く,水温躍層は周囲ほど発達していない。これが,(b)同海域における植物プランクトンによる高い有機物の生産量の原因となっている。

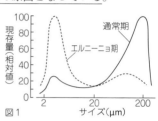
図1

　通常は表層の水温が低いペルー沖の海域であるが,表層の水温が上昇するエルニーニョがときどき発生する。このエルニーニョ期には,水温などの環境要因の変化だけでなく,生息する生物にも大きな変化が生じ,植物プランクトンでは,現存量の低下と群集組成の変化が起こる。また,図1に示すように,通常期とエルニーニョ期では,植物プランクトンのサイズ(大きさ)の組成が大きく異なっている。このような生産者のサイズの組成の変化は,食物連鎖の構造にも影響を与える。これは,海洋生態系の食物連鎖では,えさとなる生物とそれを摂食する生物のサイズの関係が大きな意味をもつからである。そのため,(c)生産者のサイズが異なる通常期とエルニーニョ期では,食物連鎖の構造も影響を受けることになる。通常期のペルー沖で認められるように,植物プランクトンの生産量の高さに加え,(d)生産された有機物が効率的に海鳥まで受け渡されることが,豊富な「グアノ」の産出につながっている。

問1 下線部(a)に関連し,① 栄養塩,② 酸素,③ 二酸化炭素について,表層の濃度が下層の濃度より高い場合はAを,低い場合はBをそれぞれ答えよ。

問2 下線部(b)のように,通常のペルー沖の海域では,他の低緯度の海域に比較して,植物プランクトンの有機物の生産量が高くなる理由について40字以内で述べよ。

問3 図2は海洋の食物連鎖に関係するおもな生物のサイズを示している。図1および2を参考に,下線部(c)について,エルニーニョ期の食物連鎖の構造の特徴を60字以内で述べよ。

図2 海洋に生息する生物のサイズ

問4 下線部(d)について,その理由を50字以内で述べよ。

〔15 筑波大〕

12 生命の起源と進化

標準問題

130. 〈地質時代と生物の変遷〉

地球の歴史は，最初の岩石が形成されてから現在までを地質時代といい，地層や地層に残された化石の記録によって区分されている。地質時代のうち，ァおよそ5.4億年前まではあまり化石が出現しない時代がある。この時代に，ィ酸素発生型光合成を行う生物が出現したことで地球の酸素濃度が上昇し，酸素を利用した呼吸によって効率的にエネルギーを取り出す生物が繁栄するようになったと考えられている。およそ5.4億年前以降はゥ顕生累代とよばれ，生物の変遷によって，3つの代に区分される。各代は，さらにいくつかの紀に分けられる。

問1 下線部アについて，
(1) この時代を何というか。
(2) この時代に起こったこととして正しいものを，以下の(a)〜(f)からすべて選べ。
　(a) 多細胞生物の出現　(b) 脊椎動物の出現　(c) 森林の形成
　(d) オゾン層の形成　(e) 海の形成　(f) 全球凍結

問2 下線部イについて，
(1) この生物の名称を答えよ。
(2) 発生した酸素は，ただちに大気中の酸素濃度の上昇にはつながらなかった。その理由を答えよ。

問3 下線部ウについて，
(1) 3つの代の境界で産出する化石の種類が大きく異なる理由を，その原因がわかるように20字程度で説明せよ。ただし，2つの境界どちらにも共通のことについて述べよ。
(2) 3つの代の名称を，時期が古いものから順に答えよ。また，それぞれに当てはまる紀を以下の(a)〜(f)からそれぞれ選び，記号で答えよ。
　(a) オルドビス紀　(b) 三畳紀　(c) 石炭紀　(d) 第四紀　(e) デボン紀　(f) 白亜紀
(3) 3つの代は，おもにどのような化石の情報をもとに区分されるのか，以下の(a)〜(d)から1つ選べ。
　(a) 動　物　(b) 植　物　(c) 動物と植物　(d) 真核多細胞生物すべて
(4) 特定の地質時代にかぎって産出するために，その化石が産出する地層の年代を知るのに利用される化石を何とよぶか。
(5) 2番目の代の基準となる化石を，以下の(a)〜(f)からすべて選べ。
　(a) アンモナイト　(b) 恐竜類　(c) 無顎類　(d) ビカリア　(e) フズリナ　(f) 哺乳類
(6) 特定の環境にしか生息しないために，地層の形成された時代の環境を推定する手がかりとなる化石を何とよぶか。

〔20 京都産業大〕

131. 〈生命の起源と進化〉

生物が出現するための生体分子がつくられる過程を「化学進化」とよぶ。太陽系惑星である原始地球では，まず(A)表面が1000℃以上もの高温のマグマにおおわれた。その後，徐々

第12章　生命の起源と進化　　129

に地殻がつくられた。原始的な大気には，水蒸気，二酸化炭素，窒素，二酸化硫黄が含ま
れ，地殻の上には，これらの気体が溶けこむ原始海洋ができた。海底のマグマだまりの熱
で，(B)数百℃以上の高温の熱水が，沸騰せずに熱水噴出孔から立ちのぼり，海中での化学
反応を経て，メタン，硫化水素，水素，アンモニアができた。

　大学院生であったスタンリー・ミラーは，原始状態の地球を模した環境を実験室内につ
くり，(C)生体物質の成分である比較的単純な有機物がつくられた結果を得て，実験的に化
学進化の起きることを証明した。

　有機物がつくられる化学進化の後に，有機物の複雑化と複合化を経て，生命の単位であ
る細胞が誕生した。初期の細胞は単細胞で，膜に包まれ，その内部に蓄えられたタンパク
質と核酸は細胞の重要なはたらきを担った。さらに，(D)細胞内部に核酸やタンパク質が複
数の膜で包まれた構造をもつ細胞が出現した。(E)細胞膜をつらぬくタンパク質も存在した。

問1　下線(A)に関して，原始地球はなぜ高温になったか，述べよ。

問2　下線(B)に関して，海底のマグマで高温に熱された海水が，なぜ沸騰せずに噴出孔か
　　ら数百℃以上もの熱水を海中に放出できたか，述べよ。

問3　下線(C)に関して，生命のもとになる物質で，原始海洋の中のアンモニアとメタンが
　　原料になりつくられたと考えられる簡単な有機物の名を1つ答えよ。

問4　下線(D)に関して，細胞内部に膜で包まれた構造ができると，その細胞にはどのよう
　　な利点が生まれるか，述べよ。

問5　下線(E)に関して，細胞膜をつらぬくタンパク質は，細胞にどのようなはたらきを与
　　えるか，述べよ。

問6　単細胞生物は，生物①から④の順に出現したと考えられている。図を参考に以下の
　　問いに答えよ。

　　生物①：有機物を取りこみ，二酸化
　　　　　　炭素を出す嫌気性細菌

　　生物②：二酸化炭素を取りこみ，エ
　　　　　　ネルギーを利用し有機物を
　　　　　　つくる独立栄養生物

　　生物③：二酸化炭素を取りこみ，有
　　　　　　機物をつくるとともにエネルギーを用いて酸素もつくるシアノバクテリア

　　生物④：シアノバクテリアがつくる有機物と大気中の酸素を用いて，細胞内にエネル
　　　　　　ギー物質をつくり，二酸化炭素を出す好気性細菌

　(ア)　生物①が原始の海に増えすぎるとその環境はどう変化し，生物①はどうなるか，述
　　　べよ。

　(イ)　生物②が用いるエネルギー源は何か。

　(ウ)　生物③がつくる酸素の原料となる物質は何か。

　(エ)　生物④が出現して大量の二酸化炭素が放出されたが，大気中の二酸化炭素濃度は上
　　　がり続けることはなく，大気の温度も徐々に低下したという。二酸化炭素濃度が上が
　　　り続けなかったのはなぜか，述べよ。

〔16　横浜市大〕

130 第5編 生物の進化と系統

132.〈古生代の生物〉

約38億年前に地球上に最初の生物が出現した当時は，生物のDNAや細胞に損傷を与える紫外線や宇宙線が直接地表に届いていた。そのため，最初の生物は紫外線などが届きにくい原始海洋中で生活していた。その後に現れた光合成生物によって，大気中に酸素が蓄積され，古生代オルドビス紀には，その酸素から ア 層が成層圏に形成された。 ア 層により紫外線などが吸収されるようになり，(a)その結果，陸上も生物が生存できる環境になった。

約4億年前のシルル紀初期に，(b)最初の陸上植物であるクックソニアが出現した。クックソニアは高さ10数cmの小形の植物で， イ がなく，葉も根もなく，枝分かれした茎の先端に ウ のうがついていた。

シルル紀に続くデボン紀になると，高さ20〜50cmのリニアなどの古生マツバラン類とよばれる，葉や根が分化していない エ 植物が出現した。古生マツバラン類は，陸上の環境に適応するため，(c)表皮細胞の外側にクチクラ層を発達させた。さらに二酸化炭素や酸素，水蒸気の通路となる気孔をつくった。また， イ を発達させることにより，安定した水分の供給と機械的強度の両者を得る結果となった。

温暖で湿潤な石炭紀には， イ をもった エ 植物が急速に進化し，高さ数10mものロボク，フウインボク，リンボクなどの木生 エ 類が大森林を形成した。この森林には(d)原始的な裸子植物も生息していた。

植物が陸上に進出したことで，大気中の酸素濃度はさらに高くなり，動物の上陸が可能な状態になった。デボン紀末期になると陸上生活をする オ 動物の昆虫類やクモ類が現れ，石炭紀には大型のゴキブリや，巨大なトンボが生息していた。

また，脊椎動物では，デボン紀末期に，総鰭類のなかまから，陸上生活をする原始的な カ 類が進化した。最古の カ 類として知られるイクチオステガは，(e)陸上で外呼吸をするための肺と，陸上を歩行するための四肢を発達させていた。その後，石炭紀には， カ 類の全盛期となり，多様なグループが繁栄した。しかし，皮膚はうろこに覆われていなかったと考えられ，(f)生活の場は水辺に限られていた。この時代の カ 類は，魚類のほかに，昆虫や エ 植物を食物とするものが多かったと考えられている。

問1 文中の □ にあてはまる語句を入れよ。

問2 下線部(a)について，生物にとって陸上は，水中と異なり光や酸素を得やすいが，生物の生存にとって不利な点も多い。この不利な点を3つ，それぞれ12字以内で答えよ。

問3 下線部(b)の植物はどのような生物群から進化したと考えられるか。

問4 下線部(c)で述べられているクチクラ層の陸上環境に適応するためのはたらきについて，15字以内で答えよ。

問5 下線部(d)に属する植物を選べ。
① スギナ　　② メタセコイア　　③ アカマツ　　④ ソテツシダ

問6 下線部(e)のほかに，イクチオステガが陸上に適応するために発達させた器官を選べ。
① 食物を消化吸収する腸　　② 内臓を支える役割をもつ肋骨
③ 酸素を運ぶ役割をもつ血管　　④ 興奮を伝導する役割をもつ神経

第 12 章　生命の起源と進化　131

問7　下線部(f)と異なり，石炭紀には水辺から離れて生活できる脊椎動物が出現した。その動物が　カ　類より陸上生活に適応したことを述べた適当な記述を2つ選べ。
①　体表が羽毛で覆われている　　②　皮膚で外呼吸する　　③　体内受精を行う
④　胚膜によって胚を保護している　　⑤　多量の低張な尿を排出する　　〔13 立命館大〕

133. 〈ヒトの起源と進化〉

　初期の人類は猿人とよばれ，最古のものは中央アフリカで発見された　①　で，およそ700万年前に出現したと考えられている。エチオピアのおよそ440万年前の地層から発見された　②　の一種であるラミダス猿人の化石からは，(1)初期の人類が直立二足歩行をしていたと推定される。400万年前から200万年前にかけて人類の多様性は劇的に増加し，この時期の多くの種はまとめて　③　類とよばれる。(2)これらの初期人類は，類人猿と異なる特徴をもっている。およそ200万年前になると，ホモ・エレクトスなどの原人が出現した。

　80万年ほど前には，より脳の発達した旧人が出現し，その中から30万年前ごろにネアンデルタール人が出現した。ネアンデルタール人は現生人類と同じくらい大きな脳をもち，狩猟のための道具もつくっていた。彼らはヨーロッパから西アジア，中央アジア，南シベリアへと広がったが，約3万年前に絶滅したと考えられている。現生人類であるホモ・サピエンスは，(3)およそ20万年前にアフリカで出現し，10～5万年ほど前にアフリカを出た集団が全世界に広がったと考えられている。

　一時は，多くの古人類学者は，ネアンデルタール人が原人からホモ・サピエンスへの進化の1つの段階であると考えたが，(4)ミトコンドリアDNAの分析の結果からは別の系統であると考えられた。一方，ネアンデルタール人の骨片由来DNAから全ゲノム配列が解読された。その結果，(5)ヨーロッパとアジアの現生人類のゲノム配列の2%程度はネアンデルタール人に由来していることがわかった。ホモ・サピエンスがアフリカを出た後にネアンデルタール人と交雑し，世界の各地域に移動したと考えられる。

問1　文中の①～③に当てはまる語句を以下の(a)～(f)からそれぞれ1つ選べ。
（a）アウストラロピテクス　　（b）サヘラントロプス　　（c）パラントロプス
（d）アルディピテクス　　（e）オロリン　　（f）ケニアントロプス

問2　下線部(1)について，直立二足歩行の根拠となる骨の特徴を2つ記せ。

問3　下線部(2)について，直立二足歩行以外の特徴を2つ述べよ。

問4　下線部(3)に関連して，2017年にアフリカでおよそ30万年前のものとみられる初期のホモ・サピエンスの化石が発見されたとの報告があった。化石の年代はどのように測定するか。方法を1つあげて説明せよ。

問5　下線部(4)について，ミトコンドリアDNAは核DNAより分析しやすい。その理由を説明せよ。

問6　下線部(5)について，ネアンデルタール人由来ゲノムは，現代人の核ゲノムのさまざまな場所に短い領域として存在する。一方，4万5000年前ごろのホモ・サピエンスの化石の核ゲノムの解析では，ネアンデルタール人由来ゲノム領域の個々の長さは現代人に見られるものより長かった。このことから考えられることを述べよ。　　〔18 滋賀医大〕

132　第5編　生物の進化と系統

134.〈進化の証拠〉

　進化の証拠は, 現生の生物にも見ることができる。①過去に繁栄した原始的な生物が現在も生息する場合, （ ア ）とよばれ, その中には進化途上の移行段階を示す古い型の生物が多い。カモノハシやシーラカンスはその例である。

　異なる起源をもつ器官であっても, 同一の環境や生活様式に適応したため外見上類似した形態をもつことがある。このような器官は, （ イ ）器官とよばれる。一方, 起源が同じ器官であっても, 異なる生活様式に適応したため, その外見が大きく異なることがあり, このような場合は（ ウ ）器官とよばれ, 進化の証拠となる。例えば, さまざまな脊椎動物の前肢を比較した場合, 外見は大きく異なるが, 骨格の構造に共通性が見られることから, （ ウ ）器官の存在は脊椎動物が共通の祖先から進化したことを裏づける。また, ②近縁の生物で発達している器官がある生物では退化している場合, その器官を（ エ ）器官といい, これも進化の証拠の1つとなる。

　個体発生での変化に注目し, ③ヘッケルは「個体発生は系統発生を繰り返す」という（ オ ）説を唱えた。発生の初期において, ヒトの胎児には'えら孔'があり, そこには魚類のように4対の動脈弓がある。受精後約4週間の胎児の心臓は魚類と同じ（ カ ）であるが, その後両生類と同じ（ キ ）の段階を経て, 8週間目にははは虫類と同じように心室の隔壁に穴のあいた不完全な2心房2心室となり, 誕生とともにこの穴がとじて, 心臓が完成する。この心臓形成の過程は, 脊椎動物の進化の歴史を再現していると考えられる。

問1　文章中の空欄(ア)～(キ)に適切な語句を入れよ。

問2　下線部①のカモノハシについては, どのような形質が進化の中間的特徴といえるのか, 60字以内で述べよ。

問3　下線部①の(ア)の例を植物から1つあげよ。

問4　下線部②に関し, そのような器官の例を1つあげよ。

問5　下にあげる組み合わせのうち, 文章中の(イ)器官に該当する例をすべて選べ。

　(a) クジラの胸びれとコウモリの翼　　　(b) コウモリの翼とトンボのはね

　(c) 魚類の眼とタコの眼　　　　　　　(d) ジャガイモのいもとサツマイモのいも

　(e) ヘチマの巻きひげとキュウリの巻きひげ

問6　下線部③の説にあてはまる事例を, 文章中の例以外に1つあげよ。

問7　'えら孔'の存在が下線部③の説にしたがった場合, えら孔は, どのような発生段階で消失すると予想されるか。　　　　　　　　　　　　　　　　　　　　　〔06 大阪市大〕

135.〈進化のしくみ〉

　生物は同種であっても, 個体間に様々な形質の違いがある。A生息環境で有利な形質を備えている個体は生き残り, その形質をもつ個体の割合は世代を経ると集団内で増えていく。この過程が長く継続すると, 集団内の形質はしだいに淘汰されていくように思われるが, B実際の集団では多様性が維持されている。また, C突然の事件により個体数が激減して集団が小さくなった時, 生息環境で有利な形質であっても, その割合を大きく減らすことがある。突然の事件がなくとも, 長い時代を経た後, D祖先にとって有利であった形質

が子孫では失われることもある。

問1 下線部 A について，(1) この形質は環境変異の1つといえるか。理由を付して簡潔に答えよ。また，(2) ある形質が生存上有利にもかかわらず，世代を経て集団内で増えない場合，どのような要因が考えられるか。簡潔に答えよ。

問2 下線部 B の要因として，新たな形質が集団内に生じることがある。それにはどのような場合が考えられるか。簡潔に答えよ。

問3 下線部 C について，(1) このようなことが起こる理由を説明せよ。また，(2) このようにして生じる遺伝子頻度の変化を何とよぶか。

問4 下線部 D について，(1) どのような要因が考えられるか。簡潔に答えよ。また，(2) 直接関係があるものを次の(a)〜(f)から2つ選び，記号で答えよ。

(a) 適応放散　　　 (b) 生殖的隔離　　　 (c) 相似器官

(d) 痕跡器官　　　 (e) 中立説　　　　　 (f) 用不用説　　　　　　〔19 神奈川大〕

準 **136.**〈集 団 遺 伝 学〉 **思考**

　生物集団の遺伝子構成の変化は，どのような要因によって起こるのだろうか。この問題を考える場合，逆に，遺伝子構成の変化が起こらないケース，つまり ［(ア)］ の法則が成り立つ場合を基準に考えると役にたつ。対立遺伝子 A と a が存在し，遺伝子型 AA，Aa，aa の頻度が，それぞれ P，H，Q だったとする（P + H + Q = 1）。(1)この世代における対立遺伝子 A の頻度 p と a の頻度 q はそれぞれ，P，H，Q を用いて計算することができる。［(ア)］ の法則が成り立つ場合，世代ごとに遺伝子頻度は変わらないので，遺伝子型 AA，Aa，aa の頻度は p と q を用いて，それぞれ ［(イ)］，［(ウ)］，［(エ)］ と表すことができる。実際の生物集団について，遺伝子型の頻度を観察により決定し，これと ［(ア)］ の法則が成り立つ場合の遺伝子型の頻度の期待値を比較し，もし明確なずれが存在する場合には，その集団に何らかの進化的要因がはたらいていることが推測される。

　自然選択がはたらいた場合の遺伝子構成の変化を，ヒトのかま状赤血球貧血症の原因遺伝子を例に考えてみる。この病気の原因となる対立遺伝子を Hb^S，正常な対立遺伝子を Hb^A とする。遺伝子型 $Hb^S Hb^S$ の人は，重い貧血症を示し，大部分が生殖年齢に達するまでに死亡する。しかし熱帯のある地域では，この遺伝子の頻度が比較的に高い値を示すことがある。このような地域に位置する国において，成人1万人について遺伝子型を調査したところ，遺伝子型 $Hb^S Hb^S$ が 11 人，$Hb^S Hb^A$ が 1978 人，$Hb^A Hb^A$ が 8011 人という結果になった。(2)これと，［(ア)］ の法則から期待される値を比較してみると，遺伝子型 $Hb^S Hb^S$ の人数が期待値より低いだけではなく，遺伝子型 ［(オ)］ も期待値より低くなっていることがわかる。じつは，遺伝子型 Hb^S が高頻度で存在する地域は，マラリアが流行している地域内に含まれることがわかっている。遺伝子 Hb^S は貧血を起こすだけではなく，マラリア病原虫に対し抵抗性を示す。遺伝子型 ［(カ)］ の人は貧血が軽度で，マラリアにもかかりにくいので，マラリアの流行地域では他の遺伝子型の人よりも，生殖年齢に達するまでの死亡率が低いのである。この例のように，ホモ接合体より ［(キ)］ のほうが，より環境に適応している場合には，両方の対立遺伝子が，ある一定の頻度で保持される。

問1 文章中の (ア) ～ (キ) にあてはまる最も適切な語句を答えよ。
問2 下線部(1)について, p と q を, P, H, Q で表せ。
問3 下線部(2)について, 成人1万人当たりの各遺伝子型の期待値を答えよ。
問4 本文中の調査国において, 以下の①～④のケースが生じたとする。その後100世代程度の間に, 遺伝子 Hb^S の頻度はどのように変化すると予想されるか。図のA～Eから選べ。なお, この国の人口は十分に大きく, 結婚はかま状赤血球貧血症の遺伝子型と無関係に行われており, 突然変異率や人の出入りは無視できるほど小さい。また, 想定したかま状赤血球貧血症の治療法は, 遺伝子 Hb^S のマラリア病原虫に対する抵抗性には影響しないものとする。

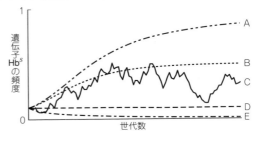

① かま状赤血球貧血症の治療法が改善され, 遺伝子型 $Hb^S Hb^S$ の人の生殖年齢に達するまでの死亡率は, 遺伝子型 $Hb^A Hb^A$ の人とほぼ等しくなった。
② 地球上からマラリアが撲滅された。
③ かま状赤血球貧血症の完全な治療法が開発され, この病気で死ぬことはなくなった。
④ 地球上からマラリアが撲滅され, かつ, かま状赤血球貧血症の完全な治療法が開発されてこの病気で死ぬことはなくなった。

〔08 千葉大〕

必 137.〈集団遺伝学〉

日本の里山には雄の翅の表面が緑色の光沢を示すミドリシジミとよばれるチョウの一種が生息している。一方, 雌の前翅には下図に示すような4種類の表現型が存在する。無紋型には斑紋が無い。赤斑型には前翅の中ほどに2つの小さな赤色の斑紋がある。青斑型には前翅基部に大きな青色に光る斑紋がある。赤斑・青斑型は赤色の斑紋と青色の斑紋の両方がある。これら4種類の表現型の遺伝は雄の翅を緑色にする遺伝子とは異なる常染色体上の遺伝子における A, B, O の3つの複対立遺伝子によることがわかっている。雄では翅の表面を緑色にする遺伝子がはたらくため, 雌で観察されるような表現型を直接観察することはできない。赤色の斑紋を生じる対立遺伝子を A, 青色の斑紋を生じる対立遺伝子を B, 斑紋が生じない対立遺伝子を O としたとき, 対立遺伝子 A と B との間に優劣関係はなく, これら2つの対立遺伝子は O に対して優性であることがわかっている。A, B, O それぞれの対立遺伝子頻度を p, q, r とする。また, $p+q+r=1$ とする。

ある里山で雌のミドリシジミ100個体の表現型を調べたところ, 無紋型が25個体, 赤

無紋型　赤斑型　青斑型　赤斑・青斑型
図　ミドリシジミ雌の前翅に観察される斑紋の表現型

第 **12** 章　生命の起源と進化　　135

斑型が 39 個体，青斑型が 24 個体，赤斑・青斑型が 12 個体であった。この里山のミドリ
シジミはハーディ・ワインベルグの法則にしたがっていると仮定する。

　　赤斑型の表現型を示す個体の遺伝子型として， [(ア)] と [(イ)] の 2 種類が考えられる。
同様に，青斑型の表現型を示す個体の遺伝子型として， [(ウ)] と [(エ)] が考えられる。
　　このとき p は次の式で表される。　　　　　　　　　$p = 1 - q - r$
　　この式はさらに次のように書き換えることができる。　　$p = 1 - \sqrt{(q + r)^2}$
　　ゆえに，次のように求めることができる。　　$p = 1 - \sqrt{}$ [(オ)] の頻度 ＋ [(カ)] の頻度
　　同様に q も次のように求めることができる。　$q = 1 - \sqrt{}$ [(キ)] の頻度 ＋ [(ク)] の頻度

問 1　空欄(ア)～(エ)に適切な遺伝子型を入れよ。
問 2　空欄(オ)～(ク)に適切な表現型を入れよ。
問 3　この里山における p, q, r の値を有効数字 2 桁で記せ。また，そのような値を導き
　　　出した根拠についても記せ。
問 4　青斑型の雌と同じ里山で採集された雄を交配させたとき，次世代の雌の中に，前翅
　　　に赤色の斑紋を有する個体が観察された。このときの雌雄における遺伝子型の組み合わ
　　　せを全て記せ。組み合わせは雌の遺伝子型×雄の遺伝子型の順で記せ。
問 5　この里山で無作為に採集したミドリシジミの雌雄を交配させたとき，得られた次世
　　　代の雌のうちで前翅に赤色の斑紋が観察される個体が出現する頻度を予測し，有効数字
　　　2 桁で記せ。ただし，交配数と得られた次世代の個体数は十分な数が得られているもの
　　　とする。また，そのような値を導き出した根拠についても記せ。　　　　　〔06 東北大〕

138.〈分 子 進 化〉

　　分子進化の研究では，特定のタンパク質のアミノ酸配列を生物間で比較し，配列がより類似している生物どうしがより近縁であると判断している。右表は，全長が約 140 アミノ酸であるヘモグロビン・アルファ・サブユニットのアミノ酸配列を 2 つの生物間で比較し，両者間で異なっていたアミノ酸の数(アミノ酸置換数)を示している。例えば，ヒトとウシのヘモグロビン・アルファ・サブユニットの間でのアミノ酸置換数は 14 で

表　各生物間での，ヘモグロビン・アルファ・サブユニットのアミノ酸置換数

	ヒ　ト	ウ　シ	イ　ヌ	ウサギ	カモノ ハシ
ヒ　ト	0	14	18	25	36
ウ　シ		0	20	27	38
イ　ヌ			0	27	38
ウサギ				0	39
カモノ ハシ					0

(注：データは計算しやすいように手を加えてあり，実際の数値とは異なっている)

あり，イヌとカモノハシとの間でのアミノ酸置換数は 38 である。

　　2 つの生物間でのアミノ酸置換数は，2 つの生物が分岐してから現在に至るまでの進化
の度合い(進化距離)に比例すると考えられる。図 1 では，最も近縁であると思われるヒト
とウシとが共通の祖先から分岐した時点(分岐点)を 1 として示している。そして，その分

岐点1から，ヒト，ウシ，イヌまでの進化距離をそれぞれ，a, b, cとする（図1実線部分）。a, bおよびcの間の関係をアミノ酸置換数で示すと，

$a + b = 14 \quad a + c = 18 \quad b + c = 20$

という関係が成立するので，a, b, cの値を得ることができる。

次に，ヒト／ウシの共通祖先とイヌの祖先との分岐点を2とする。そして，1と2との間の進化距離をx，イヌと2との間の進化距離をyとすると，$c = x + y$の関係が成立する。さらに，2とウサギとの間の進化距離をzとすると，x, y, zの値を求めることができる（図2実線部分）。

同様な手順で，ヒト／ウシ／イヌの共通祖先とウサギの祖先との分岐点を3とし，2と3との間の進化距離，3とウサギとの間の進化距離，3とカモノハシとの間の進化距離をそれぞれ算出せよ（図3実線部分）。

〔12 中央大〕

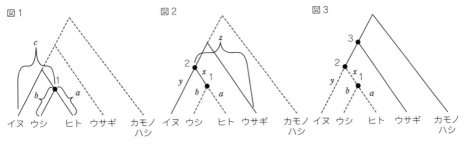

図　ヘモグロビン・アルファ・サブユニットのアミノ酸置換数に基づく系統樹

B 応用問題

準 139. 〈自 然 選 択〉 思考

　ガラパゴス諸島は，南米エクアドルの沖合1000 kmの海上に浮かぶ小群島である。ここには，ダーウィンフィンチ類とよばれる小型の野鳥がおよそ14種生息している。それらは，南米大陸から渡ってきた祖先集団が，(1)海によって自由な交配を行えなくなった結果，(2)それぞれの島の環境の違いにより多様化し，複数の種に分かれていったものと考えられている。ダーウィンフィンチ類は，種によって食物が異なり，それに応じてくちばしの形と大きさが少しずつ異なっている。種子を食物とするフィンチ類は，くちばしが大きいと大きい種子を，小さいと小さい種子を食べるのに適している。また，同種内でも，くちばしの形と大きさの個体差が大きい。ダーウィンフィンチ類のうち，ガラパゴスフィンチとよばれる種は，ガラパゴス諸島内の大ダフネ島に生息し，通常，中くらいの大きさの種子を食べている。図1は，(3)ガラパゴスフィンチの親のくちばしの厚みと，その子のくちばしの厚み（成熟時）を調べた結果を示している。

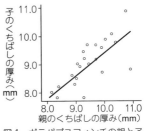

図1　ガラパゴスフィンチの親と子のくちばしの厚みの関係（親のくちばしの厚みは，つがいのくちばしの厚みの平均値）

大ダフネ島では，1977年に干ばつが起きて，食物となる種子の量が減り，残った種子も通常より大きくて堅いものが多かった。図2は，干ばつ前後の1976年と1978年に生まれた個体のくちばしの厚みを調べた結果を示している。この結果は，環境の変化によって食物の性質が変化すると，短期間に ① が強くはたらくことを示している。

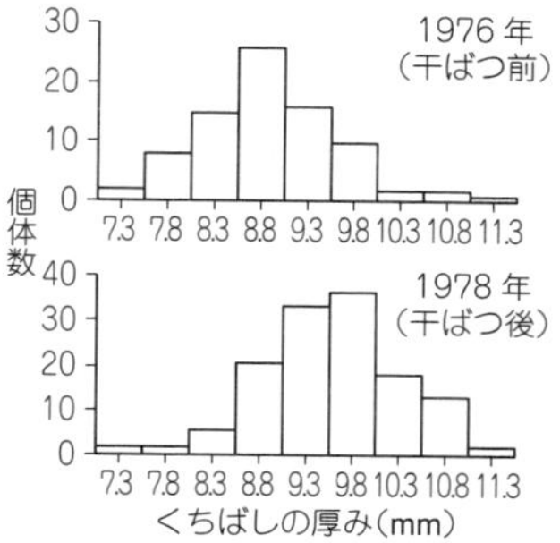

1982年から，大ダフネ島でオオガラパゴスフィンチとよばれる種が繁殖するようになった。この種も，種子を食物とするが，ガラパゴスフィンチより大きなくちばしをもつ。2003年から2004年に干ばつが起き，ガラパゴスフィンチもオオガラパゴスフィンチも個体数が激減した。図3は，これら2種のフィンチについて，干ばつで死んだ個体と生き残った個体のくちばしの厚みの分布を示している。(4)この干ばつ後に生まれたガラパゴスフィンチのくちばしの厚みは，干ばつ前と比べて大きく変化した。このことは， ② が進化の方向性に影響を与えることを示している。

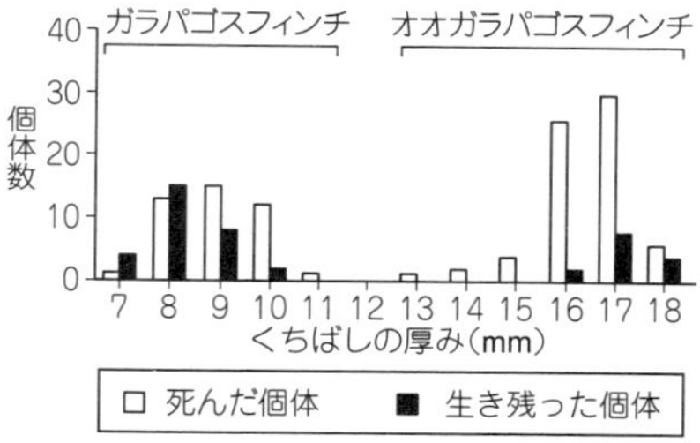

図2 干ばつ前後に生まれた個体のくちばしの厚みの分布

図3 干ばつ後のくちばしの厚みの分布

問1 文中の①と②に適切な語句を入れよ。
問2 下線部(1)と(2)の現象をそれぞれ何とよぶか。
問3 下線部(3)について，野外に生息する集団において，どのような方法で調査をしたと考えられるか述べよ。
問4 図1のグラフで，親と子のくちばしの厚みの関係を表す直線の傾きは0.82であった。この結果からどのようなことが推察されるか述べよ。
問5 図2の結果を説明し，その結果からどのようなことが推察されるか述べよ。
問6 文中の①とは無関係に，偶然に遺伝子頻度が変化することにより，進化が起こることがある。偶然の遺伝子頻度の変化を何とよぶか。また，これが進化に大きく影響するのはどのような場合か述べよ。
問7 下線部(4)について，ガラパゴスフィンチのくちばしの厚みはどのように変化したと考えられるか。また，その理由を，1977年の干ばつ前後の変化と比較して説明せよ。
問8 くちばしの厚みに影響する遺伝子の1つは，対立遺伝子 B と P をもつ。右表は，大ダフネ島に生息するガラパゴスフィンチの集団と，別の島 A のガラパゴスフィンチの集団について，それぞれの遺伝子型の頻度

遺伝子型	BB	BP	PP
大ダフネ島	0.22	0.46	0.32
島A	0.56	0.38	0.06

を調べた結果である。もし，2つの島がつながって，2つの集団が同等の大きさで完全に混じり合い，交配も自由に行われるようになったとすると，新しい1集団となった次の世代では，BB，BP，PP の遺伝子型の頻度はいくらになるか。

〔16 滋賀医大〕

13 生物の系統

標準問題

140.〈分　類〉

　世界共通の名前である学名をもつ生物種の数は，現在のところ動物が約① ｛(a) 15　(b) 115　(c) 1,150｝万，植物が約② ｛(d) 4　(e) 40　(f) 400｝万である。しかし，まだ学名のつけられていない生物種は，それよりもさらに多いと推定されている。種の学名は，'属の名＋種の名(種小名)' によって表されるため，この命名方式は　(イ)　とよばれる。生物のあらゆる種は，ある属の構成員である。さまざまな形質において互いに似ている種を同じ属の構成員とし，互いに似ている属を集めて科にまとめ，似ている科を集めて目にまとめていく。このようにして，種から属，科，目，　(ロ)　，　(ハ)　，界へと順次大きな階級の群にまとめていく分類の方式は，スウェーデンの　(ニ)　が確立したものである。

　ヒトの学名は *Homo sapiens* と表される。*Homo* は「人間」を意味するラテン語で属の名前を示し，*sapiens* は「賢い」という意味のラテン語で種小名を示している。ヒトの分類学的位置は，動物界，脊椎動物　(ハ)　，哺乳　(ロ)　，サル目(霊長目)，ヒト科，ヒト属，ヒトである。このように，階級分類方式は，'属名＋種小名' という2個1組の名称によって，全ての生物種の生物界全体における位置を示すことを可能にしている。

　生物の種は，形態的にほぼ共通の特徴をもつ　(ホ)　の集まりであり，同じ種を構成する　(ホ)　は，他の種と区別できる一定の形態的，生理的，生態的特徴をもつ。種は，自然状態で　(ヘ)　が行われて次世代へと形質を伝えていく　(ト)　集団である。種は，不変のものではなく，内部にさまざまな　(チ)　を含み，時間とともに変化したり，<u>新たな種に分かれたりする</u>可能性をもっている。生物のもつさまざまな形態的特徴や発生様式，生活様式，さらには化石などにもとづいて，生物どうしの類縁関係を推定することができる。生物の類縁関係を，樹木のように表したものを　(リ)　とよぶ。

問1　文中の　　　に適切な語句を入れよ。
問2　①と②について，それぞれ｛　｝の中から適切な数字を選び，記号で答えよ。
問3　下線部のことを何とよぶか。

〔03 富山大〕

141.〈五　界　説〉

　生物の分類体系の中では，ホイタッカーの五界説が有名である。<u>五界説では生態学的な役割を基本として生物を5つの界に大きく分ける</u>。界より下の階級を分類する際によく用いられるのが，外部形態，細胞構造，発生様式などの比較に基づく系統解析である。最近ではDNAの塩基配列を用いた系統解析も行われるようになってきている。

問1　種は基本的に，同じような特徴をもった個体の集まりと定義されるが，種のあり方は生物によりさまざまで，画一的な定義は難しい。外部形態が異なっていても，分類上同じ種と判断されることもあるが，それはどのような理由によるものか，文中の細胞構造，発生様式，DNAの塩基配列以外の観点から説明せよ。

問2　ホイタッカーが提唱した五界説の中で，原核生物界には最も単純な細胞構造をもつ生物が含まれる。他の4つの界に含まれる真核生物は原核生物から起源したと考えられ

ている。真核生物の誕生に関する説を1つあげ，その説の概略を説明せよ。
問3　(a) 植物界，(b) 菌界，(c) 動物界の3つの界について，下線部の生態学的な役割を
それぞれ答えよ。
問4　植物界に含まれ陸上で生活する生物は，種子植物のほか大きく2群に分けられる。
それぞれの名称と，その2群が種子植物と大きく違っている生殖方法の特徴を答えよ。
問5　動物の分類では発生様式の比較が用いられることがある。二胚葉動物と三胚葉動物
の違いについて説明し，二胚葉動物に含まれる門の名称を1つあげよ。　〔08 静岡大〕

142.〈古　細　菌〉 思考

　近年，五界説とは異なる新しい生物の進化的分類が提唱されている。アメリカのウーズ
は，メタン生成菌，好塩菌などを古細菌とよび，細菌と真核生物の3つの大きなグループ
（ドメイン）に分類した。ウーズは当初これらの生物が始原生物からほぼ同時期に出現した
と考え，図1に示す系統樹を提唱した。
　その後，ウーズや多くの研究者によって，リボソームRNAなど生物に普遍的に存在す
る遺伝子の比較が生物種間で詳しく調べられた。例えば，リボソームにおけるmRNAの
翻訳に関わるタンパク質をペプチド鎖伸長因子（EF）とよぶが，このEFにはEF-1と
EF-2の2種類があり，相互の塩基配列は非常によく似ている。このことから，EF-1と
EF-2の遺伝子はもともと1つであったが，進化の過程でその遺伝子が重複してできたと
考えられる。EF-1，EF-2は3つのドメインの生物で確認されており，(a)EF-1，EF-2は進
化の過程でEFから2つに分岐したと考えられる。そこで日本の岩部らは，さまざまな生物種のEF-1とEF-2の分子進化を解析し，図2の系統樹を示した。(b)このような研究結果から，3つのドメイン間の進化的関係が明らかになってきた。

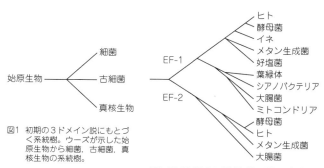

図1　初期の3ドメイン説にもとづく系統樹。ウーズが示した始原生物から細菌，古細菌，真核生物の系統樹。

図2　EF-1とEF-2の系統樹。枝の長さは，各遺伝子から推定されたアミノ酸の違いに相関する。

問1　下線部(a)について，EF-1とEF-2が分岐したと考えられる位置を，図1の系統樹
の線上に×印で記せ。
問2　図2の系統樹は，マーグリスが提唱した細胞内共生説を支持しているか。「支持す
る」，「支持しない」を答え，その理由を70字以内で記せ。
問3　下線部(b)について，現在考えられている3つのドメインの進化の系統樹について，
図1を修正して記せ。そこには，3つのドメインの分岐の順序がわかるように記すこと。
問4　問3の系統樹を記した理由を，根拠とした図をもとに，各生物種とドメインの関係
に注目して，論理的に記せ。文字数に制限はつけない。　〔13 九州工大〕

140　第5編　生物の進化と系統

ⓗ 143.〈植物の系統〉

植物の系統と進化に関して，以下の問いに答えよ。

問1　右図は植物の系統を示したものである。図中の　A　～　D　に適する名称をそれぞれ答えよ。

問2　以下の植物は，　A　植物～　D　植物のいずれのグループに属するか。それぞれ適するものをA～Dより1つ選んで記号を答えよ。

(a) サクラ　　　(b) スギゴケ

(c) イ　ネ　　　(d) クロマツ

(e) スギナ　　　(f) トクサ

(g) ナズナ　　　(h) マダケ

(i) イチョウ

図　植物の系統

問3　　C　植物と　D　植物は　E　を形成するため，まとめて　E　植物とよばれる。　E　の名称を答えよ。

問4　　C　植物および　D　植物の胚乳の核相として適するものを，それぞれ以下の(a)～(d)より1つ選んで答えよ。

(a) n　　　(b) $2n$　　　(c) $3n$　　　(d) $4n$

問5　地球上に　B　，　C　および　D　の植物が繁栄した時代と一致するものを，それぞれ以下の(a)～(f)より1つ選んで答えよ。

(a) 哺乳類の繁栄　　　(b) エディアカラ生物群の繁栄　　　(c) 両生類の繁栄

(d) クラゲの繁栄　　　(e) バージェス動物群の繁栄　　　(f) 恐竜類の繁栄

問6　植物の祖先となった生物のなかまとしてあてはまるものを，以下の(a)～(e)より1つ選んで記号を答えよ。

(a) オビケイソウ　　　(b) ヒジキ　　　(c) オニアマノリ

(d) ムラサキホコリ　　　(e) シャジクモ

問7　緑藻類がもつ葉緑素として適するものを，以下の(a)～(d)よりすべて選んで記号を答えよ。

(a) クロロフィル a　　　(b) クロロフィル b　　　(c) クロロフィル c

(d) クロロフィル d

問8　最古の陸上植物とされるものの名称を記せ。また，化石が発見された地質時代として適するものを，以下の(a)～(e)より1つ選んで答えよ。

(a) カンブリア紀　　　(b) シルル紀　　　(c) デボン紀　　　(d) 石炭紀

(e) ペルム紀

問9　原核細胞から植物細胞への進化は共生説により説明されているが，これについて細胞小器官に触れながら60字以内で記せ。

〔16 法政大〕

第13章 生物の系統　141

144.〈動物の系統〉

次の文章を読み，あとの問いに答えよ。

動物は，その体制と発生様式から，① 胚葉を形成しない動物，② 二胚葉性の動物，③ 三胚葉性の動物の3グループに分けられ，さらに③は旧口動物（前口動物）と新口動物（後口動物）に分けられてきた。近年，遺伝子を調べることにより，旧口動物と新口動物の区分はおおむね妥当であること，旧口動物はさらに脱皮動物と冠輪動物の2グループに大きく分けられ，おもな分類群として，冠輪動物には，へん形動物，軟体動物，環形動物が，脱皮動物には節足動物，線形動物が含まれ，ₐ従来は体制上の特徴から類縁が近いと考えられてきた環形動物と節足動物は系統的に大きく異なることなどがわかってきた。

問1　下記の動物名群から，①，②に属するものをそれぞれ1つ選び，動物名を答えよ。

問2　旧口動物と新口動物の発生様式に見られるおもな違いを説明せよ。

問3　下記の動物名群から節足動物および線形動物に属するものをそれぞれ1つ選び，動物名を答えよ。

問4　下線部aについて，環形動物と節足動物に共通する体制上の特徴は何か。

問5　冠輪動物という名称は，軟体動物と環形動物の多くで共通して見られる幼生からつけられた。この幼生は何か，次から1つ選び，アルファベット記号で答えよ。

(A) ディプルールラ幼生　　(B) トロコフォア幼生　　(C) ノープリウス幼生
(D) プリズム幼生　　(E) プルテウス幼生

問6　冠輪動物に含まれる上記の3分類群のうち，へん形動物について，他の2つと大きく異なる体制上の特徴を述べよ。

問7　下記の動物名群から，新口動物に属するものをすべて選び，動物名を答えよ。

〔動物名群〕カイチュウ，カイメン，カエル，クラゲ，ゴカイ，タコ，
　　　　　　ナマコ，プラナリア，ミジンコ，ワムシ　　　　　〔14 東京女子大〕

145.〈菌　　　類〉

菌類は，葉緑体をもたない（ ア ）栄養生物で，生態系の中では（ イ ）として位置づけられる。菌類は（ ウ ）で繁殖し，からだは（ エ ）でできており，生殖方法の違いによって，シイタケなどの担子菌類，アカパンカビなどの（ オ ）菌類，クモノスカビなどの接合菌類に分類される。担子菌類では，（ ウ ）が発芽して（ エ ）を伸ばす。そして伸びた2本の（ エ ）が接合し，1細胞中に2つの核が存在する状態となる。その後，（ エ ）の先端細胞の中で核が融合し，（ カ ）によって通常4個の（ ウ ）が形成される。

問1　文中の（ ア ）〜（ カ ）に適切な語句を入れよ。

問2　菌類は，同じ（ ア ）栄養生物である動物とは異なった方法で栄養摂取を行う。菌類の栄養摂取の方法について50字以内で説明せよ。

問3　菌類が（ イ ）として果たしている役割について，40字以内で説明せよ。

問4　五界説では，細菌類は菌類とは異なる界に分類されている。細菌類が分類されている界の名称は何か。また，細菌類の細胞の特徴を40字以内で説明せよ。　〔08 高知大〕

応用問題

146. 〈動物の分子系統解析〉 思考

1949年に「珍渦虫(ちんうずむし)」とよばれる謎の動物が，スウェーデン沖の海底から発見された(図1)。この動物は，からだの下面に口があるが，肛門はないのが特徴である。珍渦虫がどの動物門に属するかは長らく謎であり，最初はへん形動物の仲間だと考えられていた。1997年に，珍渦虫のDNA塩基配列にもとづく分子系統解析が初めて行われて以来，現在までにさまざまな仮説が提唱されている。当初，軟体動物に近縁だと報告されていたが，これは餌として食べた生物由来のDNAの混入によるものだと判明した。その後，分子系統解析が再度行われた結果，(ア)珍渦虫は新口動物の一員であるという知見が発表された。

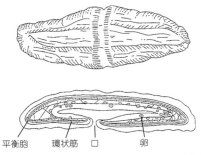

図1 珍渦虫の体制。上から見た図(上)と正中断面(下)

さらにその後，へん形動物の一員と考えられていた無腸動物が珍渦虫に近縁であることが示され，両者を統合した珍無腸動物門が新たに創設された。しかし，その系統学的位置については，新口動物に近縁ではなく，「(イ)旧口動物と新口動物が分岐するよりも前に出現した原始的な左右相称動物である」という新説が発表された。また，(ウ)珍渦虫と無腸動物は近縁でないとする説も発表されるなど，状況は混沌としてきた。

2016年，(エ)珍渦虫と無腸動物は近縁であり(珍無腸動物)，これらは左右相称動物の最も初期に分岐したグループであることが報告された。しかし，2019年に発表された論文では，(オ)珍無腸動物は水腔動物(半索動物と棘皮動物を合わせた群)にもっとも近縁であるという分子系統解析の結果が発表された。そのため，珍無腸動物の系統学的位置は未解決のままである。

問1 下線部(ア)〜(オ)の仮説を適切に説明した系統樹を次の(a)〜(d)から選び，(ア)—a のように記述せよ。それぞれの仮説に当てはまるものは1つとは限らない。

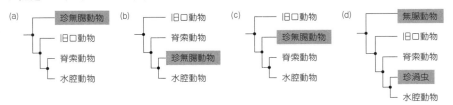

問2 図1下の断面図にあるように，珍渦虫には口はあるが肛門はない。下線部(ア)が正しいとすると，その分類群の中ではかなり不自然な発生過程をたどることになると考えられる。それはなぜか，説明せよ。

〔20 東京大〕

編末総合問題

必 147. 〈動物の窒素排出物〉

脊椎動物は最初，海の中で誕生したと考えられているが，水の中で生活する魚類は窒素化合物を（ A ）の形で水中に排出している。その後，脊椎動物の中から両生類が進化して陸に進出するようになったが，陸に上がることによって，必要なときにいつでも十分な水が得られるとは限らなくなった。水を節約するために（ A ）を濃縮して排出しようとすると，その毒性のために，排出器官などに障害が発生するおそれがある。そのために，(1)両生類は（ A ）を毒性が低く水に溶けやすい（ B ）に変換する手段を獲得したと考えられている。

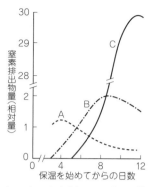

進化の過程で，水を通さず乾燥に耐える卵殻をもつようになった(2)は虫類では，胚が排出する可溶性窒素化合物が卵内にためこまれると，危険なレベルにまで集積するおそれがある。そのために，は虫類では体内で生成する（ A ）を（ B ）ではなく，水に溶けにくい（ C ）に変えて排出するようになった。その後，(3)は虫類から鳥類が誕生して生活圏を空中へと広げるようになると，（ B ）から（ C ）への変化は鳥類にとってさらに有利にはたらいた。しかし，鳥類は発生の初期から（ C ）を排出しているわけではない。ニワトリ胚の発生過程で，排出される窒素化合物の種類を調べると，図に示すように，最初に（ A ）が現れ，次に（ B ），そして（ C ）へ変わっていくことがわかった。

ヘッケルは，脊椎動物の初期胚はみな似かよった形をしているものの，発生が進むにつれしだいに各動物の特徴が現れてくることを観察し，発生過程の短い期間に進化の長い過程が再現されていると考え，(4)「個体発生は系統発生を繰り返す」と表現した。ニワトリ胚発生中に排出される窒素化合物の変化は，ヘッケルの説を裏づけるものとして注目された。

問1 文中の（ ）に適語を記せ。ただし，文中のA～Cは，図の記号に対応している。

問2 下線部(1)について，この代謝経路の名称と経路が存在している器官の名称を記せ。

問3 下線部(2)について，は虫類の卵で毒性の低い(B)をためこむことは，なぜ危険と考えられるのか簡潔に記せ。

問4 下線部(3)について，(B)から(C)への変化が鳥類にとって有利なのは，どのような理由によるものと考えられるか，簡潔に記せ。

問5 下線部(4)について，この説は何とよばれているか記せ。

問6 カエルとオタマジャクシでは，窒素化合物の排出をどのような物質で行っていると考えられるか。(A)～(C)の中からもっとも適当と思われるものをそれぞれ選べ。

問7 ヒトでは窒素化合物は基本的に(B)の形で排出しているが，代謝の過程で(C)が生成することもあり，結晶化した(C)が関節などに集積して激しい痛みを生じることがある。このような疾患は一般に何とよばれるか。また(C)はヒトではどのような物質から生成されるか，その名称を記せ。

〔13 藤田保健衛生大〕

144　第5編　生物の進化と系統

(準) **148.**〈種　分　化〉 (思考)
　ある一年生草本植物の種は日本国内に広く分布しているが，地域ごとに形態的な変異があり複数の種に分けられることもある。そこで，この植物は生物学的種概念では何種になるかを調べるために，以下の実験や観察を行った。
　この植物が生育する8地域（地域A～H）を選んだ。それぞれの地域は互いに十分に離れている。地域Cを除く7地域は山地であるが，地域Cは海岸近くである。このことから，地域集団Cは過去に山地の生育地の種子が水流で運ばれてできたと考えられている。地域集団A～Hのそれぞれから複数の個体を選び種子を採取した。それらを植木鉢にまき温室内で栽培したところ，いずれの集団から採取された種子もよく発芽し成長・開花した。
　地域集団内および集団間の個体の交配で正常な子孫が生まれるかどうかを調べるために，開花した個体を用いて交配実験を行った。花粉親の花粉を胚珠親（おしべは実験前に除いてある）の柱頭にふりかけ，これを複数の個体間で相互に行った。この交配結果を表に示す。＋は交配でできた種子は発芽・成長し正常な花粉と胚珠をつくったことを，－は交配しても正常な種子ができなかったことを，±は交配でできた種子は発芽・成長したが正常な花粉と胚珠をつくらなかったことを示している。

		花　粉　親							
地域集団		A	B	C	D	E	F	G	H
胚珠親	A	+	−	−	±	+	+	−	+
	B	−	+	−	−	±	−	+	−
	C	−	−	−	−	−	−	−	±
	D	±	−	−	+	±	+	−	−
	E	+	±	−	±	+	−	−	+
	F	−	−	−	+	−	+	−	−
	G	−	+	−	−	−	±	+	−
	H	+	−	±	−	+	−	−	+

　栽培した植物の根の先端を切り取り酢酸オルセイン液で染色し染色体数の観察を行った。その結果，地域集団A，B，C，E，G，Hの染色体数は14本，DとFは28本であった。

問1　同じ集団内の個体間の交配はいずれの地域集団でも＋であった。この結果からどのようなことがわかるか，(ア)～(ウ)から選べ。
　(ア)　いずれの地域集団においても集団内の個体は自由交配する1つの繁殖集団からなる。
　(イ)　1つの繁殖集団からなる集団と2つ以上の繁殖集団からなる地域集団がある。
　(ウ)　いずれの地域集団においてもいくつの繁殖集団からなるかはわからない。

問2　地域集団AとDの個体間での交配は±であった。
　(a)　交配でできた個体の染色体数を答えよ。
　(b)　この交配でできた子孫は正常な花粉と胚珠ができなかった。その原因を答えよ。

問3　実験結果にもとづくと，地域集団Cは独立した種である。A～Hの8集団は生物学的種概念では何種になるか。また，同種と考えられる地域集団を（　）で示せ。例：(C)

問4　地域集団Cが種分化した要因として，遺伝的浮動あるいは自然選択が考えられる。
　(a)　遺伝的浮動による種分化の場合，どのようなことが起こったと考えられるか，「集団サイズ」，「対立遺伝子の頻度」，「遺伝子プール」という3つの語を用いて説明せよ。
　(b)　自然選択による種分化の場合，どのようなことが起こったと考えられるか，「環境」，「生存・繁殖」，「遺伝子プール」という3つの語を用いて説明せよ。　　　〔18 金沢大〕

巻末総合問題

149. 〈細胞の大きさと数〉

次の文章を読み，あとの問いに答えよ。

細胞はさまざまな大きさをしている。大きいものではヒトの座骨神経細胞の軸索は1〔 a 〕にも達することがあるし，小さいものでは大腸菌は直径が1〔 b 〕しかない。我々のからだを構成する細胞のほとんどは10〔 b 〕程度の大きさで，肉眼では見えない。①標準的な人の体重を60 kg，細胞を1辺が10〔 b 〕の立方体と仮定する。人のからだが細胞のみからできており，細胞の比重を1と仮定すると，人のからだの中の細胞数は〔 ア 〕個にもなる。

小さな細胞から見る世界は，我々が体験している世界とはいろいろな面で異なる。例えば，細胞の世界では，分子の少数性が問題になってくる。血管内皮細胞増殖因子(VEGF)という分子量 40,000 のペプチド情報伝達物質は，0.1〔 c 〕(10^{-10}M)程度の濃度で十分にはたらく。これは，〔 イ 〕L の組織液の中に 1 g の VEGF しか入っていなくても機能することを意味する。このような場合，アボガドロ数を 6×10^{23} とすると，細胞1個当たりの体積の中に 0.1〔 c 〕の VEGF は〔 ウ 〕個含まれる。したがって，細胞は少ない個数の分子を認識して活動していることになる。

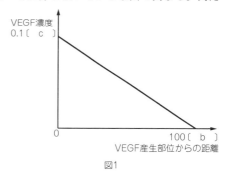
図1

この VEGF という分子は，酸素が欠乏している組織でおもにつくられ，その周辺に 100〔 b 〕程度の長さに渡って濃度の勾配をつくる(図1)。血管の内腔をおおう内皮細胞は，この濃度の高い側に向かって移動し，結果として酸素が欠乏している組織につながる血管が新たにつくられる。しかし，100〔 b 〕の長さで 0.1〔 c 〕の濃度変化を生じる直線状の濃度の勾配を考えると，細胞の移動方向の細胞と同じ体積の空間(A)にある VEGF 分子の個数と，それと反対方向の空間(B)にある VEGF 分子の個数は〔 エ 〕個しか違わない(図2)。

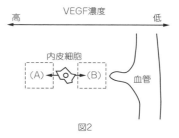
図2

問1　〔 a 〕～〔 c 〕に入る適切な長さまたは濃度の単位を答えよ。
問2　〔 ア 〕～〔 エ 〕に入る数字を答えよ。
問3　下線部①について，大腸菌は我々のからだの細胞よりも小さく，1辺が1〔 b 〕の立方体と仮定できる。大腸菌は我々の腸の中に 2 kg 存在するとして，腸内の大腸菌の総数はいくつになるか。またその個数は，我々のからだの細胞数〔 ア 〕と比べて多いか少ないか。ただし，大腸菌の比重を1とする。

〔14 九州大〕

150. 〈大腸菌の培養実験〉

次の文章を読み，あとの問いに答えよ。

トリプトファンの合成に関与する「酵素A」の遺伝子に突然変異が生じた結果，酵素Aの活性を失い，トリプトファンを合成することができなくなった大腸菌の変異株「M株」がある。M株は，トリプトファン要求株であり，最少培地では増殖することはできないが，最少培地にトリプトファンを添加した培地では，野生株と同じように増殖することができる。さらにM株は，DNA修復酵素も変異しており，DNAの損傷を修復する機構がはたらかない。そこで，M株を使って，ある化学物質「X」が，大腸菌に突然変異を引き起こす活性があるかどうかを調べることにした。物質Xに突然変異を引き起こす活性があれば，物質Xを与えたM株の細胞集団の中に，「酵素Aの遺伝子に再び突然変異が生じることにより，酵素Aの活性が復活した大腸菌」が出現すると考えたのである。実施した実験の概略を図に示した。

実験で使用した培地，蒸留水，器具類などは，すべて滅菌したものを使用し，実験の操作は，M株以外の微生物などが混入することがないようにした。

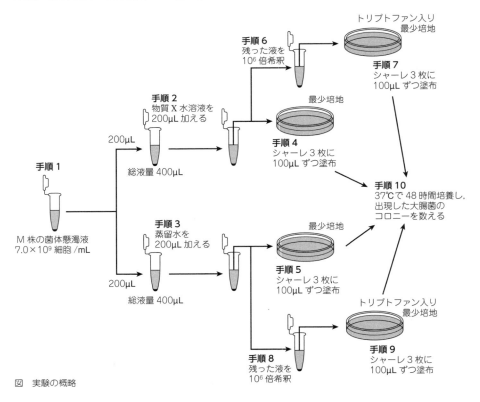

図　実験の概略

実験の結果は，次のとおりであった。

結果1：シャーレに出現したコロニーは，すべて大腸菌であり，雑菌の混入はなかった。

結果2：手順4で作製した3枚のシャーレに出現したコロニーを数えて平均を求めたところ，451であった。

結果3：手順5で作製した3枚のシャーレに出現したコロニーを数えて平均を求めたところ，15であった。

結果4：手順7と手順9で作製したシャーレに出現したコロニーを数えて平均を求めたところ，次のとおりであった。

  手順7で準備したシャーレ = 338

  手順9で準備したシャーレ = 331

  これらの結果は，<u>手順9のシャーレについて，出現を予想していたコロニー数</u>と大きな差はないと判断した。

問1 結果3について，物質Xを加えなかったにもかかわらず，コロニーが出現した理由を50字以内で説明せよ。

問2 結果4の下線部について，予想していたコロニー数を答えよ。

問3 この実験では，トリプトファン要求株と最少培地を使用した。その理由を100字以内で説明せよ。ただし，解答には，「M株」，「細胞集団」，「酵素A」，「最少培地」，「コロニー」という語を使うこと。

問4 次の記述について，正しいものには○を，誤っているものには×をつけよ。

(a) 手順4で作製したシャーレに出現したコロニー数は，手順9で作製したシャーレに出現したコロニー数より多いので，物質Xに突然変異を引き起こす活性はない。

(b) 手順4で作製したシャーレに出現したコロニーの中には，酵素Aの遺伝子以外の遺伝子にも突然変異が生じるものが存在する可能性がある。

(c) 手順4で作製したシャーレに出現したコロニーについて，酵素Aの遺伝子の塩基配列を調べると，野生株の塩基配列と同じものしかない。

(d) M株のDNA修復酵素の変異は，化学物質が突然変異を引き起こす活性をより鋭敏に検出するのに役立っている。

(e) この実験の結果だけで，「物質Xは，ヒトに対する発ガン性がある。」と結論づけることができる。

〔19 鹿児島大〕

151. 〈細胞増殖の制御〉 （思考）

次の文章を読み，あとの問いに答えよ。

多細胞動物であるマウスやヒトの表皮の細胞は，個々の細胞に分散されたガラス製のシャーレに接着した状態で培養が可能である。その際，培養液には血清を添加することが細胞増殖には必要である。培養液から血清を除いた場合，細胞はDNA合成準備期（G_1期）から脱出し静止期（G_0期）に入って増殖しない状態となる。このG_0期にある細胞に血清を添加した場合，数分後に転写が活性化される遺伝子群（初期応答遺伝子）とそれに遅れて転写が活性化される遺伝子群（遅延応答遺伝子）がある。

血清中因子や基底膜成分は，細胞表面にある受容体や細胞接着分子を介して細胞内にシ

グナル伝達を行う。その結果，核内の遺伝子の発現に影響を与えることが知られている。図1に，血清中因子Xや基底膜因子Yから初期応答遺伝子，遅延応答遺伝子の発現およびDNA合成を引き起こすシグナル伝達を示している。この図は未完成であり，この図を完成させるため，以下の実験を行った。

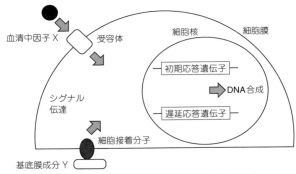

図1 血清中因子X，基底膜成分Yからのシグナル伝達

【実験セット1】

多細胞動物であるマウスの表皮の細胞を用いて以下の実験を行った。培地への血清中因子Xの添加，ガラス製シャーレへの基底膜成分Yのコーティング，翻訳阻害剤の添加の条件を変えて培養を行い，初期応答遺伝子と遅延応答遺伝子の転写活性化の有無およびDNA合成への効果を調べた（表1）。DNA合成への効果を調べるために，デオキシチミジンの類似化合物であるブロモデオキシウリジン（BrdU）を培地に添加した。DNAに取りこまれるBrdUの検出によりDNA合成への効果を調べた。

表1 実験セット1の結果　＋：有り，－：無し。

	実験	a	b	c	d	e
実験条件	血清中因子X添加	+	-	+	-	+
	基底膜成分Yコーティング	+	+	-	-	+
	翻訳阻害剤添加	-	-	-	-	+
実験結果	初期応答遺伝子転写活性化	+	+	+	-	+
	遅延応答遺伝子転写活性化	+	-	-	-	-
	BrdUの取りこみ	+	-	-	-	-

【実験セット2】

血清中因子X，基底膜成分YからのDNA合成に至るシグナル経路を検討するため，シグナル経路にかかわる因子Zと因子Rのそれぞれの変異体細胞を用いて解析を行った（表2）。これらの変異は，下線　因子の上流からの刺激がない場合であっても下流のシグナルを活性化する。

表2 実験セット2の結果　＋：有り，－：無し。

	実験	因子Zの変異体				因子Rの変異体			
		f	g	h	i	j	k	l	m
実験条件	血清中因子X添加	+	-	+	-	+	-	+	-
	基底膜成分Yコーティング	+	+	-	-	+	+	-	-
実験結果	初期応答遺伝子転写活性化	+	+	-	-	+	+	+	+
	遅延応答遺伝子転写活性化	+	+	-	-	+	+	+	+
	BrdUの取りこみ	+	+	-	-	+	+	+	+

問1　実験セット1のa〜eの結果から，DNA合成が開始するにあたって，血清中因子Xと基底膜成分Yは，初期応答遺伝子や遅延応答遺伝子の転写活性化に対してどのような作用をもつと考えられるか，考察せよ。また，そのような考察に至った根拠を，実験

結果をもとに説明せよ。

問2　実験セット1のaとeの結果から，初期応答遺伝子と遅延応答遺伝子は，どのような関係と考察されるか。各遺伝子の転写・翻訳により産生されるタンパク質のことも考慮しながら，各遺伝子の関係を説明せよ。また，そのような考察に至った根拠を，実験結果をもとに説明せよ。

問3　実験セット2のf〜mの結果から，因子Zおよび因子Rは，図1のシグナル伝達の中でどこに位置し，初期応答遺伝子や遅延応答遺伝子に対してどのような作用をもつかをそれぞれ考察し，図示して説明せよ。また，そのような考察に至った根拠を，実験結果をもとに説明せよ。

問4　マウスの表皮の細胞の培養を続け，シャーレを埋めつくすまで増殖したところで増殖が停止した。この増殖が停止した細胞をはがして新しいシャーレに密度を下げてまいたところ，増殖が再開するのを観察した。この増殖停止は，栄養が不足したり，血清中因子や基底膜成分が不足したりしたためではないことは確認した。増殖が停止したしくみを考察せよ。

〔21 お茶の水大〕

152.〈精 子 の 運 動〉

　精子は鞭毛を動かすことで移動する。このとき，ATP を消費する。ある生物の精子の運動性と ATP 生産との関係を調べた。実験には，グルコースだけの培地とグルコースにピルビン酸を加えた培地を用いた。結果は以下の①〜③のようになった。

① グルコースだけの培地よりも，グルコースにピルビン酸を加えた培地のほうが精子の運動性が高かった。

② 培地に電子伝達系阻害剤を加えたとき，どちらの培地でも精子の運動性はほとんど低下しなかった。

③ ピルビン酸を還元する酵素を阻害したところ，精子の運動性に培地間で差がなくなった。

これらの実験結果にもとづいて，以下の問いに答えよ。

問1　精子の運動に必要な ATP の生産は，おもにどの反応経路で行われているか。

問2　③で阻害剤を加えない場合，ピルビン酸が還元されて生じる物質名を答えよ。

問3　培地に加えたピルビン酸は ATP 生産をどのようにして高めているか，60 字以内で説明せよ。

問4　以下の文章を読んで， ア ， イ にあてはまる整数を答えよ。

　この生物の精子はダイニンを含む鞭毛を動かすことで移動する。1回の鞭毛運動でダイニン1分子当たり2分子の ATP を消費し，1/400 mm 進むことができる。この生物の精子が1分間に3 mm 進むとき，1秒間に起こる鞭毛運動の回数は ア 回である。このとき，ダイニン1分子が1秒間に消費する ATP の量は，グルコース イ 分子から生じる。ただし，ATP はすべて，問1で答えた反応経路から供給されるものとする。

〔14 大阪府立大〕

153. 〈色覚の進化〉 思考

ヒトの網膜には，青・赤・緑の3色に感受性が高い3種類の錐体細胞が存在し，色覚を担っている。いずれの錐体細胞においても，光を受容するのはビタミンA誘導体のレチナールとオプシンというタンパク質が結合した視物質とよばれる複合体である。発現するオプシンタンパク質のアミノ酸配列の違いにより吸収する光の波長に違いが生じている。青錐体細胞に発現する青オプシンの遺伝子は，第7染色体に存在するのに対して，赤錐体細胞に発現する赤オプシンと緑錐体細胞に発現する緑オプシンの遺伝子はX染色体上に隣り合って存在する。

図1に赤オプシン遺伝子と緑オプシン遺伝子の構造を模式的に示した。いずれも6つのエキソンからなり，365個のアミノ酸からなるタンパク質をコード

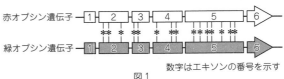

図1

するが，アスタリスク（*）で示した位置にある塩基配列の違いにより15のアミノ酸が異なっている。赤視物質と緑視物質は，それぞれ552.4 nmと529.7 nmにピークをもつ吸収スペクトルを示す。赤オプシンと緑オプシンにおける15のアミノ酸の違いのいずれか1つ，もしくは複数のアミノ酸の違いが，吸収スペクトルの違いの原因となっている。

赤オプシンと緑オプシンで異なる15アミノ酸のうち，吸収スペクトルの違いを生み出

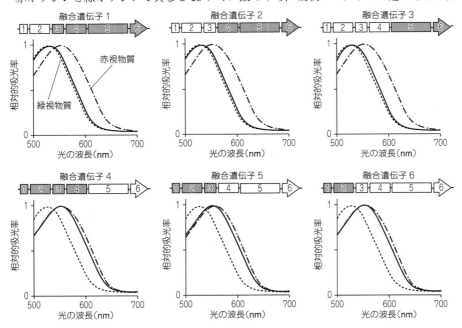

図2

す原因となるアミノ酸を絞りこむために，以下の実験を行った。赤オプシン遺伝子と緑オプシン遺伝子のエキソンを交換した融合遺伝子を作成し，培養細胞で発現させ，レチナールと結合させた後に吸収スペクトルを測定した。図2には，作成した融合遺伝子の構造とその吸収スペクトル（実線）を赤視物質と緑視物質の吸収スペクトルとともに示した。

問1 赤オプシン遺伝子と緑オプシン遺伝子のどのエキソンに由来するアミノ酸の違いが，赤視物質と緑視物質の吸収スペクトルの違いを生み出しているのかを，実験結果（図2）から読み取り，そのエキソンの番号を答えよ。

問2 問1で答えたエキソンには，赤・緑オプシンで異なるアミノ酸を指定する塩基配列の違いが複数存在する。そのうちのどのアミノ酸が吸収スペクトルの違いに最も影響を与えているかを調べるためには，どのような実験を行うとよいか，120字以内で説明せよ。

問3 図3に霊長類の進化の系統樹と色覚情報を示した。原猿類のアイアイやロリスは青・赤を認識する2色型色覚であるが，ヒトとゴリラを含む狭鼻猿類は青・赤・緑を認識する3色型色覚を進化の過程で獲得したと考えられている。下線部について，赤オプシン遺伝子と緑オプシン遺伝子が隣り合って存在するように進化したメカニズムを推測し，以下の語句を使用して100字以内で説明せよ。
　　（語句）祖先型オプシン遺伝子，突然変異

問4 広鼻猿類のマーモセットやリスザルは基本的には2色型色覚だが，狭鼻猿類とは異なるメカニズムにより，一部の雌のみ3色型色覚をもつ（図3）。広鼻猿類の一部の雌が3色型色覚を示すメカニズムについて，次の文章中の ア と イ にそれぞれ当てはまる適切な語句を10字以内で記入せよ。

　広鼻猿類ではX染色体上にはオプシン遺伝子は1つしか存在しない。しかし，このオプシン遺伝子には，複数の ア が存在しており，それぞれの ア が転写・翻訳された結果として形成される視物質には，吸収スペクトルの違いが生じる場合がある。雄はX染色体を1本しかもたないため，このオプシン遺伝子について1つの ア しかもたないので，3色型色覚を示すことはない。X染色体を2本もつ雌では， イ 現象が起こるため，転写・翻訳されるX染色体上の ア が錐体細胞ごとに異なる。そのため，2本のX染色体が，異なる吸収スペクトルを示す視物質を形成する ア をもつ雌では，錐体細胞がモザイク状に存在する網膜となり，3色型色覚を示すことになる。

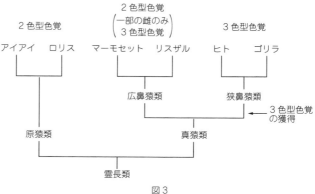

図3

〔18 広島大〕

＜出典＞
6 番　　筑波大学 2016 年 前期 生物
18 番　　東京都立大学 2020 年 前期 生物
89 番　　筑波大学 2015 年 前期 生物
129 番　　筑波大学 2015 年 前期 生物

初　版　（生物Ⅰ・Ⅱ重要問題集）
第 1 刷　2007 年 11 月 1 日　発行
改訂版
第 1 刷　2009 年 11 月 1 日　発行
新課程　（生物重要問題集）
第 1 刷　2013 年 11 月 1 日　発行
2015
第 1 刷　2014 年 11 月 1 日　発行
2016
第 1 刷　2015 年 11 月 1 日　発行
2017
第 1 刷　2016 年 11 月 1 日　発行
2018
第 1 刷　2017 年 11 月 1 日　発行
2019
第 1 刷　2018 年 11 月 1 日　発行
2020
第 1 刷　2019 年 11 月 1 日　発行
2021
第 1 刷　2020 年 11 月 1 日　発行
2022
第 1 刷　2021 年 11 月 1 日　発行

ISBN978-4-410-14212-3

＜編著者との協定により検印を廃止します＞

2022
生物重要問題集
－生物基礎・生物

著　者　宮田　幸一良

発行者　星野　泰也

発行所　**数研出版株式会社**

〒 101 - 0052　東京都千代田区神田小川町 2 丁目 3 番地 3
〔振替〕00140-4-118431

〒 604 - 0861　京都市中京区烏丸通竹屋町上る大倉町205番地
〔電話〕代表 (075)231-0161

ホームページ　https://www.chart.co.jp

印刷　創栄図書印刷株式会社

乱丁本・落丁本はお取り替えいたします。
本書の一部または全部を許可なく複写・複製すること，
および本書の解説書，解答書ならびにこれに類するもの
を無断で作成することを禁じます。

211001

生　物

年　代	人　名（国名）	業　績（『』内は著書）
前4世紀	アリストテレス（ギ）	動物の分類・観察を行い，生物学の最初の体系化を行った。生物学の創始，動物学の祖。
前4世紀	テオフラストス（ギ）	植物の分類・観察を行った。植物学の祖。
2世紀	ガレノス（ギ）	古代医学の体系化。近世に至るまでの医学の権威。循環系について誤った考えをもつ。
15世紀	レオナルド ダ ヴィンチ（伊）	人体解剖や化石の研究を行った。
1543	ベサリウス（ベ）	『人体の構造』を著し，ガレノスの誤りを指摘し，解剖学を一新。
1590ごろ	ヤンセン父子（蘭）	はじめて顕微鏡を作製。
1628	ハーベイ（英）	血液の循環を実験的に証明。実験医学の祖。〔1651：『動物発生論』を著し，後成説を提唱〕
1648	ファン ヘルモント（ベ）	植物の成長の実験を行い，成長の原因は土の養分ではなく水であると結論（死後出版された著書に記載）。
1661	マルピーギ（伊）	カエルの肺で，毛細血管内の血液循環を発見。
1665	フック（英）	『ミクログラフィア』を著し，コルクを構成する小部屋を細胞（cell）と命名。〔1660：弾性力に関するフックの法則〕
1674	レーウェンフック（蘭）	原生動物を発見。〔1676：細菌を発見。1677：ヒトの精子を発見〕
1749	ビュフォン（仏）	『博物誌』を著して，生物進化を示唆し，自然発生を主張。
1765	スパランツァーニ（伊）	自然発生説を否定。〔1780：イヌの人工受精。1783：胃液の消化作用についての実験〕
1774	プリーストリー（英）	植物体が燃焼や動物の呼吸に必要な気体をつくることを発見。
1777	ラボアジェ（仏）	呼吸が燃焼と同じ現象であることを発見。
1779	インゲンホウス（蘭）	光合成を研究し，植物の緑色部が光を受けたとき，酸素を発生することを発見。
1796	ジェンナー（英）	種痘法を発見。
1804	ソシュール（ス）	光合成に二酸化炭素が利用されることを発見。
1831	ブラウン（英）	細胞の核を発見。
1838	シュライデン（独）	植物について，細胞説を提唱。
1839	シュワン（独）	動物について，細胞説を提唱。〔1837：発酵や腐敗の原因は微生物であると主張〕
1840	リービッヒ（独）	『植物化学』を著し，植物が無機栄養で育つことを発見。〔1842：『動物化学』を著し，有機化学を動物生理と結合した〕
1855	ベルナール（仏）	肝臓がグリコーゲンをつくることを発見。〔1865：『実験医学序説』を著し，生物学の実験的研究の方法論を記述〕
1858	フィルヒョー（独）	『細胞病理学』を著し，すべての細胞は細胞分裂によって生じることを提唱。
1860	パスツール（仏）	発酵の研究。〔1861：微生物の自然発生説を実験的に否定。1885：狂犬病ワクチンを完成〕
1865	メンデル（オ）	遺伝因子の分離を発見（当時は認められなかった）。
1869	ミーシャー（ス）	ヒトの白血球の核が DNA を含むことを発見。
1876	コッホ（独）	炭そ病の病原菌を発見。伝染病の原因を解明。〔1882：結核菌を発見。1883：コレラ菌を発見〕

2022

生物重要問題集
−生物基礎・生物

■ 解 答 編

数研出版
https://www.chart.co.jp

1 細胞と分子

1 問1 接近した2点を2点として見分けることができる最小の間隔
問2 **c**　問3 **小胞体**　問4 **B**　問5 **アントシアン**
問6 **マトリックス**
問7 内膜には電子伝達系とATP合成に関わる酵素群が存在するためタンパク質の比率が高い
問8 (1) **10 μm**　(2) **5.0 μm**　(3) **5.0 目盛り**

解説 問4 A 小胞体　B ゴルジ体　C 液胞　D 葉緑体　E ミトコンドリア
リボソームで合成されたタンパク質は，小胞体で糖鎖の付加，S-S 結合形成，立体構造の形成などが行われ，ゴルジ体に送られる。ゴルジ体では，タンパク質の修飾，糖鎖や脂質の付加輸送先への選別が行われる。

問7 ミトコンドリアの内膜の電子伝達系では，NADH 脱水素酵素複合体やシトクロム，ATP 合成酵素などが存在するため，外膜に比べてタンパク質が多い。

問8 (1) 対物ミクロメーターは1mmを100等分しているので1目盛りは，
0.01 mm = 10 μm　となる。

(2) 接眼ミクロメーターの20目盛りと対物ミクロメーターの5目盛りが一致しているので，接眼ミクロメーターの1目盛りの長さは，

$$\frac{10 \text{ μm/目盛り} \times 5 \text{ 目盛り}}{20 \text{ 目盛り}} = 2.5 \text{ μm}　となる。$$

よって，細胞小器官Dの直径は
2.5 mm × 2 = 5.0 μm

(3) 対物レンズを40倍から100倍に変更すると，接眼ミクロメーターの1目盛りは，

$$2.5 \text{ μm} \times \frac{40}{100} = 1.0 \text{ μm}　となる。$$

細胞小器官Dの直径は 5.0 μm なので，
5.0 μm／1.0 μm = 5.0 目盛り　となる。

（または，対物レンズが40倍のときに2目盛りだったので100倍に変更すれば5.0目盛りとなる。）

2 問1 **A …タンパク質　B …脂質　C …炭水化物**
問2 (1) **D …炭水化物　E …脂質　F …タンパク質**
(2) **C, H, O**
問3 (1) **ヌクレオチド**　(2) **4種類**
問4 **従属栄養生物**　　問5 **a, b, c, e**　　問6 **独立栄養生物**

解説 問1 図を見るとA～Cはいずれも有機物であることがわかる。問題文には，「細胞は，炭水化物や脂質，タンパク質，核酸などの有機物や，無機塩類，水などの物質でできており～」とあるので，炭水化物，脂質，タンパク質，核酸の中から適切なものを選べばよい。
また，図は動物細胞の構成成分を示したものである。動物細胞の中に多く含まれる有機物は，タンパク質に次いで脂質の順である。一方で，植物細胞では，細胞壁の成分である炭水化物が最も多い。細菌では，タンパク質に次いで核酸が多くなる。

問2 細胞膜のおもな構成成分はリン脂質であり，リンPを含む。

生物重要問題集　**3**

タンパク質には，構造タンパク質以外にも，酵素・免疫グロブリン・タンパク質系ホルモン（例えばインスリン）などがある。

アミノ酸のシステインには硫黄 S が含まれ，核酸にはリン P が含まれる。これらの放射性同位体がハーシーとチェイスの実験に利用された。

問3　有機物は基本単位となる物質が脱水により縮合重合したものなので，消化酵素はすべて加水分解酵素である。

多糖類であるデンプンやセルロースはグルコースが，核酸はヌクレオチドが，タンパク質はアミノ酸が基本単位となり縮合重合したものである。

問4　従属栄養生物には動物や菌類などがある。

問5　(d), (f) 紅色硫黄細菌とシアノバクテリア（ラン藻）は光合成を行う。

(e) アカパンカビなどの菌類は，窒素 N に関しては独立栄養である場合もあるが，炭素 C に関してはほかの生物がつくった有機物に依存しているので従属栄養生物である。

(g), (h) オジギソウとオナモミはともに植物なので光合成を行う。

> ⬛▷**細胞内の物質質量比**
> ・動物…水に次いで，タンパク質，脂肪の順に多い。
> ・植物…水に次いで，炭水化物が多い。
> ・細菌…水に次いで，タンパク質，核酸の順に多い。

3　問1　細胞質基質　　　問2　葉緑体，ミトコンドリア　　　問3　リボソーム
　　　問4　① 中間径フィラメント　② 微小管
　　　問5　① ゴルジ体　② アセチルコリン
　　　問6　細胞骨格…アクチンフィラメント
　　　　　　モータータンパク質…ミオシン

解説　問1　細胞質と細胞質基質は似ているが異なる用語なので注意する。細胞質は真核細胞内の核以外の部分を指し，細胞膜を含む。細胞質基質は細胞小器官のまわりを満たす流動性の基質を指す。

問2　原核細胞から真核細胞へ進化する過程で，ある種の好気性細菌が共生することによってミトコンドリアに，シアノバクテリアが共生することによって葉緑体になった。この考え方を「共生説」といい，マーグリスらが提唱した。葉緑体とミトコンドリアがもつ独自のDNAは，共生説の根拠となった。

問3　リボソームはタンパク質と rRNA からなり，膜で囲まれていない。

問4　① 中間径フィラメントは核や細胞の内側に位置し，細胞や核の形を保つ。

② 微小管は細胞分裂時の紡錘糸を構成するほか，モータータンパク質のレールになる。

問5　① 合成された神経伝達物質は小胞体からゴルジ体へ移動し，膜につつまれた状態で軸索に沿って微小管上をキネシンで運ばれ，神経細胞末端まで移動する。この小胞がシナプス小胞である。

② 運動神経や副交感神経の末端からはアセチルコリンが放出され，交感神経の末端からはノルアドレナリンが放出される。

問6　アクチンフィラメントは筋収縮や細胞運動にはたらくほか，モータータンパク質のレールになる。

> ⬛▷**細胞骨格**
> ・微小管
> 　中心粒を形成，分裂時に紡錘糸を形成，鞭毛・繊毛形成。結合するモータータンパク質はキネシンとダイニンで，細胞小器官の移動と物質輸送に関与。
> ・中間径フィラメント
> 　核の位置・細胞の形の保持，ヘミデスモソーム・デスモソームに細胞内部から結合。
> ・アクチンフィラメント
> 　筋原繊維を形成，細胞質流動，細胞分裂時のくびれこみ，アメーバ運動における細胞の伸展・収縮などに関与。

4　生物重要問題集

4　問1　Ⓐ b, c, d　Ⓑ a, e
　　問2　濃い尿素溶液に浸した細胞もスクロース溶液と同様に原形質分離を
　　　　起こすが，細胞膜を透過しないスクロースとは異なり，尿素は徐々
　　　　に細胞膜を透過して細胞内に入るため細胞内の浸透圧が上昇し，そ
　　　　れに伴って細胞が吸水するため 30 分後にはもと通りになった。
　　問3　c
　　問4　**Na⁺-K⁺ATP** アーゼとよばれるタンパク質が，細胞内の **ATP** を分解
　　　　した際に発生したエネルギーを用いて立体構造を変え，**K⁺** を細胞内
　　　　に取りこみ，**Na⁺** を細胞外に排出する。

解説　問1　水は脂質膜を通過しにくいが，分子が小さいためある程度は通過する。アルコール
　　　　やエーテルなどの脂質に溶けやすい物質は脂質膜を通過しやすい。タンパク質のような
　　　　分子の大きな物質は脂質膜を通れない。Mg^{2+} などの無機イオンは，脂質膜をほとんど通
　　　　過できない。
　　問2　尿素は細胞膜を透過できるが，分子が大きく細胞膜を透過するのに時間がかかるため，
　　　　はじめは細胞内の水が細胞外に流出して，原形質分離が起こる。その後，尿素が徐々に
　　　　細胞内に透過するにしたがって，細胞内の浸透圧が上昇し，細胞が外液中の水を吸水し
　　　　て原形質復帰が起きる。
　　問3　ヒトにおける生理食塩水の濃度は 0.9 %，カエルは 0.65 %。

5　問1　① デスモソーム　② カドヘリン　③ カルシウムイオン（**Ca²⁺**）
　　問2　培養皿 **A** …染色体数が倍化した細胞が観察される。
　　　　理由…チューブリンの重合が阻害されると，微小管が形成されないため，
　　　　　　　結果的に紡錘体が形成できず，核分裂が起こらないため。
　　　　培養皿 **B** …核が 2 つある細胞が観察される。
　　　　理由…アクチンの重合が阻害されると，細胞質を分裂させる収縮環が形成
　　　　　　　されないため，結果的に細胞質分裂が起こらないため。
　　問3　c
　　　　理由…細胞 **X** が化学物質 **Y** に対して正の化学走性を示すには，**Y** の方向に
　　　　　　　仮足を伸ばす必要があり，その方向にアクチンフィラメントが多く
　　　　　　　形成され，反対側には形成されなくなるため。
　　問4　㋐ カルシウムイオンが存在するので，同じ種類のカドヘリンが細胞どうし
　　　　　をすきまなく結合させている。その結果，細胞は多角形になった。
　　　　㋑ カルシウムイオンがしだいに除去されることによって，カドヘリンによ
　　　　　る結合が切れ，細胞と細胞の間にすきまが見えるようになった。
　　　　㋒ カルシウムイオンが除かれてカドヘリンによる結合が切れると細胞はば
　　　　　らばらになり，最も表面積が小さい球状になった。

解説　問1　カドヘリン（②）と中間径フィラメントからなる構造なので，①はデスモソームである。
　　　　「固定結合」ではそもそも構造ではなく結合の種類なので正解にならない。
　　問2　（培養皿 **A**）チューブリンの重合阻害剤はコルヒチンのことで，「種なしスイカ」の作
　　　　出に用いられている。
　　　　（培養皿 **B**）アクチンの重合阻害剤はサイトカラシンだが，特に知っておく必要はない。
　　　　　動物細胞の細胞質分裂で生じる収縮環はアクチンフィラメントとミオシンで構成され
　　　　ている。細胞質流動でもアクチンフィラメントとミオシンが利用されている。

生物重要問題集　　5

この問いでは，細胞分裂時に限定して質問されているので，「アクチンがないため細胞の形を維持できない」などの解答では題意に合わない。

問4　同じ種類の組織を構成する細胞には同じ種類のカドヘリンが存在し，これにより正常な立体構造を維持している。カルシウムキレート剤（カルシウム除去剤）を使用すると細胞間の結合を切ることができる。代表的なカルシウムキレート剤としては EDTA などが知られている。

> ➡️ **動物の細胞接着**
> ・密着結合（細胞-細胞）…物質漏出，膜タンパク質の移動防止
> ・ギャップ結合（細胞-細胞）…コネクソンで結合，物質の透過
> ・固定結合
> 　接着結合（細胞-細胞）…カドヘリン＋アクチンフィラメント，形態保持
> 　デスモソーム（細胞-細胞）…カドヘリン＋中間径フィラメント，形態保持
> 　ヘミデスモソーム（細胞-細胞外基質）…インテグリン＋中間径フィラメント，情報伝達など

6　問1　ウ
　　　問2　細胞体で合成されたタンパク質はキネシンによって神経終末へ順行輸送され，リソソーム内で酵素分解されながらダイニンによって細胞体へ逆行輸送される。

解説　問1　(ア),(イ) ミトコンドリアは A と B のいずれにも蓄積しているので，キネシンとダイニンのいずれか一方のみがミトコンドリアを輸送しているわけではないことがわかる。

　　　(ウ),(エ) キネシンは A に多く蓄積するため，順行輸送にはたらくことがわかる。

　　　軸索の順行輸送にかかわるモータータンパク質としてはキネシンが，逆行輸送にかかわるモータータンパク質としてはダイニンがあり，それぞれ細胞体で合成されている。ダイニンはいったんキネシンによって神経終末まで輸送されてからはたらくため，B だけでなく A でも蓄積する。

　　　問2　リソソームにはさまざまな分解酵素が含まれ，細胞外から取りこんだ物質や細胞内の不要な物質を分解するはたらきがある。表を見ると，リソソームは B の領域に多く蓄積していることから，逆行輸送されていることがわかる。神経終末で不要になったタンパク質などを取りこんだリソソームが細胞体へ輸送され，分解されたタンパク質は細胞体で再度タンパク質合成に寄与すると考えられる。

> ➡️ **モータータンパク質**
> 　いずれも ATP を利用してはたらく。
> ・**キネシン**…特にニューロンにおいて，微小管上を移動して，小胞を軸索末端（＋端方向）へ運搬。
> ・**ダイニン**…キネシンとは逆方向に微小管上を移動して，末端から細胞体側（−端方向）へ代謝産物を運搬。鞭毛の屈曲にも関与。
> ・**ミオシン**…アクチンフィラメント上を移動。細胞質流動や筋収縮に関与。

7　問1　細胞分画法
　　　問2　名称…ミトコンドリア，場所…マトリックス
　　　問3　ア，カ
　　　問4　破砕や遠心分離の際に発生する熱によって酵素が変性したため。
　　　問5　上澄み E

6　生物重要問題集

解説　　等張のスクロース溶液中で実験しているのは，低張液だと細胞小器官が吸水して壊れるためである。また緩衝液を加えてpHの変化を防ぎながら実験することもある。
　　　動物細胞を細胞分画法で分離すると核・ミトコンドリア（リソソームを含む）・ミクロソーム（小胞体が細かくちぎれたもの，リボソームを含む）にわかれる。つまり，沈殿Bには核，沈殿Dにはミトコンドリア，沈殿Fにはミクロソームが含まれると考えられる。上澄みEは細胞質基質である。

▶細胞分画法では概ね大きい（比重の大きい）ものから沈殿する。植物細胞の場合は，核・葉緑体・ミトコンドリア・ミクロソーム・細胞質基質の順になる。

問2　ピルビン酸脱水素酵素はピルビン酸からアセチルCoAを生成する反応を触媒する。この反応ではミトコンドリア内に移行したピルビン酸が基質となる。
問3　(ア),(イ) 未破砕の細胞が多く残っていれば，細胞は核とともに沈殿Bに移行するはずである。このとき，未破砕細胞内のミトコンドリアも沈殿Bに含まれることになるので，酵素活性が高くなる。よって，(ア)が正しい。
　　(ウ),(エ) 核にはピルビン酸脱水素酵素が含まれないので，核が破砕したかどうかは関係ない。
　　(オ),(カ) 破砕回数が多ければ，ミトコンドリアの破砕も多くなり，ピルビン酸脱水素酵素が細胞質基質に移行すると考えられる。よって，(カ)が正しい。
問4　室温では酵素の最適温度に近づくため，酵素がはたらくようになるので，別解として「破砕で遊離した加水分解酵素により他の酵素が分解されたため。」でもよい。
問5　問題文中に乳酸脱水素酵素が細胞質基質に存在すると記載されているので，細胞質基質がもっとも多い区画を選べばよい。乳酸脱水素酵素は，ピルビン酸⇔乳酸の反応を触媒する酵素である。

8

問1　(ア) 5 nm　(イ) 選択的透過　(ウ) 受動輸送　(エ) 能動輸送
問2　リン脂質には親水性を示すリン酸部分と疎水性を示す脂肪酸部分があり，疎水性部分を内側にしてリン脂質の二重層を形成している。タンパク質はリン脂質の二重層にモザイク状に存在する。
問3　比較的小さな疎水性の分子で，水に溶けにくく，脂質に溶けやすい。
問4　グラフ…右図
　　　理由…グルコースの輸送速度は「グルコースとグルコース輸送タンパク質の複合体の濃度」に比例する。グルコースの濃度が低い間は複合体の濃度はグルコース濃度に比例して上昇するが，グルコースの濃度が一定以上に達すると，すべてのグルコース輸送タンパク質がグルコースと結合して複合体形成が飽和するため，輸送速度が最大値となり，それ以上，輸送速度が上がらなくなる。

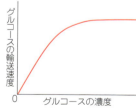

問5　面積…2%，時間…50分
問6　取りこまれたタンパク質は，リソソーム内にあるタンパク質分解酵素によってペプチド結合が切断され，アミノ酸に変化する。

解説　問1　(ア) 細胞膜の厚さは構成しているリン脂質の脂肪酸の厚みで決まるため，5〜10 nmの幅がある。よって，この範囲で答えればよいだろう。
　　　問2　リン脂質二重層に存在する膜タンパク質には輸送タンパク質（輸送体やチャネル），

受容体タンパク質，接着タンパク質などがある。これらが細胞膜中を水平方向にある程度自由に移動できると考えられており，このようなモデルは**流動モザイクモデル**とよばれる。

問3　酸素のような非極性分子は，極性のある水には溶解しにくい。
　　また，コレステロールは脂質の一種であり，そのままでは水に溶けないので，血中ではタンパク質と結合してリポタンパク質として流れる。ステロイドホルモンはコレステロール由来で，こちらも血液中を流れる際には輸送を担当するタンパク質と結合していると考えられている。

問4　グルコース濃度と輸送速度の関係を知っているかどうかを問う問題ではない。下線部の「**酵素反応における基質濃度と反応速度の関係に似ている**」という部分を読み取って**答える**ことが大切である。

問5　立方体の面は6つあるので，立方体の全表面積は $10^2 \, \mu m^2 \times 6 = 600 \, \mu m^2$。このうち1分間に入れ替わる面積は $12 \, \mu m^2$ なので，求める割合は $\dfrac{12 \, \mu m^2}{600 \, \mu m^2} \times 100 = 2\,\%$ となる。
これより，細胞膜の全体が入れ替わるためには，$\dfrac{100\,\%}{2\,\%/分} = 50$ 分が必要になる。

問6　「理由とともに答えよ」とあるので，「分解酵素」や「ペプチド結合」といった用語も解答に含めたい。

9

問1　(イ) マルターゼ　(ロ) 微柔毛(柔毛)
問2　e　　問3　d　　問4　a

解説　まず，実験結果を検討し，3つの輸送体が上皮細胞のどこに存在しているのかという位置関係を特定する必要がある。

実験3でウアバインを加えると実験1とは異なる結果となることから，ウアバインの影響を受けるⅲは，上部容器と接する側の細胞膜上に存在することがわかる。

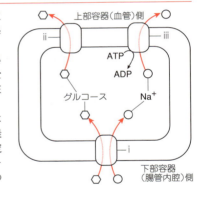

実験2では測定点A，B，Cのグルコース濃度はほぼ同じであるが，実験4で下部容器の Na^+ 濃度を10倍にしたときに，グルコース濃度は測定点Bで最も高くなったことから，Na^+ とグルコースの輸送にはたらくⅰは，下部容器と接する側の細胞膜上にあることがわかる。

問題文より，「上皮細胞は小腸の腸管内腔から血管側の細胞外液にグルコースを輸送するはたらきがある」ということから，下部容器(腸管内腔)側のグルコースをⅰが細胞内に取りこみ，取りこんだグルコースをⅱが上部容器(血管)側に輸送していることがわかる。
各実験結果は，次のように考えることができる。

実験1：ⅲによって，Na^+ は上皮細胞から上部容器へ能動輸送され，細胞内の Na^+ 濃度は低く保たれる。その結果，下部容器と細胞内では Na^+ の濃度勾配ができるため，ⅰによって Na^+ とともにグルコースが細胞内に輸送され，細胞内のグルコース濃度が高く保たれる。

実験2：両容器内に酸素がない場合，上皮細胞内も酸素が欠乏するため，呼吸によるATPの合成ができず，ⅲによるATPを利用した能動輸送は行われないので，上皮細胞から上部容器への Na^+ の輸送が起こらなくなる。これによって下部容器と細胞内の Na^+ の濃度

勾配も生じず，ⅰによるグルコースの輸送も起こらなくなるので，グルコースの濃度差も生じない。

実験4：両容器内に酸素がないため，呼吸によるATPの合成ができず，細胞内から上部容器へのNa$^+$の輸送は行われないが，下部容器のNa$^+$濃度は非常に高いため濃度勾配によってNa$^+$もグルコースも細胞内に輸送される。

問2　ⅱはグルコースを濃度勾配にしたがって輸送するので，測定点Bでグルコースの濃度が高くなり，やがてAとBが同じ濃度になる。

問3　ⅲのはたらきによってNa$^+$が上部容器へ輸送される。それに伴い，下部容器からNa$^+$が上皮細胞へ輸送されるとともに，グルコースも上皮細胞へ輸送される。上皮細胞内のグルコースは，ⅱのはたらきによって上部容器へ輸送される。

問4　ATPがⅲによって消費されると，Na$^+$の濃度勾配が生じる。ⅰはこの濃度勾配にしたがってNa$^+$を輸送するとともにグルコースを能動的に輸送する。

10　問1　3，5，7

問2　(i) 細胞を高温で処理すると細胞中のタンパク質が熱変性するが，シャペロンによりその構造を正常かつ適切にもどすことができるため。

(ii) 疎水性

問3　自身の細胞膜，標的細胞の受容体

問4　(i) オートファジー　(ii) 液胞

(iii) リソソームに含まれる分解酵素の最適pHが細胞質基質のpHと隔たりがあるため，リソソームが壊れて細胞内に放出されると作用できなくなる。

問5　2

解説　問1　①，②はタンパク質の熱変性であり，④，⑥はタンパク質の酸変性である。

③ 寒天の主成分は多糖類であり，タンパク質ではない。

⑤ 「にがり」はそのほとんどが塩化マグネシウムで，豆乳（タンパク質コロイド）に投入すると，にがりのMg^{2+}とアミノ酸のカルボキシ基COO$^-$が結合し凝固する。

⑦ 片栗粉（デンプン）は水を吸って"とろみ"がつく。

> ⟹ **寒天培地**
> テングサの細胞壁の煮汁からつくったもので，ガラクトースが主成分の多糖類。冷水には溶けないが熱湯に溶けコロイド溶液となる。1％でゲル状になり，ところてん，ゼリー，寒天培地などに利用される。

問2　(ii) タンパク質は疎水性側鎖を内側に，親水性側鎖を外側にして球状となる性質がある。つまり，下線部にある「凝集しやすい部分」とは疎水性側鎖のことである。

シャペロンは，リボソームから翻訳されたばかりのポリペプチドのアミノ酸側鎖が疎水性側鎖どうしで正常に結合できるように，細胞内の水分子から疎水性側鎖を隠す役割がある。シャペロンには内部が疎水性領域となっているポケット部分があり，ここにポリペプチドの疎水性領域を隔離し，正しい疎水性側鎖領域どうしを結合させて立体構造を構築する。

問3　リボソームが付着した小胞体を粗面小胞体という。「粗面小胞体のリボソーム」で合成されたタンパク質はそのまま小胞体内に入り，小胞輸送によって運ばれ，ゴルジ体を経由し，細胞膜まで輸送される。膜タンパク質であれば，その細胞自身の細胞膜で膜タンパク質としてはたらく。一方，細胞外に放出されるタンパク質にはホルモンや消

> ⟹ 遊離のリボソームで合成されたタンパク質の多くは，核・ミトコンドリア・葉緑体・リソソームなどではたらく。

生物重要問題集　　9

化酵素などがあり，基本的には全身のすべての細胞に運ばれる。そういう意味では全身のどの細胞を答えても間違いとはいえないので，例えば，肝臓細胞や筋肉細胞などとしても正解である。ホルモンを想定するなら，「標的細胞の受容体タンパク質」となる。

問4　(ii) 液胞をリソソームとして認識したことはないかもしれないが，不要物の貯蔵・分解する場所としてはたらくことから，リソソームと同じ役割であることに気づくだろう。

(iii) 酵素がはたらかない特性としては，まず最適温度と最適 pH が考えられるが，細胞内では局所的に温度が変化することはないので，最適温度は関係ない。リソソームの内側は pH5 付近の酸性であるが，これに対して細胞質基質では pH7 付近の中性である。このため，リソソーム内に含まれる多数の分解酵素は，リソソームが壊れて細胞内に放出されても細胞質基質では機能することができない。

> **■⇒ オートファジー**
>
> 細胞内で不要となったタンパク質はオートファゴソームとよばれる二重膜に包みこまれ，これに各種の分解酵素を含むリソソームが融合し，内部のタンパク質は分解される。成人が1日に合成するタンパク質の実に半分以上がオートファジーによるタンパク質（アミノ酸）の再利用によるものと考えられている。
>
> オートファジーのしくみの解明により 2016 年に大隅良典がノーベル生理学・医学賞を受賞した。

問5　この問いを知識として知っていることは少ないと思われるので類推して判断するしかないだろう。

細胞小器官の中で2枚の膜(脂質二重層)からなるのは核，ミトコンドリア，葉緑体のみと習っているだろう。よって，リソソームは1枚の膜からできていると気がつきたい。したがって，①と③は間違い。

図の中のリソソームと融合する球状の構造体はオートファゴソームとよばれるものである。上記と矛盾するようだがオートファゴソームは2枚の膜からなる。これは球体を形成するまでの過程を考えるとわかりやすい。「脂質二重層」の膜は，球状になるまでに，③や④のように両端が途切れた状態で存在することは不得手であり，①や②のようにして"両端"がない構造を取るのだと気がつきたい。

10　　生物重要問題集

2 代　　謝

11 問1　化学反応を促進するがそれ自身は反応の前後で変化しない物質。
問2　主成分のタンパク質が熱変性し，失活する。
問3　⑦ ペプシン　⑦ だ液アミラーゼ　⑦ トリプシン
問4　酵素の濃度と反応速度には比例関係が成り立つ。
問5　(1) 競争的阻害
　　　(2) 基質と構造の似た物質は酵素と結合し，本来の酵素-基質複合体
　　　　の形成を阻害するため，反応速度が低下する。
問6　補酵素
問7　① 補酵素と酵素の結合が弱いため。
　　　② 補酵素は小さく，半透膜を通過できるため。
問8　アロステリック部位

解説 問3　ペプシンは胃酸の成分であり弱酸性下ではたらくため，最適pHは低い。だ液アミラーゼはだ液中に含まれ口の中ではたらくが，口中は中性であるので最適pHは7付近となる。トリプシンはすい液に含まれる消化酵素であり，弱アルカリ性下ではたらく。すい液は胃液を中性にもどすため，弱アルカリ性になっている。
問4　「基質濃度が十分に高い場合」とあるので，酵素濃度を高くするほど，酵素-基質複合体が多く形成され，反応速度も増加する。
問5　基質と構造の似た物質は酵素の活性部位に結合して複合体を形成するが，本来の基質のように生成物ができるわけではなく，酵素に結合したままになるので，反応速度に影響を及ぼす。
問6, 7　補酵素はビタミンなどの低分子が多く，熱に強い。
問8　活性部位以外の部位に物質が結合することで酵素活性が変化することを，アロステリック効果という。

12 問1　波長 340 nm の光を NADPH は吸収するが，$NADP^+$ は吸収しないため，測定された吸光度が NADPH の濃度の相対値を示す。
問2　(1) (A), (B) 酵素①，酵素③　(C) 酵素②　(2) 反応2，反応3
　　　(3) (A) ×　(B) ○　(C) ×　(D) ×　(E) ○

解説 問2　(1) A と B，2 つの酵素を加えて反応を開始すると吸光されることから生成物に NADPH が存在することがわかる。よって，酵素③が使用されている。酵素③の基質はグルコース-6-リン酸である。もし酵素②を使用したとするとその基質はフルクトース-6-リン酸である必要があるが，これは水溶液 W に存在していない。よって酵素①を使用したとわかる。

$$\text{グルコース} \xrightarrow{\text{酵素①}} \text{グルコース-6-リン酸} \xrightarrow{\text{酵素③}} \text{グルコン酸-6-リン酸}$$
$$+ \text{NADPH} + \text{H}^+$$
$$\uparrow \text{酵素②}$$
$$\text{フルクトース} \xrightarrow{\text{酵素①}} \text{フルクトース-6-リン酸}$$

(2), (3) 反応時間 0～20 分では水溶液 W に含まれるグルコースがすべて消費され，20～40 分ではフルクトース由来のフルクトース-6-リン酸が使用されたことがわかる。
　これにより，「⑦における吸光度 E20」と，「⑦と⑦の吸光度の差 E40－E20」が，グル

生物重要問題集　**11**

コース：フルクトースの濃度比を示していることがわかる。

(A) 5分後に(エ)を行えば，グルコースとフルクトースを同時に反応させることになり，E20の正確な値が求められなくなる。

(B) 吸光度からわかることは相対的な濃度比であるので，実際には吸光係数から濃度を計算する必要がある。

(C) E20から求まるのは，水溶液Wに含まれるグルコース量

(D) E40−E20から求まるのは，水溶液Wに含まれるフルクトース量

(E) 図2より，E20＞E40−E20であることがわかるので，グルコース量のほうが多い。

---

13 問1 **c**

問2 (ア) **1**

根拠…図1より基質濃度が a のときの反応速度は10なので，基質 S の濃度が $\frac{a}{2}$ のときの反応速度は $10 \times \frac{1}{2} = 5$ である。一方，基質 S の濃度が $\frac{a}{2}$，阻害剤 I の濃度が $\frac{a}{2}$ の場合，基質 S と阻害剤 I の合計濃度 a に対する反応速度は図1より10である。しかし，実際に酵素と結合している基質 S の割合は $\frac{1}{2}$ なので，この場合の反応速度は $10 \times \frac{1}{2} = 5$ となり，阻害剤 I を添加しなかった場合と等しい。また，基質 S の濃度が $\frac{a}{2}$，阻害剤 I の濃度が a の場合，基質 S と阻害剤 I の合計濃度 $\frac{3a}{2}$ に対する反応速度は $10 \times \frac{3}{2} = 15$ である。しかし，実際に酵素と結合している基質 S の割合は $\frac{1}{3}$ なので，この場合の反応速度は $15 \times \frac{1}{3} = 5$ となり，阻害剤 I を添加しなかった場合と等しい。

(イ) **9**

根拠…基質 S の濃度が b のときの反応速度は，図1より50である。一方，基質 S の濃度が b，阻害剤 I の濃度が b の場合，基質 S と阻害剤 I の合計濃度 2b に対する反応速度は図1より70である。しかし，実際に酵素と結合している基質 S の割合は $\frac{1}{2}$ なので，この場合の反応速度は $70 \times \frac{1}{2} = 35$ となり，阻害剤 I を添加しなかった場合の反応速度50の70 %（$= \frac{35}{50} \times 100$ %）となる。また，基質 S の濃度が b，阻害剤 I の濃度が 2b の場合，基質 S と阻害剤 I の合計濃度 3b に対する反応速度は図1より75である。しかし，実際に酵素と結合している基質 S の割合は $\frac{1}{3}$ なので，この場合の反応速度は $75 \times \frac{1}{3} = 25$ となり，阻害剤 I を添加しなかった場合の反応速度50の50 %となる。

(ウ) **10**

根拠…基質濃度が **d** のとき，酵素に対して基質は飽和状態にあり，反応速度は基質濃度が **c** のときと同様になる。図 2 より基質 S の濃度が **d**，阻害剤 I の濃度が **d** の場合，反応速度は 50 となる。また，基質 S の濃度が **d**，阻害剤 I の濃度が **2d** の場合，反応速度は 33 となる。

解説　問 1　**酵素反応の速度は酵素 − 基質複合体の濃度に比例する**。図 2 より，基質に対して阻害剤 I を等濃度，あるいは 2 倍の濃度になるように加えたときの反応速度は，表のように阻害剤 I を添加しない場合の反応速度に比べてそれぞれ $\frac{1}{2}$，$\frac{1}{3}$ になっている。このことから，「阻害剤 I の結合力は基質 S と等しい」と判断できる。

基質 S の濃度	阻害剤 I の濃度	基質 S ＋ 阻害剤 I の濃度	反応速度
c	0	c	100
c	c	2c	50
c	2c	3c	33

14　問 1

$$H_2N-\underset{\underset{H}{|}}{\overset{\overset{CH_3}{|}}{C}}-COOH$$

問 2　(ア) **4**　(イ) **12**

問 3　**X** … **NAD$^+$（ニコチンアミドアデニンジヌクレオチド）**
　　　Y … **FAD（フラビンアデニンジヌクレオチド）**
　　　Z … **CO$_2$（二酸化炭素）**

問 4　**6**　　問 5　**$12H^+ + 12e^- + 3O_2 → 6H_2O$**

問 6　フマル酸… **$C_4H_4O_4$**　ケトグルタル酸… **$C_5H_6O_5$**
　　　グルタミン酸… **$C_5H_9O_4N$**

問 7　**NADH や FADH$_2$ が電子伝達系を経由するときに放出されるエネルギーによって H$^+$ が膜間に輸送され，この H$^+$ が濃度勾配にしたがって ATP 合成酵素を通ってマトリックスに移動し，ADP から ATP が生成される。**

解説　問 1　アミノ酸は不斉炭素原子のまわりに，H，NH$_2$，COOH が付いているので，これらをアラニンの分子式 $C_3H_7O_2N$ から引くと側鎖の構造がわかる。

　　　問 3　水素受容体で補酵素である NAD$^+$（ニコチンアミドアデニンジヌクレオチド）や FAD（フラビンアデニンジヌクレオチド）は知っておきたい。これらが基質から外された 2H$^+$ と 2e$^-$ と結合することで，それぞれ
　　　　　NAD$^+$ ＋ 2H$^+$ ＋ 2e$^-$ → NADH ＋ H$^+$
　　　　　FAD ＋ 2H$^+$ ＋ 2e$^-$ → FADH$_2$　　　　　　となる。

　　　問 4　問 2 から 12H$^+$ が分解・排出されるので，補酵素はその半分必要になる。

　　　問 5　ミトコンドリアの電子伝達系では NADH や FADH$_2$ から放出された水素（電子）が酸素と結合することで水を生じる。

生物重要問題集　　13

問6 フマル酸は，コハク酸（$C_4H_6O_4$）から補酵素 FAD に H_2 を奪われたことから $C_4H_4O_4$ となる。
　ケトグルタル酸は，イソクエン酸（$C_6H_8O_7$）から NAD^+ に H_2 を奪われ，さらに CO_2 を失うことから $C_5H_6O_5$ となる。
　グルタミン酸は図の最初の反応から考える。アラニンはアミノ基転移酵素によってケトグルタル酸と反応してピルビン酸とグルタミン酸を生成する。したがって，アラニン（$C_3H_7O_2N$）とケトグルタル酸（$C_5H_6O_5$）の分子式を合わせたものからピルビン酸（$C_3H_4O_3$）を差し引いたもの（$C_5H_9O_4N$）がグルタミン酸の分子式となる。
　単にアミノ基が転移しただけと考えるのは早計で，ケトグルタル酸に＋NH_3 としたうえでさらに酸素 O が 1 つ減っている点に注意。

> **▶ 呼吸**
> 解糖系
> 　$C_6H_{12}O_6$（グルコース）＋ $2NAD^+$ → $2C_3H_4O_3$（ピルビン酸）＋ $2NADH$ ＋ $2H^+$（＋$2ATP$）
> クエン酸回路
> 　$2C_3H_4O_3$ ＋ $6H_2O$ ＋ $2FAD$ ＋ $8NAD^+$ → $6CO_2$ ＋ $2FADH_2$ ＋ $8NADH$ ＋ $8H^+$（＋$2ATP$）
> 電子伝達系
> 　$10NADH$ ＋ $10H^+$ ＋ $2FADH_2$ ＋ $6O_2$ → $2FAD$ ＋ $10NAD^+$ ＋ $12H_2O$（＋最大 $34ATP$）
> 全体として
> 　$C_6H_{12}O_6$ ＋ $6H_2O$ ＋ $6O_2$ → $6CO_2$ ＋ $12H_2O$（＋最大 $38ATP$）

15
問1　効率よく二酸化炭素を吸収させるため
問2　$2KOH + CO_2 \longrightarrow K_2CO_3 + H_2O$
問3　(A) 119　(B) 85　問4　0.710　問5　50　問6　イ
問7　$C_{12}H_{22}O_{11} + H_2O \longrightarrow 4C_2H_5OH + 4CO_2$

解説　問1　ろ紙に水酸化カリウム水溶液が吸い上げられるので，フラスコ内の気体と水酸化カリウム水溶液とが接する面積が大きくなる。

問3　実験Ⅰのフラスコ Ⅰ では，呼吸によって生成した二酸化炭素は水酸化カリウム水溶液に吸収される。そのため，赤インクの移動距離は「酸素吸収量」を示す。
　フラスコⅡでは，赤インクの移動距離は「酸素吸収量と二酸化炭素生成量の差」を示している。

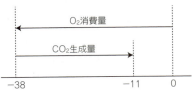

　この問いで求めるのは体積なので，「円周率 $πr^2$ ×距離」を使う。目盛り付ガラス細管の内側の直径は 2 mm なので，半径は 1 mm。よって，
(A) $3.14 × 1^2 × 38 = 119.32 ≒ 119$（$mm^3$）
(B) $3.14 × 1^2 × (38 - 11) = 84.78 ≒ 85$（$mm^3$）

問4　$C_{55}H_{102}O_6$ が呼吸によって分解されたときの化学反応式は，
　　$2C_{55}H_{102}O_6 + 155O_2 \rightarrow 110CO_2 + 102H_2O$
よって，呼吸商 $= \dfrac{発生した CO_2}{消費した O_2} = \dfrac{110}{155} = 0.7096 \cdots ≒ 0.710$　となる。
ちなみに，$C_{55}H_{102}O_6$ はトリグリセリドの一種である。

問5 実験Ⅱでは酵母が呼吸とアルコール発酵を同時に行っている。フラスコⅠでは，呼吸とアルコール発酵で生成された二酸化炭素がともに水酸化カリウム水溶液に吸収されるため，赤インクの移動距離は「呼吸による酸素消費量」を示す。フラスコⅡでは，呼吸とアルコール発酵のそれぞれに由来する二酸化炭素が混在している状態である。ここで，基質がマルトース(炭水化物)なので呼吸商は1.0であり，呼吸だけに着目した場合の赤インクの移動距離は0となる。つまり，フラスコⅡのインクの移動距離は，「アルコール発酵に由来する二酸化炭素生成量」を示している。よって，アルコール発酵での二酸化炭素の生成量は，

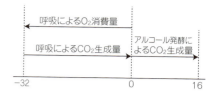

$3.14 \times 1^2 \times 16 = 50.24 \fallingdotseq 50$

問6 **フラスコの中を窒素ガスで満たすと，酵母は呼吸を行うことができず，アルコール発酵のみを行う。**よって，呼吸による酸素消費がなく，アルコール発酵に由来する二酸化炭素は水酸化カリウム水溶液に吸収されるため，フラスコⅠでは赤インクは移動しない。フラスコⅡでは，アルコール発酵に由来する二酸化炭素により赤インクが右に移動する。

問7 マルトース($C_{12}H_{22}O_{11}$)は二糖類なので加水分解されてグルコース2分子になってから発酵に利用される。よって，

$C_{12}H_{22}O_{11} + H_2O \rightarrow 2C_6H_{12}O_6 \rightarrow 4C_2H_5OH + 4CO_2$

16

問1 $4C$ 問2 $A - 5C$ 問3 $\dfrac{B - 4C}{A - 5C}$ 問4 $\dfrac{5(A - B - C)}{3}$

問5 $15\,g$

解説 問1 1gのタンパク質が燃焼すると0.2gの尿中窒素が排泄され，その際に**1Lの酸素が消費され，二酸化炭素は呼吸商より0.8L発生する**ことから，Cgの尿中窒素が排泄された場合，5CLの酸素が消費され，4CLの二酸化炭素が排泄される。

タンパク質	+	酸素	→	尿中窒素	+	二酸化炭素
1 g		1 L		0.2 g		0.8 L
5C g		5C L		C g		4C L

問2 全体の酸素消費量ALからタンパク質の消費に伴う酸素消費量5CLを引けば，脂肪および糖質の消費に伴う酸素消費量となる。

問3 問2と同じようにして，「脂肪および糖質の消費に伴う二酸化炭素発生量」を求めると，$B - 4C$と表される。よって，

$$NPRQ = \dfrac{\text{脂肪と糖質の}CO_2\text{発生量}}{\text{脂肪と糖質の}O_2\text{消費量}} = \dfrac{B - 4C}{A - 5C}$$

問4 脂肪と糖質の消費量をそれぞれ$x\,g$，$y\,g$として，酸素消費量と二酸化炭素発生量をx，yで表すと次表のようになる。

> **呼吸商(RQ)**
>
> 呼吸で発生した二酸化炭素と消費した酸素の体積比。
>
> $呼吸商 = \dfrac{発生したCO_2}{消費したO_2}$
>
> 呼吸商は呼吸基質の種類によって異なり，呼吸商から呼吸基質として何が使われたかを知ることができる。ヒトの呼吸商は本来0.7～1.0だが，呼吸器からCO_2，O_2を計測すると，急な運動時に1.0をこえることもあるし，運動後の回復時には乳酸の処理やクレアチンリン酸を補充するため一時的に0.7を下回ることもある。

	有機物	O_2 消費量	CO_2 発生量	呼吸商
脂　肪	x g	$2x$ L	$1.4x$ L	0.7
糖　質	y g	$0.8y$ L	$0.8y$ L	1.0

脂肪と糖質の酸素消費量：$2x + 0.8y = A - 5C$
脂肪と糖質の二酸化炭素発生量：$1.4x + 0.8y = B - 4C$
これらを x と y についての連立方程式として解くと，

$$x = \frac{5(A - B - C)}{3}, \quad y = \frac{5(-7A + 10B - 5C)}{12}$$

問5　問4の y の式に与えられた値を代入すればよい。

17　問1　**3 mmol**　　問2　**12.5 mmol**　　問3　**0.5 mmol**
　　　問4　**2.6 倍**　　問5　**43 mmol**

解説　問1　スポーツ飲料を 350 mL 飲んだ後のペットボトル内の気体は 360 mL である。このうち，20 % が酸素であり，1 mol の気体は 24 L = 24000 mL であるから，ペットボトル内の酸素は，

$$360 \times \frac{20}{100} \times \frac{1}{24000} = \frac{3}{1000} \,(\text{mol}) = 3\,(\text{mmol})$$

問2　飲み残しのスポーツ飲料は 500 − 350 = 150(mL)　である。このスポーツ飲料には，1 mL 当たり 15 mg のグルコースが含まれるので，スポーツ飲料 150 mL 中に含まれるグルコースは，

$$\frac{150}{180} \times 15 = 12.5\,(\text{mmol}) \quad \text{となる。}$$

問3　呼吸で消費するグルコースと酸素の mol 比は，1 : 6 である。問1から，ペットボトル内に存在する酸素は 3 mmol。よって，消費するグルコースは，

$$\frac{3}{6} = 0.5\,(\text{mmol})$$

問4　問2と問3から，呼吸で消費された後に残ったグルコースは，
　　　12.5 − 0.5 = 12.0(mmol)
アルコール発酵で消費されるグルコースと生成される二酸化炭素の mol 比は，1 : 2 である。よって発酵で生成される二酸化炭素は，
　　　12 × 2 = 24(mmol)　である。
1 mol の気体は 24 L であるから，24 mmol の二酸化炭素は，

$$24 \times \frac{24}{1000} = 0.576\,\text{L} = 576\,(\text{mL}) \quad \text{である。}$$

ペットボトル内には 360 mL の気体があったため，ペットボトル内の圧力は，

$$\frac{360 + 576}{360} = 2.6\,(\text{倍}) \quad \text{になる。}$$

問5　問3より，呼吸によって消費されるグルコースは，0.5 mmol なので，生成される ATP は，0.5 × 38 = 19(mmol)　である。
　　　また，アルコール発酵で消費されるグルコースは，12 mmol なので，生成される ATP は，12 × 2 = 24(mmol)　である。
　　　よって，ATP は，19 + 24 = 43(mmol)　生成される。

呼吸

$$C_6H_{12}O_6 + 6O_2 \rightarrow 6CO_2 + 6H_2O + 38ATP$$

0.5 mmol　　3 mmol　　　3 mmol　　3 mmol　　19 mmol

アルコール発酵

$$C_6H_{12}O_6 \longrightarrow 2C_2H_5OH + 2CO_2 + 2ATP$$

12 mmol　　　　　　　　24 mmol　　24 mmol　24 mmol

---

18 問1　(ア) O_2　(イ) $NADP^+$　(ウ) **NADPH**　　問2　チラコイド内腔側

問3　(1) **a**　理由…実験2において 690 nm の光でシトクロム複合体が酸化されていることから，**PSⅠ** が駆動されてシトクロム複合体から電子を受け取っていると考えられる。また，650 nm の光でシトクロム複合体が還元されていることから，**PSⅡ** が駆動されて電子が取り出され，その電子がシトクロム複合体に渡されていると考えられる。

(2) 長波長側の光だけを照射すると，**PSⅠ** は駆動するが **PSⅡ** は十分に駆動しないため，電子伝達系がうまくはたらかず，光合成の効率が低下する。

解説　問2　図1より，PSⅡにおいて H_2O が分解されて $4H^+$ が生成されることと，PSⅡとプラストキノンを経由して H^+ がストロマからチラコイド内腔側に移動することがわかる。

問3　(1) 実験2の何が図1に対応するかを考える。実験2において，シトクロム複合体は 690 nm の光により酸化（＝電子を失う化学反応）され，650 nm の光により還元（＝電子を受け取る化学反応）されている。また，リード文と図1から，PSⅡでは光エネルギーを利用して電子が取り出され，取り出された電子はプラストキノン，シトクロム複合体，プラストシアニンへと順に伝達され，PSⅠはプラストシアニンから受け取った電子を $NADP^+$ へ受け渡していることがわかる。

(2) PSⅡが十分に駆動しない場合，H_2O の分解による H^+ の生成や，ストロマからチラコイド内膜へのプラストキノンを経由した H^+ の移動が滞るため，H^+ の濃度勾配が形成されず，ATP の合成速度が低下する。よって，光合成の効率が低下する。

一般に，650 nm と 690 nm の光を同時に照射したときの光合成速度は，それぞれの光を単独で照射したときの光合成速度の和よりも大きくなる。これは，異なる波長の光を同時に照射することで，PSⅠとPSⅡの両方が十分に駆動するためである。

---

19 問1　A，B … **RuBP**，CO_2（順不同），C … **PGA**，D … **PGA**

問2　CO_2 濃度が低下すると，**RuBP** + CO_2 → **PGA** の反応速度が減少するが，**RuBP** が生じる反応はすぐには遅くならないため。

問3　カルビン・ベンソン回路　　問4　ストロマ

問5　**ATP，NADPH**

問6　**PGA** から次の段階へ進む反応には，光照射のもとでつくられる **ATP** と **NADPH** が必要で，光が遮断されるとそれらの供給は直ちに止まる。したがって **PGA** から次の段階への反応が進まなくなるが，**RuBP** + CO_2 → **PGA** の反応はすぐには止まらないので，**PGA** が増加し，**RuBP** が減少する。

問7　デンプン，タンパク質，核酸

問8　クエン酸回路

はたらき…呼吸において，有機物であるピルビン酸を無機物である水素と二酸化炭素に分解する。

生物重要問題集　**17**

解説 問1 光合成でCO₂が取りこまれるカルビン・ベンソン回路は，右図のような反応回路で，6分子のRuBP（リブロース二リン酸）が6分子のCO₂と反応して，12分子のPGA（ホスホグリセリン酸）ができる。

6RuBP ＋ 6CO₂ ⟶ 12PGA

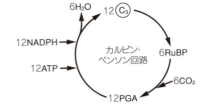

問2 問1の反応を含む一連の反応経路が一定の速度で進行している状態でCO₂濃度を低下させると，問1の反応の速度だけが急に低下するが，その前後の反応の速度はすぐには低下しないので，RuBPが増加する。

問6 PGA → C₃化合物 の反応には，チラコイドでの反応でつくられるATPとNADPHが必要で，光がないとこれらの供給が止まるので，PGA → C₃化合物の反応も止まり，PGAが増加する。

問7 光合成で取りこまれたCO₂は，デンプンをはじめとして，タンパク質や核酸などの高分子有機物の原料になる。グルコースやスクロース，アミノ酸などは，高分子物質とはいわない。

問8 「オルニチン回路…肝臓でアンモニアから尿素を合成する」などもある。

---

20 問1 葉緑体のチラコイド膜の内側にH⁺を取りこませる。

問2 H⁺濃度はチラコイド膜内のほうが高いので，H⁺は膜内から膜外へと移動すると考えられる。

問3 溶液Bに移してから新たに合成されたATPのリン酸の一部には放射性があるため。

問4 チラコイド膜内のpHが低く，チラコイド膜外のpHが高いほどチラコイド膜内外のH⁺濃度勾配が大きくなり，合成されるATPの量も多くなる。

解説 光がなくても葉緑体でATPが合成されること，チラコイド膜にATP合成酵素が存在することが本文に書かれている。

問1 実際の光合成では，電子伝達系において電子の伝達によりH⁺の濃度勾配がつくられ，その濃度差にしたがいH⁺が移動することで，ATPが合成される。実験手順から，電子の伝達の有無に限らず，チラコイド膜内外でH⁺の濃度勾配ができれば，その濃度差にしたがいH⁺が移動することでATPが合成されることは予測できるだろう。よって酸性の溶液Aを用いてチラコイド膜内部にH⁺を浸透させるためであると想像がつく。

問3 ATP（アデノシン三リン酸）はADP（アデノシン二リン酸）にリン酸が結合して生成する。よって溶液Bに含まれるADPと放射性のリン酸からATPが合成されればATPも放射性を示すので，放射活性を測定すれば新たに合成されたATPの量がわかる。

問4 実験のようすを図で表すと，次のようになる。

図において，**溶液 A の pH を固定すると溶液 B の pH が大きいほど ATP 量が増加し，溶液 B の pH を固定すると溶液 A の pH が大きいほど ATP 量が減少している。**

このことから溶液 A と B の pH の差が大きいほど H^+ の濃度差が大きくなり，より多くの ATP が合成されることがわかる。

21

問1 (ア) ホスホグリセリン酸（PGA） (イ) チラコイド (ウ) 葉肉
(エ) オキサロ酢酸 (オ) 維管束鞘 (カ) 液胞

問2 競争的阻害　　**問3** 光リン酸化

問4 大気中よりも二酸化炭素濃度が高い。

問5 C_4 植物は日中に気孔を開き夜間に閉じる。CAM 植物は夜間に開き日中に閉じる。日中と夜間では日中のほうが乾燥し，夜間は湿度が高い。よって，夜に気孔を開けたほうが蒸散量は少なくてすむので植物全体の水分損失も抑えることができる。

解説　**問1**　C_3 植物は温帯性のものが多く，**カルビン・ベンソン回路を葉肉細胞にもつ。**

C_4 植物はトウモロコシ・サトウキビ・ススキ・ハゲイトウなど熱帯性のものが多く，カルビン・ベンソン回路を維管束鞘細胞にもち，**C_4 回路を葉肉細胞にもつ。**C_4 植物は，C_3 植物と比較して，光飽和点，最大光合成速度，耐乾性などが高く，光呼吸（ルビスコによる O_2 の取りこみ）の頻度が C_3 植物と比べて低いという特徴がある。

CAM（カム）植物はサボテンやベンケイソウなどのように乾燥地に生息するなかまである。葉肉細胞の細胞質中で CO_2 を取りこみ，C_4 化合物（オキサロ酢酸やリンゴ酸）として液胞内に蓄える方法で **C_4 回路を葉肉細胞に保持している。**CAM 植物は，日中には水分の蒸散を防ぐために気孔を閉じ，日没近くから気孔を開いて CO_2 を取りこみ貯蔵する。日中は C_4 化合物を脱炭酸して光合成を行う。さらに，日中，呼吸によって生じた CO_2 も放出せずに貯蔵する。

問2　ルビスコの酵素反応は活性部位に対して CO_2 と O_2 が競争的阻害関係になっている。これを CO_2 を濃縮する C_4 回路を用いて回避したのが C_4 植物や CAM 植物である。

問3　ミトコンドリアの電子伝達系において，NADH などが酸化される過程で ATP がつくられる反応を「酸化的リン酸化」という。これに対し，葉緑体のチラコイド膜やシアノバクテリアなどにおいて，光エネルギーに依存して ATP がつくられる反応を「光リン酸化」という。

問4　葉肉細胞でオキサロ酢酸やリンゴ酸に固定された CO_2 は，より内側の維管束鞘細胞で放出される。これにより CO_2 濃度が高くなり，さらに O_2 の影響を受けにくくなる。

問5　**植物は CO_2 を取りこんで光合成する代わりに，蒸散で体内の水分を失うという代償を払っている。**この設問では C_4 植物と CAM 植物の比較を求められており，日中と夜の乾燥具合と蒸散，二酸化炭素の取りこみに関してまとめるとよい。

設問とは別に，C_4 植物と C_3 植物を比較すると，C_4 植物では，蒸散による乾燥を防ぐため気孔を閉じるので，取りこむ CO_2 の量は減るが，葉肉細胞に CO_2 を濃縮する回路が存在するため，CO_2 不足に陥らず効率よく CO_2 を固定できる。ただし，この回路を維持するには ATP が必要となる。一方，乾燥条件下において，C_3 植物は，蒸散量を減らすために気孔を閉じるので CO_2 不足で光合成が制限される。

生物重要問題集　　**19**

22
問1 (a) 窒素固定 (b) 葉緑体　問2 ① 根粒菌 ② 硝化菌 ③ 脱窒素細菌
問3 (c) ア (d) イ (e) ア (f) ウ　問4 アミノ基転移酵素　問5 5, 6
問6 (1) ア
　　(2) 暗黒下では光合成によるATPやNADPHの生成がないため窒素同化は進まないが，光照射されると窒素同化が進むようになるため。

解説　土壌中の硝化作用（⑤と⑥の反応，$NH_4^+ \to NO_2^- \to NO_3^-$）は酸化であり，植物細胞内での反応⑦と⑧は還元である。葉肉内の細胞質基質には硝酸還元酵素が含まれており，NO_3^-はNO_2^-に還元される（⑦の反応）。葉緑体内には亜硝酸還元酵素がありNO_2^-はNH_4^+に還元される（⑧の反応）。その後，NH_4^+はグルタミン合成酵素によりグルタミンに，次いでグルタミン酸合成酵素によりグルタミン酸に受け渡される。グルタミン酸の形成までの反応はストロマで行われる。

> **酸化と還元**
> 酸化…酸素と化合すること，または水素が離れること
> 還元…水素と化合すること，または酸素が離れること

問1　(b) 実際にどこで行われるかわからなくても，植物体内であることや，グルタミン合成酵素による反応にATPが必要であること，グルタミン酸を2分子生成する際にNADPHが必要であることなどから類推する。
問2　① 窒素固定細菌としては根粒菌以外に好気性のアゾトバクター，シアノバクテリア（ネンジュモ，アナベナなど），嫌気性のクロストリジウムがある。
問3　植物体内での「NO_3^-やNO_2^-の還元」と「グルタミン酸の合成」の過程にはHが必要である。このHは光合成反応によって生じるNADPHの形で供給される。

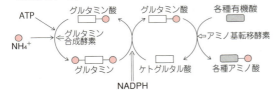

問4　例えば，グルタミン酸のアミノ基がアミノ基転移酵素のはたらきでピルビン酸に転移するとアラニンが，オキサロ酢酸に転移するとアスパラギン酸ができる。
問5　反応⑤と⑥は化学合成細菌である硝化菌によって行われる反応で，化学エネルギーが放出される。化学合成細菌はこの化学エネルギーを使って炭素同化を行う。
問6　問1にもあるように，窒素同化のおもな過程は葉緑体で行われる。暗黒下では光合成が起こらないため，ATPやNADPHが供給されず，窒素同化が起こらない。

> **化学合成細菌**は酸化により化学エネルギーを取り出す第1段階とCO_2の固定を行う第2段階がある。
> ・亜硝酸菌の第1段階
> 　$2NH_4^+ + 3O_2 \to$
> 　　$2NO_2^- + 2H_2O + 4H^+$
> 　　　＋化学エネルギー
> ・硝酸菌の第1段階
> 　$2NO_2^- + O_2 \to$
> 　　$2NO_3^-$ ＋化学エネルギー
> 第2段階では，第1段階で得られた化学エネルギーを利用して，CO_2から有機物が合成される。

23
問1　(ア) 全透　(イ) 半透　(ウ) 選択的透過
問2　葉緑体に光が照射されると，チラコイド膜に存在する光化学系IでNADPHが生産される。よって日中はNADPHの還元力により硝酸イオンの還元が活発化するため，硝酸還元酵素活性が高い。夜間は光が照射されないため，光化学系Iの反応が停止してNADPHの生産量が減るため，酵素活性が高くならない。

問3　アンモニアとグルタミン酸からグルタミンを合成するには，チラコイドの電子伝達系で合成された **ATP** が必要であるが，電子伝達系を阻害した場合，**ATP** が合成されなくなるため。

問4　(1) 解糖系　(2) クエン酸回路　　問5　液胞

解説　問2　「チラコイド膜上での反応」に関連して答える。光化学系 II では H_2O が分解されて O_2 と H^+ と e^- が生じる。光化学系 I では II の e^- を利用して NADPH ができる。よって解答には I と限定しなくともよい。

問3　別解として「吸収された硝酸塩は NADPH の還元力を利用してアンモニアに変換されるが，電子伝達系を阻害した場合，NADPH が合成されなくなり，グルタミン合成に必要なアンモニアが生産されなくなるため。」でもよい。

24

問1　A，B，E　　問2　E

問3　記号… A

　　　種類…紅色硫黄細菌，緑色硫黄細菌

問4　$6CO_2 + 12H_2S \longrightarrow C_6H_{12}O_6 + 6H_2O + 12S$

問5　$2H_2S + O_2 \longrightarrow 2H_2O + 2S$

解説　問題文をまとめると次のようになる。

種　類	炭素同化の有無	有機物の必要性	光　の必要性	おもな反応
細菌 A	○	×	○	$H_2S \longrightarrow S$
細菌 B	○	×	×	$H_2S \longrightarrow S$
細菌 C	×	○	×	$NO_3^- \longrightarrow N_2$
細菌 D	×	○	×	—
細菌 E	○	×	×	$NO_2^- \longrightarrow NO_3^-$

細菌 A：光合成細菌のなかまで，H_2S を利用するのは紅色硫黄細菌や緑色硫黄細菌。シアノバクテリア以外の光合成細菌は，光化学系を I か II のいずれか1つしかもたず，電子の供与体として水のかわりに水素や H_2S を利用するため，酸素を発生しない。

細菌 B：化学合成細菌のなかまで，光エネルギーのない条件下でも，H_2S を S に酸化する際の化学エネルギーを利用して炭素同化を行う独立栄養の硫黄細菌。

細菌 C：NO_3^- から N_2 を生成するのは脱窒素細菌。増殖に有機物が必要な従属栄養細菌。

細菌 D：大腸菌などの従属栄養細菌。

細菌 E：化学合成細菌のなかまで，NO_2^- から NO_3^- へと酸化する際の化学エネルギーにより炭素同化を行う独立栄養の硝酸菌。

25

問1　生体触媒である酵素が化学反応における活性化エネルギーを低くするため。

問2　反応速度は酵素―基質複合体の濃度に依存するが，基質濃度を上昇させるとやがてすべての酵素が基質と複合体を形成し，それ以上基質濃度を上げても複合体の濃度が上昇しなくなるため。

問3　K_m

生物重要問題集　　21

問4　縦軸切片…$\dfrac{1}{v_{\max}}$，横軸切片…$-\dfrac{1}{K_m}$

問5　3

解説　問3　以下の酵素反応式において，
$$S(基質) + E(酵素) \rightleftarrows ES(複合体) \longrightarrow P(生成物) + E$$
$$v = \dfrac{v_{\max} \times [S]}{[S] + K_m}$$

が成り立ち，この式はミカエリス・メンテンの式として知られている。この式の左辺に $\dfrac{v_{\max}}{2}$ を代入すると，

$$\dfrac{v_{\max}}{2} = \dfrac{v_{\max} \times [S]}{[S] + K_m}$$

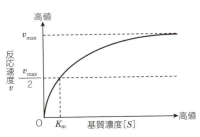

したがって，$[S] = K_m$ となる。このことは，反応速度 v が最大反応速度 $v_{\max}$ の半分であるときの基質濃度が K_m であることを示している。K_m は酵素と基質の親和性を示す定数で，<u>K_m の値が小さいほど酵素―基質複合体が形成されやすく，酵素と基質の親和性が高い</u>ことを意味している。

問4　ミカエリス・メンテンの式の両辺について逆数をとると，

$$\dfrac{1}{v} = \dfrac{[S] + K_m}{v_{\max} \times [S]}$$

$$\dfrac{1}{v} = \dfrac{K_m}{v_{\max}} \cdot \dfrac{1}{[S]} + \dfrac{1}{v_{\max}}$$

となる。この式は，縦軸を $\dfrac{1}{v}$，横軸を $\dfrac{1}{[S]}$ としたときの直線の式 $y = ax + b$ を表している。よって，この式において，$\dfrac{1}{[S]} = 0$ としたときの $\dfrac{1}{v}$ の値が縦軸切片を，$\dfrac{1}{v} = 0$ としたときの $\dfrac{1}{[S]}$ の値が横軸切片を示している。

問5　<u>競争阻害剤を存在させたとき</u>，右図の赤線のようになる。このとき，<u>K_m の値は大きくなり，酵素と基質の親和性は小さくなる</u>(酵素―基質複合体が形成されにくくなる)が，基質濃度 $[S]$ が大きくなればその影響は小さくなるので，<u>最大反応速度 $v_{\max}$ は変わらない</u>。よって，図2における縦軸切片 $\dfrac{1}{v_{\max}}$ は変化せず，横軸切片 $-\dfrac{1}{K_m}$ は 0 に近づく。

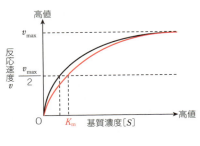

26　問1　化学反応の活性化エネルギーを低下させ，反応を促進させる。また，それ自身は反応の前後で変化しない。

問2　酵素反応の最終産物が多くなると酵素反応を抑制でき，細胞内の **dCTP** の濃度を一定に保つ。

問3　プリンヌクレオチドの濃度増加に対応してピリミジンヌクレオチド

を増加でき，両者の濃度バランスを保つ。

問4 フィードバック調節

解説 プリンヌクレオチドはプリン塩基（アデニンやグアニン）をもつヌクレオチドのことで，ピリミジンヌクレオチドはピリミジン塩基（チミン，シトシン，ウラシル）をもつヌクレオチドのことである。

問2 問題文に「dCTP はピリミジンヌクレオチド合成系の最終生成物である」と記載されているので，dCTP を添加すると負のフィードバックがはたらくものと考えられる。

　　酵素の中には，活性部位以外に特異的に別の物質を結合する部位（アロステリック部位）をもつものがあり，このような酵素をアロステリック酵素という。アロステリック酵素では，アロステリック部位に物質が結合すると，その立体構造が変化して酵素-基質複合体が形成されなくなり，反応が阻害される。

問3 グラフより，dATP は反応速度を速め，dCTP は遅くしていることがわかる。この2つの物質がはたらいて，ACT の反応速度を調節し，プリンヌクレオチドとピリミジンヌクレオチドの濃度が均衡する。プリンヌクレオチドにしてもピリミジンヌクレオチドにしても，いずれかが極端に多くなったり，不足したりしないように，互いにバランスよく合成されている。

```
          ┌──────────────────────────────┐
          │   ピリミジンヌクレオチド合成系   │
          └──────────────────────────────┘
              ACT
アスパラギン酸 ───→ ──→ ──→ ──→  dCTP
          ↑↑
          ┊┊ 抑制（負のフィードバック）          ┊
          ┊└─────────────────────────┐     ┊
          │                           │   濃度が均衡する
          │         促進              │     ┊
          │                           │     ┊
（出発材料） ───→ ──→ ──→ ──→  dATP
          ┌──────────────────────────────┐
          │   プリンヌクレオチド合成系       │
          └──────────────────────────────┘
```

問2，4 最終の生成物が初期段階にはたらきかけて反応を調節する場合を，フィードバック調節という。反応の最終産物による負のフィードバックにはアロステリック阻害によるものが多い。

27
問1 名称…解糖系，場所…細胞質基質
　　名称…クエン酸回路，場所…ミトコンドリアのマトリックス
問2 H_2O
問3 H^+を膜内へ輸送し，膜の内側を酸性に保つ。
問4 (e) $NADP^+$ (f) NADPH (g) O_2（酸素）
問5 (1) (h) NH_4^+ (i) NO_2^- (j) NAD^+ (k) NADH
　　(2) (h) NO_2^- (i) NO_3^- (j) NAD^+ (k) NADH
　　(3) (h) NADH (i) NAD^+ (j) NO_3^- (k) N_2
問6 共生説

解説 問1 解糖系は細胞質基質で起こり，クエン酸回路はミトコンドリアのマトリックスで起こる。

問3 ミトコンドリアや葉緑体がもつ ATP 合成酵素は，水素イオンの濃度勾配として蓄えられたエネルギーを利用することによって，ADP から ATP を合成している。**ATP 合成**

生物重要問題集　23

酵素を逆方向に作動させた場合には，これとは逆の反応が起こると考えられる。つまり，ATPが分解されるときに放出されるエネルギーによって，水素イオンが濃度勾配に逆らって能動輸送されると推測される。

さらに，問題文には，「ATPの分解は膜の外側（細胞小器官の外表面）で起こる」とあるので，図と照らし合わせると，ATPの分解に伴って，水素イオンは，（リソソームやシナプス小胞などの）細胞小器官の膜の内側へと輸送されるはずである。

リソソームにはさまざまな加水分解酵素が含まれており，これらの酵素は酸性条件下ではたらくことから，リソソームなどの細胞小器官がもつATP分解酵素には，膜の内側を酸性に保つ役割があるのだと考えられる。

問5　まず，酸化還元反応についてまとめておくと次のようになる。
　　　酸化…物質が酸素と結びつきエネルギーを放出する反応（発エネルギー反応）のことで，水素原子または電子を失う変化のこと。
　　　還元…物質が酸素を失いエネルギーを吸収する反応（吸エネルギー反応）のことで，水素原子または電子を受け取る変化のこと。

(1),(2) 亜硝酸菌と硝酸菌は独立栄養細菌（化学合成細菌）であり，「酸化」の際につくられるATP（エネルギー）とNADH（還元剤）を利用して炭素同化を行っている。アンモニウムイオン（NH_4^+）や亜硝酸イオン（NO_2^-）を酸化する際に放出されたエネルギーはATPとして蓄えられ，失われた水素HはNADHとして蓄えられる。

(3) 脱窒素細菌は，硝化菌が生成したNO_3^-をN_2にまで脱窒素（N_2化）する従属栄養細菌で，この過程は酸素Oが失われるので「還元」である。脱窒の過程では，NADHから電子伝達系に渡された電子が，最終的にはO_2ではなくNO_3^-によって受け取られるため，N_2が生じることになる。

問6　ミトコンドリアや葉緑体の内膜の起源が細菌の細胞膜にあるとすれば，共生説の考え方に合致する。

28

問1　ミトコンドリア　　問2　グルコース
問3　下図，酸素消費量の増加…0.806 mL

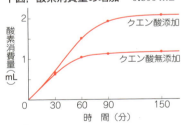

問4　(a) $\dfrac{9}{2}$　(b) 6　(c) 4

　　　酸素消費量…0.302 mL

問5　クエン酸の完全酸化ではすべてCO_2とH_2Oに分解されるが，クエン酸の添加ではクエン酸の代謝産物が再び他の物質と結合してクエン酸になり繰り返し使われるため。

問6　見られる。
　　　理由…コハク酸もクエン酸回路の反応経路を経てクエン酸になるためクエン酸を加えるのと同様の効果が見られる。

問7　見られる。

理由…ピルビン酸はアセチルCoAを経てクエン酸回路のオキサロ酢酸と結合しクエン酸になるため，クエン酸を加えるのと同様の効果が見られる。

問8　右図

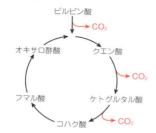

根拠…ピルビン酸(C_3)×2にオキサロ酢酸(C_4)×2を加えCO_2×2を引くとクエン酸(C_6)×2となる。クエン酸からCO_2を引くとC_5のケトグルタル酸。次はC_4のコハク酸またはフマル酸となる。コハク酸は(H_6)であるがフマル酸は(H_4)であるからコハク酸がケトグルタル酸(H_6)の次に入り，フマル酸がオキサロ酢酸(H_4)の前となる。

問9　(1) **3 mol**　(2) 問8の図と共通

問10　多量の還元型補酵素をつくり出し，電子伝達系で多くの**ATP**を生産することができる。

解説

問3　作成したグラフから，酸素吸収がほぼ停止した時点は90分である。
$$1.938 - 1.132 = 0.806 (mL)$$

問4　左辺にCHを含む分子は$C_6H_8O_7$しかないことからbとcが明らかになる。次に右辺のOが合計16になることから，
$$a = \frac{16-7}{2} = \frac{9}{2}　となる。$$

実験で加えられたクエン酸は
$$0.02\ \text{mol/L} \times \frac{0.15}{1000\ \text{L}} = 3.0 \times 10^{-6}\ \text{mol}$$

したがって酸素消費量は
$$\frac{3}{10^6}\ \text{mol} \times \frac{9}{2} \times 22.4\ \text{L/mol} = 3.024 \times 10^{-4}\ \text{L} = 0.3024\ \text{mL}$$

問5〜8　問3と問4より，クエン酸の添加によって増加した酸素消費量は0.806 mLであり，クエン酸が完全酸化されたとした場合の酸素消費量は0.302 mLであるので，実際の実験では2倍以上も多くの酸素が消費されている。このことから，添加したクエン酸は単純に完全酸化されたわけではないことがわかる。また，コハク酸やピルビン酸などの別の物質を添加した場合でも同じように酸素消費の上昇が見られることから，これらの物質が代謝系を形成し，なおかつ，クエン酸が完全酸化される前に再生産されるような回路になっているということが推測できる。

問9　ピルビン酸が完全酸化される場合の化学反応式は以下のようになる。
$$C_3H_4O_3 + \frac{5}{2}O_2 \rightarrow 3CO_2 + 2H_2O$$

問10　解糖系やクエン酸回路でもATPは生産されるが，呼吸の過程全体で見れば，その多くは電子伝達系で合成される。解糖系やクエン酸回路で生じた NADH や $FADH_2$ などの還元型補酵素は電子伝達系で使われる電子の供給源となっている。

3 遺伝情報の発現

29
問1 (1) 4 (2) 2　**問2** 1　**問3** 3

解説 問1 細胞当たりのDNA量は，右図のように，分裂に先立つ間期のS期に複製によって倍加し，分裂の終了とともにもとにもどる。よって，問題の図1のピークⅡには，DNA量が倍加した細胞，つまりG₂期と分裂期の細胞が含まれ，ピークⅠには分裂後のG₁期の細胞が含まれる。また，ピークⅠとⅡの間には，S期にあるDNA複製中の細胞が含まれる。

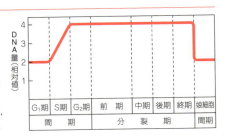

問2 ①~③ 培養細胞には細胞周期の各期の細胞がまんべんなく存在し，S期にあった細胞ではただちにDNA合成阻害剤の影響を受ける（細胞周期の進行が止まる）。しかし，S期以外にあった細胞ではそのまま進行が続くので，図2では，培地に移した直後から，ピークⅠの細胞が増加し，ピークⅡの細胞が減少している。

④ 24時間後からピークⅠの細胞は減り始め，ピークⅡの細胞が増えているので，致命的な影響はないことがわかる。

⑤ 図2で約20時間後からピークⅠのグラフが水平になっていることから，この時点で多くの細胞（約75％）がG₁期を終了した段階で止まっていて，残り約25％はS期のいろいろな段階で止まっていると思われる（図1でもピークⅠとⅡの間のS期の細胞は約30％）。

24時間後に通常の培地に移すと，G₁期を終了して止まっていた細胞がいっせいにそろってS期を進行するので，おおむね細胞周期はそろったとみなしてよい。

問3 紡錘糸形成ができないと，細胞周期は分裂前期で止まってしまう。24時間後では，ほとんどの細胞がDNAの複製を終了しているので，大部分がDNA量2のものになる。

30
問1 ①，② デオキシリボース，リン酸　③ チミン　④，⑤ グアニン，シトシン

問2 (1) イ

(2) 50分では1回複製が行われ，もとのDNAの¹⁵N鎖と新しく合成された¹⁴N鎖とからなる2本鎖DNAが生じている。このDNAの密度は，¹⁵Nのみを含むDNAと¹⁴Nのみを含むDNAの中間となるので，¹⁵Nのみを含むDNAの層よりも少し上の位置に層が形成される。

問3 (1) カ

(2) 100分では2回の複製が行われ，¹⁵N鎖と¹⁴N鎖とからなる中間密度のDNAと，2本の¹⁴N鎖からなる低密度のDNAとが1:1の割合で生じている。よって，中間密度のDNAの層がイと同じ位置に，¹⁴Nのみを含むDNAの層がさらに少し上の位置に形成される。

問4 ¹⁵N鎖と¹⁴N鎖とからなる中間密度のDNAを100℃処理すると，塩基間の結合が切れて1本ずつの鎖に分かれる。これは，4℃に急冷するともとの2本鎖にもどることができないので，平衡密度勾配遠

心を行うと¹⁵N鎖と¹⁴N鎖による2つの層が観察される。
問5　100℃処理すると¹⁵N鎖と¹⁴N鎖が1：1の割合で生じ、これをゆっくりと時間をかけて室温にもどすと、もとのDNAのような2本鎖にもどるが、このとき、¹⁵N–¹⁵N、¹⁵N–¹⁴N、¹⁴N–¹⁴Nの3種類の2本鎖が生じるので、3つの層が観察される。

解説　図1で50分おきに細胞数が増加していることから、50分に1回の割合でDNAの複製が行われていることがわかる。100分後までの複製のようすについて、¹⁵Nを含むDNA鎖を黒色、¹⁴Nを含むDNA鎖を赤色であらわすとき、右図のようになる。

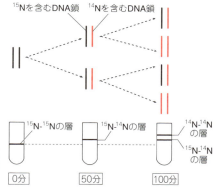

問2　50分では、1回複製が行われており、¹⁵N–¹⁴NのDNAだけができている。そのため、もともとあった¹⁵N–¹⁵Nの層は見られなくなり、新たに¹⁵N–¹⁴Nの層が見られるはずである。図2の遠心管では、密度の大きいものほど底に近い下方に層を形成するため、¹⁵N–¹⁴Nの層は¹⁵N–¹⁵Nの層よりも上方に形成される。

問4，5　DNAの塩基は、AとT、GとCでそれぞれ水素結合しているが、90〜100℃の高温では水素結合が切れて2本鎖がほどける。これは、ゆっくりと室温にもどすともとの2本鎖にもどるが、急冷するともとにはもどらない。

31
問1　前駆物質→オルニチン→シトルリン→アルギニン
問2　栄養要求株
問3　アルギニン合成系の酵素形成を支配する遺伝子に変異が生じたため、アルギニンの合成ができず、アルギニンがないと生育できない。
問4　⒜　4　⒝　4　⒞　8　⒟　4
問5　⑴　一遺伝子一酵素説
　　　⑵　1つの遺伝子は1つの酵素合成を支配している。

解説　問1　A〜C株についてまとめると、次の表のようになる。
（○は生育すること、×は生育しないことを示す。）

変異株	最少培地	オルニチン	シトルリン	アルギニン
A	×	×	×	○
B	×	×	○	○
C	×	○	○	○

アルギニンの生合成過程にある前駆物質・アルギニン・オルニチン・シトルリンのうち、生育することができる変異株が多いものほど、あとで合成される。すなわち、最少培地にアルギニンを加えた場合ではA，B，Cの3ついずれもが生育可能であり、シトルリンを加えた場合ではBとCの2つが生育可能、オルニチンを加えた場合にはCのみが生育可能である。よって、アルギニンの合成経路は、前駆物質→オルニチン→シトルリン→アルギニンの順になる。

問3　A〜C株は最少培地では生育できず、そこにアルギニンを加えると生育できるため、アルギニンの生合成経路に異常の生じた変異体であることがわかる。

問4　突然変異株Aがもつ遺伝子を r，野生株がもつその対立遺伝子を R とすると，有性生殖によってできる $n + n$ の菌糸の遺伝子型は $R + r$ で，これが融合して減数分裂を経てできる8個の胞子は，4個が R をもち，4個が r をもつことになる。
(a) 8個の胞子のうち，R をもつものは最少培地でも生育できる。
(b)～(d) r をもつものも，最少培地＋アルギニンの培地では生育することができる。

問5　ビードルとテイタムによる「一遺伝子一酵素説」が提唱されたのは1945年で，ワトソンとクリックによる「DNAの二重らせん構造」の提唱よりも先であることに注意。

32　問1　(1) **C**　(2) **B**　(3) **A**　　問2　**C**
　　問3　**GUAA** の繰り返し配列では，どこから翻訳を開始したとしても4番目のコドンまでに終止コドンである **UAA** が現れるため。
　　問4　**UCU** …セリン，**CUC** …ロイシン，**UUC** …フェニルアラニン

解説　問1, 2　図2の結果から，UC 繰り返し人工 RNA（UCUCUC …）では，UCU・CUC のコドンが交互に存在することから，ロイシンとセリンが交互に結合したポリペプチドが合成されると考えられる。また，選択肢の(C)のようにロイシンとセリンをともに加えた場合にのみ，ポリペプチド鎖は伸長することができる。
　　問3　GUAA の繰り返し配列（GUAAGUAA …）には，GUA・UAA・AAG・AGU という4種類のコドンが含まれる。終止コドンは，UAA・UAG・UGA の3種類。
　　問4　ニーレンバーグらの実験から UUU はフェニルアラニンを，コラーナの実験から UUC・UCU・CUU はロイシン・セリン・フェニルアラニンのいずれかを，tRNA の実験から CUU はロイシンを，問2から UCU・CUC はロイシン・セリンのいずれかを指定していることがわかるので，これらの結果を比較すればよい。

33　問1　**B**　　問2　**C鎖**　　問3　**RNA ポリメラーゼ**　　問4　**リボソーム**
　　問5　記号… **B**
　　　　　理由…翻訳開始コドンは **mRNA** の 5′ 末端側に存在し，ここから **RNA** ポリメラーゼの側へリボソームが移動しながらタンパク質を合成するため。
　　問6　**X**
　　問7　真核生物では，転写は核内で起こり，翻訳は細胞質中で起こるため。

解説　大腸菌などの原核細胞では核膜が存在していない。よって転写により mRNA がつくられるとただちにリボソームが付着し，タンパク質への翻訳が始まる。そのため，真核生物のようにスプライソソームによるスプライシングは起こらない。
　　問1, 2　転写の方向は，転写が進むにつれて mRNA が長くなることから，(B)の方向に進むと判断することができる。ちなみに，RNA の伸長は DNA の複製と同様，5′ 末端から 3′ 末端へと進行する。よって鋳型になった DNA は，(B)の方向に 3′ 末端から 5′ 末端となっている C 鎖である。
　　問3〜6　DNA 上ではたらいている E が RNA ポリメラーゼであり，リボソームは mRNA の 5′ 末端から RNA ポリメラーゼの側へ移動する。つまり，RNA ポリメラーゼの近くに存在するリボソームほど長期間翻訳作業をしているので，合成されたペプチド鎖は長くなる。アミノ末端は合成されたポリペプチドの一次構造において先頭側になる。
　　問7　真核細胞では，転写された RNA が核膜孔を通って細胞質へ移動し，リボソームで翻訳される。

28　生物重要問題集

34

問1 各ペプチド断片に含まれるロイシンの数は異なるため、各断片の[³H]ロイシンの放射活性の割合を求めるためには、長時間培養してできたすべてのロイシンが[¹⁴C]ロイシンになったペプチド断片の放射活性の値が必要なため。

問2 短時間培養を開始する時点ですでに翻訳が始まっているペプチド鎖では、ペプチドの途中から末端までが[³H]ロイシンで標識される。よって6つのペプチド断片のうち、翻訳終了点に近いペプチド断片でより多くの[³H]ロイシンが取りこまれ、放射活性が高くなると考えられる。図においてすべての培養条件でC末端により近いペプチド断片ほど放射活性が高くなっていることから、ポリペプチドの伸長方向はN末端からC末端だと考えられる。

問3 培養時間が長くなると全体が[³H]ロイシンで標識されたα鎖が増加するが、放射活性の差の要因である短時間培養の開始前に翻訳が途中まで進んでいたα鎖は翻訳後増加せず、全体のα鎖における割合が小さくなるため。

解説 ヘモグロビンのα鎖はアミノ酸数140程度の、それほど大きくないポリペプチドである。真核生物の翻訳において、リボソームがmRNAに結合する所要時間は1分弱であり、またたえず複数のポリペプチドがmRNAに(この程度の長さのmRNAであれば5個弱)結合している。翻訳時間も1分とかからない。よって[¹⁴C]ロイシンで4分培養すれば、完全長のα鎖(同時にβ鎖もできるが実験結果としては記載していない)ができ、その後も培養を続けると、非常に速いスピードでα鎖が生産されることになる。

〔実験1〕実際には[³H]ロイシンと[¹⁴C]ロイシンを培養の途中で切り替えることは不可能であり、本来別実験であったものを、『結果の解釈が変わるわけではないので、放射性物質を瞬時に切り替え可能だと説明したほうが理解し易いだろう』として合体させた仮の実験であると考えられる。例えば、「切り替えている間に合成が進んだペプチド鎖はどのようになるのだろう?」、「一瞬ロイシンがなくなるわけだから翻訳が途切れるのか?」などと深読みすると解けなくなるので、「注釈がないということは出題者が想定していないのだから不測の事態は起こりえず、そういったことは無視してよい」と考えて解答する必要がある。

〔実験2〕トリプシン処理をすると、特定のアミノ酸(リシン・アルギニン)のC末端側を特異的に切断する。よってペプチド断片はバラバラの長さとなり、含まれるロイシンの数も異なる。

問1 ペプチドの放射活性は含まれる放射性ロイシンの数に依存するが、各ペプチド断片に含まれるロイシンの数には差がある。よって単純に[³H]ロイシンだけを測定したのでは、ロイシンを多く含む断片での放射活性が極端に上昇すると考えられる。そこで、それぞれのペプチド断片における長時間培養条件で取りこんだ[¹⁴C]ロイシン放射活性に対する短時間培養条

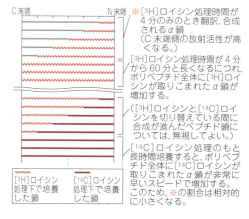

件で取りこんだ[³H]ロイシン放射活性の割合を求めれば，各断片の[³H]ロイシンによる放射活性を推定することができる。そのために[¹⁴C]ロイシン放射活性を求める必要がある。

問3　ペプチド断片の1番と6番に放射活性差が出るのは，"[³H]ロイシン処理を開始した時点で翻訳がペプチド断片の途中まで進んでいたα鎖"が存在することに起因している。これらの存在に対し，[³H]ロイシン処理時間が長くなるほど"ポリペプチド全体に[³H]ロイシンが取りこまれて翻訳終了したα鎖"が増加していくので，ペプチド断片の中で放射活性に差があるペプチドの割合は相対的に小さくなっていくと考えられる。

35

はたらき…領域ⅠはGC応答遺伝子の発現を促進する領域と考えられる。領域ⅡはGREと結合する際にはたらく領域と考えられる。領域ⅢはGCと結合する領域であり，GCが存在していないときにGC応答遺伝子の発現を抑制していると考えられる。

根拠…　WTと，領域Ⅰを欠失しているH1～3の実験結果を比較すると，H1～3のいずれもGFPの発現量が減少している。このことから，領域ⅠはGC応答遺伝子の発現を促進することがわかる。

　　　　WTと，領域Ⅱを欠失しているH6の実験結果を比較すると，H6ではGCとの結合は見られるが，GREとの結合がみられない。このことから，領域ⅡはGCRがGREと結合するのに必要な領域であることがわかる。

　　　　WTと，領域Ⅲを欠失しているH4・H5の実験結果を比較すると，H4・H5ではどちらもGCとの結合がみられない。このことから，領域ⅢはGCRがGCと結合するのに必要な領域であることがわかる。また，WTではGC非存在下でGFPの発現が抑制されているのに対し，H4・H5ではGFPの発現はGCの有無に影響を受けない。このことから，領域Ⅲには GC非存在下で GFP の発現を抑制するはたらきがあると考えられる。

解説　問題文から予想される，GC応答遺伝子の発現調節の模式図を以下に示す。

　領域Ⅰを欠失したH1～3では，WTよりは弱いもののGC存在下でGC応答遺伝子が発現している。よって，領域Ⅰは「WTと同程度の十分な発現に必要」とはいえるが，「必須である」とは明言できない。よって，解答の[根拠]としての記述は「領域ⅠはGC応答遺伝子の発現を促進する」程度が適当である。

　領域Ⅱを欠失したH6の実験結果において，GCがGCRと結合していても，GREに結合できなければGC応答遺伝子の発現は促進されない。このことから，リード文にあるようにGC応答遺伝子の発現にはGCRがGREに結合する必要があることが確認できる。

36

問1　① 調節　② 構造
問2　グルコースがあるとき，速やかにXの濃度を低くすることにより構造遺伝子の不要な転写翻訳を抑制することができる。

問3 ラクトースの代謝産物がリプレッサーに結合すると，リプレッサーのオペレーター結合部位の立体構造が変化し，オペレーターに結合できなくなるため。

問4 (1) ・プロモーター領域に突然変異があり，RNAポリメラーゼが結合できなくなった。
　　　　・*lacI* の領域に生じた突然変異によって，ラクトースの代謝産物がリプレッサーに結合できなくなったため，リプレッサーがオペレーターに結合したままとなった。
　　(2) 正常なラクトースオペロン全体をプラスミドによって突然変異株に導入する。これをグルコースがなくラクトースが存在する培地で培養し，ラクトースオペロンの酵素遺伝子が発現すれば，プロモーターに突然変異があったと考えられる。

問5 (1) ・*lacI* の領域に生じた突然変異によってリプレッサーの構造が変化し，オペレーターに結合できなくなった。
　　　　・オペレーター領域に突然変異があり，リプレッサーがオペレーターに結合できなくなった。
　　(2) 正常な *lacI* をプラスミドによって突然変異株に導入する。これをグルコースのみの培地で培養し，ラクトースオペロンの酵素遺伝子が発現しなくなれば，*lacI* に突然変異があったと考えられる。

問6 ・グルコースやラクトースの有無によって，速やかに酵素遺伝子の発現を調節できるので，不要な酵素合成によるエネルギー消費を抑制することができる。
　　・ラクトース代謝に必要な3つの遺伝子がまとまってコードされているため，調節領域が共有でき効率がよい。

解説 問2 アクチベーターが結合してもラクトースがなければ転写できない。

問4 (2) 変異した可能性のあるどちらかの遺伝子を補い，本来の状態にもどるかどうかで判断する。欠損した遺伝子を補う方法としては，プラスミドによる遺伝子導入が思いつくだろう。具体的には，「ラクトース代謝に必要な酵素がまったく発現しない変異株」が，遺伝子導入によって発現するようになるかどうかを確認すればよい。

なお，プラスミドに正常な *lacI* のみを導入した場合では，いずれにしても発現が抑制されてしまい，結果から判別することができないので，解答としてふさわしくない。

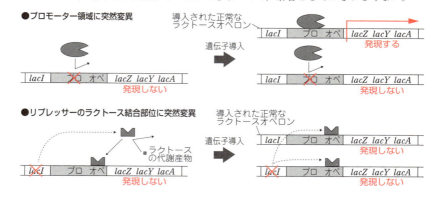

問5 (2) 「ラクトース代謝に必要な酵素が常に発現する変異株」が，遺伝子導入によって発現しなくなることを確認する。

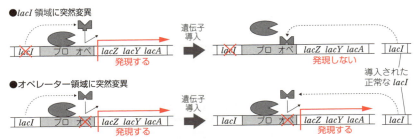

問6 ラクトース代謝に必要な3つの遺伝子がバラバラに存在すると，それぞれの遺伝子にアクチベーターやリプレッサーなどが結合する調節領域が必要となり非効率である。

37
問1 (1) 35.8 %　(2) 短い DNA
(3) 確率が高すぎると，長く複製された DNA ができる確率が低いため，DNA の後方の塩基配列の解読が困難になる。また，確率が低すぎると，DNA の複製が途中で終了する確率が低いため，DNA 全体の塩基配列の解読が困難になる。そのため，長く解読することは困難になる。

問2　GTCTAGTAGC

解説　サンガー法は，DNA 鎖を伸長させる部品として，デオキシリボヌクレオチドのなかにジデオキシリボヌクレオチドを混ぜることで，「DNA 鎖の伸長にジデオキシリボヌクレオチドが利用されると，そこで複製が終了する」ということを利用している。

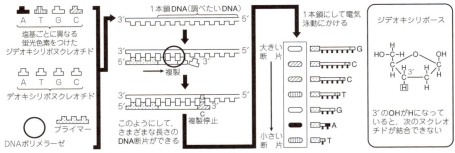

問1 (1) アデニンで複製が終了する確率は 5 %（= 0.05），複製が終了しない確率は 95 %（= 0.95）である。よって，DNA の複製が1個目のアデニンで終了する確率は 0.05，20 番目までは終了せず 21 番目で終了する確率は $0.95^{20} \times 0.05$ となるため，求める割合は $\dfrac{0.95^{20} \times 0.05}{0.05} \times 100 = 35.8$ % となる。

(2) プライマーの3′末端から数えて k 番目のアデニンで複製が終了する確率は $0.95^{(k-1)} \times 0.05$ となるため，塩基数が多い（= 長い）DNA ほどつくられる可能性が低くなることがわかる。「複製された DNA の本数の多さ」がそのまま「検出されやすさ」となるため，より多く複製される短い DNA のほうが検出されやすい。

問2 プライマーの 3′ 末端の次の塩基(21 個目の塩基)以降の配列を知るには，電気泳動後のゲル上の，長さ 21 塩基の DNA のバンドから順に塩基を読み取ればよい。

38
問1 ㋐ DNA ポリメラーゼ ㋑ オワンクラゲ ㋒ エキソン
問2 90 ℃以上…2 本鎖 DNA が 1 本鎖に解離する。
　　55 〜 60 ℃…1 本鎖 DNA の相補部分にプライマーが結合する。
　　70 ℃…ヌクレオチドが結合し，プライマーに続くヌクレオチド鎖
　　　　　が伸長する。
問3 大腸菌は原核生物なのでスプライシングを行わない。そのため，イントロン部分まで翻訳されると正常な GFP タンパク質が合成されない。
問4 PCR 法で使用する DNA ポリメラーゼは DNA 依存性であるため，GFP の mRNA ではなく cDNA が必要となる。
問5 $n \times 10^6$ … 21 回目，$n \times 10^7$ … 25 回目

解説 問3 原核生物の遺伝子にはイントロンが存在しないので，当然，スプライシングを行うためのしくみ自体をもち合わせていない。よって，イントロン配列を含む RNA を導入すれば，イントロンも含めてそのまま翻訳してしまい，正常な立体構造をもったタンパク質にはならないと考えられる。
問4 「なぜ下線部③の操作が必要か」ということは，その操作を行わない場合，すなわち「mRNA とプライマー R からなぜ GFP 遺伝子を増幅することができないのか」ということである。PCR では耐熱性の DNA ポリメラーゼを使用するため，鋳型は DNA でなければならない。
問5 1 回のサイクルごとに 2 倍になるので，m 回目のサイクルが終了した後に，$n \times 10^6$ をこえるとすると，

$$n \times 2^{m-1} > n \times 10^6$$

両辺，10 を底とする対数を取ると，

$$\log_{10}(n \times 2^{m-1}) > \log_{10}(n \times 10^6)$$
$$\log_{10}n + \log_{10}2^{m-1} > \log_{10}n + \log_{10}10^6$$
$$\log_{10}n + (m-1)\log_{10}2 > \log_{10}n + 6$$
$$(m-1)\log_{10}2 > 6$$
$$m > \frac{6}{\log_{10}2} + 1$$
$$m > 20.933 \cdots$$

39
問1 遺伝子 X と Y の 5′ 末端側(3′ 末端側)から増幅するプライマー X1と Y1(X2 と Y2)を使用したとき，DNA が増幅されたため。
問2 1 キロ塩基対，1.5 キロ塩基対　　問3 b, d, e

解説 複製に関与する酵素には次のようなものがある。DNA の二本鎖を乖離させるのがヘリカーゼ，DNA を合成するとき新生鎖を 5′ 末端から 3′ 末端方向に鋳型鎖と相補的に合成するのが DNA ポリメラーゼである。また，DNA の合成に必要不可欠なプライマー(小さな RNA 鎖)を合成するのがプライマーゼ，ラギング鎖において岡崎フラグメントを繋ぎ合わせるのが DNA リガーゼである。

生物重要問題集　33

〔実験1〕表1から制限酵素A，B，Cのそれぞれで切断される位置を考える。プラスミドは環状なので，制限酵素によって2つの断片に分かれた場合は2か所，1つの断片が生じた場合は1か所が切断されている。制限酵素Bや制限酵素Cの結果からプラスミドが5キロ塩基対であることがわかる。制限酵素Aと制限酵素Bを用いた結果から，制限酵素Bは制限酵素Aで切断した際に出来る1.5キロ塩基対の部分を1.0キロ塩基対と0.5キロ塩基対に分ける部分で切断することがわかる。同様に，制限酵素Aと制限酵素Cを用いることで，制限酵素Cは制限酵素Aで切断した際に出来る3.5キロ塩基対の部分を1.8キロ塩基対と1.7キロ塩基対に分ける部分で切断することがわかる。この条件下で制限酵素Bと制限酵素Cを用いた結果に適合するように相対的な切断部位を示すと図1のようになる。

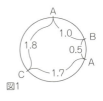
図1

問1 〔実験2〕をもとに，プラスミドをPCRした結果について既知のことから類推する。

まず，X1とX2，Y1とY2のプライマーを使用すれば，それぞれ遺伝子X(1キロ塩基対)とY(1.5キロ塩基対)が挟み込まれて増幅することは明らかである。

次にX1とY1，X2とY2を用いた場合はDNA断片が増幅しているが，X1とY2，X2とY1を用いた場合は増幅していないことが読み取れる。これらのことから，遺伝子XとYが逆向きに配置しており，プライマーX1とY1(X2とY2)は鋳型DNAの2本鎖のうち，それぞれ異なるDNA鎖に結合するので，DNAの複製が行われると推測できる。仮に，遺伝子XとYが同じ向きに配置しているとすると，プライマーX1とY1(X2とY2)はそれぞれ同じDNA鎖に結合するので，DNA複製が行われないと考えられる。

問題文には「どのような実験から逆向きだと結論付けることができるか」と問われているため，"同じ向き"か"逆向きか"を悩む必要はない。次に，「どのような実験結果から結論づけられるか」ということに注意して，解答を作成するとよい。採点基準としては『X1とY1，X2とY2を用いた場合はDNAが増幅する』あるいは，『X1とY2，X2とY1を用いた場合はDNAが増幅しない』の，いずれかを答えれば正解とみなされただろう。

問2 プラスミド2本鎖DNAのうち，例えば遺伝子Xを含む側のDNAをX1プライマーでPCRを行うと，1回目では一周した完全長の5キロ塩基対ができることになる（リガーゼがないので環状にはならずに直鎖のままであることに注意する）。次に，この直鎖のDNAに対して2回目のPCRでY1が作用すると，Y1から直鎖DNAの端までが合成されることになる(図2)。これがX1とY1のプライマーの狭間で増幅した3.5キロ塩基対である。よって遺伝子X(1キロ塩基対)とY(1.5キロ塩基対)の間は1.0キロ塩基対あることがわかる。同様にX2とY2では4.0キロ塩基対であるから，先程とは逆回りでXとYの間に1.5キロ塩基対あることがわかる。

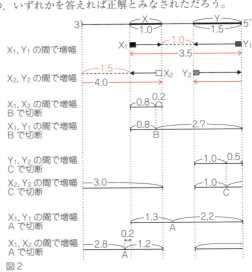
図2

問3 a. 図1より誤り。c. BはXの内部にあるため誤り。f. CはYの内部にあるため誤り。

40 問1 (a) **RNA** ポリメラーゼ　(b) 調節タンパク質(転写調節因子)　(c) リプレッサー

問2 4096 塩基

問3 (a) **1, 2, 3, 4**　(b) **2, 3, 4**　(c) **3, 4**　(d) **2**

問4 (a) 5.0×10^8　(b) 2.5×10^4　(c) 4.0×10^3

問5 8.0×10^{-4} %

解説 問2 $4 \times 4 \times 4 \times 4 \times 4 \times 4 = 4096$(塩基)

問3 培地別に考えると,

(a) 培地1ではアンピシリンが存在していないため, すべての大腸菌が生育可能となる。

(b) 培地2ではアンピシリンが加えられているため, プラスミドAを取りこんだ大腸菌は生育できる。

(c) 培地3において白色になるコロニーでは, プラスミドAを取りこみながらも **X–gal は分解されない**。よって, 外来遺伝子の導入(カナマイシン分解酵素以外の断片も含む)に成功し, *lacZ* が発現しないプラスミドが大腸菌に取りこまれたと考えられる。

(d) 培地3において青色になるコロニーでは, **X–gal が *lacZ* によって分解されている**ことを意味する。よって, 外来遺伝子が取りこまれておらず, 切断された *lacZ* 遺伝子がつながり, 正常な *lacZ* 遺伝子が再度形成されたと考えられる。

解答群別に考えるとわかりやすい。まとめると,

1) 大腸菌　　　　　　　　　　　⇒培地1

2) 大腸菌＋アンピシリン＋ *lacZ*　⇒培地1, 2, 3青

3) 大腸菌＋アンピシリン＋ ~~*lacZ*~~ ＋外来遺伝子⇒培地1, 2, 3白

4) 大腸菌＋アンピシリン＋ ~~*lacZ*~~ ＋カナマイシン分解酵素遺伝子

　　　　　　　　　　　　　　⇒培地1, 2, 3白, 4

でそれぞれ生育が可能である。

問4 (a) 表2から, 培地1を使用した場合に出現したコロニー数が50個なので, 滴下した希釈菌液3(0.1 mL)の中に, 50個の大腸菌が含まれていたことになる。また, 操作(4)以降, 希釈菌液3を作成するまでに, 100倍希釈を3回行っている。

$50 \times 100 \times 100 \times 100 \times 10 = 5.0 \times 10^8$

(b) $25 \times 100 \times 10 = 2.5 \times 10^4$

(c) $4 \times 100 \times 10 = 4.0 \times 10^3$

問5 $\dfrac{4.0 \times 10^3}{5.0 \times 10^8} \times 100 = 8.0 \times 10^{-4}$(%)

---

41 問1 **12 時間**　　問2 ㋐ 2　㋑ 1　㋒ 3　㋓ 6

解説 問1 横軸が通常目盛であるのに対し, 縦軸が対数目盛であるグラフを「片対数グラフ」という。細胞や細菌を培養すると, 時間経過とともに指数関数的に増殖するので, 片対数グラフを用いて直線で示される。

分裂が終わってから次の分裂が終わるまでに要する時間が細胞周期の長さに相当するので, 細胞数が2倍になる2点を見つけて培養時間を見ればよい。

問2 放射性同位体を使うこのような手法をオートラジオグラフ法(オートラジオグラフィー)といい, タンパク質の追跡に ^{35}S, 核酸の追跡に ^{32}P を利用するのが有名である。特に, 細胞周期の各時期の時間を調べる際にはS期(複製期)に「チミン塩基をもつ ^{3}H–チミジン」を取りこませることで検出が可能となる。

これら標識された細胞がM期に差しかかると, 染色体が直に観察されるので, 図2の

生物重要問題集　35

ように割合がグラフ化可能になる。
- (ア) 時間①は，S期の終わりにあった細胞（●）がM期のはじめに達するまでの時間である。
  よって，G₂期は2時間。
- (イ) 時間②は，S期の終わりにあった細胞（●）がM期の終わりに達するまでの時間である。
  よって，
    M期＝②－①＝3－2＝1(時間)
- (ウ) 時間③は，S期のはじめにあった細胞（○）がM期のはじめに達するまでの時間である。
  よって，
    S期＝③－①＝5－2＝3(時間)
- (エ) 時間④は，S期のはじめにあった細胞（○）がM期の終わりに達するまでの時間である。
  問1から，細胞周期は12時間と判明しているので，
    G₁期＝細胞周期－④
       ＝細胞周期－S期－G₂期－M期
       ＝12－3－2－1＝6(時間)   となる。

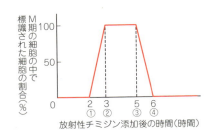
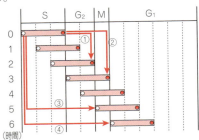

42 問1 2，5   問2 S期とM期，S期とG₂期

解説 問1 図1を解釈すると次のようなことがわかる。
- それぞれ細胞を融合させても核どうしは融合していない。よって，細胞周期の各時期を決定する因子は細胞質中にあると考えられる。
- G₁とG₁の融合結果からは，融合させたこと自体は細胞周期の進行に影響を与えていないことがわかる。
- S-G₁の融合細胞では，S期の核に変化はないが，G₁期の核はすぐに複製を開始していることから，G₁期の核はS期の細胞質中にあった**DNA複製開始因子**の影響を受けていると考えられる。
- S-G₂の融合細胞では，S期の核に変化はなく，G₂期の核が複製を開始することもなかったことから，G₂期の核はS期の細胞質中にあった**DNA複製開始因子**の影響を受けないと考えられる。

問2 細胞融合の考えられる組み合わせは，以下の6通り。G₁期のDNA量を1とすると，S期は1～2，G₂期とM期は2となるので，それぞれのDNA量は，
- ① S＋M＝(1～2)＋2＝3～4   ② S＋G₁＝(1～2)＋1＝2～3
- ③ S＋G₂＝(1～2)＋2＝3～4   ④ M＋G₁＝2＋1＝3
- ⑤ M＋G₂＝2＋2＝4   ⑥ G₁＋G₂＝1＋2＝3

なお，問題文の中の「融合直後」の時間のとらえ方によっては，S期とG₁期のDNA量をそれぞれ1～2とし「3＜相対値＜4」と考えることも可能であり，これを別解として解答に含めてもよい。

> **▶ M期の開始**
>
> 　S-G₂の融合細胞ではS期の核に変化はないが，G₂期の核はS期の核が追いつくまで（複製が終了するまで）G₂期に留まり，その後，M期に入ると考えられる。ここで，M期が開始されるしくみについて，想定できる仮説を考えてみる（このとき，概して生物では，促進系と抑制系があることに注意する）。
>
> 　一つは「G₂期にM期開始因子が合成され一定量に達するとM期となる」という仮説で，細胞が融合することで体積が大きくなり，S期の核を複製を終えるまでM期開始因子が必要な量に達しなかったと解釈することができる。もう一つは「S期にM期開始を抑制する因子（M期抑制因子）が合成される」という仮説である。このM期抑制因子によってG₂期の核はM期に入れないが，やがてS期の核が複製を終了しG₂期になるとM期抑制因子の合成が終了し，分解されると，2つの核がM期に入ると考えることができる。これらの仮説のどちらが正しいかをこの問題の細胞融合の実験結果のみから確証を得ることはできない。
>
> 　では，実際の細胞周期ではどうなっているかというと，2つのタンパク質（サイクリンとCdk）が複合体をつくり，M期の開始を促進する因子（MPFと略記）としてはたらくが，S期やG₂期の途中ではサイクリン-Cdk複合体は不活性な状態になっているので，M期の開始は抑制されている。ところが，G₂期の終わりになるとサイクリン-Cdk複合体が一気に活性化されるので，M期が開始される。

43 問1　タンパク質B　　問2　タンパク質D
問3　<u>タンパク質Eを過剰に生産させると，タンパク質Cの酵素活性が阻害されるため，タンパク質Aにリン酸が付加されない。これにより，タンパク質Aはタンパク質Bのはたらきを抑制し続けるので，タンパク質Dがつくられず，DNAの複製は開始しなかった。</u>
問4　タンパク質A

解説　問1　タンパク質Aはタンパク質Bに結合してタンパク質Bのはたらきを阻害するので，DNAには結合しない。
　タンパク質Bは遺伝子dの転写を活性化することから，DNAに結合して転写調節因子としてはたらくと考えられる。
　タンパク質CはタンパクAをリン酸化するリン酸化酵素（キナーゼ）なので，DNAには結合しない。

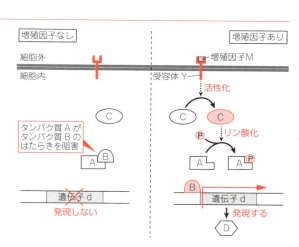

　タンパク質Dは遺伝子dの転写の結果できたタンパク質で，DNA複製の開始に関わりDNAに結合する可能性もあるが，転写調節因子ではない。
問2　増殖因子Mの作用でタンパク質Cが活性化すると，タンパク質AとBの結合が抑制される。その結果，タンパク質Bが遺伝子dの転写を活性化する。これにより，存在量が増加するタンパク質は遺伝子dからつくられるタンパク質Dのみである。

タンパク質A，B，Cについては増殖因子Mの作用によって活性化もしくは不活性化されるのみであり，その存在量は変化しない点に注意。また，問題中において，遺伝子から合成されるタンパク質はタンパク質Dのみである。

問3 増殖因子Mが作用するとタンパク質Cが活性化されるが，タンパク質Eが過剰に生産されるとタンパク質Cの酵素活性が阻害され，増殖因子Mが存在しない場合と同じ状態となる。タンパク質Cの酵素活性が阻害されると，タンパク質AはタンパクBと結合し続け，遺伝子dは発現せず，タンパク質Dの合成は行われない。

問4 増殖因子Mがないときには，タンパク質AがBに結合するため，DNA複製が起こらない。このとき，タンパク質FがタンパクAのはたらきを阻害すれば，タンパク質AがBに結合できなくなり，増殖因子MがなくてもDNA複製が開始される。

44

問1 (1) Int2（イントロン2）
(2) AR(S)mRNA の Int2 と相補的に結合し，AR(S)mRNA を切断したり翻訳を阻害したりする。
(3) 細胞増殖に対して抑制的にはたらく。
(4) 右図

問2 スプライシングの終わった AR(L) の mRNA を逆転写酵素で逆転写させた cDNA と置き換える。

問3 (1) AR/ar のメスマウスと正常な AR 遺伝子をもつ野生型のオスマウスを交配させる。
(2) オス…50％，メス…0％

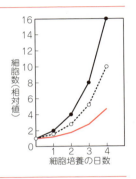

解説

問1 (1) 問題文に「AR(L) の発現には影響は見られずに，AR(S) の発現が抑制された」とあるので，この短いRNAはRNA干渉によってAR(S)の発現のみを抑制すると考えられる。AR(S)の構造のうち，E1とE2はAR(L)と共通なので，この部分に相補的な配列をもつとすると，AR(L)にも影響がおよぶことになる。一方，Int2に相補的な配列をもつとすれば，AR(S)の発現のみが抑制され，AR(L)には影響がおよばない。

(2) ダイサーとよばれるRNA分解酵素が短い2本鎖RNAを分解し，siRNAとしてmRNAを切断するか，相補的な配列に結合したままとなりAR(S)の発現を抑制した。

(3) 短いRNAを導入してAR(S)を抑制すると，短いRNAを導入していない場合よりも細胞数が増加している。よって，AR(S)には細胞数を抑制するはたらきがあると考えられる。

(4) (3)からAR(S)には細胞増殖を抑制するはたらきがあるので，AR(S)を強制的に発現させると，細胞数の増加量は小さくなる。よって，図2において，短いRNAを導入していない細胞のグラフよりもゆるやかな増え方を示すグラフになる。

問2 「Int2のみを削除したAR遺伝子と置き換える」と答えたかもしれない。しかし，この場合のAR(S)は終止コドンがないので全く構造の異なる未知のタンパク質が翻訳される可能性があり，その影響の有無を別途調べる必要が出てくる。

問3 (1) ノックアウトマウスとして ar/ar や ar/Y を作成したいわけだが，これらのマウスはAR(S)を生産できないので，誕生しても成熟前に死ぬことがわかっている。よって，ar をもちながら誕生後も成熟可能なマウスは AR/ar のメスマウスしかありえない。

(2) AR/ar のメスマウスと野生型のオスマウス（AR/Y）を交配させると，メスは AR/ar と AR/AR の2種類が誕生し，ノックアウトマウスは誕生しない。一方，オスは AR/Y と ar/Y の2種類が50％ずつの頻度で誕生し，ar/Y がノックアウトマウスとなる。

編末総合問題

45　問1 3　問2 5　問3 2　問4 3

解説　（実験1）血液を4℃で保存すると，解糖に関する酵素や赤血球の膜タンパク質であるナトリウム-カリウム ATP アーゼ（ナトリウムポンプ）がはたらかなくなり，能動輸送のはたらきが低下する。一方，受動輸送は低温でも起こるので，血球内の K^+ は流出する。

（実験2）温度を常温にもどすと酵素がはたらくので解糖により ATP が生産され，能動輸送が起こる。ただし，血液に含まれる糖類は有限なので，放置するとエネルギー源が枯渇して再び血球内 K^+ 濃度が下がる。

（実験3）細胞膜にはグルコースを取りこむチャネルが存在するので，後から加えたグルコースはエネルギー源となりうる。

問1　① 低温にすると酵素のはたらきが低下するので，解糖は起こりにくくなる。
　　　③ 能動輸送のはたらきが低下すれば，赤血球内の K^+ 濃度は低下するので，受動輸送のはたらきも低下する。

問2　⑤ ナトリウムポンプは細胞外から細胞内への一方向にしかはたらかない。

問3　ATP は分子としては非常に大きく，これを透過する膜タンパク質は存在しないので，影響を及ぼさない。ナトリウム-カリウム ATP アーゼは，細胞内部でエネルギー源（ATP）が合成され，分解されたときのみポンプとしてはたらく。

問4　解糖を阻害すればグルコースを利用できなくなるので，能動輸送が起こらなくなり，赤血球内の K^+ 濃度は低下する。

46　問　適切なモデル　イ
　　根…調節遺伝子Ⅰが発現し，調節タンパク質Ⅰが調節遺伝子Ⅱの発現を抑制することで，遺伝子 S の発現が調節タンパク質Ⅱによって抑制されないため，タンパク質 S が合成される。
　　葉…調節遺伝子Ⅰが発現せず，調節遺伝子Ⅱの発現は調節タンパク質Ⅰにより抑制されないため，調節タンパク質Ⅱが生じ，遺伝子 S の発現が抑制され，タンパク質 S は合成されない。

解説　表を表現型で示すと，右のようになる。これにより葉において調節遺伝子Ⅰの遺伝子型（B，b）にかかわらず，調節遺伝子Ⅱの遺伝子型が野生型遺伝子（C）（以下，C）だと合成できず，変異型遺伝子（c）（以下，c）だと合成していることがわかる。

	〔BC（野生）〕	〔Bc〕	〔bC〕	〔bc〕
葉	×	○	×	○
根	○	○	×	○

葉と根で結果の異なる〔BC（野生）〕以外の表現型を比較すると，〔Bc〕と〔bc〕でタンパク質 S が合成されており，〔bC〕でタンパク質 S が合成されていないことがわかる。このことから，C が遺伝子 S を活性化しているのではなく，C が遺伝子 S の発現を抑制しており，c だと遺伝子 S の発現は抑制されずに，タンパク質 S が合成される，と考えられる。

次に，〔BC（野生）〕に着目すると，葉では調節遺伝子Ⅱがはたらいて C により遺伝子 S の発現が抑制されているのに，根では調節遺伝子Ⅱがはたらかず，タンパク質 S が合成されていることがわかる。これらのことから，調節遺伝子Ⅰは，調節遺伝子Ⅱの上流に位置し，調節遺伝子Ⅱの発現を調節していると考えられる。この場合，根では調節遺伝子Ⅰがはたらいて調節遺伝子Ⅱのはたらきを抑制することでタンパク質 S が合成されるが，葉では調

生物重要問題集　**39**

節遺伝子 I がはたらかず，調節遺伝子 II がはたらくことでタンパク質 S の合成が抑制されると考えられる。

47

問1 遺伝子Aは遺伝子Bと遺伝子Cの転写を促進するタンパク質をコードしている。

問2 プラスチック分解能をもち，遺伝子 C 由来のタンパク質と結合して酵素 α を形成する。

問3 一塩基置換によってシステインが失われてジスルフィド結合ができなくなることにより，遺伝子 B 由来のタンパク質の立体構造が変化して，遺伝子 C 由来のタンパク質と酵素 α を形成できなくなった。その結果，遺伝子 B 由来のタンパク質のプラスチック分解能に変化はないが，プラスチックへの吸着能力が失われるため，プラスチック分解能は低下した。

問4 一塩基置換を含むコドンが終止コドンを示すようになり，それ以降が翻訳されなくなることによって，アミノ酸配列が通常よりも短く，プラスチック分解能を欠如したタンパク質が合成された。このため，分子量約 70,000 のタンパク質は確認できなくなった。

問5 1，3，4

解説 **問2** 問題文に，酵素 α が分子量 10 万で分解サブユニットと吸着サブユニットからなること，タンパク質 B の分子量が 7 万，タンパク質 C の分子量が 3 万であるとの記載がある。このことから，遺伝子 B 由来のタンパク質と遺伝子 C 由来のタンパク質が結合して酵素 α を形成すると考える。

遺伝子 B の変異体①〜⑤について，それぞれの変異体の性質をまとめると次の表のようになる。プラスチックの分解活性が変化していることから，遺伝子 B 由来のタンパク質は分解サブユニットであると考えられる。

	酵素 α	プラスチック分解活性
①	確認できた	あり
②	確認できた	なし
③	確認できた	低下
④	確認できなかった	低下
⑤	確認できなかった	なし

> **一塩基置換**
> **影響がない場合**
> ・コドンが同じアミノ酸を指定する場合
> ・（真核生物のみ）置換場所がイントロンで，スプライシングで除去される場合
> ・アミノ酸の変化が酵素活性に影響しない場所の場合
> **影響がある場合**
> ・置換により終止コドンとなる場合
> ・活性部位などで置換が起こり，そのタンパク質の活性が変化する場合
> ・立体構造が変化し，サブユニットなど，他の因子との結合が妨げられる場合

問3 遺伝子 B 由来のタンパク質は遊離した状態となり，ランダムにプラスチックと出会うことでプラスチックを分解する。しかし，プラスチックと接触している時間は短くなるので，分解能も低下する。

問5 遺伝子 C に対する一塩基置換によって，遺伝子 C 由来のタンパク質が遺伝子 B 由来のタンパク質と結合できなくなったとすると，問3と同様の状態になるため④は正しい。

③は，遺伝子 C 産物のプラスチックへの吸着能が失われた場合で，遺伝子 B 産物とは結合できる。

4 生 殖

48　問1　有性生殖では，遺伝的多様性に富み環境に対する適応性が高いが，雌雄がそろうことが必要であり繁殖効率は悪い。無性生殖では，世代交代しても遺伝的には同一であるため多様性が低く，環境に対する適応性も低いが，一個体から分裂などで増殖が可能なため繁殖効率が高い。

　　　問2　哺乳類は<u>精子</u>が **X** または **Y** 染色体をもち，<u>卵</u>が **X** 染色体をもつ雄ヘテロの **XY** 型である。鳥類は精子が **Z** 染色体をもち，卵が **Z** または **W** 染色体をもつ雌ヘテロの **ZW** 型である。

　　　問3　1個の一次精母細胞からは2個の二次精母細胞を経て4個の精子が形成される。一方，1個の一次卵母細胞からは，減数分裂の第一分裂で第一極体が放出され，第二分裂で第二極体が放出されるので1個の卵が形成される。

解説　問1　卵や精子などの配偶子の合体によって子が生じる生殖法を有性生殖といい，配偶子によらない生殖法を無性生殖という。無性生殖には，分裂や出芽，栄養生殖などがある。

　　　問2　性決定の様式をまとめると次のようになる。
　　　・雄ヘテロ（精子が性を決定する）
　　　　XY 型…ヒト，ショウジョウバエ，マウス
　　　　XO 型…バッタ
　　　・雌ヘテロ（卵が性を決定する）
　　　　ZW 型…ニワトリ，カイコガ，アフリカツメガエル
　　　　ZO 型…ミノガ，トビケラ

　　　問3　ヒトでは胎児期に始原生殖細胞が形成され，精巣や卵巣に移動して精原細胞や卵原細胞になる。男性では成長期以降に一次精母細胞となり減数分裂を開始する。女性では出生段階ですでに一次卵母細胞になっており，減数分裂の第一分裂前期で休止している。そして，成長期以降に排卵され，受精することで第二分裂が完了する。

49　問1　**A** 型，**B** 型，**O** 型

　　　問2　(1)　両方の遺伝子がヘテロで存在すると，**A** 酵素と **B** 酵素のそれぞれが異なる糖鎖伸長作用を示し，**A** と **B** 両方の抗原が合成されるから。

　　　　　　(2)　*O* 遺伝子によるタンパク質は酵素活性を示さないため糖鎖の伸長が起こらず，*A* や *B* 遺伝子と共存すると表現型として現れないから。

　　　問3　(1)　卵母細胞が減数分裂する際に *B* 遺伝子と *O* 遺伝子との間で乗換えることで生じた。

　　　　　　(2)　遺伝子型が *BO* の卵母細胞において，261 番までを含む *B* 遺伝子とそれ以降の *O* 遺伝子が組換えにより補われ *A* 遺伝子となった。

解説　問1　O 型の子どもが生まれているので母親の遺伝子型は *AA* ではなく *AO*。同様に父親も *O* 遺伝子をもつが，*AO*・*BO*・*OO* いずれでも可能である。

　　　問2　*A* 遺伝子と *B* 遺伝子からはそれぞれ別々の酵素が産生されるが，*O* 遺伝子では終止コドンが早期に現れるため，活性のある酵素がつくられない。

　　　問3　*A* 遺伝子と *O* 遺伝子は基本的にほぼ同じ配列だが，*O* 遺伝子では 261 番の塩基 G が

生物重要問題集　41

欠失している点だけが異なる。そのため，261番までが B 遺伝子に置き換わると，それよりも下流は A 遺伝子と同じになるため，生じる酵素の活性としては A 酵素の活性となる。

50

問1 (1) 強度抵抗性：中度抵抗性：感受性＝ 2：1：1
(2) 強度抵抗性：中度抵抗性：感受性＝ 12：3：1
問2 (1) 20 %　(2) 集団 p … 20，集団 q … 80
(3) 強度抵抗性：中度抵抗性：感受性＝ 75：24：1

解説 問1 (1) 品種 X，Y，O は純系なので，他の抵抗性に関しては劣性と考え，品種 X を $XXyy$，品種 Y を $xxYY$，品種 O を $xxyy$ とすると，右図のようになる。F_1 と品種 O との交雑で得られた世代を表現型ごとに整理すると，

$\underline{[XY]：[Xy]}：[xY]：[xy] = 1：1：1：1$
$\underline{[X]}\ \ \ \ ：[Y]：[xy] = 2：1：1$

(2) $F_1(XxYy)$ の配偶子の遺伝子型は，
$XY：Xy：xY：xy = 1：1：1：1$
これらを自家受粉して得られた F_2 を表現型ごとに整理すると，

$\underline{[XY]：[Xy]}：[xY]：[xy] = 9：3：3：1$
$\underline{[X]}\ \ \ \ ：[Y]：[xy] = 12：3：1$

問2 問題文をまとめると右図のようになる。
(1) F_1 の配偶子は，組換えが起こらない場合に生じる Xy と xY が多数であり，組換えが起こると XY および xy が生じる。また，問題文より，表現型が，$[X]：[Y]：[xy] = 5：4：1$ であるので，F_1 からできる配偶子の遺伝子型の比は，

$\underline{XY：Xy}：xY：xy\ = 1：4：4：1$
$\underline{[X]}\ \ \ ：[Y]：[xy] = 5：4：1$

となるはずである。よって，組換え価は，

$\dfrac{1+1}{1+4+4+1} \times 100 = 20(\%)$

(2) 選んだ個体のうち，強度抵抗性 $[X]$ を示すものには $XxYy$ と $Xxyy$ がある(前問より存在比は 1：4)。このうち，$XxYy$ は組換えによって $[Y]$ が出現するが，$Xxyy$ は組換えが起こっても $[Y]$ が出現しない。

(3) $F_1(XxYy)$ の配偶子形成では組換えが起こるので，F_2 は右の表のようになる(遺伝子型は省略している)。これを表現型ごとに整理すると，

$\underline{[XY]：[Xy]}：[xY]：[xy] = 51：24：24：1$
$\underline{[X]}\ \ \ ：[Y]：[xy] = 75：24：1$

となる。

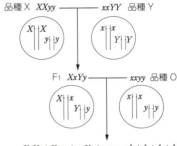

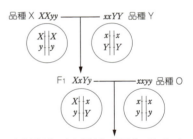

	1 XY	4 Xy	4 xY	1 xy
1 XY	1	4	4	1
4 Xy	4	16	16	4
4 xY	4	16	16	4
1 xy	1	4	4	1

51
問1 (1) **50 %** (2) **67 %**
問2 A–B 間…**2.0 %** B–C 間…**4.0 %** C–D 間…**1.0 %**
問3 右図
問4 欠失，重複，転座
問5 (ア) **B1** (イ) **C2** (ウ) **C1** (エ) **B2** (オ) **A2** (カ) **D2**
問6 **C–D 間**で乗換えが起こった場合は，動原体を1つずつもつ染色体が生じるので，産子が得られた。一方，逆位部分のマーカー遺伝子間で乗換えが生じた場合は，動原体を2つもつ染色体と動原体をもたない染色体が生じる。これにより，正常な配偶子が生じないため，産子が得られなかったと考えられる。

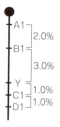

解説 問1 正常遺伝子を Y，突然変異が生じた場合を y とすると，YY が灰色，Yy が黄色，yy が致死となる。
(1) $YY \times Yy \rightarrow YY \cdot Yy$ となるので，黄色 (Yy) は 50 %。
(2) $Yy \times Yy \rightarrow YY \cdot Yy \cdot Yy \cdot yy$ となる。yy は致死なので，毛色が黄色になるのは 67 % である。

問2 例えば，A–B 間の組換え価を求めるためには，A–B 間で組換えが起こった個体の数を調べればよい。本来の A1B1，A2B2 の部分に組換えが起こることによって，A2B1 (3匹) と A1B2 (1匹) の合計4匹が生じており，全体の産子は 200 匹なので，

$$\frac{4 \text{匹}}{200 \text{匹}} \times 100 = 2\ \%\quad となる。$$

同様に，B–C 間では B2C1 (2匹)，B1C2 (2 + 4匹) なので 4 %，C–D 間では C2D1 (2匹) のみなので 1 % となる。

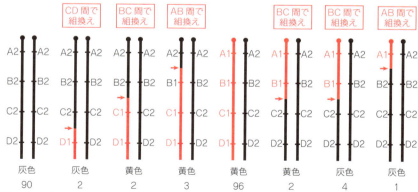

問3 問題文より，A1 と y，および A2 と Y がそれぞれ連鎖していることがわかる。問題中の表の見方はいくつかあるが，例えば，A–Y 間の組換えを考えると，本来 A2/A2 だと灰色，A1/A2 だと黄色になるはずだが，組換えを起こすことにより，A2/A2 で黄色 (2 + 3匹)，A1/A2 で灰色 (4 + 1匹) の産子が生じている。よって，A–Y 間の組換え価は，

$$\frac{10 \text{匹}}{200 \text{匹}} \times 100 = 5\ \%\quad となる。$$

なお，B からの組換え価で同様に考えると 3 % に，C からの組換え価で考えると 1 % になる。

問5　BとCの間で乗換えが起こると右図のようになる。
問6　(C)の問題文中にわざわざ，逆位部分で乗換えが生じた場合には，「動原体を2つもつ染色体」と「動原体をもたない染色体」が生じること，加えてこの場合，問6の問題文に産子が得られなかったことが明記されている。

動原体は中心体から伸びた微小管が結合する部分で，モータータンパク質のダイニンが含まれる。ダイニンが分裂後期に紡錘糸を引っ張ることで染色体は両極へ移動する。よって動原体がない場合，分裂はできない。

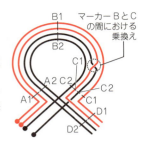

52

問1　(ア) 2, 4　(イ) 1, 4　(ウ) 2, 5　(エ) 3
問2　(1) Aa　(2) $\dfrac{1}{200}$　(3) $AA:Aa = 1:2$　(4) $\dfrac{1}{600}$

解説　問1　(ア), (ウ) 優性遺伝なので，遺伝病が常染色体とX染色体のどちらに起因していても，両親が遺伝病でなければ変異型遺伝子は両親に存在しない。また，(ウ)では，父親が患者であっても父親のX染色体は男児には伝わらないので，⑤が当てはまる。
(エ) 女性はX染色体を2本もつ(XX)ので，劣性遺伝の場合，1本しかもたない男性よりも遺伝病にはなりにくくなる。

問2　(2) 患者である第一子(男性)の遺伝子型は aa である。女児ⓐが患者になるためには，遺伝病でない母親の遺伝子型が Aa である必要がある。この確率は本文から $\dfrac{1}{100}$ であるから，この女性がつくる卵が a をもつ確率はその $\dfrac{1}{2}$ である。

(4) (3)から $AA:Aa = 1:2$ なので，第二子(女性)の遺伝子型が Aa である確率は $\dfrac{2}{3}$，その卵に劣性遺伝子が含まれる確率は $\dfrac{2}{3} \times \dfrac{1}{2}$ となる。また，女児ⓑが患者になるためには遺伝病ではない結婚相手の男性の遺伝子型が Aa である必要がある。この男性がつくる精子に a が含まれる確率は $\dfrac{1}{100} \times \dfrac{1}{2}$

よって，$\left(\dfrac{2}{3} \times \dfrac{1}{2}\right) \times \left(\dfrac{1}{100} \times \dfrac{1}{2}\right) = \dfrac{1}{600}$

53

問1　$aaBbHH, aaBbHh$　問2　$aabbHH$　問3　黒白斑，茶，茶黒
問4　染色体…36＋XXY
　　　過程…減数分裂の際に性染色体の不分離が起きることでできたXXやXYをもつ配偶子と正常な配偶子が受精することで，XXYという性染色体をもつ仔が生じた。

解説　この問題の染色体における関係遺伝子をまとめると以下のようになる。性染色体を考える際は，B, b を用いるより，性別が判別できるように X^B, X^b, Y を用いたい。

常染色体

AA, Aa	aa	HH, Hh	hh
全身白	影響なし (有色となる)	白斑あり	白斑なし

性染色体

雌			雄	
$X^B X^B$	$X^B X^b$	$X^b X^b$	$X^B Y$	$X^b Y$
茶	茶黒	黒	茶	黒

問1 「三毛猫」になるための遺伝子型を考えると，以下のようになる。
・有色になるため… aa
・白斑をもつため… HH あるいは Hh
・茶と黒をもつため… $X^B X^b$

よってこの段階で，三毛猫になるためにはX染色体が2本必要なので，通常では雄の三毛猫は誕生しないと気がつく。

ちなみに雌の三毛猫の細胞は，発生の初期段階でどちらかのX染色体が不活性化し，その後もその状態が維持される。よって同じX染色体が不活性化した細胞がある程度集まるため，斑になる。全身で3色の毛がモザイク状になるわけではない。

問2 「雌で黒白」になるための遺伝子型を考えると，以下のようになる。
・有色になるため… aa
・白斑をもつため… HH あるいは Hh
・黒をもち，茶をもたないため… $X^b X^b$

ただし Hh では「雄の遺伝子型にかかわらず次世代がすべて白斑を生じる」の条件にあてはまらないため，$aaX^b X^b HH$ のみとなる。

問3 このような複雑な系図を考える際は，「親の表現型から子の遺伝子型を絞りこむ」，「子の表現型から親の遺伝子型を絞りこむ」の2つが基本となる。その際，表現型から遺伝子型が判断できない箇所がある場合は，「$AAX^B X^B H\_$」のように記載して先に進む。

系図全体を俯瞰すればわかるが，最終的に聞きたいのは(イ)の仔の表現型である。

(イ)の仔の表現型を考えるには，まず，図の①〜④の順序で(イ)の雌親の遺伝子型を求める。①，②はそれぞれ問1, 問2から，③は雌親(ア)およびその仔(三毛)からわかる。(イ)の雌親の遺伝子型(④)は，両親の遺伝子型がわかれば求めることができる。

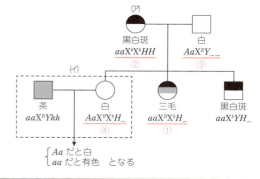

次に，(イ)の仔のうち aa をもつ有色の場合について，表のように遺伝子型のパターンを考える。このうち，問題の図にない毛色を答えればよい。

	雌		雄	
	$X^B X^B$(茶)	$X^B X^b$(茶黒)	$X^B Y$(茶)	$X^b Y$(黒)
Hh（白斑を生じる）	茶白斑	三毛	茶白斑	黒白斑
hh（白斑を生じない）	茶	茶黒	茶	黒

問4 三毛猫は $X^B X^b$ をもつことから，三毛猫の雄が生じるためには，X染色体を2本もったうえでY染色体をもつ必要がある。すなわち，性染色体は $X^B X^b Y$ となると考えられる。

過程はまとめて記述すると解答のようになるが，性染色体の不分離が雄で起こる場合と雌で起こる場合に分けて記述すると以下のようになる。

・雄…性染色体の不分離によって XY をもつ精子ができた場合に，この精子がX染色体1つをもつ卵と受精すると，XXYの性染色体をもつ雄の三毛猫が生じる。

・雌…性染色体の不分離によって XX をもつ卵ができた場合に，この卵がY染色体1つをもつ精子と受精すると，XXYの性染色体をもつ雄の三毛猫が生じる。

54 問1　X染色体およびY染色体のいずれかにある。
問2　常染色体にありホモ接合である。
問3　$A-$Ⅰと$D-$Ⅰ，$A-$Ⅱと$D-$Ⅱ　　問4　20％
問5　確率… 0.17
　　計算式… $0.5 \times (0.4^2 \times 2 + 0.1^2 \times 2) = 0.17$

解説　本文に「これらのDNAは遺伝的に異なる長さになる」とのことなのでマイクロサテライトのようなものを想定する。

問1　遺伝子座Cは15個の精子だけでなく，体細胞にもⅠしかないのでX・Yどちらかの性染色体上のみに存在し，減数分裂後はもつものともたないものが存在することがわかる。

問2　遺伝子座Cの泳動結果とは異なり，すべての精子において同じ大きさのDNAが見られるので，遺伝子座Eは，性染色体ではなく常染色体に存在すると考えられる。また，大きさがすべて同じなので，両親のそれぞれから同一の遺伝子座Eを受け取っていると考えられる。

問3　先に問4の問題を読んで組換えがあることを認識しなければ解けないだろう。そのうえでほとんどが同じだが一部が異なるものを探す。するとAのⅠとDのⅠがよく似通っており，そのうち精子番号3・7・15のみが組換わっていることがわかる。

問4　よって，$\dfrac{3}{15} \times 100 = 20$％となる。

問5　AとDが連鎖し，Bが独立しているので，それぞれにおいてXとYが同じになる確率を考える。

Bについて，次図より　$\dfrac{2}{4} = 0.5$

P…　　　　　　　　　ⅠⅠ　×　ⅡⅡ

F₁…　個体X（ⅠⅡ）　×　　ⅠⅡ

F₂…　ⅠⅠ　　　ⅠⅡ　　　ⅡⅠ　　　ⅡⅡ
　　　　　　　　　個体Y

AとDについて，下表より　$0.4^2 \times 2 + 0.1^2 \times 2$

	$0.4A^{Ⅰ}D^{Ⅰ}$	$0.1A^{Ⅰ}D^{Ⅱ}$	$0.1A^{Ⅱ}D^{Ⅰ}$	$0.4A^{Ⅱ}D^{Ⅱ}$
$0.4A^{Ⅰ}D^{Ⅰ}$				$(0.4)^2$
$0.1A^{Ⅰ}D^{Ⅱ}$			$(0.1)^2$	
$0.1A^{Ⅱ}D^{Ⅰ}$		$(0.1)^2$		
$0.4A^{Ⅱ}D^{Ⅱ}$	$(0.4)^2$			

よって全体では　$0.5 \times \{(0.4)^2 \times 2 + (0.1)^2 \times 2\} = 0.17$　となる。

▶ マイクロサテライト

ゲノム中で「ごく短い決まったDNA配列」を何回も繰り返す部分のこと。

相同染色体の同じ位置に存在するマイクロサテライトは，その繰り返し数（反復数）の違いから親子判定や犯罪捜査に使用される（実際には10か所程度のマイクロサテライトを使い判定する）。

例えば，犯罪捜査では，
　被疑者18回—24回
　被害者28回—32回
　現場の血痕28回—32回
　→血痕は被疑者のものではなく被害者のもの
親子判定では，
　母親18回—24回
　父親28回—31回
　子供18回—21回
　→父親と子供は血縁なし

5 発　　生

55 問1 (1) P1：A, D　P2：B, C　P3：B
　　　　(2) P1：単相　P2：単相, 複相　P3：複相
　　　　(3) P2 → P3
　　　　(4) P3 → P2
　　　　(5) 性染色体としてX染色体をもつかY染色体をもつかの違い
　　問2 (1) ⓐ 先体　ⓑ 核　ⓒ 中心体
　　　　(2) ⓐ D　ⓑ C　ⓒ A
　　　　(3) 鞭毛は微小管が中心に2本, 周囲に9本で構成されており, 微
　　　　　 小管どうしの間にはダイニンというモータータンパク質が存在
　　　　　 する。ダイニンがATPのエネルギーを使って微小管の上を移動
　　　　　 することで鞭毛が曲がり, 精子に運動性を与える。

解説 問1 (1) 精原細胞は体細胞分裂をくり返しているので, 精原細胞のDNA量（相対値）は,
　　　　DNA複製前は2, 複製後は4となり, 精原細胞はP2とP3に含まれる点に注意する。
　　　　ヒトの精子形成の過程と核相, DNAの相対量をまとめると次のようになる。

	精原細胞	一次精母細胞 （DNA複製後）	二次精母細胞	精細胞（精子）
核　相	$2n$	$2n$	n	n
細胞あたりの DNAの相対量	$2A \sim 4A$	$4A$	$2A$	A
細胞集団	P2・P3	P3	P2	P1

　　(2) P1には精細胞と精子が含まれる。P2にはDNA複製前の精原細胞と, 二次精母細胞
　　　が含まれる。P3にはDNA複製後の精原細胞と一次精母細胞が含まれる。
　　　　染色体のセットで表される細胞の染色体構成を核相という。精子・卵などの配偶子
　　　はnで表される単相, 受精卵は$2n$で表される複相である。
　　　　精原細胞は減数分裂前なので$2n$（複相）である。
　　　　一次精母細胞は$2n$（複相）が複製された状態であるが, 染色体構成としては精原細胞
　　　がもつ$2n$の遺伝情報が複製されたものなので, 複相のままである。
　　　　二次精母細胞は, 一次精母細胞で対合した相同染色体が減数分裂第一分裂によって
　　　2つに分かれたもので, 2つの娘細胞は相同染色体のどちらか一方が複製されたもの
　　　をもつので, n（単相）である。
　　(3) DNAの複製は, 精原細胞が体細胞分裂をくり返すときと, 精原細胞の一部が減数分
　　　裂に入るときに起こり, いずれもP2集団からP3集団に移行するときである。
　　(4) 相同染色体の分離は減数分裂第一分裂のときに起こるため, P3集団の一次精母細胞
　　　からP2集団の二次精母細胞の間となる。
　　(5) 第1染色体～第22染色体を合わせたものをAとし, 性染色体をXとYとすると, 女
　　　性の染色体構成は$2A + XX$, 男性の染色体構成は$2A + XY$と示される。男性の体細胞
　　　から減数分裂によってできる精子の染色体構成は, $A + X$または$A + Y$であり, 性染
　　　色体のXとYはわずかにDNA量が異なる。
　　問2 (1) 中片部にはⓒの中心体のほかにミトコンドリアが含まれる。尾部には鞭毛が含ま
　　　れる。
　　(2) Bはミトコンドリアについての説明である。

生物重要問題集　　**47**

56
問1　タンパク質Aが核内に移行すると割球を中胚葉と内胚葉に分化させる。
問2　b
問3　実験2のみでは，中割球と小割球の相互作用により，小割球が内胚葉に分化した可能性を排除できないため。
問4　タンパク質Aが小割球の核内に移動すると，特定のタンパク質が合成される。そして，このタンパク質は細胞外へと放出され，隣接する大割球を内胚葉へと誘導する。

解説　問1　実験1より以下のことがわかる。これらをまとめる。
・タンパク質Aは通常小割球の核に存在している。
・胚全体でタンパク質Aを過剰に発現させると，おもに内胚葉が過剰に形成された。
・タンパク質Bを胚全体に過剰に発現させるとタンパク質Aは核からなくなり，外胚葉のみ形成された。

問2　「核内における役割」として，ありえるのは転写制御のみである。翻訳は核外。細胞接着は細胞膜での話である。

問3　実験2からは，小割球もしくは中割球から内胚葉が分化したことはわかるが，小割球と中割球のどちらが内胚葉に分化したかを示すことはできない。

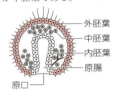
ウニの原腸胚は3つの胚葉からなる。外側をおおう細胞が外胚葉，内側に陥入した細胞が内胚葉，外胚葉と内胚葉の間にある細胞が中胚葉である。

実験3の図3をよく見ると，動物極側の内胚葉（原腸の壁を構成する細胞）には色素標識された細胞が含まれていないことがわかる。つまり，これらの細胞は，小割球から分化したものではなく，標識されていない中割球から分化したものだと結論づけることができる。なお，小割球は骨片などの間充織（中胚葉）に分化しているので，これらの細胞だけは色素標識されたまま残る。

問4　実験1からはタンパク質Aが核内ではたらくことがわかり，問2から，このタンパク質が調節因子であることを踏まえるべきことがわかる。また，実験2，3から小割球が「隣接する割球」を内胚葉に誘導することが，さらには「隣接する割球」がウニ胚では大割球であることがわかる。実験4からは，タンパク質Aの核内への移行がこの誘導に必要であることがわかる。

57
問1　(ア) 灰色三日月環　(イ) 背　(ウ) 原口　(エ) 表皮　(オ) 内　(カ) 中
問2　表層回転によって精子進入点の反対側に移動した物質が，βカテニンタンパク質の分解を抑制する。その後，βカテニンタンパク質が核内に運ばれ，蓄積する。
問3　βカテニンはYタンパク質の遺伝子に対して調節タンパク質としてはたらき，Y遺伝子の発現を促進する。

解説　問題の前半では，両生類の初期発生において精子進入によって背腹軸が決定されるしくみ，後半では，アフリカツメガエルにおける中胚葉誘導のしくみが問われている。

問1　(イ) 問題文にもあるように，カエルの未受精卵は動物極－植物極という方向性をもっているが，精子の進入によって表層回転が起こることで，背側が決まる。動物極－植物極の軸は前後軸とほぼ一致するため，背側が決まることで，前後・背腹・左右という3つの軸すべてが決まる。

(カ) (A)と(B)を組み合わせて培養すると，本来の予定運命である外胚葉と内胚葉に加えて，中胚葉も生じる。このことから，(カ)の解答としては，外胚葉と中胚葉の2つが考えられるが，問題文中に「形成体を含む　(イ)　(背)側　(カ)　胚葉に分化した」とあることから，形成体を含む領域である中胚葉と答えるのが正しい。

問2　表層回転がどのようにβカテニンの局在に結びつくのかを考えて述べる必要がある。問題文の「βカテニンのmRNAは胚の中で一様に分布していた」という説明から，表層回転によって移動するのはβカテニンではなく，その分解を阻害するタンパク質であると考える。このように，植物極側に局在し，表層回転によって灰色三日月環の部分に移動するタンパク質はディシェベルドとよばれる。

問3　βカテニンが局在した場所に形成体が誘導されることから，βカテニンはタンパク質Yの合成に関与すると考えられる。問2の問題文に「細胞の核にβカテニンタンパク質が蓄積する」と書かれていることから，βカテニンは，細胞の核内で，遺伝子の発現を促進する調節タンパク質としてはたらくと考えられる。

58　問1　(a) ×　(b) ×　(c) ○　(d) ×　(e) ○

問2　変異体の名称… BMP変異体

理由… BMPは受容体に結合して腹側組織を誘導するが，コーディンがBMPに結合してBMPが受容体に結合するのを妨げると背側組織が分化する。二重変異体では，BMPもコーディンも存在せず，BMPが受容体に結合できないため，BMP変異体と同様，背側組織が増大すると考えられる。

解説　問1　(a) N1：N2二重変異体に水を注入したものでは，内胚葉と背側中胚葉(形成体)が欠損しているので，ノーダルが内胚葉の誘導に必要ない，というのは誤り。

(b) N1：N2二重変異体にノーダルN1またはN2のmRNAを注入したもので背側組織が増大していることから，複合体をつくらなければ機能しない，というのは誤り。

(c) O変異体にノーダルN1またはN2のmRNAを注入しても，水を注入したときと同様，背側中胚葉(形成体)は欠損したままなので，形成体誘導にはOが必要である。

(d) O変異体にアクチビンmRNAを注入すると背側組織が増大しているので，アクチビンが機能するうえでOは必要ないことがわかる。よって誤り。

(e) 「胚にもともと含まれるアクチビン」の「ノーダル非存在下」における作用は，N1：N2二重変異体に水を注入した結果からわかる。このとき，背側中胚葉(形成体)が欠損していることから，形成体を誘導できないといえる。

問2　この問題を解くには，コーディンがBMPの阻害タンパク質としてはたらくこと，BMPが受容体に結合しなかった細胞は背側組織に分化することを知っておく必要がある。問題文から，BMPが腹側組織，コーディンが背側組織の誘導にかかわることは読み取れるが，前述のしくみを理解していなければ，二重変異体の形態を推測するのは難しい。

59　問1　6日胚のあしの真皮は，背中の表皮や角膜に対しては羽毛の形成を誘導するが，あしの表皮に対してはうろこの形成を誘導する。

問2　あしの真皮は6日胚の背中の表皮や角膜に対し，6日目では羽毛形成を誘導するが，13日目ではうろこへの誘導能を獲得する。

問3　種が違っても真皮が表皮の構造物を誘導する物質は共通であるが，誘導によって何が分化するかは表皮の種類によって決まっている。

生物重要問題集　49

解説 問1, 2　実験Ⅰでは，'背中の表皮とあしの真皮から羽毛が形成される'が，同じ組み合わせでも実験Ⅲでは'うろこ'が誘導されていることに注意する。このことから，実験Ⅰの6日目の時点では，真皮の由来にかかわらず，6日目の背中の表皮や角膜に対してうろこ形成の誘導能をもち合わせていないが，あしの真皮では6日目から13日目にかけて，うろこ形成の誘導能を獲得した（もしくは強くなった）ことがわかる。

　　また，実験Ⅰにあるように，表皮は単独で培養すると羽毛へもうろこへも分化していないので，うろこ形成だけでなく羽毛形成も，真皮からの「誘導」によって起こっていることがわかる。

問3　問題文に「マウス12日胚はニワトリ6日胚とほぼ同様な発生段階」とあることに注意する。ここで重要なのは，取り出した組織が何日胚由来かということではなく，**互いに同じ発生段階にある**ということである。

　　表4から，真皮がニワトリ由来かマウス由来かにかかわらず，ニワトリ由来の表皮からは羽毛が，マウス由来の表皮からは体毛が形成されたことがわかる。

---

60 問1　カドヘリンはカルシウムイオンと結合することで立体構造が変化し，緊密な接着が可能になると考えられる。またそのような環境下では，カドヘリンの接着が強固になることでタンパク質分解酵素による分解を受けにくくなると考えられる。

問2　カドヘリンは同種のものどうしが選択的に接着するという特徴。

問3　両側の神経しゅうの細胞どうしが，同種のカドヘリンを発現し，これらが接着することで神経溝が胚の内側に切り出される形で神経管が形成される。

問4　カドヘリンどうしが結合する部位に抗体が結合し，カドヘリンどうしの結合ができなくなったと考えられる。

解説　この問題の答え方としては，まず各実験からわかることを明記し，そこから類推できることを提示する。

問1　実験1と2の結果から「**カルシウムイオンは細胞どうしの接着に必要であること**」と，実験2と3の結果から「**カルシウムイオンは，細胞どうしの接着を強固にし，タンパク質分解酵素によって細胞間の接着ができなくなることを防ぐこと**」がわかる。よってカルシウムイオンは「**細胞どうしの接着を強固にすることにより，タンパク質分解酵素によるカドヘリンの分解を防いでいる**」と考えてよい。

問3　カエルの発生における神経管の形成において外胚葉どうしが結合することを思い出すと，ここにカドヘリンがはたらいていると想像つくだろう。

問4　この問題では実験結果からは具体的なことは読み取れない。細胞接着にかかわる領域に抗体が結合し，カドヘリンどうしの結合を阻害したということが考えられる。

🔴▶ 細胞接着分子の役割

　生物のからだができていく過程では，同じ種類の細胞どうしが接着する。このとき，カドヘリンなどの細胞接着分子が重要な役割を果たしている。

　カドヘリンは，細胞膜を貫通するタンパク質であり，カルシウムイオンの存在下ではたらく。カドヘリンにはいくつかのタイプがあり，同じタイプのカドヘリンを細胞表面にもつ細胞どうしが強く接着して細胞集団をつくり，組織や器官を形成している。例えば，表皮を作る外胚葉から神経管が形成されるときには，外胚葉の予定神経域の細胞では E-カドヘリンが消え，N-カドヘリン，カドヘリン-6B が合成されるため，これらの細胞が表皮から離れ，神経管が形成される（図）。

50　　生物重要問題集

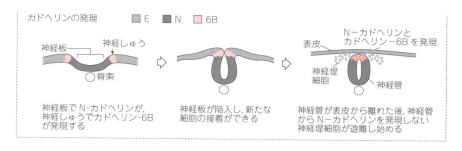

61
問1　A → B　　問2　A ⇒ C
問3　遺伝子 C
　　　理由…遺伝子 C が胚全体で発現しているとき，遺伝子 A の誘導のほうが遺伝子 C の抑制よりも強いなら，図 1b のようになるはずだが，遺伝子 B の発現が見られないということは，遺伝子 C の抑制のほうが強い。
問4　遺伝子 B …
　　　遺伝子 C … 無
問5　E → D ⊣ F
問6　F

解説　この問題は母性遺伝子や分節遺伝子などを具体的に示さずに，模式図だけで問題化されたものである。

問1　A と B の発現領域が一致していることと，B が欠失しても A のパターンには影響しないことから，A が B の発現を誘導していると考える。

問2　A が発現している領域では C が発現していないことと，C が欠失しても A のパターンには影響しないことから，A が C の発現を抑制していると考える。

問3　実験3の後半に，C を胚全体で発現させると B はまったく見られない，とある。ここで重要なのは，「このときにも A は正常に発現しており B の発現を誘導したはずだが，B はまったく見られなかった」という点である。

問4　A が全域で発現すると，C の発現は抑制される。さらに，C による抑制がなくなると，B は全域で発現する。

問5　図 2a，b，d などから，E が D の発現を誘導していることがわかる。図 2a，c，e，g などから，F が D の発現を抑制していることがわかる。

問6　E も F も D の上流であることは容易に気がつくであろう。図 2e において，E を胚の全域で発現させても，F の発現部位では D の発現が抑制されていることから，E よりも F のほうが影響が強いといえる。

62
問1　㋐ 花粉母細胞　㋑ 花粉四分子　㋒ 雄原細胞　㋓ 花粉管細胞　㋔ 花粉管　㋕ 精細胞　㋖ 胚のう母細胞　㋗ 胚のう細胞　㋘ 核分裂　㋙ 胚のう　㋚ 卵細胞　㋛ 助細胞　㋜ 反足細胞　㋝ 中央細胞　㋞ 極核
問2　退化，消失する。　　問3　① 12　② 18

問4 ① 胚の成長に必要な栄養を胚乳に蓄えている。
　　 ② 栄養を子葉に蓄え，胚乳が退化している。
問5 ① (A) 胚乳　(B) 子葉　(C) 胚軸　(D) 幼根　　② c
問6 ① 精子　② 鞭毛が形成される。
　　 ③ 鞭毛によって水中を泳いで卵に達する。
問7 シダ植物では受精に水の仲立ちが必要であるが，種子植物では受精
　　 に水の仲立ちを必要としないため。

解説　問2,3　重複受精では，卵細胞(n)は精細胞(n)と受精して胚($2n$)に，中央細胞($n + n$)は
　　　　精細胞(n)と融合して胚乳($3n$)になる。一方で，3個の反足細胞と2個の助細胞は受精が
　　　　終わると消失する。
　　　問4　無胚乳種子では，胚の形成が途中まで進むが，最終
　　　　的な胚乳の形成には至らず退化する。胚乳が形成されな
　　　　い代わりに，胚の成長に必要な栄養は子葉に蓄えられる。
　　　問5　① 図は，胚の部分が種子の中央に描かれているので
　　　　有胚乳種子を表している。無胚乳種子では，胚の部分が
　　　　種子の中央部にはなく，種子の一端にかたよって付着
　　　　している。

> 有胚乳種子をつくるもの…カキ，イネ，トウモロコシなど。
> 無胚乳種子をつくるもの…ダイズ，エンドウなどのマメ科植物，ナズナ，クリなど。

　　　　② 被子植物の受精卵は不等分裂して，基部側の大きい細胞は一方向へ分裂を繰り返し
　　　　て胚柄(やがて消失)となり，もう一方はさかんに分裂して球状の胚球となる。胚球は
　　　　さらに成長して，子葉・幼芽・胚軸・幼根からなる胚となる。
　　　問6,7　イチョウやソテツは種子植物であるにもかかわらず水を必要とするが，この水は
　　　　雨水などの外的な水ではなく，胚珠内の水である。このようにイチョウやソテツが水を
　　　　必要とするのは，シダ植物から進化してきたことを示すものであり，「生きている化石」
　　　　とよばれることがある。

63
問1　がく・花弁(花びら)・おしべ・めしべ
問2　(イ) d　(ウ) e
問3　(1) めしべ・おしべ・おしべ・めしべ
　　 (2) がく・がく・めしべ・めしべ
　　 (3) めしべ・めしべ・めしべ・めしべ
問4　がく・花弁(花びら)・おしべ・めしべ
問5　25 %

解説　問2　Aのみ→がく，AとB→花弁，BとC→おしべ，C
　　　　のみ→めしべ(右図)。クラスA遺伝子とクラスC遺伝
　　　　子は互いにはたらきを抑制しあっている。
　　　問3　(1) クラスA遺伝子がはたらかなくなると，クラス
　　　　　C遺伝子が全体ではたらくようになる。よって，が
　　　　　くと花弁を欠いた花になる。
　　　　(2) クラスB遺伝子がはたらかなくなると，クラスAとCの遺伝子がはたらくので，花
　　　　　弁とおしべを欠いた花になる。
　　　　(3) クラスAとBの遺伝子がともにはたらかなくなると，クラスC遺伝子のみが全体で
　　　　　はたらくので，めしべのみの花になる。

(1) クラスA遺伝子が欠損　　(2) クラスB遺伝子が欠損　　(3) クラスA遺伝子とクラスB遺伝子が欠損

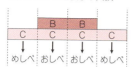
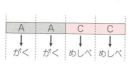
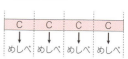

問4　$aaBBCC$ と $AAbbCC$ をかけ合わせると雑種第一代は $AaBbCC$ となるので，正常な花となる。

問5　$AaBbCC$ の自家受粉で，AとBの表現型だけに注目すると，
　　〔AB〕：〔Ab〕：〔aB〕：〔ab〕＝ 9：3：3：1
　　おしべが形成される条件はBとCがそろうことである。今回，すべての雑種第二代にはCが必ず含まれるので，Bのないものがおしべを形成しないということになる。よって，上記の式から，〔Ab〕と〔ab〕の割合を求めればよい。
$$\frac{3+1}{9+3+3+1} \times 100 = 25(\%)$$

64

問1　$Xbra$ 遺伝子…胚に VegT タンパク質が存在する必要があるが，β-cat タンパク質は必要ない。
　　　gsc 遺伝子…胚に VegT と β-cat タンパク質がともに存在する必要がある。
　　　$Xwnt8$ 遺伝子…胚に VegT タンパク質が存在する必要があるが，β-cat タンパク質は必要ない。

問2　$Xbra$ …ウ，gsc …ア，$Xwnt8$ …イ

問3　(a) VegT タンパク質　(b) β-cat タンパク質　(c) gsc 遺伝子

解説　シュペーマンはオーガナイザーの発見で，ニューコープは中胚葉誘導で有名。VegT や β-cat は母性因子（未受精卵に mRNA で存在）。

問1，2　$Xbra$：図3から，VegT の合成を阻害すると $Xbra$ 遺伝子の発現が失われるが，β-cat の合成を阻害しても $Xbra$ 遺伝子の発現に変化はないので，$Xbra$ 遺伝子の発現に必要なのは VegT のみで，β-cat は不要だとわかる。また，図2から VegT は植物極側にかたよって分布している。したがって，$Xbra$ 遺伝子も VegT が存在する植物極側でのみ発現する。

gsc：図3から，VegT と β-cat のいずれの合成を阻害しても，gsc 遺伝子の発現は失われるので，gsc 遺伝子の発現に必要なのは VegT と β-cat の両方だとわかる。また，図2から VegT と β-cat の両方が存在するのは，植物極側のうち将来背側になる部分のみである。したがって，gsc 遺伝子はこの部分でのみ発現する。

$Xwnt8$：図3から，VegT の合成を阻害すると $Xwnt8$ 遺伝子の発現が失われるので，$Xwnt8$ 遺伝子の発現には VegT が必要である。一方，β-cat が存在しないと $Xwnt8$ 遺伝子の発現が上昇していることから，β-cat は $Xwnt8$ 遺伝子の発現を抑制するはたらきがあることがわかる。また，図2から VegT の分布は植物極側，β-cat は将来の背側にかたよっているので，$Xwnt8$ 遺伝子は植物極側のうち腹側でのみ発現する。

問3　問2のアの遺伝子（gsc 遺伝子）の発現が起こるまでの流れをまとめた文章である。

65 問1 *shh* の発現領域に近いほど（分泌タンパク質の濃度が高いほど），相対的に後方の指骨形成を誘導する。

問2　c

問3　標識した細胞がその後のステージでどの部分を構成するか発生運命がわかる。

問4　c 指骨　　問5　翼…b 指骨　あし…Ⅲ指骨

問6　Ⅲ指骨

理由…ステージ 22 の後肢の *shh* 発現領域からⅣ指骨が形成されることから，実験3で標識細胞から生じたXはⅣ指骨であると考えられる。もし c＝Ⅳが正しく，ステージ 22 の前肢の *shh* 発現領域から c が形成されるなら，実験2で標識した細胞も c 指骨を形成するはずである。また，実験1で標識した細胞もそのまま指骨を形成するはずである。よって，c ≠ Ⅳ。さらに，実験5から，翼の後方部＝Ⅳであり，c 指骨はⅢ指骨と相同であると考えられる。

問7　ステージ 20 における前肢の *shh* 発現領域は，ステージ 22 まで発生が進むと「*shh* の発現がなくなった前側」とそのまま発現が続く「*shh* 発現領域」に分化する。このうち前側部分が c 指骨を形成する。

解説　問2　(a) 実験2で，翼の指骨は生じていない。
(b) 実験3で，後肢型指骨Xは移植片から生じており，分化誘導されたのではない。
(d) 実験2で，前肢型指骨は生じていない。
(e) 実験3から，前肢型指骨は前肢肢芽から分化したと考えられる。
(f) 実験2から，後肢型指骨は後肢肢芽から分化したと考えられる。

問4　実験5で，ステージ 22 の *shh* 発現領域は翼の後方部に対応しているので，その前側の標識細胞はこれに接した組織になると考えられる。

問5　実験4から，前肢では c 指骨のすぐ前，後肢ではⅣ指骨のすぐ前の部分を答える。

問6　一見すると，実験4と問5から c＝Ⅳ，実験5，6や問4から c＝Ⅲに対応するように思える。
"問題文に「ステージ 22 で指骨の個性が決まる」とあるから実験5より c＝Ⅲ"と答えたのでは論拠に乏しく部分点しか出ない。なぜ c ≠ Ⅳ なのかが問われている。

問7　問題文には"これらの実験から考察せよ。"とあるので，問4そのままに「ステージ 22 の前肢肢芽で，*shh* 発現領域の前側部分から c が形成される。」では考察したことにはならず，部分点しか出ない。ステージ 20 からの経過が必要となる。

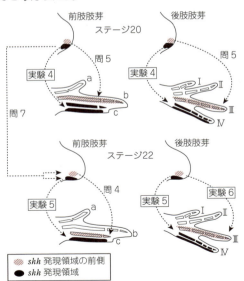

編末総合問題

66 問1 4　　問2 ⑦2　⑴4

解説　問1　受精前から卵細胞の後極細胞質には極細胞に分化するための mRNA が存在すると考えられる。極細胞質に紫外線を照射すると、細胞質中の mRNA が変異を起こすので正常な極細胞が形成されず、ひいては生殖細胞ができないことになる。生殖腺は別に中胚葉から発生するので形成される。

問2　材料として劣性突然変異の3系統しかないことに注意。よって、⑦の選択肢は①～③のいずれかである。

(i) セピア色眼の"極細胞質"を移植しても核を含んでいないので、黒体色の胚の前極にできる「極細胞」は黒体色の核をもち、セピア色眼の核をもつことはない。あくまで"極細胞質"は「極細胞」の発生を誘導しているだけである。

(ii)「極細胞」を後極に移植した場合、核も含まれているため、誘導されてできてきた「極細胞」は、黒体色・痕跡翅のどちらかの核をもっている。

(iv) これに劣性突然変異の3系統のどれかと交配させることで、劣性の黒体色が生じているので、交配させたのは②の黒体色の系統である。よって、題意の「移植した極細胞が生殖細胞に分化する能力をもつ」ことが証明された。残りの 80 ～ 90 ％は、痕跡翅の核をもつ極細胞から羽化した個体と黒体色の劣性突然変異の個体どうしの交配なので、野生型となる。

67 問1　⑦ 助細胞　⑴ 助細胞　⑦ 中央細胞　⑤ 反足細胞　⑦ 反足細胞
　　　　　⑦ 反足細胞　⑦ 雄原細胞

問2　⑦ B　⑴ B　⑦ BB　⑤ B　⑦ B　⑦ B　⑦ A

問3　胚乳… AADDD，BBDDD
　　　種皮… AB
　　　子葉… ADDD，BDDD

問4　カンサイタンポポは二倍体なので遺伝子型は AA，BB，CC，AB，AC，BC のいずれか、セイヨウタンポポは三倍体なので DDD、雑種は四倍体なので、ADDD，BDDD，CDDD となり、それぞれ異なる。

問5　自家受精で種子ができる場合
　　　　…AA：BB：CC：AB：AC：BC ＝ 4：1：1：4：4：2
　　　自家受精で種子ができない場合
　　　　…AA：AB：AC：BC ＝ 1：1：1：1

解説　問2　遺伝子型が AB の胚のう母細胞からは、減数分裂後、A か B の胚のう細胞が生じ、これが3回の核分裂を経て胚のうができる。よって、**1つの胚のうの中にある8個の核はすべて同じ遺伝子型となる**。この問題では、胚のうの遺伝子型が B なので、ほかのすべての核も B となる。ただし、中央細胞はそのうちの2個の核（極核）をもつので BB となる。

問3　カンサイタンポポの遺伝子型は AB なので、そこから生じる卵細胞と中央細胞の遺伝子型は（A・AA）か（B・BB）のいずれかの組み合わせになる。また、リード文に「セイヨウタンポポの配偶子には 24 本の染色体がすべて含まれる」とあるので、セイヨウタンポポの精細胞の遺伝子型はすべて DDD である。これらが受精すると、精細胞（DDD）と卵

生物重要問題集　**55**

細胞(A か B)から胚(ADDD, BDDD)が生じ,精細胞(DDD)と中央細胞(AA か BB)から胚乳(AADDD, BBDDD)が生じる。

種皮はもともと珠皮であり,シダ植物でいう「胞子のう」であるから胞子体そのものの遺伝子型(AB)である。

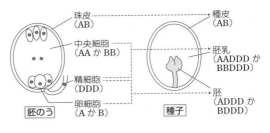

問4 問3ではカンサイタンポポの遺伝子型がABの場合を考えたが,実際にはAA,BB,CC,BC,ACの場合もある。いずれにしても,セイヨウタンポポの遺伝子型はDDDの1種類なので,雑種は4倍体になる。

問5 <u>ABとACが自家受精するなら</u>,それぞれからできる配偶子の比率はA:B:C = 2:1:1なので,これが自由交雑すると,

$(2A + B + C)^2 = 4AA + BB + CC + 4AB + 4AC + 2BC$

となる。

<u>ABとACが自家受精できないなら</u>,それぞれからできる配偶子の比率はA:B = 1:1, A:C = 1:1なので,それらの交雑は,

$(A + B) \times (A + C) = AA + AB + AC + BC$

となる。

	2A	B	C
2A	4AA	2AB	2AC
B	2AB	BB	BC
C	2AC	BC	CC

	A	C
A	AA	AC
B	AB	BC

6 生物の体内環境

68 問1 4200 mL/分　　問2 2　　問3 1, 2, 3　　問4 1 : 1
問5 真下に下がる

解説　問1　左心室容積の最大値は 140 mL で最小値は 70 mL であるので，1 秒間（1 周期）に左心室から送り出される血液量は，140 − 70 = 70（mL/秒）である。よって，60 秒（1 分）では，70 mL/秒 × 60 秒 = 4200 mL の血液が送り出される。

問2　**左心室の容積は，血液が動脈に送り出されるときに減少し，左心房から血液が流入したときに増加する。** よって，ステージ 2 が D → A であり，ステージ 4 が B → C であることがわかる。さらに，ステージ 1 が C → D，ステージ 3 が A → B であると判断できる。

問3　大動脈弁はステージ 2（D → A）で開き，それ以外のステージでは閉じている。なお，房室弁はステージ 4（B → C）で開く。

問4　心臓から全身に放出される血液量と全身から心臓にもどる血液量は当然等しい。

問5　大動脈弁は，左心室の収縮により生じる圧力によって開く。A 点は，**心筋の収縮が終了し，左心室内圧が血圧とつりあった結果，大動脈弁が閉じた点**である。よって，バソプレシン分泌の低下により，腎臓での水の再吸収が低下して血液量が減ると血圧も低下し，大動脈弁が閉じるときの左心室内圧も低下する。ただし，心筋の収縮はペースメーカーに依存するので，容積は変化しない。

69 問1 ア 骨髄　イ ヘム　ウ 肺循環
問2 (1) ⓐ 15 mL　ⓑ X → Y　(2) γ　(3) ⓐ 57 %　ⓑ 14 %

解説　問1　骨髄は血球の生成と，B 細胞の成熟を行う。また，血球の破壊は脾臓，T 細胞の成熟は胸腺で行われる。ヘモグロビンの産生は，グロビンタンパク質はリボソームで翻訳され，ヘムは，ミトコンドリアの電子伝達系で使われているシトクロム中のヘムとほぼ同じ構造なので，ミトコンドリアで産生される。

問2　問題文を丁寧に読み，グラフの何を読みとり，何と何を比較するのか考えて取りかかりたい。

(1) 図 A から，二酸化炭素濃度が a で酸素濃度が 100 の場合，酸素ヘモグロビンの割合は 95 % と読み取れる。一方，酸素濃度 30 のときの酸素ヘモグロビンの割合は 20 % と読み取れる。よって組織 X（肺）から Y（末端組織）に循環することで酸素と結合していたヘモグロビンが，95 % から 20 % まで，すなわち 75 % 相当の酸素を放出することになる。

　一方，図 B から酸素濃度が 100 の場合の「血液 100 mL 当たりの酸素量」は 19 mL と読み取れる。95 % の酸素ヘモグロビンのうち 75 % が酸素を放出するため，
19 mL × 75 % ／95 % = 15 mL　となる。

(2) 末端組織の細胞では呼吸が盛んに行われ，二酸化炭素濃度は高くなるので，酸素ヘモグロビンは酸素を解離しやすくなり，酸素ヘモグロビンの割合が少なくなる。よって，二酸化炭素濃度が最も大きいときの酸素解離曲線は γ である。

(3) 正常血において，酸素濃度が 100 の場合，血液 100 mL 当たりの酸素量は 19 mL である。それが，末端組織における酸素濃度 30 では 12 mL まで低下するので，7 mL の酸素が放出されているとわかる。

　(a)…腎性貧血の場合，酸素濃度が 100 の場合，酸素量は 10 mL，末端において 6 mL なので 4 mL 放出されたことになる。よって正常血と比較すると

生物重要問題集　57

$4 \, mL / 7 \, mL \times 100 = 57.1 \cdots (\%)$ となる。

(b)…一酸化炭素中毒の場合，酸素濃度 100 で酸素量 10 mL，末端では酸素量 9 mL なので 1 mL の酸素が放出されている。よって

$1 \, mL / 7 \, mL \times 100 = 14.1 \cdots (\%)$ となる。

このように，一酸化炭素中毒の場合，組織で放出される酸素の量が極端に少なくなる。このことからも火事などで一酸化炭素中毒になると致命的である意味がわかるだろう。

70

問1　(1) ネフロン(腎単位)　(2) ボーマンのう　(3) 腎小体(マルピーギ小体)
　　　(4) 脳下垂体後葉　(5) 集合管　(6) 水　(7) 副腎皮質　(8) ナトリウムイオン(Na^+)
問2　(i) タンパク質　(ii) 0.98　(iii) 75　(iv) 21

解説

問1　バソプレシンはタンパク質系ホルモンであり，集合管の細胞の受容体に結合してアクアポリンを集合管側と血管側の細胞膜に配置することで水の再吸収を促進する。
　　　鉱質コルチコイドは体液量の減少時に分泌され，腎臓での Na^+ の再吸収を促進する。このとき，Na^+ の再吸収に伴って水分も吸収されるので，血液量が増え，血圧が上昇する。

問2　(i)「糸球体でろ別できる」とは糸球体でろ化した後に血しょう中に残り原尿側に流れこまないものを問うていると考えられる。そう考えなければ解答が1つに決まらないことからも判断できるだろう。

> **質量パーセント濃度**
> 溶液中に含まれる溶質の質量の割合。
> 質量パーセント濃度＝$\dfrac{溶質の質量}{溶液の質量} \times 100$

(ii) $1.0 \, g/mL \times \dfrac{0.098}{100} = 9.8 \times 10^{-4} \, g/mL$
$\qquad\qquad\qquad\quad = 9.8 \times 10^{-1} \, mg/mL$

(iii) $\dfrac{0.075}{0.001} = 75$(倍)

(iv) 1日で生成される原尿 170 L(170000 mL ＝ 170000 g)中の尿素は 0.030 %なので 51 g，尿 1.5 L(1500 mL ＝ 1500 g)中の尿素は 2.0 %なので 30 g である。よって，これらの差である 51 g － 30 g ＝ 21 g が再吸収量となる。

71

問1　交感神経節(交感神経幹)
問2　中脳，延髄，仙髄(脊髄)
問3　(1) ノルアドレナリン　(2) アセチルコリン
問4　眠いときには副交感神経が優位となっている。よって，皮膚の血管を収縮させる交感神経のはたらきが弱くなり，皮膚の血管が拡張する。その結果，皮膚表面の血流量が多くなり，熱放散量が増加して，手が赤く温かくなる。
問5　大脳が恐怖を感じると，自律神経の中枢である間脳が刺激されて交感神経が興奮し，心臓拍動の増加や立毛筋の収縮が引き起こされ，顔面が蒼白になる。

解説

問2　交感神経は脊髄から出て，副交感神経は中脳・延髄・仙髄から出る。
問3　交感神経の節後神経の多くはノルアドレナリンだが，節前神経の神経伝達物質はアセチルコリンである。問題文には，「標的器官ではたらく神経伝達物質」とあるので，節後神経の神経伝達物質を答えればよい。
問4　「(眠くなったときに)幼児の手が赤く温かくなる」というのは，副交感神経が優位なときには皮膚の血管が拡張していることを意味している。つまり，逆に考えれば，交感

神経が優位なときには，皮膚の血管は収縮するということである。

問5 驚かされるなどしてドキドキしたときのことを考えればよい。問4にあるように，皮膚の血管に副交感神経の支配は直接的にはおよばない。皮膚は，交感神経の興奮により血管が収縮して血圧が上昇し，血液を心臓にもどそうとしている。

≡▶ **自律神経**

副交感神経
・中脳からは，動眼神経が出る。
・延髄からは，顔面神経，舌咽神経，迷走神経が出る。
・仙髄（脊髄の下部）からは，仙椎神経が出て，直腸や膀胱に分布。

交感神経
・すべて脊髄から出る。
・各臓器に直接つながっている交感神経は「節後神経」であり，脊髄を出た「節前神経」と『交感神経節（幹）』でシナプスを形成している。

72

問1 脳下垂体前葉ではホルモンの合成が行われるが，脳下垂体後葉ではホルモンの合成は行われない。そのため，後葉より前葉の細胞においてリボソームが発達していると考えられる。

問2 副腎皮質で合成されるホルモンはステロイドホルモンであり，ペプチドホルモンを合成する脳下垂体前葉に比べてリボソームが発達していないと考えられる。

問3 負のフィードバック調節

問4 (i) 甲状腺刺激ホルモン受容体
(ii) 甲状腺ホルモンが過剰に分泌されると負のフィードバック調節によって，視床下部における甲状腺刺激ホルモン放出ホルモンの分泌が抑制される。甲状腺刺激ホルモン放出ホルモンの分泌量が減ると，甲状腺刺激ホルモンの分泌も抑制される。

問5 ろ胞の成熟によって生じる小さなシグナルを正のフィードバック調節により大きなシグナルに変換することで，排卵を促進できる。

解説　**問1** ヘマトキシリンは「負電荷をもつ酸性分子に結合する」ので，DNA や RNA などの核酸を含む核が染色される。したがって，**遺伝子発現が盛んである細胞ほど核がよく染まる**。脳下垂体後葉から分泌されるホルモン（バソプレシン・オキシトシン）の合成は，間脳の視床下部に存在する神経分泌細胞で行われるので，後葉自体は強く染まらない。

問2 副腎皮質で合成されるステロイドホルモン（糖質コルチコイド・鉱質コルチコイド）はコレステロールから合成される。

問4 甲状腺刺激ホルモンが甲状腺ホルモンを分泌する細胞の受容体に結合すると，細胞内にその情報が伝えられ，甲状腺ホルモンの分泌が促進される。

問5 めずらしい「正のフィードバック調節」について問われている。下線部(5)を整理し直すと以下のようになる。
　「視床下部から分泌される生殖腺刺激ホルモン放出ホルモン（GnRH）により脳下垂体前葉から生殖腺刺激ホルモン（ろ胞刺激ホルモン）が分泌される。これによりろ胞が成熟してくると，ろ胞からの女性ホルモン（エストロゲン）の分泌が高まる。すると，正のフィードバックに

≡▶ **バセドウ病**
　甲状腺刺激ホルモンと同じ作用をもつ物質が体内で合成され甲状腺ホルモンが過剰に分泌され続ける症状を「バセドウ病」という。なぜ刺激ホルモン類似物質がつくられるかについてはよくわかっていない。

生物重要問題集　59

より，GnRH の作用を介して生殖腺刺激ホルモン（黄体形成ホルモン）の分泌が急激に高まり，その結果排卵が起こる。」

73 問1　㋑ 視床下部　㋺ 交感　㋩ A　㊁ グルカゴン　㋭ 脳下垂体前葉
　　　　　㋬ 副交感　㋣ B
　　問2　アドレナリンは肝臓や筋肉でのグリコーゲンの分解を促進することでグルコースの生成を促すのに対して，糖質コルチコイドはタンパク質からのグルコースの生成を促す。
　　問3　(1) 肝門脈　(2) 肝小葉　(3) アルブミン　(4) 十二指腸
　　問4　肝臓でのグリコーゲンの合成促進，組織での糖の消費促進
　　問5　c

解説　問1　ヒトには，血糖濃度を上昇させるしくみが複数存在する。グルカゴンやアドレナリンは血糖濃度が低下した際にすばやく作用する。また，糖分の供給がない場合，糖質コルチコイドがタンパク質からのグルコース生成を促進する。成長ホルモンなどにも血糖濃度を上昇させるはたらきがある。
　　問3　(1) 門脈とは，毛細血管が太い血管になった後，再び毛細血管になる場合の，毛細血管と毛細血管の間にある太い血管のことである。肝臓には，小腸で吸収した栄養分を肝臓へ運ぶ肝門脈と，肝臓に酸素を供給する肝動脈が接続しており，肝静脈と胆管（胆汁が通る管）が出ている。
　　(3) 血しょう中のタンパク質として，アルブミン（浸透圧の調節，脂肪酸やホルモンなどの運搬に関与する）以外に，グロブリン（ビタミンやホルモン，鉄などの運搬や，免疫に関与する），フィブリノーゲン（血液凝固に関与する），プロトロンビン（血液凝固に関与する）などがあげられる。なお，グロブリンのうち免疫に関与するもの（免疫グロブリン）は，肝臓ではなくリンパ節などでつくられる。
　　(4) 胆汁は，脂肪を消化酵素と混ざりやすくするための乳化剤（界面活性剤と考えればよい）としてはたらく胆汁酸や，コレステロール，ヘモグロビンの分解産物であるビリルビン（胆汁色素）などからなる。
　　問4　一般に，インスリンが受容体に結合すると，細胞内の小胞にあるグルコース輸送体が細胞膜に移動し，これにより血液中のグルコースが細胞に取り込まれて血糖値が下がる。
　　問5　問題文に「腎臓におけるグルコースの再吸収が間に合わない場合に，尿中へグルコースが排出される」とあることから，グルコースの再吸収量には限界があることがうかがえる。すなわち，細尿管を流れるグルコース量が一定の値をこえると，再吸収量は最大値のままになるはずである。よって，細尿管を流れるグルコース量が多くなると再吸収量が減少する a，b は誤りである。また，d は，細尿管を流れるグルコース量が少ない健康な状態であっても，尿中にグルコースが排出されていることになるため，誤りである。

74 問1　(A) 感覚　(B) 交感　(C) アドレナリン　(D) 糖質コルチコイド　(E) ふるえ
　　　　　(F) 副交感　(G) 交感　(H) 汗　(I) 発汗
　　　　　(a) ア　(b) イ　(c) ア　(d) イ
　　問2　間脳視床下部
　　問3　チロキシンは肝臓や筋肉に作用して代謝を促進し，それにより発熱量が増加し，体温が高くなる。
　　問4　ア　　問5　b

解説 問2 間脳の視床下部には自律神経系の中枢としての役割もある。また，血糖濃度調節の中枢としてもはたらく。

問4 体温が低下すると，甲状腺からチロキシンが放出されるが，十分に分泌されると負のフィードバック調節により甲状腺刺激ホルモンの分泌量が減少する。

問5 (a) $FADH_2$は補酵素であり分解されない。

(b) 呼吸の過程でエネルギーが放出され，体温が上昇する。

(c) ミトコンドリアでは，有機物を分解している。

(d) 肺の動きで熱生産が増えることはない。

---

75 問1 上皮細胞に繊毛があり，繊毛運動によって異物をいん頭へ送り出す。

問2 細菌の細胞壁を加水分解する。

問3 日和見感染

問4 病原体を捕食したマクロファージが毛細血管にはたらきかけることによって，好中球や単球などの食細胞を感染部位に集めるとともに，血管を拡張し，血管の透過性を高めることで，これらの食細胞が血管を通り抜けて炎症部の病原体に接近しやすくする。

問5 ウイルスは細胞内で増殖するが，抗体は感染細胞の細胞膜を通過できず，細胞内のウイルスを排除することができないため。

問6 免疫寛容

問7 自己抗体によってすい臓のB細胞が破壊されると，インスリンを合成・分泌できなくなる。その結果，肝臓ではグルコースを取りこんでグリコーゲンを合成することができなくなり，全身の細胞でもグルコースの取りこみができなくなるため，血糖値は上昇する。

問8 甲状腺機能が亢進して血中のチロキシン量が増加すると，負のフィードバック調節により，間脳視床下部からの甲状腺刺激ホルモン放出ホルモンと，脳下垂体前葉からの甲状腺刺激ホルモンの分泌量が低下するため，必要以上の甲状腺機能の亢進が抑制される。

解説 問1 粘膜には異物の侵入を防ぐためのさまざまなしくみが備わっている。繊毛上皮の繊毛運動以外に，くしゃみ・せき・たんによる異物の排除や涙・鼻水・だ液・胃酸による殺菌などがある。

問2 リゾチームは，涙・だ液・汗などに含まれる。また，鶏卵の卵白にも含まれ，全透性の卵殻を通過した細菌を排除する。

問3 HIV(ヒト免疫不全ウイルス)は，体液性免疫と細胞性免疫の両方に関係するヘルパーT細胞に感染・増殖するため，エイズが発症すると免疫力が極端に低下する。そのため，健康な人ではほとんど感染しない細菌やカビ・ウイルスなどに感染しやすくなる。これを日和見感染といい，エイズで死に至る場合には，日和見感染が死因となることが多い。

問4 炎症とは発熱，はれ，痛み，発赤などの状態をさす。炎症の引き金はマクロファージが病原体を認識してサイトカインなどを分泌することによる。また，炎症部位に集まった単球は，正確には，「血管外に出てマクロファージに変化する」が，文字数の制限もあるので，解答の際には必ずしもそこまで記述する必要はないだろう。

問5 抗体は，ウイルスが増殖して細胞外に出てきた際には有効だが，直接細胞内のウイルスを攻撃できるわけではないことに注意する。

問6 骨髄でつくられた未熟なT細胞は胸腺で分化・成熟する。未熟なT細胞のTCRが「自己成分と反応したり」，「自己のMHC抗原を認識できなかった」場合は，アポトーシ

生物重要問題集　61

スによって排除される。その結果,「自己の MHC 抗原を認識でき,かつ自己成分と反応しないもの」だけが成熟 T 細胞として胸腺外へ出るため,免疫寛容が獲得されることになる。

問7　I 型糖尿病には,「自己免疫疾患によるもの」,「ウイルスによるもの」などがあるが,それらについての特別な知識が要求されているわけではなく,単純に血糖値上昇のメカニズムを聞かれているだけなので,インスリンが欠乏したときの症状を答えればよい。

問8　負のフィードバック調節のため,間脳視床下部と脳下垂体前葉の両方で血糖値を認識している点に注意すること。

76

問1　① 食作用(エンドサイトーシス)　② 可変　③ 定常　④ エキソサイトーシス

問2　(i) 記号…e
　　　　 物質…細菌の細胞壁成分や鞭毛成分,ウイルスの **RNA** などの異
　　　　　　　　物。
　　　(ii) 記号…b
　　　　 物質…樹状細胞の細胞膜表面に提示された **MHC** 抗原とそこに
　　　　　　　　結合した異物。

問3　クローン選択説

問4　理由…胸腺を欠損すると T 細胞が分化しないので,ヌードマウスは
　　　　　　獲得免疫をもたない。よって,ヒトの **iPS** 細胞を移植しても
　　　　　　拒絶反応が起こらず定着するため。
　　　現象…移植した部位や実験条件などによって,移植した **iPS** 細胞が
　　　　　　さまざまな細胞に分化する。

問5　違いがある
　　　理由…繊維芽細胞由来の **iPS** 細胞から分化させた **B** 細胞では,遺
　　　　　　伝子再構成が起こって多様な抗原を認識することができる。
　　　　　　一方,**B** 細胞由来の **iPS** 細胞では,すでに遺伝子再構成が起
　　　　　　こっているため,そこからつくられる **B** 細胞はもとの **B** 細
　　　　　　胞と同じ抗原しか認識できない。

解説　問2　(a) G タンパク質:細胞内シグナル伝達に関与するタンパク質の1つで,シグナル分子を受け取った受容体からの情報を細胞内へ伝える役割がある。
　　　　　 (c) シャペロン:ポリペプチドの立体構造形成補助や,変性したタンパク質の修復などの役割がある。
　　　　　 (d) インターロイキン:おもに白血球が分泌するサイトカインの一種で30種類以上が知られている。免疫細胞の増殖や分化,活性化を促す。

問4　胸腺は T 細胞を分化・成熟させる器官である。ヌードマウスでは胸腺が欠損しているため,T 細胞が形成されない。そのため,非自己の組織などを移植しても拒絶反応が起こらず,移植実験がしやすい。iPS 細胞をヌードマウスに移植すると腫瘍を形成し,内部で多様な細胞や組織が分化する。このような腫瘍はテラトーマとよばれる。

問5　B 細胞が分化・成熟する過程で,免疫グロブリンの可変部の遺伝子は再構成され,成熟した1つの B 細胞につき1種類の可変部をもつ抗体のみがつくられる。B 細胞由来 iPS 細胞ではすでに遺伝子再構成が起こっているが,繊維芽細胞由来 iPS 細胞ではまだ遺伝子再構成が起こっていない。

62　生物重要問題集

77　問1　① 主要組織適合抗原（MHC 抗原）　② 造血幹細胞
　　　問2　c　　　問3　d
　　　問4　・レシピエントのリンパ球を除去し，移植した造血幹細胞を攻撃し
　　　　　　　ないようにするため。
　　　　　　・レシピエントがもつ異常な造血幹細胞を除去するため。
　　　問5　a，b，c
　　　問6　生着する。
　　　　　　理由…骨髄を移植されたマウスのリンパ球は(A × B)F1 マウスに
　　　　　　　由来しているため，マウス A 由来の皮膚もマウス B 由来の
　　　　　　　皮膚も自己として認識できる。

解説　問2　ひ臓に含まれるキラー T 細胞は，自身と同じ MHC 抗原によって提示された異物を
　　　　攻撃する（細胞性免疫）。よって，キラー T 細胞がウイルス感染細胞を攻撃するためには，
　　　　感染細胞に同じ MHC 抗原が含まれていればよい。
　　　問3　MHC 抗原は極めて多様性が高く，皮膚移植や臓器移植では **MHC 抗原が同じである
　　　　必要がある**。つまり，ドナー側の MHC 抗原をレシピエント側が自己として認識できる
　　　　必要がある。自己であると認識できない場合には拒絶反応が起こる。
　　　　(a) (A × B)F1 にはマウス B 由来の MHC 抗原があり，マウス A に移植されると非自己
　　　　　と認識される。
　　　　(b) (A × B)F1 にはマウス A 由来の MHC 抗原があり，マウス B に移植されると非自己
　　　　　と認識される。
　　　　(c) マウス A とマウス B とでは MHC 抗原がまったく一致しない。
　　　　(d) マウス A の MHC 抗原は，(A × B)F1 に移植されても自己と認識される。
　　　問5　骨髄において造血幹細胞からつくられるのは赤血球，白血球，血小板である。T 細胞
　　　　や好中球などの免疫細胞は白血球の一種である。
　　　問6　(A × B)F1 マウスの骨髄を移植されたマウス B では，ドナーの (A × B)F1 に由来す
　　　　る T 細胞がつくられている。よって，問3の(d)と同様に，移植された皮膚は定着する。

78　問1　免疫応答…二次応答　HA の型… HA-3　　　問2　T 細胞
　　　問3　ヒトの皮膚の角質層が，生きた細胞に侵入しないと増殖できないウ
　　　　イルスの体内への侵入を防いでいる。

解説　問1　本文から A さんは HA-1，B さんは HA-1，2，3，C さんは HA-1，3 に対して記憶細
　　　　胞をもつと考えられ，自身が免疫記憶をもつ HA 抗原を発現するインフルエンザウイル
　　　　スが体内に進入しても重症化しないと考えられる。流行した2種類のインフルエンザは
　　　　C さんが感染してもひどくならない HA-1，3 であり，A さんは HA-1 に感染しても症状
　　　　はひどくならないので HA-3 が A さんの症状を引き起こしたと考えられる。
　　　問2　グラフ1は，グラフ2より早く抗体が増加する二次応答を引き起こしているので B
　　　　さんか C さんに該当する。このことから，グラフ2が A さんである。
　　　　まず，線Ⅱはグラフ1，2でほぼ変化がないので自然免疫ではたらく「NK 細胞」だとわか
　　　　る。線Ⅳはグラフ1で素早く増え（二次応答），その後も長期間体内に残り続けている。
　　　　また，グラフ2では生産に日数がかかっていることから，「抗体量の経時的変化」を示し
　　　　ていると考えられる。次に線Ⅰはグラフ1ではすぐに減少しているのに対し，グラフ2
　　　　では一度増殖してから，抗体量の増加に伴い減少しているので感染した「ウイルス」を示
　　　　している。残りⅢはグラフ1では素早く増え，その後ウイルスの減少とともに減ってい

るので「T 細胞」だとわかる。

問3　ウイルスは細胞のように自ら分裂して増えることはできず，それぞれ決まった生物の生細胞に侵入し，その中にある物質を利用することで増殖する。

79

問1　インフルエンザウイルスは翻訳に必要なリボソームや酵素などを宿主細胞に依存しているため。

問2　生物の細胞では，塩基置換が起きた場合，鋳型となる DNA 鎖をもとに修復する機構が存在する。一方，インフルエンザウイルスがもつのは 1 本鎖 RNA であり，修復機構が存在せず，塩基置換が起きても修復されないため，生物に比べて頻繁に塩基が置換する。

問3　生物の細胞で非同義置換によりアミノ酸が変化すると，タンパク質の作用に重大な欠損が生じることがあり，その場合は自然選択により排除される。一方，ウイルスでは，変異したタンパク質が宿主の免疫において抗原として認識される場合，アミノ酸の変異によって宿主に対して有利になるため，非同義置換が蓄積しやすくなる。

問4　インフルエンザが流行することによって，その地域の個体にはそのウイルスの免疫記憶が形成される。しかし，他の地域の個体にはまだそのウイルスに対する免疫記憶が備わっておらず，同じウイルスによるインフルエンザに感染しやすい。そのため，免疫記憶が形成されていない地域に次々と移って流行することがある。

問5　ワクチンには弱毒化したウイルスもしくはその一部が入っており，これを接種することで免疫を獲得させることにより，実際のウイルス侵入時にすみやかに免疫応答を起こさせる。

問6　・ウイルスの殻に存在するタンパク質に特異的に結合し，宿主細胞の糖鎖との結合を阻害することで，ウイルスの侵入を防ぐ化合物。
　　　・ウイルスの殻に含まれる酵素に特異的に結合し，酵素のはたらきを阻害することで，感染細胞からの遊離を阻害する化合物。

解説　問2　細胞には複製時に間違った塩基を取り込むと DNA ポリメラーゼなどにより，複製の鋳型である DNA をもとに損傷部分を修復する。インフルエンザウイルスがもつのは 1 本鎖 RNA であり，そもそも修復機構が存在しないため，変異が蓄積しやすい。

問5　この設問文を読む限り，一般的なワクチンの機能を説明すればよさそうである。

問6　抗ウイルス薬を知っておく必要性はないが，参考にすれば解答しやすい。1 つ目の解答はアマンタジンの薬理，2 つ目の解答はタミフルの薬理である。ここでは，本文の第 1 段落後半にある文面から抜き取って薬になる可能性のあるものを説明すればよく，実際に薬として存在するかどうかは問題ではない。ただし，問題文の条件から，ウイルスに直接作用するものを選ぶ必要がある。

64　生物重要問題集

80

問1　母体でつくられた **Rh** 抗体が胎盤を通じて胎児へと移行し，胎児の赤血球に含まれる **Rh** 因子と結合するため。

問2　胎児の赤血球と **Rh** 抗体とで抗原抗体反応が起こり，赤血球が破壊されてヘモグロビンが流出するため，極度の貧血や黄疸が引き起こされる。

問3　**Rh** 抗体が **Rh** 因子を発現している赤血球に結合すると，この **Rh** 抗体を食細胞が認識して貪食が起こる。

問4　血清中の新たな **Rh** 抗体やそれ以外の抗体が，食細胞の抗体受容体に結合するため，赤血球に結合した **Rh** 抗体を食細胞が認識しにくくなり，いずれの培養においても貪食が競争的に阻害される。

問5　食細胞は抗体の断片2の部位に結合して貪食する。

問6　新たに加えた溶液に含まれる断片2が食細胞に認識されるため，**Rh** 抗体と結合した赤血球の貪食が競争的に阻害される。よって，貪食の割合は極端に低くなる。

解説　問1　Rh^- 型の母体が Rh^+ 型の子を妊娠し出産する際，Rh 抗体が母体でつくられ記憶細胞としてストックされる。この母体が再び Rh^+ 型の子を妊娠すると，記憶細胞から Rh 抗体がつくられ，胎盤を通じて胎児の体内に移動し，胎児の赤血球を凝集させることで溶血を引き起こす。

問2　ヘモグロビンは肝臓などで分解されてビリルビンとよばれる物質になる。ビリルビンが体内に過剰に蓄積すると，皮膚や眼などが黄色っぽくなる。この症状を黄疸という。

問3　Rh 抗体なしの血清を加えた場合には赤血球の貪食はほとんど起こらないが，これに対して，Rh 抗体を含む血清を加えた場合には貪食が多く起こっていることがわかる。したがって，貪食が起こるためには，Rh 抗体が必要であることが推測される。

> **オプソニン化**
>
> 　抗原に抗体などが結合することによって，抗原が食細胞に貪食されやすくなることをオプソニン化という。食細胞には抗体の Fc 領域（問題でいう断片2の部分）に結合する Fc 受容体があり，ここに抗原抗体複合体を形成した免疫グロブリンの Fc 領域が結合すると食作用が促進される。

問4　血清を除いたのちに，新たに血清と食細胞を加えて培養している点に注意。実験1では血清を取り除いて食細胞に貪食させているので貪食が起こっている。実験2で生理食塩水のみを加えた場合，食細胞は"赤血球と結合した抗体"のみを貪食の対象とすることになるが，血清を入れた場合では，"何らかの抗体"が大量に存在し，それが赤血球の貪食を邪魔したことになる。

問5　表3において，「生理食塩水」を加えた場合は抗体と結合した赤血球は貪食されている。「酵素処理をしていない免疫グロブリン」を加えた場合は，そこに含まれる大量の抗体が食細胞の抗体受容体に結合してしまうため，貪食が競争的に阻害されてしまう。「酵素処理した免疫グロブリンの断片1の溶液」には断片2が含まれないので，食細胞の抗体結合部位が奪われない。そのため，競争阻害的にならず，抗体と結合した赤血球が貪食される。

問6　断片2が食細胞の抗体受容体に結合してふさいでしまうため，抗体と結合した食細胞が認識されなくなる。すなわち，表3の「酵素処理をしていない免疫グロブリンの溶液」を加えた場合と同様の結果になる。

生物重要問題集　**65**

7 動物の反応と行動

81
問1 ㈦ 跳躍伝導　㈶ 大きい　㈪ 活動　㈲ ランビエ絞輪
問2 値…エ，用語…静止電位　　問3 ① 正　② 外から内
問4 受動輸送
問5 神経細胞では，K^+が細胞膜内に多く膜外に少ない状態で，静止電位は K^+ が膜外に流出することによって生じる。したがって，膜外の K^+ 濃度を高めると，膜外へ流出する K^+ が減り，膜内の静止電位は 0 に近づく。
問6 振幅…ウ，発生回数…ア
問7 受け手の細胞の反応が強まると，それがその原因となる軸索末端での化学的信号を弱めるようにはたらくこと。

解説
問2 静止電位の大きさは，膜外に対する膜内の電位では，$-80 \sim -60$ mV 程度である。
問3～5 ニューロンの細胞膜にはナトリウムポンプがあって，能動輸送によって膜外へ Na^+ をくみ出し，同時に K^+ をくみ入れているので，細胞内には K^+ が多く，細胞外には Na^+ が多い。静止時の細胞膜は，Na^+ をほとんど通さないが，K^+ はわずかながら通ることができるので，K^+ が膜外に流出することによって静止電位が生じる。刺激を受けると，Na^+ に対する細胞膜の透過性が高まり，Na^+ が膜内に急激に流入し，膜内外の電位が逆転する。これが活動電位の発生であり，その後 K^+ に対する透過性が高まって K^+ が膜外へ流出し，膜電位は回復する。
問6 1つのニューロンにおいて，刺激の強さは活動電位の発生頻度に変換され，活動電位の振幅自体は変化しない。
問7 負のフィードバックとは，「増えると減らす」や，「減ると増やす」のように，変化を抑制するフィードバックのことである。シナプスには興奮を伝達する興奮性シナプスだけではなく，興奮を抑制するシナプスも存在する。抑制性シナプスは GABA（γ-アミノ酪酸）などの抑制性の神経伝達物質を含み，これがシナプスの受容体側に達すると，過分極（膜内の電位が静止電位よりもさらにマイナスになる）を起こす。

82
問1 下（あご側）　問2 左　問3 角膜，水晶体，ガラス体
問4 エ　問5 ① 眼　② 視神経　③ 瞳孔括約筋　④ 中脳
問6 縮小する　問7 明順応　問8 桿体細胞，B　問9 H
問10 黄色の光が眼に入るとおもに緑錐体と赤錐体が興奮する。したがって，2種の錐体細胞にそれと同じような興奮が生じる緑色と赤色の光が入ると，黄色の感覚が生じる。

解説
問1 D の視神経はからだの中央に向かって出るので，図1の下側が中央側（右側）になる。よって，図1は右眼の水平断面を上から見たものか左眼の水平断面を下から見たもののどちらかであるが，図1は左眼球なので，下（あご側）から見たものになる。
問2 左右の眼から脳へ向かう視神経は，眼球の後方（間脳の直前）でその半分ずつが交さし

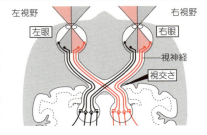

て左右の大脳皮質の視覚野に入る。視神経が交さすることを**視交さ**といい，どちらの眼でも，右視野の情報は左脳へ，左視野の情報は右脳へと入る(図)。Jは，左眼の右側の網膜で，ここには左側の視野の像が結ぶ。

問3　「光が網膜に達するまでに通過する構造」とあるので，B，G，Eの名称を答える。

問4　図2のAは色素細胞層で，BとCの2種類の視細胞のうち，外節(先頭)が円柱形のものが桿体細胞で，円錐形のものが錐体細胞である。Dは連絡神経細胞，Eは視神経細胞で，視神経は網膜のガラス体に近い側を通って盲斑から出ていくので，エが眼の内部側，イが眼の外縁側になる。

問5　眼に光が当たると瞳孔が縮小する瞳孔反射(対光反射)には副交感神経がはたらき，瞳孔括約筋が収縮する(瞳孔散大筋はし緩)。中枢は中脳にある。

問6　アセチルコリンは副交感神経の末端から分泌される神経伝達物質で，アセチルコリン分解酵素の阻害剤があると，アセチルコリンが筋細胞(この場合は瞳孔括約筋)にある受容体に結合したままになり，瞳孔は収縮したままになる。

問7　明順応の反対の反応を暗順応という。

問8　薄暗いところでおもにはたらくのは，Bの桿体細胞である。桿体細胞では，光が当たるとロドプシンとよばれる光受容物質が分解して，桿体細胞が興奮する。

問9　錐体細胞は黄斑の部分に集中して分布する。

問10　青と緑と赤は光の三原色とよばれ，3つを適当に混ぜることによってさまざまな色の光をつくることができる(3色を均等に混ぜると白色光になる)。黄色は波長550 nm前後の色にあたる。

83　問1　全か無かの法則
　　　問2　音波による鼓膜の振動は耳小骨で増幅され，鼓膜より面積が小さい
　　　　　卵円窓に伝わるため，さらに増幅される。
　　　問3　からだの回転が止まっても，半規管内のリンパ液は慣性で流動する
　　　　　ため，感覚毛が刺激されて回転覚が生じる。
　　　問4　皮膚の感覚点で受容した多様な刺激を大脳の皮膚感覚野で統合する
　　　　　ことによって，微妙な感覚が生じる。

解説　問2　膜の圧力は膜を押す力を膜の表面積で割ったものなので，鼓膜より表面積が小さい
　　　　　卵円窓では，圧力が増幅される。
　　　問3　問題文に示されている「リンパ液」と「感覚毛」に加え，「慣性」という用語を用いると
　　　　　説明しやすい。
　　　問4　圧点・痛点・温点・冷点などの感覚点は，体の部分により分布密度が変わる。圧覚
　　　　　などの閾値も場所によって変化し，二点識別の最短距離も変わってくる。しかし，この
　　　　　問いは圧点や痛点などの知識をそのまま答えることを求めているのではなく，固い・や
　　　　　わらかい，乾いている・濡れているなどの感覚が生じるしくみを問うているので，大脳
　　　　　で判断していることを答える。

84　問1　(i) c　(ii) a　(iii) b　(iv) d
　　　問2　右
　　　　　理由…運動神経は延髄で交さするので，言語野のある左脳に障害が生じ，
　　　　　　　　同時に左脳の運動野にも障害が起きた場合，右半身が麻痺するため。
　　　問3　大脳辺縁系

生物重要問題集　**67**

問4 瞳孔反射の中枢は脳幹の一部である中脳にあり，その反射消失は脳幹の機能の停止を意味するから。

問5 大脳は機能停止し，間脳，中脳，小脳，延髄は機能している。

問6 大脳，間脳，中脳，小脳，延髄が機能停止している。

問7 (1) 内分泌系，自律神経系 (2) 間脳の視床下部

問8 脂溶性ホルモンは標的細胞の細胞膜を通過し，細胞内にある<u>受容体</u>と結合する。この複合体が<u>調節タンパク質</u>となり特定の遺伝子の転写量などを調節する。

解説 問1 運動野は中心溝のすぐ前方なので前頭葉にある。

問2 問題文に言語野が左脳に存在すると記載されている。

問5 植物状態では小脳も機能停止している場合がある。

問7 恒常性は内分泌系（ホルモン系）と自律神経系で保たれており，それらの高次中枢は間脳の視床下部である。

問8 水溶性ホルモンの場合は，その標的細胞の表面に受容体があり，水溶性ホルモンが結合すると受容体の立体構造が変化し，細胞の内側でセカンドメッセンジャーとよばれる低分子物質がつくられる。

---

85 問1 ① 灰白質 ② 白質 ③ 脊髄神経 ④ 筋紡錘

問2 記号… **b**

理由…構造上，**a** と **c** は骨に裏打ちされており，たたいても伸筋が引き伸ばされにくいが，**b** をたたいた場合には，腱が押されて伸筋が最もよく引き伸ばされるため，効率よく筋紡錘に刺激を与えることができる。

問3 (i) 筋紡錘で発生した興奮は感覚神経を経由して背根から脊髄に伝えられるが，腰髄の背根を切断すると刺激が途絶えるため，膝蓋腱反射は起こらなくなる。

(ii) 膝蓋腱反射の反射中枢は腰髄に位置するので，仙髄が切断されても膝蓋腱反射は起きる。

問4 (2) **a** (3) **c**

問5 (2) 興奮が感覚ニューロンを伝導する時間は，
$500 \text{ mm} \div 100 \text{ m/秒} = 5 \text{ ミリ秒}$
感覚ニューロンと運動ニューロンとの間に介在ニューロンはないので，シナプスは1つだけである。よって，
$5 \text{ ミリ秒} + 0.5 \text{ ミリ秒} = 5.5 \text{ ミリ秒}$

(3) 興奮が感覚ニューロンを伝導する時間は，
$500 \text{ mm} \div 100 \text{ m/秒} = 5 \text{ ミリ秒}$
感覚ニューロンと運動ニューロンは介在ニューロンを介してつながっているので，シナプスは2つ存在する。よって，
$5 \text{ ミリ秒} + 0.5 \text{ ミリ秒} \times 2 = 6.0 \text{ ミリ秒}$

問6 屈筋反射の反射弓では，感覚ニューロンと運動ニューロンの間に介在ニューロンが存在するが，膝蓋腱反射の反射弓では，感覚ニューロンと運動ニューロンが直接つながっており介在ニューロンが存在しない。

問7 屈筋がすばやく伸ばされたことを筋紡錘が受容すると，その興奮が感覚ニューロンを経由して脊髄まで伝わる。すると，屈筋につながる運

68　生物重要問題集

動ニューロンにはそのまま興奮が伝えられるので屈筋は収縮するが，伸筋につながる運動ニューロンには抑制性介在ニューロンを経由して興奮が伝えられるので，伸筋はし緩する。屈筋が収縮し，伸筋はし緩するので，結果的に腕は曲がることになる。

解説 問2 伸筋につながる膝蓋腱をたたくと，筋紡錘が伸筋の伸びを適刺激として受容して興奮する。この興奮は，感覚ニューロンから背根を経由して脊髄まで伝えられる。ちなみに，筋紡錘が受容するのは筋肉の「伸長」であり，筋肉の「収縮」は受容しない点に注意。

問3 (i) 背根から入るのは感覚神経で，腹根から出るのが運動神経と交感神経である。背根を切断すると，感覚ニューロンを切断することになるので，興奮が運動ニューロンに伝わらなくなる。膝蓋腱反射の反射中枢が「腰髄」にあることは問題文に記載されている。

(ii) 膝蓋腱反射の反射中枢は腰髄にある。仙髄は脊髄の末端近くに位置し，膝蓋腱反射の反射中枢とは無関係な場所である。

問4 伸筋では収縮の促進が起こるので，興奮性の神経伝達物質であるグルタミン酸が放出される。これに対し，屈筋では収縮の抑制が起こるので，抑制性の神経伝達物質である γ-アミノ酪酸が放出される。ノルアドレナリンも興奮性の神経伝達物質であるが，膝蓋腱反射の反射中枢では使われない。

問5 (3) 屈筋につながる運動ニューロンは，介在ニューロンを介して感覚ニューロンとつながっているので，介在ニューロンの伝導時間も考慮しないといけないはずであるが，条件が与えられていないので無視してよいということだろう。

問6 屈筋反射は，強い刺激によってもたらされる危険を回避するためにはたらく反射である。例えば，「画びょうを踏んだときに思わず足をあげる」なども屈筋反射である。

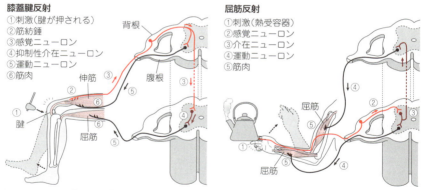

問7 Aさんが「ひじを軽く曲げている」というのは，屈筋が収縮し，伸筋がし緩した状態を意味している。この状態にあるときに，BさんがすばやくAさんのひじを伸ばすとどういうことが起こるかを考えると，「収縮した屈筋が伸ばされる」ことになる。このとき屈筋の筋紡錘は，屈筋の伸長を適刺激として受け取り，その興奮を脊髄に伝える。

問題文を見ると「膝蓋腱反射と同じしくみの反射はほとんどの骨格筋に見られる」とあるので，抑制性介在ニューロンの作用のしかたなども同様に考える。屈筋の筋紡錘からの興奮は，屈筋の運動ニューロンを介して屈筋を収縮させるが，伸筋の運動ニューロンに対しては抑制性介在ニューロンを介するので，伸筋をし緩させる。したがって，最終的に「ひじの関節の屈筋は収縮し，伸筋はし緩する」という結論が導かれる。

86 問1 (a) 筋小胞体　(b) Z膜　(c) サルコメア(筋節)　(d) ATP分解酵素(ATPアーゼ)
問2 (1) ア，ウ，オ　(2) 0.6 μm
問3 神経からの刺激がなくなると，筋小胞体膜に存在するカルシウムポンプのはたらきによって，Ca²⁺が筋小胞体内へ回収される。その結果，ミオシンフィラメントがアクチンフィラメントから離れ，筋肉は弛緩する。
問4 (1) (e) I　(f) 抑制　(g) C
(2) Ca²⁺がトロポニンCに結合すると，トロポミオシンがアクチンから解離してミオシンとの結合部位が表出し，ミオシン頭部がアクチンと結合できるようになる。

解説 問2 (2) 筋肉を引き伸ばして，アクチンフィラメントとミオシンフィラメントが重ならなくなったとき，アクチンとミオシンが結合せず，張力がなくなる。このときの(ア)の長さが3.6 μm である(次図)。

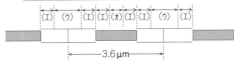

これより，次式が成り立つ。

$$3.6 = \frac{1}{2}(ウ) + (エ) + (エ) + (オ) + (エ) + (エ) + \frac{1}{2}(ウ)$$

(エ) + (オ) + (エ) = (イ) = 1.6　　(ウ) = 0.8

これらを解いて，(エ) = 0.6

問3 興奮が筋小胞体に達すると，筋小胞体の膜に存在するカルシウムチャネルが開いてCa²⁺が細胞質基質に放出され，トロポニンと結合する。筋小胞体の内部にCa²⁺が蓄積されているため，Ca²⁺をもどすためには濃度勾配に逆らう必要があるので，この輸送はカルシウムポンプによる能動輸送である。

問4 (1) トロポニンCとIは，もちろん高校の学習範囲外の事項であるが，実験や誘導から簡単に導くことができる。
　　図2(A)においてトロポニンCを除去しているということは，言い換えれば，トロポニンIは残っているということである。つまり，トロポニンIが残っている場合，Ca²⁺濃度にかかわらず張力がないことがわかる。よって，トロポニンIには収縮を抑制するはたらきがあることがわかる。また，図2(B)から，トロポニンCだけでなくトロポニンIも除去したときに張力が発生していることからも，トロポニンIが抑制にかかわることが裏付けられている。
(2) 弛緩時には，アクチンのミオシン結合部位はトロポミオシンによっておおわれているため，ミオシンが結合できなくなっている。Ca²⁺があるとトロポミオシンの構造が変化してミオシン結合部位が現れ，ミオシンが結合し，筋収縮が起こる。

87 問1 (ア) カルシウムイオン　(イ) シナプス小胞　(ウ) ドーパミン　(エ) ナトリウムイオン
問2 (1) n2 … 5, n4 … 4
(2) n2 … 8, n4 … 9

問3 右図

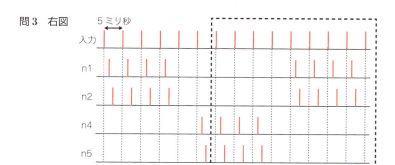

問4　50ミリ秒　　問5　d

解説　問2　(1) n2の1回目の興奮はn1とn3の間で観測されるので，①か⑤にしぼられるが，さらにn3のパターンを考え合わせると，しだいに間隔の詰まっている⑤に決まる。

n3とn4はともにn2からの入力によって興奮する。したがって，n4の興奮はn3と同じパターンになると考えられるので④となる。

以上の結果をもとにn1〜4をよく見ると，n2に生じる2回目の興奮はn4からの興奮性シナプスの入力によるもので，この興奮はn1からの2回目の入力よりも早いことがわかる。

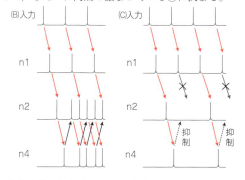

(2) n2の1回目の興奮はn1とn3の間で観測され，2回目の興奮はn4からの抑制性シナプスの入力により発生自体が打ち消されると考える。また，この抑制は，n4からの入力1回につき，n1によって生じる興奮を1回だけ打ち消すことがわかるので，n2のパターンは⑧となる。

n3の興奮パターンはn4と同じになるので，⑨となる。

問3　入力によりn1が，続いてn2がそれぞれ4回興奮する。n2が興奮することでn4が抑制されるところまでは図1Cと同様に考えてよい。

問題文には，「n1とn4は4回活動電位を発生させると20ミリ秒間は興奮できない」とあるので，n2が興奮しなくなるとn4が興奮するようになり，n5を介してn1の興奮を抑制する。こうしたパターンが連続的に生じることによって，左右の筋肉が交互に収縮している。

問4　問3の作図より，n1の興奮周期は50ミリ秒とわかる。

問5　問3と同様に作図すると右図のようになる。時間xが短くなるので，リズムは速くなる。また，興奮の頻度が減るため，筋肉への出力が小さくなり，尾の曲がりは小さくなる。

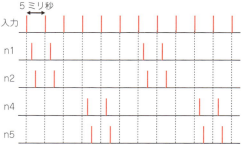

88 問1 (1) 軟体動物 (2) 慣れ
問2 (1) (a) 電位依存性 (b) シナプス小胞 (2) 電位依存性ナトリウムイオンチャネル
(3) 活動電位(筋電位) (4) **a, e**
(5) 尾部への刺激により介在ニューロンから水管感覚ニューロンの軸索末端へ興奮が伝わると **cAMP** が合成される。これにより **K⁺チャネル**が不活化するので，**K⁺**の透過性が低下し，水管感覚ニューロンの軸索末端で活動電位の持続時間が長くなる。その結果，電位依存性 **Ca²⁺** チャネルの開口時間も長くなるので，伝達物質の放出量が増加する。

解説 問1 (2) 水管を刺激し続けると，水管感覚ニューロンの Ca^{2+} チャネルがなかなか開かなくなり(不活性化し)，Ca^{2+} の流入量が減少することで伝達物質の放出量が減少する。また，シナプス小胞の数も減少する。これにより反応が鈍くなり，慣れが形成される。
問2 (1) 軸索末端へ興奮が伝達された後は，やや遅れて K^+ チャネルが開いて K^+ が流出することにより活動電位は終了し，伝達物質の放出も終了する。逆に，K^+ チャネルが開かなければ，伝達物質は出続けることになる。
(4) 鋭敏化という現象は，水管感覚ニューロンの軸索末端で活動電位の持続時間が長くなり(K^+チャネルの不活化)，その結果，電位依存性 Ca^{2+} チャネルが開き続けて伝達物質の放出量が増加することによって起こる。
(5) 尾部からの信号により，介在ニューロンからセロトニンが放出され，これにより水管感覚ニューロンの軸索末端で cAMP が生産される。(1)と(4)の文面と(5)の用語をまとめることになるが，cAMP のセカンドメッセンジャーとしてのはたらきを知らなければ答えにくいかもしれない。

89 問1 常に開いた状態の電位非依存性カリウムチャネルを通り，**K⁺**が濃度勾配にしたがって細胞内から細胞外に拡散する。その結果，細胞外に対して細胞内の電位が相対的に負になる。
問2 電位の逆転後，細胞内の電位が低下して静止電位にもどるまでの時間が長くなる。
問3 静止電位が上昇し，活動電位が生じなくなる。
問4 **イ**
理由…細胞内の **K⁺**の半分を **Na⁺**に置換すると，細胞内外の **K⁺**の濃度勾配が小さくなり，静止電位は多少上昇する。また，細胞内に **Na⁺**が増えるため，細胞内外の **Na⁺**の濃度勾配が小さくなり，電位依存性ナトリウムチャネル経由で細胞内に流入する **Na⁺**の量も減少するため，活動電位は低くなる。

解説 問1 ナトリウムポンプのはたらきによって，細胞外には Na^+ が多く，細胞内には K^+ が多く分布しているが，K^+ の一部は電位非依存性カリウムチャネル(漏洩型カリウムチャネル)を通って細胞外に漏れ出すため，細胞内は細胞外に対して負に帯電する。
問2 Na^+ が細胞内に流入すると，細胞内は細胞外に対して正に帯電するが，電位依存性カリウムチャネルのはたらきによって K^+ が細胞外に流出することで，静止電位近くまでもどる(再分極)。しかし，電位依存性カリウムチャネルが開かない場合は，電位非依存性カリウムチャネルのみを通ってもとにもどるため，再分極に時間がかかる。
問3 細胞外の Na^+ を K^+ に置換すると，細胞内外の K^+ の濃度勾配がなくなるので電位非

72　生物重要問題集

依存性カリウムチャネルによる K^+ の流出がなくなる。実際には，静止電位はほとんど 0 mV になる。また，細胞外に Na^+ がなくなると閾値以上の刺激が加わっても Na^+ が流入できないので活動電位は発生しない（脱分極しない）。

問4　細胞内の K^+ の半分を Na^+ で置き換えると，細胞内に K^+ が多いことは変わらないが，細胞内外の濃度差が小さくなるため，電位非依存性カリウムチャネルを通って細胞外に流出する K^+ も減少する。よって，静止電位はやや 0 に近づくことになると考えられる。

> **静止電位（分極）**
>
> 　厳密な静止電位の決定には細胞内外に存在するさまざまなイオン濃度が関係する。
>
> 　ただし実際には，細胞内の K^+ 濃度の影響が強く，この濃度が高いほど静止電位は低くなる。
>
> 　ちなみに，静止電位に Na^+ の濃度はほとんど関係ない。

　Na^+ についても細胞内外で濃度差が小さくなるため Na^+ の流入量が減り，活動電位は低下する（活動電位の大きさは，細胞内に流入する Na^+ の量で決まる）。細胞外部の Na^+ 濃度が低かったり，細胞内部の Na^+ 濃度が高かったりすると，電位依存性ナトリウムチャネル経由で細胞内に流入する Na^+ が減少するので，脱分極しにくくなる。

90

問1　$E = \dfrac{57.5}{+1} \times \log_{10} \dfrac{145 \times 10^{-3}}{10 \times 10^{-3}} = 57.5 \times 1.2 = 69 \;(mV)$

　　（グラフの読み取り精度から生じる値の違いは可）

問2　$- 81 \, mV$（グラフの読み取り精度から生じる値の違いは可）

問3　この未成熟ニューロンの Cl^- の平衡電位は約 $- 43 \, mV$ なので GABA 依存性イオンチャネルが開くと Cl^- の流出により閾値を超えて活動電位が生じる可能性が高いと考えられる。

解説　この問題では，"入試という限られた時間内に「平衡電位」を理解してもらうことで静止電位や活動電位を再認識させよう"と試みている。

　まず，『あるイオンのチャネルが開いて，膜を介して濃度差が存在する場合に，このイオンは濃度勾配を打ち消す方向に移動しようとする。ただし，細胞内外の電位差によって電気的にイオンは移動とは逆向きに引きもどされそうになる。結果的にある程度の電位差が生じた段階でイオンの移動が見かけ上なくなるようになる』電位のことを「平衡電位」という。

　本文にもあるように，静止電位に関しては，ほとんど K^+ で決まる（詳しくは，問題 89 を参照すること）。そのため，計算式（問題文中の式を「ネルンストの式」という）により $-81 \, mV$ と求まる。ただし，実際には Na^+，Cl^- など他のイオンの影響もあり，他のイオンの影響を考慮した別の計算式によって補正すると，静止電位は $-70 \, mV$ に近い値となる。

問1　ネルンストの式に Na^+ の細胞内外のイオン濃度と Na^+ の価数（+1）を代入すると

　　$E = \dfrac{57.5}{+1} \times \log_{10} \dfrac{145 \times 10^{-3}}{10 \times 10^{-3}} = 57.5 \times 1.2 = 69 (mV)$　　となる。

　　（以下，グラフの読み取り精度から生じる値の違いは可）

　この問ではナトリウムイオンに関して平衡電位を計算させている。この問題の出題意図を考えると，平衡電位において重要なことは"チャネルが開いている際に起こりうる電位"であるということであり，「ナトリウムチャネル」が開いているのは「活動電位発生時」であることから，この問で平衡電位を求めたのは，活動電位を求めるためだと言える。

　ただし常時，電位非依存性カリウムイオンチャネルが開いているので，この値は厳密には平衡電位とはいえず，先にも述べたように他のイオンの補正をかけることで，電位は 40 mV に近くなる。

生物重要問題集　**73**

問2 ネルンストの式に Cl^- の細胞内外のイオン濃度と Cl^- の価数（-1）を代入すると，

$$E = \frac{57.5}{-1} \times \log_{10} \frac{110}{4.0} = -57.5 \times 1.4 = -81 \text{(mV)} \quad \text{となる。}$$

この問題では，神経伝達物質である GABA により抑制性シナプスの後細胞の細胞膜にある塩化物イオンチャネルが開き，塩化物イオンが濃度勾配に従って流入したときの塩化物イオンの平衡電位を求めている。これは，抑制性シナプス後電位（IPSP）である。

問3 問題文より，細胞内の Cl^- の細胞内濃度が $20 \times 10^{-3} \text{mol/L}$ で，多くの GAVA 放出後の塩化物イオンの平衡電位を求めると，

$$E = \frac{57.5}{-1} \times \log_{10} \frac{110 \times 10^{-3}}{20 \times 10^{-3}} = -57.5 \times 0.75 = -43.1 \text{(mV)} \quad \text{となる。}$$

本文中に活動電位の閾値は -55mV と記載されているので，-43.1mV であれば活動電位が発生することになる。ただし，これも他のイオンによる補正が必要なので確証は得られない。

ここまでの平衡電位をまとめると以下となる。

- カリウムイオンの見かけの動きがなくなる静止電位
- ナトリウムイオンの流入による脱分極・活動電位
- カリウムイオンの流出による過分極
- 塩化物イオンの流入による抑制性シナプス後電位（IPSP）

いずれの場合にも該当するイオンチャネルが開いた場合にとり得る電位のことを平衡電位といい（実際にはかなり補正が必要だが），その時々のイオンが示す特徴からそれぞれ特定の名前がついているということになる。

91

問1 におい物質には複数の異なる嗅覚受容体に結合できるものがある。一方，1つの嗅細胞には1種類の受容体しかない。このことから，におい物質により活性化する嗅細胞の組み合わせが異なることで，においの違いを認識することができると考えられる。

問2 K^+ が濃度差により細胞外へ流出しようとする力と，K^+ を電気的に細胞内に引きもどそうとする力とが釣り合っていることから，見かけ上 K^+ の動きがない。

問3 嗅細胞では，刺激を受容する受容細胞自体が活動電位を発生し，嗅覚が生じたことを直接脳に伝えるが，視覚や聴覚では刺激の受容細胞はシナプスを介して感覚ニューロンに活動電位を発生させることで情報を脳に伝えている。

問4 淡水では Na^+ の濃度が細胞内より低いため，Na^+ は細胞内に移動しにくく，Na^+ の移動による脱分極は起こらない。一方，淡水では Ca^{2+} の濃度が細胞内より高いため，Ca^{2+} は細胞内に移動しやすい。Ca^{2+} が Cl^- に対するイオンチャネルを開かせると，細胞内に比べ淡水側の方が Cl^- の濃度が低いので，Cl^- が細胞外へ流出する。このことにより，脱分極が起こる。このように，嗅細胞の Cl^- の濃度が高く，Cl^- に対するイオンチャネルを用いて脱分極を引き起こし，受容電位を発生させる現象は，淡水中でも嗅覚を生じさせることができるため，淡水に生息する魚にとって重要である。

解説 問1 嗅覚は，嗅細胞がもつ嗅覚受容体ににおい分子が結合し，嗅細胞が興奮することで生じる。ヒトの場合，嗅覚受容体は約400種類存在する。また，におい分子には複数の

受容体に結合するものがあり、その構造に応じて各受容体を興奮させる度合いが違うため、1万種類以上のにおい分子を識別できるといわれている。

問2　細胞内外では、K⁺は濃度勾配にしたがって細胞外へ移動する。この移動により、K⁺はプラスに荷電しているため、細胞内は外側に比べ電位がマイナスになる。この電位差にしたがい、K⁺は細胞内へも移動する。静止電位状態は、このように濃度勾配と電位差によって移動する力が釣り合った状態であり、見かけ上、細胞内外でK⁺の出入りがない（図）。

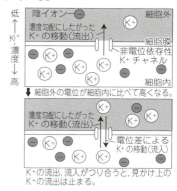

問3　嗅覚は受容細胞の興奮が直接脳に伝えられるのに対し、他の感覚は受容細胞の興奮が感覚ニューロンを介して脳に伝わる。例えば視覚では錐体細胞や桿体細胞に連絡細胞がつながり、さらに視神経細胞が脳へと情報を送る。聴覚でも聴細胞の興奮は聴神経を経て脳へ伝えられる。

問4　シナプスにおける活動電位の発生にはNa⁺の流入が重要である。問題文中にあるように、淡水魚にとって「下線部(4)の現象が非常に重要」とのことから、淡水の環境（表）では活動電位が発生せず、このことに対し下線部(4)の機構で解決していることが読み取れる。実際、表からナトリウムイオン濃度が淡水では小さいことがわかり、これではNa⁺の流入による受容体電位の発生が期待できない。かわりに淡水中ではカルシウムイオン濃度が大きく、塩化物イオンの濃度が小さいことから、Na⁺の移動による受容電位の発生のかわりに下線部(4)の現象が起こることで、受容体電位の発生を引き起こしていると推察される。

92

問1　恒常暗環境下では、活動パターンが10日間で6時間後退している。よって、1日あたりでは36分の後退となる。したがって、周期は24時間36分だと考えられる。

問2　マウスの場合、行動リズムを明暗周期に同調させるとき、行動リズムを前進させるほうが後退させるよりも多くの時間がかかっている。このことから、時刻が早まる東方向の都市に行くほうが、西方向の都市に行くよりも時差ボケが長く続くと考えられる。

問3　東方向の都市に行った場合、時差ボケからの回復には位相を前進させる必要があるため、日本における暗期の後半に光を浴びるのがよい。寝始めて3時間後は日本において明期の時間帯にあたる。よってこの時点で光を浴びても位相の前進は起こらず、時差ボケの解消にはならない。したがって、光を避けるほうがよいと考えられる。

解説　問2　図2Bより、マウスが行動リズムを明暗周期に同調させるのにかかる日数は、6時間前進させる場合が6日、6時間後退させる場合が4日であることがわかる。

問3　問題の都市は日本よりも明暗周期が6時間早いので、現地の夜に寝始めて3時間後の時刻は、日本では夕方頃（明期の後半）にあたる。問題文より、位相を前進させるためには暗期の後半（ここでは日本時間の深夜）に光を浴びる必要があるので、この時点では光を避け、現地の朝日を浴びるのがよいだろう。

8 植物の環境応答

93 問1　c，e，f
問2　目的…表皮組織の有無でオーキシンの成長促進作用に差があるかを調べる。
　　実験…はがした表皮組織のみを使って同様の実験を行い，伸びを測る。
問3　c

解説 問1　オーキシンによる茎の伸びは細胞が吸水することで起きるが，その水は細胞内の液胞に蓄えられる。
(c) 表皮組織をはがした茎では，水でもオーキシン溶液でも処理後1時間までは同じ伸びであり，これは浸透した水のためだと考えられる。
(e) 表皮組織をはがした場合でもオーキシン溶液に浸したほうがより成長している。
(f) そもそもスクロースの話は出ていない。さらに12％スクロース溶液のような高張液では，細胞は水を吸収できないため伸張しないと考えられる。
問2　オーキシンに浸した場合開始1時間までは表皮組織をはがした茎のみ水を吸収して伸びている。その後は明らかに未処理の茎のほうがより伸長している。これは，表皮組織の細胞壁のほうが丈夫で変形しにくいが，オーキシンによって内部組織の細胞壁より表皮組織の細胞壁のほうが変形しやすくなって，表皮組織のほうがより成長するためであると考えられる。
問3　切り込みを入れることで内部組織に直接オーキシンが作用することになる。これで外側が未処理の茎，内側が表皮組織をはがした茎と同じ状態になっている。よって内部組織より表皮組織のほうがより伸長するので内側に湾曲する。

94 問1　オーキシンに対する感受性の差から，オーキシン濃度の高い下側の成長が，幼葉鞘では促進されて負の重力屈性を，根では抑制されて正の重力屈性を示す。
問2　オーキシンの移動には極性があり，幼葉鞘の先端部から基部の方向へのみ移動する。またこの極性移動には重力は影響しないので，重力の方向とは逆向きにでも移動できる。
問3　細胞膜に存在してオーキシンを細胞内から細胞外へ排出するはたらきをしている。
問4　オーキシンを細胞外に排出するAタンパク質がはたらかなくなると先端部から基部への極性移動が妨げられることから，Aタンパク質は各細胞の細胞膜の基部側にかたよって分布すると推測される。

解説 問1　茎・側芽・根では成長のための最適なオーキシン濃度が違うため，芽生えを横にすると濃度が高くなった下方の細胞の伸長が茎では促進され，根では抑制されるので，茎では負の重力屈性を，根では正の重力屈性を示す。
問4　実験3からA遺伝子の変異でオーキシンの極性移動に異常が起きていることがわかる。これだけではAタンパク質がオーキシンを取りこむタンパク質か排出するタンパク質かはわからない。実験4からA遺伝子からできるものが膜タンパク質であること，Aタンパク質がオーキシンの細胞外への排出を担うことがわかり，

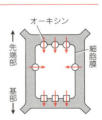

オーキシンの極性移動の方向を考えると，細胞膜の基部側に偏在することが推察できる。一方，オーキシンを取りこむ膜タンパク質は先端部側と側面に展開している（図）。

95
問1 (イ) 重力屈性　(ロ) 色素体
問2　オーキシン　　問3　グリセルアルデヒドリン酸
問4　同化デンプン　問5　3　問6　4

解説
問1　アミロプラストは色素体の一種だが色素を含まない。
問3　光合成では，6分子の CO_2 から12分子のグリセルアルデヒドリン酸（GAP）が生成され，そのうちの2分子が $C_6H_{12}O_6$ で表される有機物の合成に利用される。
問4　葉緑体で合成された有機物はスクロースなどの形に変えられてから，師管を通って根や種子などに運ばれ，そこでデンプンとなり貯蔵される。これを貯蔵デンプンという。一方で，葉緑体の中でデンプンが合成される場合があり，これを同化デンプンという。
問5　アミロプラスト内部にデンプンが蓄積され，その重みで細胞の底面に偏在する。よって，デンプン合成能力がない変異株Pではアミロプラストがかたよらずに分布する。
問6　オーキシンは根まで中心柱を下降し，根冠で反転し，茎の皮層付近を上昇する。これはオーキシンの排出輸送体であるPINタンパク質が，中心柱の細胞では細胞底面に存在し，皮層においては細胞の上面に存在するからである。ただし，根が横

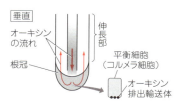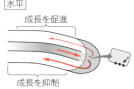

倒しになった場合には根の先端（根冠）にある平衡細胞（コルメラ細胞）のアミロプラストが重力により細胞下側に局在することでPINタンパク質も下側に配置され，オーキシンも下側に輸送されることになる。

96
問1　ジベレリン；種子の休眠を打破し，発芽を促進する。
　　　アブシシン酸；種子の発芽を抑制し，休眠を維持する。
問2　・子葉が展開しない。
　　　・胚軸が細長く伸長する。
　　　・子葉に葉緑体が生じず黄白色のままになる。
問3　・葉緑体ができないので光合成に必要な物質合成をせず，エネルギーの節約になる。
　　　・子葉が展開せず細長く伸長することですばやく地上に出ることができる。
問4　オーキシン，ジベレリン，ブラシノステロイド
問5　(1) 正の光屈性　(2) オーキシン
　　　(3) 葉や茎に存在する光受容体が光を受容すると，茎頂で植物ホルモンであるオーキシンがつくられ，細胞膜にあるオーキシン輸送タンパク質の分布が変化する。これにより，光の当たる側から陰側へとオーキシンが移動するため，陰側の成長が促進されて光に向かって成長する。

問6　**A**…フィトクロム；赤色
　　　B…クリプトクロム；青色
　　　C…フォトトロピン；青色
問7　光を照射しても気孔があまり開口せず，CO_2 の取りこみが悪くなり成長が悪くなる。

解説　問2,3　光が届かない地中で種子が発芽すると，土を押し分けて光のある地上に出ることが優先される。そのため，子葉は開かず，細く長く伸長する。また，暗所で育てられた植物ではクロロフィルが形成されないため，緑色ではなく黄白色になる。これは，光合成を行えない地中において，無駄なエネルギー消費を抑えるためだと考えられる。

問4　茎の伸長に関わる植物ホルモンはオーキシン，エチレン，ジベレリン，ブラシノステロイドの4種類であるが，エチレンは光の影響を受けないのであてはまらない。
・オーキシン；セルロース繊維間の結合を緩める。
・エチレン；セルロース繊維を縦方向(伸長方向)に合成させるので，細胞は横方向に肥大する。
・ジベレリンやブラシノステロイド；繊維を横方向に合成させるので，縦方向(伸長方向)に細胞は肥大する。

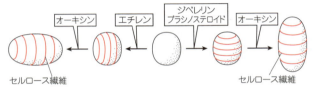

問5　(3) 青色光受容体のフォトトロピンとオーキシンの作用をまとめて記述する。
問6　光受容体で知っておくべきものはフィトクロム，クリプトクロム，フォトトロピンの3種類のみ。どれに相当するかを類推する。

実験1：光発芽種子を想定すればよいので，光受容体A欠損株はフィトクロムをもたないと考えられる。

実験2：光受容体A欠損株とB欠損株は伸長するのに，C欠損株はもやし状ではなく正常になっているので，C欠損株はクリプトクロムをもち，伸びすぎを抑制したと考えられる。よってA欠損株とB欠損株はクリプトクロムを欠損し，青色光を受

> **光受容体**
> ・**フィトクロム**(赤色光受容体)
> 　…発芽の促進(休眠解除)，花芽形成の促進，茎の伸長抑制
> ・**クリプトクロム**(青色光受容体)
> 　…茎の伸長抑制
> ・**フォトトロピン**(青色光受容体)
> 　…光屈性，気孔開口

容できないため成長抑制できず「もやし状」になっているように見えるが，実験1より，A欠損株はフィトクロムの欠損株とわかる。よって，B欠損株がクリプトクロムの欠損株と考えるのが妥当だろう。

実験3：窓側に向かって成長しない光受容体C欠損株はフォトトロピンをもたないと類推できる。

問7　フォトトロピンは青色光を受けて，気孔の開口を促進する。

97　問1　光屈性
　　　問2　水を蒸散させることによって，根で吸収した水分を上昇させることができる。

問3 アブシシン酸
問4 (1) イ (2) イ (3) ア
問5 孔辺細胞の浸透圧が上昇すると，吸水が起こり細胞内に膨圧が生じる。孔辺細胞の内側の細胞壁は厚みがあるため，膨圧によって細胞が膨らむと，その反対側が伸びて湾曲し，気孔が開く。

解説 問2 別解として，「水を蒸散させることによって，植物の温度調節を行うことができる。」でもよい。
問3 乾燥によって植物体内の水分量が不足するとアブシシン酸が合成され，気孔が閉じる。
問4 実験2〜4について整理すると次のようになる。
〔実験2〕外液のpHが低下しているので，H^+が細胞外へ排出されていることがわかる。
〔実験3〕細胞外液のpHの低下は，H^+の能動輸送によって引き起こされていることがわかる。
〔実験4〕H^+が細胞外に排出されることにより，孔辺細胞の膜電位が低下する。その結果，電位依存性K^+チャネルが開き，K^+が細胞内に流入することで，細胞内のK^+濃度が急激に上昇することがわかる。
問5 孔辺細胞が吸水したとき，気孔に隣接する細胞壁は厚いのであまり伸びないが，気孔から離れた面は大きく伸びる。

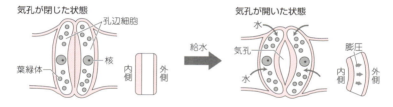

98
問1 植物ホルモンA…ジベレリン
　　植物ホルモンB…アブシシン酸
問2 デンプンは水溶性が低く，貯蔵時に種子内の浸透圧が上がりにくい。また，休眠中の乾燥にも耐えられる。
問3 イネ…c，コムギ…f
問4 (a) ○ (b) × (c) ○ (d) × (e) ○

解説 問1 アブシシン酸が種子内で高濃度になると，種子は休眠状態となる。
問2 モル当たりのエネルギー密度が高いことを含めてもよい。
問3 図1のイネのグラフから，胚乳当たりのデンプンの減少量は嫌気条件のほうが好気条件よりも低いので，アミラーゼ活性も低いと考えられる。コムギでは嫌気条件におけるデンプン量は減少していないので，アミラーゼ活性がないと判断できる。
問4 問題文章がわかりにくく，本来なら，実験の考察として正しいか，正しくないか，判断できないか，を問うべきだろう。
(a) 実験2から，コムギの種子が嫌気条件でアミラーゼを合成できないことは判断できるが，ジベレリンを合成できるかどうかは判断できない。よって，(a)の文章を否定することはできない。

(b),(d) 実験3で，嫌気条件下のコムギ種子は糖溶液を分解してエネルギーを調達し，発芽したと考えられる。よって，発酵を行っている。

(c) 実験2から，嫌気条件下のコムギはジベレリンを投与してもアミラーゼ合成は誘導できていない。よって考察は正しい。(c)の文章を否定できない。

(e) 嫌気条件下でアミラーゼを投与する実験を行っていないので判断できない。よって(e)の文章を否定できない。

99

問1　阻害物質を含む植物を食べた昆虫は，タンパク質分解酵素のはたらきが阻害され，食べた植物を<u>消化</u>できなくなるため。

問2　名称…過敏感反応
　　　説明…自発的な細胞死が誘導される。

解説 問1　阻害物質を含む植物を摂食した昆虫は，その阻害物質によりタンパク質分解酵素(消化酵素)がはたらかず，食べた葉を消化できなくなるので食害の拡大が防がれる。

問2　植物が病原体に感染すると，感染した細胞やその周辺の細胞の液胞が崩壊し，自発的な細胞死が起こる。この応答を過敏感反応といい，これにより，病原体の感染が広がるのを防ぐことができる。また，病原体の菌体成分に由来する物質が植物の細胞膜にある受容体で認識されると，植物ホルモンの一種である<u>サリチル酸</u>，抗菌作用をもつ低分子化合物である<u>ファイトアレキシン</u>，そして細胞壁の高分子物質である<u>リグニン</u>の合成が誘導されることによって，病原体のはたらきが低下する。

100

問1　光周性

問2　花成ホルモンは，暗期が14時間から16時間の間に葉で合成されて側芽へ移動する。

問3　花成ホルモンは2時間以内に102 cm移動する。

問4　葉を切除することで側芽への花成ホルモンの新たな供給を防ぎ，側芽より上の茎を切除することで，暗期終了時に花成ホルモンが側芽に到達しているかを調べるため。

解説 問1　光周性は植物の花芽形成が最もよく知られているが，動物の繁殖行動や生殖腺の発達，冬眠などにも認められる。

問2　14時間の暗期を与えた場合でも，葉で花成ホルモンが合成されている可能性はあるが，その場合，側芽までの移動は完了していないことになる。

問3　花成ホルモンは暗期14時間ではAグループの側芽にも到達していないが，暗期16時間ではBグループの側芽にまで到達している。花成ホルモンが実際に暗期何時間で合成されているかはわからないが，少なくとも2時間以内に102 cm移動したと考えられる。

101　問1　図1より，8月の新潟では明期が 13 ～ 14 時間（暗期は 10 ～ 11 時間）で，図2より，品種ムラサキの限界暗期は約 9 時間であるから。
　　問2　(1)　花芽を形成する時期…テンダン→ネパール→アフリカ
　　　　　　　　理由…図1より，東京での6月の明期は約 15 時間（暗期は約 9 時間）であり，その後暗期は徐々に長くなる。表より，限界暗期は3品種とも異なるから，限界暗期の短いものから順に花芽を形成する。
　　　　　　(2)　アフリカ…9月，テンダン…6月

解説　問1　新潟は北緯 38 度なので，図1より8月の日長時間は 13 ～ 14 時間。図1の縦軸は「日長時間」なので，1日の暗期は，これを 24（時間）から引いた値になる。すなわち，暗期は 10 ～ 11 時間である。花芽形成は 50 ％のときが限界暗期なので，図2より 9.5 時間程度である。よって，8月には限界暗期よりも暗期が長くなっているので花芽をつけることができる。
　　問2　(1)　6月の東京では暗期が 9.5 時間で，テンダンの限界暗期よりも長い。6月以降，日長時間は短くなり，暗期がネパールの限界暗期（10 時間）をこえるのは8月，アフリカ（11 時間）をこえるのは9月である。
　　　　　(2)　品種アフリカは 11 時間以上の暗期が必要。それにあてはまる時期は，北京では図1から9月以降。品種テンダンは9時間以上の暗期でよい。図1からギニアでは年中 11 時間以上の暗期が得られる。よって子葉が開くとすぐ開花する。

> ⬛▶**短日植物**　アサガオ，キク，タバコ，イネ，コスモスなど。温帯で夏から秋に咲く。
>
> ⬛▶**長日植物**　ダイコン，アブラナ，ホウレンソウ，コムギ，オオムギなど。高緯度・寒冷地で春から初夏に咲く。
>
> ⬛▶低緯度と高緯度を比較すると，高緯度では夏至を過ぎると急速に気温が低下するので，開花から種子の形成までを進めることが難しくなる。よって短日植物のような日長が短くならないと花芽を形成しない植物は生育上不利であり，種類も個体数も少なくなる。

102　問1　(E)と(F)の変異体にジベレリンを与えると，(E)の草丈は野生型と同じ草丈になるが(F)の草丈は低いままであった。
　　問2　ジベレリンがない時…細胞内受容体である<u>GID1</u> はジベレリンと結合できないため，核内の<u>DELLA タンパク質</u>に結合せず，<u>DELLA タンパク質</u>は消失しない。よって<u>DELLA タンパク質</u>のはたらきにより<u>草丈伸長を促す遺伝子</u>は抑制され続け，草丈は低いままになる。
　　　　　ジベレリンがある時…細胞内受容体である<u>GID1</u> はジベレリンと結合するので，核内の<u>DELLA タンパク質</u>とも結合し，<u>DELLA タンパク質</u>は消失する。よって<u>DELLA タンパク質</u>による<u>草丈伸長を促す遺伝子</u>の抑制がなくなり草丈は高くなる。
　　問3　G
　　問4　ジベレリンが<u>細胞内受容体</u>である<u>GID1</u> に結合しても，核内の<u>DELLA タンパク質</u>と同じはたらきをする GAI タンパク質は，<u>N 末端側の 17 アミノ酸</u>が欠失していると，<u>GID1</u> に結合できないと考えられる。このとき，GAI タンパク質は消失せず，<u>草丈伸長を促す遺伝子</u>を抑制し続けるため，草丈は低いままとなる。

解説　問1　(E)は，ジベレリンは合成できないが，ジベレリンさえ与えれば伸長する。一方(F)は，

生物重要問題集　81

ジベレリンは合成できるが,「ジベレリンの情報伝達の変異体」である場合,ジベレリンを与えても伸長しない。

問2　(C)や(G)からDELLAタンパク質(GAIタンパク質)が欠失すると,野生型並みかそれ以上に伸長していることがわかる。よって,DELLAタンパク質が伸長を抑制していると推測できる。

　　本文中にGID1はジベレリン受容体であることや,DELLAタンパク質は核内に存在し,GID1がジベレリンと結合した時のみDELLAタンパク質と結合し,DELLAタンパク質が核内から消失することが記載されている。

問3　DELLAタンパク質をつくれない変異があれば,草丈伸長を促す遺伝子の発現に抑制がかからないので,草丈は伸長する。この場合,GID1はDELLAタンパク質に結合できないので,その有無は草丈伸長に関係しない。

問4　まず本文に,GAIタンパク質はDELLAタンパク質のひとつであるという記載がある。また,シロイヌナズナの d 変異体では,ジベレリンを与えても草丈は伸びない。このことから,GAI(DELLA)タンパク質のN末端側の17アミノ酸が欠失しているとき,ジベレリンとGID1が結合していても,GAI(DELLA)タンパク質はGID1と結合できず,そのため核から消失もせず,草丈伸長を促す遺伝子を抑制し続けると考えられる。

よって,欠失したN末端17アミノ酸はGAI(DELLA)タンパク質がGID1との結合に必要な部分であり,たとえGID1がジベレリンと結合しても,GAI(DELLA)タンパク質とGID1が結合できないためにGAI(DELLA)タンパク質が核内から消失しないとわかる。

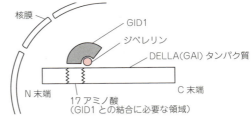

ジベレリン-GID1-DELLA複合体ができると,DELLAタンパク質が分解され,草丈の伸長成長の抑制がされなくなる。そのため,草丈は伸長する。

編末総合問題

103 問1 (1) 間脳の視床下部　(2) 神経分泌細胞
　　　(3) 集合管細胞の透過性を高め，水の再吸収を促す。
問2 (1) 高くなる。　(2) 高くなる。
　　(3) 鉱質コルチコイドは，ナトリウムイオンの原尿から細尿管細胞
　　　内への受動輸送を促進し，さらに毛細血管側への能動輸送も促
　　　進する。その結果，浸透圧は原尿で低く血液で高くなるので，
　　　細尿管から毛細血管へ水が移動して尿量が減少する。
問3 水道水を吸収すると血液の浸透圧が急激に低下するので，腎臓での
　　ろ過量が増え，水の再吸収量が減少し尿量が急激に増加する。一方，
　　体液と等張である 0.9 ％食塩水を吸収しても血液の浸透圧に大きな
　　変化はないので，尿量の急激な変化にはつながらない。

解説 問1　バソプレシンは抗利尿ホルモンともいう。発汗や塩分の多い食事によって血液の浸
　　透圧が上昇したとき，集合管に作用し水の再吸収を促進する。そのことで尿量を減らし，
　　体液の浸透圧を下げる。
問2　発汗や失血により血液量が減少したとき，鉱質コルチコイドが副腎皮質より分泌さ
　　れる。鉱質コルチコイドは **Na⁺の再吸収を促進** することで体液の浸透圧を上げ，これに
　　伴って水分の再吸収も促進される。
問3　0.9 ％はヒトの生理食塩水の濃度である。生理食塩水の場合，体液量は増えるが，体
　　液濃度は変化しない。そのため，浸透圧の調節機構がはたらかず，一定量ずつ排出され
　　る。

104 問1 (a) ランゲルハンス島　(b) ミトコンドリア　(c) エキソサイトーシス
問2 (1) 副交感神経　(2) ア，オ　　問3　ウ
問4 (1) イ　(2) ア　(3) イ
問5 細胞内の ATP 量が増加すると，ATP 依存性 K⁺ チャネルが閉じて
　　K⁺の流出が止まり，静止電位が上昇する。その結果，電位依存性
　　Ca²⁺チャネルが開いて Ca²⁺が流入し，細胞内の Ca²⁺量が増加する。
問6 インスリンの分泌…分泌されなくなる
　　血糖濃度…上昇する

問2　(ア),(オ) 自律神経には交感神経と副交感神経があり，その高次中枢は間脳視床下部に
　　ある。交感神経に刺激されることで，副腎髄質からはアドレナリンが，すい臓のラン
　　ゲルハンス島の A 細胞からはグルカゴンが分泌される。また，副交感神経を通してラ
　　ンゲルハンス島の B 細胞からインスリンが分泌される。
　　(イ) 間脳視床下部→甲状腺刺激ホルモン放出ホルモン→脳下垂体前葉→甲状腺刺激ホル
　　モン→甲状腺→チロキシン
　　(ウ) 間脳視床下部→副腎皮質刺激ホルモン放出ホルモン→脳下垂体前葉→副腎皮質刺激
　　ホルモン→副腎皮質→糖質コルチコイド
　　(エ) バソプレシンは，間脳視床下部から脳下垂体後葉内へと伸びる神経分泌細胞から，後
　　葉内の血流中に直接分泌される。
　　(カ) 間脳視床下部→成長ホルモン放出ホルモン→脳下垂体前葉→成長ホルモン

生物重要問題集　83

問3　糖尿病患者に見られる尿中グルコースは，腎臓において再吸収できなかったグルコースが尿中に排出されたもので，インスリンが排出を促進しているわけではない。

問4　グルコースの輸送体としてよく知られているものには次の2つがある。詳しくは，問題9を参照すること。
　① グルコースを小腸の柔毛から体内に吸収するときにはたらくグルコース輸送体で，Na^+の濃度勾配を利用して，グルコースを濃度勾配に逆らって能動輸送（共役輸送）する。
　② エネルギーを必要とせず，濃度勾配にしたがった受動輸送をするグルコース輸送体。

問5　「低血糖時」のチャネルのようすについてまとめると，次のようになる。
　・電位依存性 Ca^{2+} チャネルは閉じている。
　・ATP 依存性 K^+ チャネルは開いており，K^+ が流出して静止電位が保たれている。
　以上を踏まえ，血糖濃度が上昇し，グルコースが流入して細胞内の ATP 量が上昇したときに，上の低血糖時の状態がどのように変化するかを順に考えていけばよい。

　まず，低血糖時には ATP 依存性 K^+ チャネルは開いた状態にあるので，ATP 量が増加するとこれが閉じるはずである。ATP 依存性 K^+ チャネルが閉じれば，K^+ の流出が止まるので，静止電位を保つことができなくなる。具体的には，静止電位が上昇して脱分極する。これを受けて，電位依存性 Ca^{2+} チャネルが開き，細胞外から Ca^{2+} が流入する。

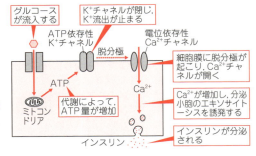

問6　細胞外の Ca^{2+} イオンを除去すると，Ca^{2+} チャネルが開いても Ca^{2+} が細胞内に流入しなくなり，分泌小胞からのインスリンのエキソサイトーシスが起こらなくなる。その結果，全身の標的細胞でグルコースの取りこみがなくなり，血糖濃度は上昇する。

105

問1　抗血清中の抗体は，抗原抗体反応の後に体内で短期間に分解されてしまうが，ワクチン接種の場合は一次応答の成立後にリンパ球の一部が記憶細胞として体内に残るため，長期間有効になる。

問2　3種類の細胞が混ざったまま薬剤 a を添加した培地で培養する。1週間以上培養すると B 細胞は死滅する。不死化マウス細胞は薬剤 a のはたらきでデノボ経路が止められ，サルベージ経路に必要な遺伝子 c ももたないためやがて死滅する。しかしハイブリドーマだけは B 細胞由来の遺伝子 c をもつため，サルベージ経路を利用して増殖することが可能である。よって1週間以上培養して増殖した細胞がハイブリドーマである。

問3　マウス抗体とヒトの抗体ではアミノ酸配列が異なるため，マウス抗体をヒトに投与すると体内で抗原として認識され，排除されるため。

問4　抗原と結合するのは免疫グロブリンの可変部位であり，この部分をマウス由来の遺伝子，自己非自己の確認に関わる定常部はヒト由来の遺伝子からなる抗体を遺伝子組換え技術で作製する。

解説　問1　抗血清には毒素に対する抗体が含まれており，毒ヘビにかまれたりした際などに，体内に入った毒素を抗原抗体反応によって取り除く。抗血清には即効性があるが，抗血

清中の抗体に対する抗体がつくられて取り除かれるため，短期間で効力を失う。
　ワクチン接種は無毒化した抗原の一部分などを使用して免疫記憶を刺激する方法であるため，長期間にわたって効果が持続する。

問2　下線部③にあるように，ハイブリドーマを形成するのは一部であり，形成しなかったB細胞や不死化マウス細胞はそのまま残るので，この混在した細胞集団からハイブリドーマだけを選別してくる必要がある。そのためには，ハイブリドーマ以外の細胞が死滅する条件を考えればよい。薬剤aを添加すると，すべての細胞においてデノボ経路が停止する。そのため，細胞が生存するためには，サルベージ経路によってヌクレオチドをつくり出す必要がある。不死化マウス細胞ではサルベージ経路が機能していないので，薬剤aを添加すれば死滅する。また，B細胞のサルベージ経路は正常であるため，薬剤aを添加してもしばらくは生存可能であるが，本文に「長期間(1週間以上)体外で培養することは難しい」とあるので，1週間以上培養すれば死滅する。ハイブリドーマについては，B細胞由来のサルベージ経路があるため生存可能であるが，デノボ経路が停止しているため，塩基hを添加することによって生存を維持できるものと考えられる。

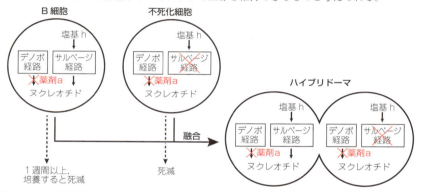

問3　マウス抗体はヒトのものではないので免疫記憶の対象となり，二次応答の際にはショック症状などが起きる可能性があるので慎重に使用されなければならない。

問4　ヒトの糖尿病の治療にブタインスリンを投与するのが適当ではないのと同じ理由である。

9 植物の多様な分布

106 問1 ㈠ 生物群集 ㈡ 生態系 ㈢ 相互作用 ㈣, ㈤ 作用, 環境形成作用
問2 高木層→亜高木層→低木層→草本層→地表層
問3 光が各階層の葉層によって吸収されていくため。
問4 明るく葉量の多い林冠では光合成が盛んに行われるので, CO_2 濃度
　　 が低くなる。一方それより内部の幹層では, 光が弱くなるので光合
　　 成による CO_2 吸収量が少なくなり, 林床では動物が呼吸をしたり,
　　 分解者が有機物を無機物に分解しているため, CO_2 濃度が高くなる。
問5 落葉層, 腐植層
問6 ツルグレン装置

解説 問2 照葉樹林の代表的な5層を答える。熱帯雨林では7〜8層にまで発達する場合がある。
　　 また, 針葉樹林では2層しかない場合などがある。
問3 森林内では, 明るさや温度などの鉛直方向の変化が大きくなるので, 階層構造が見
　　 られる。
問4 図中の縦軸にある林冠, 幹層, 林床の語句を利用する。一見, 複雑な曲線に見えるが,
　　 二酸化炭素濃度は, 林冠でいったん大きく減少したのちもとの濃度にもどり, 幹層では
　　 ほぼ横ばい, 林床では上昇しているのがわかる。それぞれの曲線の意味を各階層の特徴
　　 と関連付けながら解答につなげる。
　　　 林冠→ CO_2 が大きく減少→光合成速度：高
　　　 幹層→ CO_2 は横ばい→光合成速度：低
　　　 林床→ CO_2 が上昇→動物や分解者の呼吸
問5 土壌では上から順に落葉層, 腐植層, 砂れき層といった階層が見られる。**落葉層**は,
　　 植物から供給された落葉や落枝が堆積した層で, 土壌微生物が炭素源(呼吸基質)を得や
　　 すい。その下には土壌微生物による分解が進んだ**腐植層**が見られる。炭素源は少なくな
　　 り, 土壌微生物も徐々に少なくなる。そのさらに下には, 岩石が風化した**砂れき層**が見
　　 られる。
問6 乾燥に弱い土壌動物(線虫やクマムシなど)の採集には, ベールマン装置が用いられ
　　 る。

107 問1 年間降水量が多い
問2 (1) 一次遷移は土壌がない状態から始まり, 土壌がある状態から始
　　　　 まる二次遷移に比べて遷移の進行が遅い。
　　 (2) 山火事, 森林伐採など
問3 ① g ② a ③ d ④ f
問4 (1) 保水力のある土壌となり, 植物の生育に必要な水分や栄養塩類,
　　　　 有機物などを蓄えられるようになる。
　　 (2) 遷移途中の明るい環境では陰樹よりも陽樹のほうが成長が速い
　　　　 から。
問5 (1) 樹木が生育するにつれて, 林床に到達する光の量が少なくなる。
　　 (2) 陽樹と比べて陰樹の幼木は光補償点が低く, 光の量が少なくな
　　　　 った林床でも生育可能である。
問6 (1) 極相林 (2) ギャップ

86　生物重要問題集

(3) 陰樹林の中で大きめのギャップが形成されると，林床まで光が差しこんで陽樹の幼木が成長したり，埋土種子が発芽したりすることで多様な樹種が生育できるようになる。

解説 問1　植生の相観は気温や降水量などの環境条件に応じて決まる。森林の形成には年間約1000 mm以上の降水量が必要である。

問2　土壌や植物の種子，根などが失われない事象であれば，自然現象・人間活動による影響のどちらを答えてもよい。

問4　(2) 森林が形成される前は日光をさえぎるものが少なく，地表が明るい。強い光のもとでは，陰樹の幼木よりも陽樹の幼木のほうが成長が速く，陰樹よりも先に陽樹が森林を形成する。陰樹の幼木の成長速度が陽樹を上回るのは，森林が形成されて林床が暗くなってからである。

問5　陰樹は光補償点が低いため，陽樹が生育できないような少ない光の量でも生育することが可能である。
　　　さらに，種子の数は少なく重量が大きい，成長は遅いが生体は大きく寿命も長い，といった特徴もある。

問6　(3) ギャップの形成によって，陰樹以外の植物も生育できる量の光が林床に届くようになることが，多様性の増大につながる。なお，小さいギャップが形成された場合，林床はそれほど明るくならないので陰樹の幼木が生育する。

108 問1　一年生植物

問2　噴火の記録などを調べて，噴火後の経過年数を遷移の年数と考え，それが異なる地点で植生を調べる。

問3　(1) ダイズ，ゲンゲ，アカシアなど
　　　(2) 根粒の中には窒素固定を行う細菌が共生しており，大気中の窒素を取り入れて植物が利用可能なアンモニウムイオンに変えることができるので，根粒をもつ植物は養分の少ないやせた土地でも生育することができるため。

問4　噴火後15年頃は，出現種数は少なく，その生活形組成も半地中植物と小形の地上植物がおもであるが，その後，噴火後50年までには出現種数が急増し，それとともに大形地上植物が出現して，それ以降は大きな変化は見られない。

問5　違い…表の結果からはあまり違いがないように見えるが，実際の景観は，経過年数50年では多年生草本や低木の林であるが，500年後では背の高い陰樹が中心の森林である。
　　　理由…表に示されているのは出現種数とその生活形組成だけで，景観に関係する優占種の個体数や被度が示されていないため。

解説 問1　コケ植物や地衣類は一次遷移の初期に現れる植物で，二次遷移の初期には現れないことに注意。

問2　遷移の進んだ発達した森林の土壌では，落葉層・腐植層・溶岩が風化した砂れき層・溶岩などがあり，これらの深さはある程度遷移の期間と相関関係にあることを利用して，植生ごとにボーリングによる土壌断面調査を実施してもよい。

問3　一次遷移ではパイオニア植物としてヤシャブシ・ヤマモモ・ハンノキなどが生える。これらの植物は空気中の窒素を固定できる細菌（窒素固定細菌）が共生しており，窒素化合物がまだ少ない遷移途上の土壌でも生育することができる。

生物重要問題集　**87**

問4　問4は単純に表から読み取れること，問5は実際の景
観が表とは異なること，を問うている。よってこの2問は
相反する答えになるべきである。ということは問4では
「経過年数50年と500年の表から読み取れる景観は異な
らない（組成に変化はない）」ものとして答えることになる。
また，解答欄が大きい場合は他にも答えるべきだが，そも
そも表には一年生植物が抜けているので細かい数値にと
らわれるべきではない。

問5　表がわかりにくいのは，ラウンケルの生活形組成（地
上植物の区切りが高さ2 m）を使っている点にあり，これ
は景観の違いが表に現れない要因にもなっている。本来
なら森林の階層構造（低木層・亜高木層・高木層）で分け
たいところである。

> ■▶ ラウンケルの生活形
> 　休眠芽が地表面に対して
> どの位置にあるかで生活形
> を分類する方法で次のよう
> に分けられる。
> 地上植物…地上30 cm以上
> 地表植物…地上30 cm未満
> 半地中植物…地表に接する
> 地中植物…地中にある
> 一年生植物…種子をもつ
> 水生植物…水中にある

109　問1　光補償点…光合成速度と呼吸速度が等しくなり，見かけ上，二酸化
炭素と酸素の出入りがないときの光の強さ。
　　　　光飽和点…光を強くしていったときに，光合成速度がそれ以上大き
くならず，一定となるときの光の強さ。

問2　4000ルクス

問3　$\dfrac{4 + 24}{1 + 7} = 3.5$ 倍

問4　24 mgCO$_2$/(100 cm^2·h) $\times \dfrac{1}{100} \times$ 40 cm$^2 \times$ 12 h = 115.2 mgCO$_2$

$(6 \times 44) : 180 = 115.2 : x$
$x = 78.5454 \cdots \fallingdotseq 79$ mg

問5　陰生植物では，陽生植物と比べて呼吸速度が小さく，光補償点も小
さくなる。よって，陽生植物の光補償点付近の弱い光のもとでは，
陰生植物のほうが見かけの光合成速度が大きくなり，陽生植物は生
育できないような弱光下でも，陰生植物は生育することができる。

解説　問2　「植物Aでは，0から20,000ルクスまでは（中略）直線関係にあった」とあるので，傾
き1，切片−4の直線（$y = x - 4$）で，$y = 0$のときを考えればよい。

問3　植物Aの光飽和点35,000ルクスでの光合成速度は4 + 24。植物Bの光飽和点
10,000ルクスでの光合成速度は1 + 7。

問4　光合成の反応式　6CO$_2$ + 12H$_2$O → C$_6$H$_{12}$O$_6$ + 6O$_2$ + 6H$_2$O
から，CO$_2$（分子量44）6分子当たり，グルコースC$_6$H$_{12}$O$_6$（分子量180）1分子ができるこ
とがわかる。呼吸で消費されるグルコース量もいったんは光合成で合成されるので，こ
の問いにおける「合成されたグルコース量」は見かけの光合成速度ではなく真の光合成速
度を用いて計算する。

問5　逆に陽生植物は呼吸速度が大きく，光補償点も大きいが，光飽和点での光合成速度
も大きくなるので，強光下では，成長速度も大きい。

88　　生物重要問題集

110 問1 草原…サバンナ，ステップ
荒原…砂漠，ツンドラ
問2 年平均気温が極端に低くなると，多くの季節で光合成ができなくなるため，必要となる水分量も少なくなる。
問3 亜熱帯多雨林，照葉樹林，夏緑樹林，針葉樹林
問4 亜高山帯，山地帯，丘陵帯
問5 (a) 硬葉樹林　(b) 夏緑樹林　(c) 雨緑樹林
問6 硬葉樹林は，年降水量や年平均気温が他のバイオームと同じであっても，他のバイオームとは異なり，降水量が夏には少なく，冬には多いという違いがあるため，他のバイオームとは異なるバイオームとなる。

解説 問1 砂漠を荒原とみなしてよいか不安になるかもしれないが，別名を「乾荒原」という。同様にツンドラは「寒荒原」という。
問2 極寒季の樹木はほとんど代謝を行わないため，生存に必要な水分量は少なくて済む。ステップでは，森林が成立する限界値以下の降水量なので樹木は生えないが，イネ科の草本が夏場に生える。
問6 図2のデータから年降水量と年平均気温を計算してみると，年降水量が約700 mm程度，年平均気温が約15℃となり，この数値だけを図1に照らし合わせてみるとステップに当てはまることになる。ただし，他のバイオームがおおむね夏に降水量が多いのに対し，硬葉樹林は冬に降水量が多くなるという特性がある。

111 問1 (ア) 夏緑樹林　(イ) 照葉樹林
問2 c　　問3 ① 116.5　② 5.5℃
問4 下線部(3)…f, h　下線部(4)…b, e
問5 放牧，草刈(採草)，野焼き(火入れ)，などから2つ

解説 どのようなバイオームが形成されるかは，生育地の年降水量と年平均気温によって決まる。日本では降水量は十分なので，緯度に沿って生じる気温変化と標高によって生じる気温変化に影響を受ける。よって，寒いほうから針葉樹林，夏緑樹林，照葉樹林，亜熱帯多雨林となる。
問2 標高が高くなると気圧が下がるので，気温も下がる。
問3 ① 月平均気温が5℃に満たない月は計算に含めない点に注意する。松江の場合，1月(3.9℃)と2月(4.3℃)は無視し，3月から12月までの10か月分のみ着目して計算する。3月から12月までの気温の合計値は166.5となり，各月から5℃を引き算するので，5℃×10か月＝50を引き算する。よって，松江のバイオームは照葉樹林であることがわかる。
② 亜熱帯多雨林になるとき，WI＞180。よって，
$174.7 + 12x - 5 \times 12 > 180$
$x > 5.44$
問4 (a) ブナ，(c) ミズナラは夏緑樹林。(d) タブノキ，(g) スダジイは照葉樹林。

> **日本のバイオーム（水平分布）**
> ・亜熱帯多雨林…南西諸島：マングローブ（オヒルギ・ヤエヤマヒルギ）・ヘゴ・ソテツ
> ・照葉樹林…九州・四国・本州の中国地方から関東・北陸の低地：タブノキ・クスノキ・スダジイ・ヤブツバキ
> ・夏緑樹林…関東内陸部・東北地方・北海道南部：ブナ・ミズナラ・カエデ
> ・針葉樹林…北海道東北部や本州中部亜高山帯：エゾマツ・トドマツ・シラビソ・トウヒ・コメツガ

生物重要問題集　89

112

問1　森林が倒木などにより部分的に破壊されてできる空間をギャップという。林内は暗いが，ギャップができると林床まで光が差しこむので陽生植物の生育が可能となる。

問2　陽樹…ミズナラ，陰樹…ブナ

問3　**B**

　　根拠…極相の自然林において，**a** は林内のさまざまな場所に出現するが，**b** は大きいギャップに集中的に出現することから，**a** は林床での生存率が高い陰樹で，**b** は大きいギャップ内での成長速度の大きい陽樹と考えられるため。

問4　林床での生存率の高い種ほど大きいギャップ内での成長速度が小さくなり，大きいギャップ内での成長速度の大きい種ほど林床での生存率が小さくなる。

問5　**E**

問6　極相林の林床は光が弱いが，生き残った陰樹の幼木がやがて成長して再び陰樹林を形成する。一方，極相林ではときとして大きなギャップができて，ここでは成長速度の大きな陽樹の幼木が競争に勝って成長するので，陰樹と陽樹が混生することになる。

解説　問1　ギャップには，老木が自然に朽ちることによる小さなものから，落雷などによって焼失した大きなものまである。

　　問2　夏緑樹林における例を問われていることに注意する。
　　　　陽樹…ケヤキ，シラカンバなどでも可。
　　　　陰樹…イタヤカエデなどのカエデ類などでも可。

　　問3,5　問題文を見ると，**a** は「森林内のさまざまな場所に出現する」とある。すなわち，耐陰性の高い陰樹であると考えられる。また，**b** は「大きいギャップの部分に集中的に出現した」とあるので，陽樹であると推測できる。
　　　　図を見ると，大きいギャップ内での成長速度は B 種＜E 種，林床での生存率は E 種＜B 種なので，E 種が陽樹，B 種が陰樹である。

10 個体群と生物群集

113 問1 ・調査期間中に移入や移出がないこと。
　　　　・標識することにより個体の生存や行動に差が出ないこと。
問2 $N = \dfrac{CM}{R}$　　問3 3個体/m²　　問4 **A，C**

解説 問1 「1回目と2回目の捕獲方法や捕獲時間などを同じにする」などもあげられる。

問2 標識再捕法では，「全体の個体数：最初に捕獲して標識した個体数＝2度目に捕獲した個体数：再捕獲された標識個体数」が成り立つ。よって，$N：M = C：R$ となる。

問3 問題文より，$M = 480$ 匹，$C = 300$ 匹，$R = 120$ 匹，池の面積 $= 400$ m² なので，求める密度（単位面積当たりの個体数）は，

$$\frac{N}{400} = \frac{480 \times 300}{120} \times \frac{1}{400} = 3（個体/m^2）$$

問4 (A)，(B) 個体識別用のマークが消えると R が小さくなるので，N は本来の数値より大きくなる。

(C)，(D) 新たに生まれた個体にはマークがついていないので，C が大きくなり，N は本来の数値より大きくなる。

> **標識再捕法**
> 全体の個体数 N，
> 1回目の捕獲個体数 M，
> 2回目の捕獲個体数 C，
> 2回目の標識個体数 R，
> とするとき，
> 　　$N：M = C：R$

114 問1 ㋐ 右下がりの直線　㋑ 齢構成　㋒ 老化型（老齢型）
問2 ㋓ **8.6**　㋔ **30.7**
問3 1．一度に産む子（卵）の数。
　　 2．子が幼少のとき，親が子を保護するかどうか。
問4 **3.2 年**
問5 若い個体が多いため，死亡率が低い場合には，近い将来，生殖可能となる個体が現在よりも多くなり，将来の個体数の増加が予想される。

解説 問1 縦軸（生存数）と横軸（出生後の時間）がともに通常の目盛りである場合，死亡数が一定であると右下がりの直線のグラフになる。これに対して，縦軸が対数目盛りである片対数目盛りのグラフでは，死亡率が一定の場合に直線のグラフになる。

問2 ㋓ $\dfrac{74}{862} \times 100 ≒ 8.58（\%）$

㋔ $\dfrac{242}{788} \times 100 ≒ 30.71（\%）$

問3 マンボウ（魚類）は約2億個の卵を産むが，その保護はしないため，幼齢時の死亡率が高い。ヒトのように幼齢時に十分な親の保護を受ける動物では，幼齢時の死亡率は低い。

> **生存曲線の3つの型**
> ・早死型　産卵数（産子数）は多いが，親の保護がなく幼時の死亡率が高い。魚類・昆虫・両生類などに多い。
> ・平均型　一生を通じて死亡率は一定。鳥類・は虫類に多い。
> ・晩死型　幼時に親の保護が厚く，生理的寿命まで生きるものが多い（実際の平均寿命と生理的寿命との差が小さい）。哺乳類・ミツバチなど。

生物重要問題集　91

問4 $\dfrac{0.5 \times 42 + 1.5 \times 74 + 2.5 \times 242 + 3.5 \times 360 + 4.5 \times 152 + 5.5 \times 34}{904}$

$= \dfrac{2868}{904} \fallingdotseq 3.17$

問5 安定型は出生率と死亡率がほぼ等しく，個体群の齢構成が安定している。老化型は出生率が低くなり，若い個体が少ないため，将来の個体数の減少が予想される。

115

問1 縄張りをもつ10個体の採食量の合計が 97 mg/分 であるため，最下流部に届くえさの量は個体番号 11 と 12 の採食量を下回る。よって，11 と 12 は，採食量を確保できないため，縄張りをもたない。

問2 種 I の縄張りの大きさは種 N の上位個体と同じ大きさであるが，種 I の採食量は種 N の上位個体よりもかなり大きい。

問3 種 N … 1 個体
種 I … 3 個体
えさ供給構造図…右図

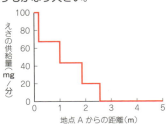

解説 問1 縄張りは，**得られる利益が維持費(コスト)を上回った場合**に成立する。縄張りによってもたらされる利益として，食物獲得の安定化(採食縄張り)，繁殖地・配偶者の獲得(繁殖縄張り)などがある。

問3 種 N は種 I に追い出されるので，種 I の下流部で縄張りを展開することになる。図2から種 I の最下流部では残ったえさの供給量が 20 mg なので，種 N の 1 番目の個体のみ縄張りを維持できる。

116

問1 (1) 食物網 (2) 間接効果
問2 (1) (a) 優位 (b) 広く
(2) 捕食者の個体数密度が上昇すると，被食個体数の総数が増大し，劣位種が捕食される頻度が低くても被食個体数は増大するため。
問3 高次の捕食者はキーストーン種であることが多く，いなくなるとその被食者が増殖し，さらなる低次被食者の激減を招く。このようなかく乱要因が**復元力**を上回ると，もとの**平衡状態**にもどすことができなくなる。

解説 捕食者と被食者の個体数の増減を個体群動態という。この増減は直接的に捕食・被食に関係ない生物の個体数にも影響を与える。

問1 ラッコはウニ-ケルプの捕食-被食の関係に直接関係ないが，食物網により間接的に他の生物に影響を及ぼしているので間接効果という。

問2 (1) フジツボもイガイも磯の岩に付く固着生物で，競争関係にある。種間競争において有利なイガイがヒトデに捕食されるとフジツボは生息場所を確保できる。

(2) (別解)捕食者の個体数密度が上昇し，優位種の個体数が減少することにより，結果的に劣位種も捕食される頻度が高まるため。

問3 生態系はかく乱によって常に変動しているが，その変動の幅が一定の範囲内に保たれることが多く，平衡状態になっている。このような変動をもとの範囲に戻そうとする力を復元力という。ところが，かく乱の規模が大きいと復元力をもってしても戻ることができなくなってしまう。

117
問1　$X_t = K$
問2　右図

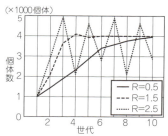

問3　$R = 0.5$ … $K = 4000 \to 3000$ のとき，個体数は最終的に3000に近づきほぼ安定する。
　　　　　　$K = 4000 \to 2000$ のとき，個体数は減少していき，第7世代あたりから2000近くで安定する。
　　　$R = 1.5$ … $K = 4000 \to 3000$ のとき，個体数は2000に減少したあと，第7世代あたりから3000近くで安定する。
　　　　　　$K = 4000 \to 2000$ のときは絶滅する（0になる）。
　　　$R = 2.5$ … $K = 4000 \to 3000$，$4000 \to 2000$ いずれの場合でも，絶滅する。

問4　$R = 2.5$ の場合，自然絶滅はしないものの世代間の個体数の増減が激しく安定性に欠け，少しの環境変化でも絶滅してしまう。$R = 1.5$ の場合，個体数が環境収容能力に達するまでが早いものの，急な環境の変化によって極端に環境収容力が低下すると，個体数が大きく減少して絶滅する可能性もある。$R = 0.5$ の場合では，個体数の変化が環境変化の影響をほとんど受けず安定性があるが，その代わりに個体数の増加に極めて時間がかかる。これらのことから，$R ≒ 1.0$ 程度だと，個体数の上昇も比較的早く，環境の変化にも適応しやすいと考えられる。

解説　問1　(1)式の右辺の（　）内が0になればよい。要するに，個体数が環境収容能力に達すると，その後の個体数はほとんど変化せずに安定することを意味する。

問3　それぞれの場合について折れ線グラフで表すと右図のようになる。

問4　考察なので $R = 0.5$ を理想としても間違いとは見なされないだろう。

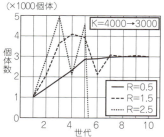
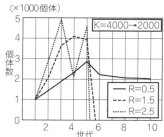

118

問1 $x = \dfrac{1}{2}$, $y = \dfrac{3}{4}$

問2 1, 4　**問3** 1

解説　**問1**　血縁度を求める場合，ある特定の対立遺伝子に着目して考えるとよい。

　まず，女王と娘の関係を考える。娘は父と母から対立遺伝子を1つずつ受け継いでいる。女王(母)から見ると，1組(2つ)の対立遺伝子のうち1つを娘に渡しているので，女王がもつある特定の対立遺伝子を娘がもつ確率は $\dfrac{1}{2}$ となる。すなわち，女王から見た母娘間の血縁度(x)は $\dfrac{1}{2}$ となる。

　次に，姉妹間について考える。娘がもつある特定の対立遺伝子に着目すると，その対立遺伝子が母由来である確率は $\dfrac{1}{2}$ である。別の娘(姉妹)も母のもつ2つの対立遺伝子のうち一方を受け継ぐため，母由来の対立遺伝子が姉妹間で一致する確率は $\dfrac{1}{2}$ である。また，その対立遺伝子が父由来である確率も，母由来の場合と同様に $\dfrac{1}{2}$ である。オス(父)は対立遺伝子を1つだけもつため，父由来の対立遺伝子が姉妹間で一致する確率は1である。これらのことから，姉妹間の血縁度(y)は，

$\dfrac{1}{2} \times \dfrac{1}{2} + \dfrac{1}{2} \times 1 = \dfrac{3}{4}$ となる。

ちなみに設問にはないが，「娘から見た母娘間の血縁度」は，娘がもつ1組(2つ)の対立遺伝子のうち1つが母に由来しているので，$\dfrac{1}{2}$ となる。

以上の関係を問題の図1中に示すと，右のようになる。

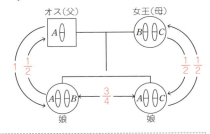

▶ この設問の結果に関連して，「社会性昆虫が進化した理由を説明せよ」という問題が出題されることも考えられるので，あわせて押さえておきたい。

→問1の結果から，ワーカーは，自分の子(血縁度 $\dfrac{1}{2}$)を育てるよりも，女王が産む子(姉妹にあたる。血縁度 $\dfrac{3}{4}$)を育てるほうが，自分のもつ遺伝子を後の世代に伝えられる可能性がより高くなる。このことから，ハチやアリのなかまでは，生殖を行う個体とワーカーの分業が進むように進化し，発達した社会性を獲得したと考えられる。

問2　① 一次女王の娘は，王から A, B のどちらか一方と一次女王から C, D のどちらか一方をそれぞれ受け継ぐため，王から見た一次女王の娘との血縁度と一次女王から見た娘との血縁度はともに $\dfrac{1}{2}$ である。よって正しい。

② 二次女王は王の対立遺伝子をまったく受け継がないので，王から見た二次女王との血縁度は0である。また，二次女王は一次女王のもつ C, D のどちらか一方を受け継ぐので，一次女王から見た二次女王との血縁度は $\dfrac{1}{2}$ である。よって誤り。

③ 一次女王から見た二次女王との血縁度は $\dfrac{1}{2}$ である。二次女王がもつ対立遺伝子の組み合わせは CC, DD のいずれかで，一次女王は CD である。このことから，二次女王から見た場合，一次女王は必ず自分と同じ対立遺伝子をもっている。すなわち，二次

女王から見た一次女王との血縁度は 1 である。よって誤り。

④ 一次女王の娘は，一次女王のもつ C, D の対立遺伝子のどちらか一方を受け継ぐため，一次女王の娘から見た一次女王との血縁度は $\frac{1}{2}$ である。また，二次女王から見た一次女王との血縁度は 1 である。よって正しい。

⑤ 一次女王の娘から見た二次女王との血縁度は $\frac{1}{2} \times \frac{1}{2} = \frac{1}{4}$ である。また，二次女王

一次女王の娘と同じ遺伝子を一次女王がもつ確率　一次女王と同じ遺伝子を二次女王がもつ確率

から見た一次女王の娘との血縁度は， $1 \times \frac{1}{2} = \frac{1}{2}$ である。よって誤り。

二次女王と同じ遺伝子を一次女王がもつ確率　一次女王と同じ遺伝子を一次女王の娘がもつ確率

問3 ・アリの姉妹間の血縁度は，問1より $\frac{3}{4}$ である。

　・シロアリの姉妹間の血縁度は，

　　　　ある対立遺伝子が母由来である確率は $\frac{1}{2}$，それが姉妹間で一致する確率は $\frac{1}{2}$

　　　　ある対立遺伝子が父由来である確率は $\frac{1}{2}$，それが姉妹間で一致する確率は $\frac{1}{2}$

　　　これらより，$\frac{1}{2} \times \frac{1}{2} + \frac{1}{2} \times \frac{1}{2} = \frac{1}{2}$ となる。

　・ミツバチの姉妹間の血縁度については，女王が 10 匹のオスと交尾するため，姉妹間で父親が同じである場合と異なる場合を考える必要がある。

　　　　父親が同じである姉妹の場合，アリと同じように考えてよいので $\frac{3}{4}$

　　　　父親が異なる姉妹の場合，姉妹間で父由来の遺伝子が一致することはないので確率は 0 である。よって，$\frac{1}{2} \times \frac{1}{2} + \frac{1}{2} \times 0 = \frac{1}{4}$

　　　　姉妹間で父親が同じである確率は $\frac{1}{10}$，異なる確率は $\frac{9}{10}$ であるので，ミツバチの姉妹間の血縁度は，$\frac{3}{4} \times \frac{1}{10} + \frac{1}{4} \times \frac{9}{10} = \frac{3}{10}$ となる。

　　以上より，姉妹間の血縁度は　アリ＞シロアリ＞ミツバチ　となる。

（別解）問題文から，アリ，シロアリ，ミツバチのメスはいずれも $2n$ であるため，娘がもつある特定の対立遺伝子が母由来である確率と父由来である確率はともに $\frac{1}{2}$ である。また，母由来の対立遺伝子が姉妹間で一致する確率はアリ，シロアリ，ミツバチのいずれでも等しくなる。よってここでは，父由来の対立遺伝子が姉妹間で一致する確率をアリ，シロアリ，ミツバチで比較すればよい。

　・アリ…1 匹のオス（n）から遺伝子を受け継ぐので，確率は 1

　・シロアリ…1 匹のオス（$2n$）から一方の遺伝子を受け継ぐので，確率は $\frac{1}{2}$

　・ミツバチ…10 匹のオス（n）のいずれかから遺伝子を受け継ぐので，同じオスが父親である確率を考える必要がある。よって確率は，$1 \times \frac{1}{10} = \frac{1}{10}$

　　以上より，姉妹間の血縁度は　アリ＞シロアリ＞ミツバチ　であるとわかる。

生物重要問題集　　95

11 生態系とその保全

119 問1 ① 総生産量 ② 呼吸量 ③ 成長量 ④ 不消化排出量 ⑤ 同化量

問2 熱帯多雨林のほうが針葉樹林よりも気温が高く降水量も多く，細菌や菌類の現存量も多いため，有機物の分解が早く進む。よって，枯死体が早く消失するのは熱帯多雨林である。

問3 森林の主要な生産者は木本植物であり，草原の主要な生産者は草本植物である。木本植物は，草本植物に比べて大形であるため森林の現存量は草原に比べてはるかに大きい。一方，木本植物は草本植物に比べて非同化器官の割合が高く，呼吸量の割合が大きくなるため，現存量に対する純生産量は小さくなる。このことから，草原と比べた場合の森林の純生産量の比率は，現存量の比率よりも小さくなる。

問4 $\dfrac{(350 + 100)}{500000} \times 100 = 0.09\%$

解説 生態系におけるエネルギーの流れは以下のように表される。

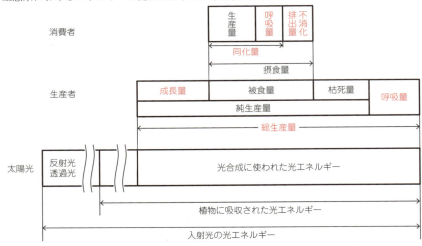

生産者…総生産量＝純生産量＋呼吸量
　　　　純生産量＝成長量＋被食量＋枯死量
消費者…摂食量＝同化量＋不消化排出量
　　　　同化量＝成長量＋被食量＋死滅量＋呼吸量
　　　　　　　（生産量）

問4 生産者のエネルギー効率(％) ＝ $\dfrac{\text{総生産量}}{\text{入射した光のエネルギー量}} \times 100$

分母には入射光のエネルギー量を用いる。植物に吸収されたエネルギー量を分母にした場合，エネルギー変換効率を求めたことになるので注意したい。

120 問1 (1) 277.4×10^{12} kg
      (2) 化石燃料の大量消費，熱帯雨林の大規模な破壊，のいずれか
   問2 純生産量の多くを枯死量と被食量が占め，年間の成長量はわずかで
      あることに加え，成長量の積算である現存量も寿命による枯死によ
      り大きく損なわれるため。
   問3 (1) 森林：29.8×10^{6} kg/km^2，草原：3.1×10^{6} kg/km^2
      (2) 降水量，気温
   問4 (1) 全陸地：6.3×10^{-2}，全海洋：14.1   (2) a，c

解説 問1 (1) 普通，同化産物はグルコースで換算したくなるが，実際にはグルコースで蓄積す
      ることはほとんどなく，貯蔵には多糖類，転流では二糖類などが使われるため，問題
      では $C_6H_{10}O_5$ を用いるよう指示されている。
         表より，全地球の1年間の純生産量は 170.2×10^{12}/年である。また，光合成では，6
      分子の $CO_2(12 \times 1 + 16 \times 2 = 44)$ に対して1分子の有機物 $C_6H_{10}O_5(12 \times 6 + 1 \times 10$
      $+ 16 \times 5 = 162)$ が生産されるので，1年間の純生産量から固定された二酸化炭素量を
      逆算すると，

$$170.2 \times 10^{12} \times \frac{44}{162} \times 6 \risingdotseq 277.36 \times 10^{12}(kg)$$

   (2) 生態系や地中に固定された炭素が，ヒトの活動により放出されることで大気中の二
      酸化炭素量が増加している。
   問2 問題では「各生態系の生産者」とあるが，表中にある陸地・海洋をまとめて述べると
      すれば書ける内容は多くない。もし解答欄が大きければ，陸地と海洋の特徴を次のよう
      に個別に追加することも考えられる。
      ・陸地の木本類は，年ごとの成長量が非同化器官(幹や根)として蓄積されるが，やがて
       寿命とともに大きく損なわれるため，現存量の総量は総枠では大きく変化しない。ま
       た，草本類の現存量である種子も変化しにくい。
      ・海洋の生産者の多くは植物プランクトンであり，冬場の休眠細胞は極めて少量なので，
       現存量の年変化はほとんどない。大形海藻類は陸上植物と同様と考えられる。
   問3 (1) 森林：$\dfrac{1700 \times 10^{12}\,kg}{57 \times 10^{6}\,km^2} \risingdotseq 29.82 \times 10^{6}$ kg/km^2

         草原：$\dfrac{74 \times 10^{12}\,kg}{24 \times 10^{6}\,km^2} \risingdotseq 3.08 \times 10^{6}$ kg/km^2

   問4 (1) 全陸地：$\dfrac{115.2 \times 10^{12}\,kg/年}{1836.6 \times 10^{12}\,kg} \risingdotseq 6.27 \times 10^{-2}$/年

         全海洋：$\dfrac{55.0 \times 10^{12}\,kg/年}{3.9 \times 10^{12}\,kg} \risingdotseq 14.10$/年

      ここでは，「現存量1kg当たり1年間に生産される純生産量」を「生産効率」としている
      点に注意すること。例えば，植物プランクトンは現存量が小さく，呼吸量も小さいので，
      純生産量は大きくなる(つまり，効率がよい)。これに対して，熱帯雨林などでは，現存
      量が大きく総生産量も大きくなるが，呼吸量も大きくなるので，純生産量としては小さ
      くなる(つまり，効率が悪い)。

      ──▶ 問題の表を「単位面積当たりの純生産量」で見ると，陸上においては森林や沼沢の数値が
      大きく，海洋においては浅海域が大きくなる。このことから，これらの生態系では生物種や生
      物量が大きく自然が豊かであることがわかる。浅海域では，大形海藻の集団やサンゴ礁が発
      達しており，単位面積当たりの純生産量は外洋域よりも大きくなる。

生物重要問題集　　**97**

(2) (a) 植物プランクトンが急激に増殖したのち，これを動物プランクトンが大量に捕食すると現存量に関して逆転現象が起きる。ただし，エネルギー量で比較した生産力ピラミッドでは逆転していないことに注意。

(b) 非同化器官である幹や根が大きくなると，それだけ呼吸量も大きくなるので，生産効率は悪くなる。

(c) 個体数ピラミッドや生物量ピラミッドでは，(a)のように上下が逆転する場合があるが，生産力ピラミッドについては，上下が逆転するような例は知られていない。

(d) 総生産量から多くの呼吸量を差し引いたものが純生産量であり「純生産量のほんの一部が被食量」であることは正しい。ただ，問4の問題文を見てもわかるように「純生産量÷現存量＝生産効率」としているので，生産効率の大小を論じるなら捕食される前の純生産量で比較する必要がある。そのため，そもそも被食量は無関係であり，問題の文章自体が成り立っていない。

---

121 問1 ③ g/(m² · 年) ⑦ g/(m² · 年) ⑭ g/m² 問2 300
問3 森林の生物量…18650 腐植質の存在量…14010
問4 A. 照葉樹林 B. 熱帯多雨林 C. 夏緑樹林
問5 Ⅰ. c Ⅱ. f Ⅲ. d

解説 問1 ③，⑦は「単位面積当たりの炭素量」なので，g/(m² · 年) となる。選択肢に( )があることに注意する。
⑭は「1年当たりの単位面積当たりの炭素の移動量」なので g/m² となる。

問2 「消費者全体の呼吸量」なので，動物だけでなく，分解者も消費者扱いとなる。図1のうち，上向き矢印①～④が呼吸量であり，うち①は植物の呼吸量なので，「消費者全体の呼吸量」は

160 + 130 + 10 = 300 となる。

問3 森林の生物量…現在の森林の生物量⑫に年間の成長量の⑤を加える。
腐植質の存在量…現在の腐植質の量である⑭に，年間の蓄積量の⑪を加える。

問4 表の何に注目するかが重要である。ここでは，⑭腐植質の量に着目する。
腐植質の量は，気温が高いほど分解者による分解量が多くなるため蓄積量は少なくなる。気温が低ければ分解者による分解が少なく，逆に腐植質の蓄積量が増える。このことから，腐植質が最も少ないB(6600)が熱帯多雨林，2番目のA(9300)が照葉樹林，最も多いC(14000)が夏緑樹林となる。

問5 図に関しては土壌中の温度が高いものから順にⅠ熱帯多雨林，Ⅱ照葉樹林，Ⅲ夏緑樹林となる。
選択肢は a サバンナ b 針葉樹林 c 熱帯多雨林 d 夏緑樹林 e 高山植物 f 照葉樹林 g 硬葉樹林 である。

---

122 問1 (1) a (2) c
(3) 遺伝的多様性…牧草地では人為的に有益な個体を選んで育てるため，遺伝的多様性は低下する。
種多様性…森林の内部は多様な生態的地位があり，そこに適応する種も多いが，牧草地では環境面での多様性が小さいので，種多様性は低下する。
生態系多様性…森林ではギャップ形成による多様性が生じるが，牧草地では環境が単純化されているため，生態

　　　　　　　　　系多様性は低下する。
問2　かく乱
問3　(1) 中規模かく乱説
　　　(2) 部分的なかく乱である中規模かく乱では，生態系の中に多様な
　　　　環境が生じるので，かく乱に強い種や種間競争に強い種ばかり
　　　　でなく，弱い種も生き残って共存できるため，結果として生物
　　　　多様性が増すこととなる。
問4　(1) d
　　　(2) 沖縄近海では，温暖化の影響によって海水温が上昇し，サンゴ
　　　　の白化現象が頻発している。また，オニヒトデの異常発生によ
　　　　ってサンゴが被食されている。その結果，サンゴを隠れ場所と
　　　　して利用したり，分泌物を食べて共存する生物が減少し，生物
　　　　多様性は低下している。

解説　問1　(2) 遺伝的多様性は同じ種内での多様性なので，個体
　　　　　　群との組み合わせが正しい。種多様性は異種の個体群
　　　　　　の集まりである群集が該当するが，この組み合わせは
　　　　　　選択肢にはない。
　　　問2　かく乱には自然現象(落雷や台風)によるものと人間活
　　　　　動(伐採や焼き畑)によるものとがある。
　　　問3　大規模なかく乱では，生態系が大きく破壊され，かく
　　　　　乱に強い一部の種のみが生き残る。かく乱がほとんど起
　　　　　こらない場合では，種間競争に強い種のみが生き残る。よ
　　　　　ってどちらの場合でも生物多様性は低下することになる。
　　　問4　(1) (b) レッドデータブックは，レッドリストをもとに
　　　　　　　つくられる本のことで，生息状況などの具体的な内
　　　　　　　容が記載されている。
　　　　　　(d) 実際に在来の個体群が変化した場合を遺伝子汚染と
　　　　　　　いう。
　　　　　(2) サンゴ礁を形成するサンゴは渦鞭毛藻類の褐虫藻と共
　　　　　　生し，その光合成産物を享受している。海水温が上昇す
　　　　ると褐虫藻が体内から出ていき，海水温の低いところへ移動するため，白化し死滅す
　　　　る。サンゴ礁海域は本州近海と比べて海水温が高いため大形藻類は育たず，サンゴの
　　　　褐虫藻は重要な生産者と位置づけられる。

> **⇒ 生態系の階層**
> ・**個体群**…特定の地域に生
> 　息する同種の個体の集ま
> 　りのこと。
> ・**生物群集**…特定の地域に
> 　生息する異種の個体群の
> 　集まりのことで，互いに
> 　関係しあいながら全体と
> 　してまとまりを見せる。
> ・**生態系**…特定の地域に生
> 　息する生物群集と非生物
> 　的環境とを合わせたもの
> 　のこと。生物群集は非生
> 　物的環境から影響を受け
> 　るとともに，非生物的環
> 　境に適応する。

123　問1　藻類…B，細菌…A，原生動物…C
　　　問2　汚水が流入すると，細菌はこれを取りこんで増殖するが，流入点か
　　　　　ら下流に行くほど有機物が分解されるとともに，無機塩類が藻類に
　　　　　よって利用されてしまうため増殖しにくくなる。
　　　問3　(ア) タンパク質(アミノ酸)　(イ) 亜硝酸菌　(ウ) 硝酸菌
　　　問4　(ア) 分解　(イ) 生産　(ウ) 光合成　(エ) 窒素

解説　問1　流入点で細菌が増殖すると，それを捕食する原生動物が増加する。その後，無機塩
　　　　　類が増加するとケイ藻やその他の藻類が増える。
　　　問3　上流で増加した細菌が有機物を分解すると NH_4^+ などの無機塩類が増加する。さらに

生物重要問題集　　99

下流にいくと，これらの無機塩類はケイ藻などの藻類によって利用されるので減少する。無機塩類が減少すると，藻類も減少し，やがてきれいな河川にもどる。

問4　汚水流入点では細菌が汚水中の有機物を盛んに分解するため酸素が消費される。また藻類がいないため，酸素が生産されず溶存酸素量は減少する。このため，BOD が上昇する。仮に BOD のグラフを示すとすれば，酸素のグラフの上下逆さまに近くなる。

> ■▷ BOD は生物化学的酸素要求量のことで，細菌が有機物を分解するときに必要とする酸素量のこと。数値が高いほど有機物が多いことになる。

124

問1　生物濃縮

問2　(i) カドミウム
　　　(ii) 体内での分解が困難であり，排出されにくい物質であるため。

問3　c

問4　0.01 mg

問5　自然浄化

解説　問2　(i) メチル水銀は水俣病の，カドミウムはイタイイタイ病の原因となった物質である。他に，PCB(ポリ塩化ビフェニル)，BHC(ヘキサクロロシクロヘキサン)などがある。

問3　図から，それぞれの濃縮率を計算すると次のようになる。

(a) $\dfrac{0.01}{0.005} = 2$　　(b) $\dfrac{0.2}{0.01} = 20$　　(c) $\dfrac{6}{0.2} = 30$

問4　「ppm」とは「parts per million」の頭文字で，「100万分の1」という"割合"を示しており，g(グラム)やL(リットル)などの単位とは異なる。

図の小型魚のメチル水銀の濃度は 0.01 ppm であるため，この小型魚 1 kg に含まれるメチル水銀の量(mg)を計算する。$1\,kg = 10^3\,g = 10^6\,mg$，$1\,ppm = 100$ 万分の $1 = \dfrac{1}{10^6}$ なので，

$$1\,kg \times 0.01\,ppm = 10^6\,mg \times 0.01 \times \dfrac{1}{10^6} = 0.01\,(mg)$$

125

問1　(1) 窒素化合物　(2) 光　(3) 競争(種間競争)

問2　草食獣が摂食するので植物の現存量が減少し，それにより地面に届く光の強さも上昇する。その結果，光をめぐる種間競争が緩和され，より多くの種が生育できるようになるため。

問3　2，3，5

解説　この問題では，草原における窒素化合物の添加と草食獣の影響が考察されている。

問1　実験1の内容をまとめると次のようになる。

　　・実験区 a：自然状態
　　・実験区 b：自然状態＋窒素化合物
　　・実験区 c：自然状態−草食獣
　　・実験区 d：自然状態−草食獣＋窒素化合物

窒素化合物を添加した影響を調べるためには，窒素化合物の有無だけが異なる実験区を比較する。すなわち，実験区 a と b，および実験区 c と d をそれぞれ比較する。実験1から，現存量は a＜b，c＜d であるから，窒素化合物を添加すると増加することがわかる。また，種数と光の強さに関しては a＞b，c＞d であるから，窒素化合物を添加する

100　　生物重要問題集

と種間競争が激しくなり，届く光が少なくなっている
ことがわかる。これらのことから，植物の成長におけ
る制限要因が窒素化合物から光の強さに変化したこと
がわかる。具体的には，肥料を得ていち早く大きく成
長した植物が光を独占し，競争に敗れた種が枯れるこ
とで，種数が減少したと考えられる。

問2　草食獣の種数に対する影響を調べるためには，<u>草
食獣の有無だけが異なる実験区を比較する</u>。すなわち，
実験区 a と c，および実験区 b と d をそれぞれ比較す
る。実験1から，種数は a ＞ c，b ＞ d であるから，草
食獣がいると種数の減少が緩和されることがわかる。
問1で光が制限要因だと指摘したわけだが，その制限
要因が草食獣により緩和されることを説明する。

問3　ヒツジやウシなどの家畜を想定して，よりよく摂
食する植物を考えると(2)，(3)，(5)が正解となる。タン
ニンは柿の渋みの成分で食べるには適さない。

> **かく乱の規模と種多様性**
>
> 　噴火や山火事などのように，あまりに大規模なかく乱が起こると，かく乱に強い種だけが生き残り，種多様性は低下してしまう。一方で，かく乱がほとんど起こらなければ，種間競争に強い種だけが生き残り，やはり種多様性は低下する。このため，中規模なかく乱が一定の頻度で起こった場合に種多様性が最も大きくなると考えられており，これを中規模かく乱説という。
>
> 　中規模かく乱の例としては，森林に生じたギャップや里山などがあげられる。

126　問1　小笠原

問2　(1) 小笠原諸島には，グリーンアノールと同じニッチを占める種間
　　　　　競争相手がほとんど生息していなかったため広く繁殖すること
　　　　　ができたと考えられる。

　　　(2) チョウやハチなどが激減すると，虫媒花の受粉が進まず，長期
　　　　　的には徐々に減少・絶滅すると予想される。

　　　(3) 新たに島外から導入した捕食者がグリーンアノールのみを捕食
　　　　　するとは限らず，もし他の小動物を捕食することになれば，さ
　　　　　らに島内の生物多様性を低下させる可能性がある。

解説　問1　海洋島は，長期間地理的に隔離されているので生殖的隔離も起こりやすい。よって，
　　　自然選択や遺伝的浮動により独特な進化を遂げる。

　　　問2　(1) グリーンアノールの食物となる昆虫などの種数や個体数が豊富で，空いたニッチ
　　　　　の幅が広かったことも一因である。

　　　(3) かつて奄美大島ではハブを駆除するためにマングースを導入したが，実際にはアマ
　　　　ミノクロウサギを捕食するにとどまった。

　　　　　また，外来生物の導入はその生物に寄生する病原菌やダニなどの侵入を許すことに
　　　　もなる。例えば，近年外来クワガタがペットとして輸入されているが，これらには寄
　　　　生ダニが多数ついており国内に広がっている。

生物重要問題集　　101

編末総合問題

127 問1 記号…A，バイオーム…熱帯多雨林
問2 ウ
問3 降水量が極めて少なく，昼夜の温度変化が大きい。
問4 iv
　　理由…(i)では気温が高く，分解速度が速いため有機物は速やかに無
　　　　　機物まで分解され，腐植に富んだ層は薄い。
問5 (i)で優占する樹木の葉は広葉であるのに対して，地点Eで優占する
　　樹木は細長く，針状の葉をもつ。

解説　地点Aは気温が高く降水量も多いので，地上植物が多い熱帯多雨林(i)。地点Bは降水量
が極端に少ないため，一年生植物が多く生息する砂漠(iii)。地点Cは半地中植物であるイネ
科草本が優占するステップ(ii)。地点Dは落葉広葉樹からなる夏緑樹林(iv)。気温の極端に低
い地点Eは針葉樹林。
問2　温帯の内陸部で降水量が少なく，冬には低温となる地域では，樹木はわずかしか生
　　育せず，イネ科草本が優占する。このような地域ではそれらをえさとする家畜の放牧が
　　盛んである。
問3　問題文に「気候の特徴」とあるので，「気温」および「降水量」についてその特徴を述べる。
　　砂漠には地表を遮る植生がなく，さらに水分が極端に少ないため，熱を保持することが
　　できず，気温の変化が大きくなる(水が存在すれば比熱が大きいので，熱しにくく冷めに
　　くくなる)。
問4　熱帯多雨林で腐植に富んだ層が厚くならない理由として，分解速度が速いことのほ
　　かに，降水量が多いこともあげられる。降水量が多いと，腐植に富んだ層が雨によって
　　流出してしまうため，腐植に富んだ層は夏緑樹林に比べて薄くなる。
問5　地点Eは針葉樹林なので，広葉樹と針葉樹の葉について説明すればよい。

128 問1 (1) $45\ g/m^2$　(2) $55\ g/m^2$
問2 (1) ウサギの摂食によって対照区の現存量が低下したのに対し，囲
　　　　い区では順調に成長し枯死量が増加したため。
　　(2) 対照区には囲い区にはない，ウサギの不消化排出量がもたらされ，
　　　　分解者が無機窒素化合物を生成するから。
問3 囲い区では草丈の高いイネ科草本が優占する植物群集へ移行しつつ
　　あり純生産量が増加するのに対し，対照区ではウサギの摂食により
　　草丈の低いイネ科草本が優先する植物群集が維持されたため。
問4 囲い区では背丈の高いイネ科草本から森林への遷移が進むことによ
　　って，植物の枯死体が分解されて生じる土壌有機物量が多くなり，
　　その結果，大量の無機窒素化合物ができるため。
問5 昨年から10年前までの囲い区に出現する種数を順に測定する。

解説　問1　囲い区はウサギが侵入できない区画なので，ウサギによる被食量は0である。また，
　　問題文に枯死量は無視できるとある。
　　(1) 純生産量＝成長量＋被食量＋枯死量＝(75－30)＋0＋0＝$45\ g/m^2$
　　(2) 純生産量＝成長量＋被食量＋枯死量＝(40－30)＋45＋0＝$55\ g/m^2$

102　生物重要問題集

問2 (1) 11月の枯死量とは，枯れる前の現存量のこと。
(2) 枯死体や遺体，排出物などが分解者によって分解され，アンモニウムイオンなどの無機窒素化合物が生じる。囲い区では，対照区よりも高くなった草丈の枯死体により，無機窒素化合物が生じる。一方で，対照区では，ウサギからの排出物からも無機窒素化合物が生じる。
問3 同化器官が多くなれば，純生産量も多くなる。
問5 ウサギがいれば種数が多くなることは問題文に書かれてある。ウサギのいない10年後を占うには，ウサギがいなかった囲い区の過去10年を観察すればよい。

129

問1 ① B ② A ③ B
問2 海水が表層と下層で混合され，下層から表層へと栄養塩が供給されるため。
問3 植物プランクトンの中でも小さいものが多く，原生動物や小形の動物プランクトンが一次消費者になるため，栄養段階の数が増える。
問4 生産者のサイズが大きくなるので，栄養段階が少なくなり，呼吸などで失われる有機物量が少なくなるため。

解説 問1 ① 大陸棚の表層には河川からの栄養塩の供給があるが，それらは春以降の植物プランクトンの繁殖により消費されてしまう（もし消費されずに栄養塩が残ると赤潮が発生してしまう）。下層は生産者がほとんどいないため栄養塩が消費されないことと，海洋生物の遺骸が沈降してくることから栄養塩が豊富である。
②，③ 表層は植物プランクトンの光合成により酸素濃度が高い。下層は生物遺骸の分解のため，酸素濃度が低い。二酸化炭素は酸素の逆になる。
問2 このような上昇流のある海域を湧昇域という。ペルーやカリフォルニア沖がこれに相当し，下層の栄養塩が上昇するため，植物プランクトンが繁殖し，好漁場となる。リード文には湧昇流の記述はないが，水温躍層が発達していないことから海水が混ざることに気がつきたい。
問3 問題文にある「海洋生態系の食物連鎖では，えさとなる生物とそれを摂食する生物のサイズの関係が大きな意味をもつ」という文章は，海洋生態系では「被食者＜捕食者」というサイズの関係が成り立つことを意味している。このことは，図2からも明らかである。

> **≡▶栄養段階**
> 生産者を第一段階とし，食物連鎖に沿って食べる側を食べられる側の一段上として数えた段階。

図1を見ると，エルニーニョ期では小さいサイズの植物プランクトン（2 μm付近）が多くなっているので，サイズが20 μm前後の原生生物や小形動物プランクトンが一次消費者となる。これに対し，通常期では大きいサイズの植物プランクトン（200 μm付近）が多くなるので，大形プランクトンが一次消費者となり，被食者よりもサイズの小さい原生動物や小形動物プランクトンはこれを利用できない。
問4 摂食によって得た有機物は，栄養段階を経るたびに，呼吸で消費されたり，未消化のまま体外に排出されたりして失われていくため，上位の消費者になるほど利用可能な有機物は少なくなっていく。問3より，エルニーニョ期よりも通常期のほうが栄養段階が少なくなっているので，海鳥が利用できる有機物は通常期のほうが多くなる。

生物重要問題集　103

12 生命の起源と進化

130 問1 (1) 先カンブリア時代
　　　(2) a, e, f
　　問2 (1) シアノバクテリア
　　　(2) シアノバクテリアの誕生後，しばらくの間，放出された酸素は海洋
　　　　 中の鉄イオンと反応して酸化鉄となり，海底に沈殿したため。
　　問3 (1) 生物の大量絶滅が起こったため。
　　　(2) 時期：古生代→中生代→新生代
　　　　 記号：古生代…a, c, e　中生代…b, f　新生代…d
　　　(3) c　(4) 示準化石　(5) a, b　(6) 示相化石

解説 問1 (1) 先カンブリア時代は大型の捕食者が存在せず，身を守るための硬い殻(化石とし
て残りやすい)をもつ生物が存在しなかったと考えられている。
(2) (a),(e),(f)先カンブリア時代はおよそ40億年間にも渡り，地球の歴史の長い期間を占
めている。下記の出来事は頻出なので覚えておきたい。
　〜約40億年前：海の誕生，生命の誕生
　　約27億年前：シアノバクテリアの出現
　　約20億年前：真核生物の誕生
　　約10億年前：多細胞生物の誕生
　　　約7億年前：全球凍結
(b) 初期の脊椎動物は「あご」をもたない無顎類で，約5億年前の古生代カンブリア紀
に出現した。
(c) 木本性シダの森林が形成されたのは，約3.5億年前の古生代石炭紀であるが，植
物としてはじめに陸上進出したのは原始的なコケ植物であり，約4.5億年前の古生
代オルドビス紀には陸上へ進出していたと考えられている。
(d) オゾン層が形成されたのは約5億年前の古生代カンブリア紀末で，陸上で生物が
生活できる環境が整った。
問3　古生代・中生代・新生代の境界にはそれぞれ名称がつけられている。古生代ペルム
紀 Permian と中生代三畳紀 Triassic の間は P/T 境界，中生代白亜紀 Kreide と新生代古
第三紀 Paleogene の間は K/Pg 境界とよばれ，生物の大量絶滅が起きている。
(1) ペルム紀にはパンゲア大陸が存在したが，巨大な火山活動(スーパープルーム)によ
り分裂した。白亜紀には巨大隕石がユカタン半島に衝突した。火山活動と隕石衝突の
違いはあるが，いずれも粉塵が舞い上がることで太陽光が遮断され，光合成による物
質生産が止まり，大量絶滅が起こったと考えられている。
(2) 3つの「代」は，さらにいくつかの「紀」に区分される。

先カンブ リア時代	古　　　　生　　　　代						中　　生　　代			新生代		
5.4億 (×年前)	4.9億	4.4億	4.2億	3.6億	3.0億	2.5億	2.0億	1.4億		6600万	260万 2300万	
	カンブリア紀	オルドビス紀	シルル紀	デボン紀	石炭紀	ペルム紀(二畳紀)	三畳紀	ジュラ紀	白亜紀	古第三紀	新第三紀	第四紀

(3),(4) 示準化石は「①化石の産出量が多い　②その化石の分布が広い　③特定の時代に
しか生存していない」場合に，年代を特定する基準として用いられる。動物の示準化石

104　生物重要問題集

としてはおおむね，次問(5)のような例がある。植物の示準化石としては，古生代は「木本性シダ」のリンボクが，中生代は「裸子植物」のソテツ類が，新生代は「被子植物」が有名である。
(5) (a) アンモナイト：中生代　(b) 恐竜：中生代　(c) 無顎類：古生代（オルドビス紀）
　　(d) ビカリア：新生代　(e) フズリナ：古生代　(f) 哺乳類：新生代
(6) 例えば，サンゴの化石からは亜熱帯性の浅い海であったことがわかる。

131

問1　原始地球は微惑星の衝突によって誕生し，この衝突により生じた熱エネルギーが二酸化炭素や水蒸気による温室効果によって蓄熱され，高温になった。

問2　海底では高い水圧がかかるので沸騰が抑えられているため。

問3　アミノ酸

問4　膜で包まれた構造ごとに特定のはたらきを効率よく行うことができる。

問5　細胞膜をつらぬくタンパク質は，外部からのシグナルを受容することにより，細胞内外での情報交換を可能にした。また，選択的な物質の輸送も行われるようになり，有用な物質の貯蔵も可能となった。

問6　(ア) みずからが排出する二酸化炭素により海水が酸性化することに加え，環境中の有機物が減少するため，増殖には限界があった。
　　(イ) 太陽の光エネルギー　(ウ) 水
　　(エ) 放出された二酸化炭素が海水中に溶けこみ，藻類などの光合成によって有機物に固定されたため。

解説　問2　現在の熱水噴出孔でも沸騰しているわけではない。

問3　アンモニアとメタンからはじめにできるのはシアン化水素で，その後にグリシンやアラニンなどの簡単な構造のアミノ酸ができる。ただし，現在では原始大気は二酸化炭素，一酸化炭素，窒素，水蒸気が主成分で，ミラーが考えたような CH_4 や NH_3 などの還元型大気ではなかったと考えられている。

問4　細胞膜のことを問われているわけではなく，細胞内部に形成された膜構造について問われている点に注意する。問題文の「細胞内部の膜で包まれた構造」というのは，具体的には，核や小胞体，ゴルジ体など（あるいはミトコンドリアや葉緑体）を指すと考えられ，つまり真核細胞のことである。細胞の中に膜による区画ができることは，例えるなら，町の中にさまざまな施設が形成されるようなものであり，より複雑でさまざまな反応を効率よく行うことができるようになったと考えられる。

問5　細胞膜をつらぬくタンパク質としては，受容体やチャネル，ポンプ，接着タンパク質などがある。これらによって，細胞内外の情報伝達や，物質の移動，他の細胞との結合などが可能になった。

問6　(ア) 題意に沿えば，生物①が繁栄した時代には，生物②や生物③のような二酸化炭素を利用して光合成や化学合成を行う独立栄養生物はまだ誕生していなかったと考えられる。よって，生物①が原始の海に増え続ければ，二酸化炭素が海水中に排出され続け，海水が酸性化したと推測できる。さらに，光合成や化学合成によって有機物が合成されないので，その増殖には限界があったと考えられる。

(イ) 別解として，「無機物を酸化したときに放出される化学エネルギー」でもよい。

(ウ) 生物③は O_2 発生型の光合成を行うシアノバクテリアだと考えられる。

(エ) (ア)の設問とは異なり，生物④が繁栄した時代には，独立栄養生物がすでに存在していたと考えられる。

生物重要問題集　　105

132 問1　㋐ オゾン　㋑ 維管束　㋒ 胞子　㋓ シダ　㋔ 節足　㋕ 両生
問2　重力が大きくかかる。水分が失われやすい。
　　　気温の変化が激しい。
問3　シャジクモ類
問4　体表面からの水分の損失を防ぐ。
問5　4　　問6　2　　問7　3, 4

解説　問2　水は熱しにくく冷めにくい性質があるので，海中よりも陸上のほうが温度変化は激
　　　　　しくなる。また，水中では浮力がはたらくため，陸上よりも重力の影響が小さくなる。
　　　問3　シャジクモは藻類の一種であり，淡水で生育する。コケ植物と似た生活環をもち，
　　　　　胞子体の時期が短く，配偶体の時期が長い。また，藻類で唯一，多細胞の造精器と造卵
　　　　　器をもつが，コケ植物のものとは発生起源が異なる。クックソニアは気孔や胞子のうは
　　　　　認められるが維管束は確認されておらず，シダとは異なる。また，胞子体の茎が二又に
　　　　　なるのでコケとも異なる。
　　　問5　この場合はシダ植物と種子植物の中間形生物であるソテツシダ（シダ種子植物）を選
　　　　　ぶ。ちなみにスギナ（シダ植物）の胞子体はツクシ。メタセコイアは新生代第三紀に繁栄
　　　　　した裸子植物。
　　　問6　陸上に上がることで浮力が得られなくなり，自身の重さを支えるために肋骨が発達
　　　　　した。
　　　問7　卵殻を獲得して生息域が広がったことで陸上生活に適応したと考えれば③, ④となる。

133 問1　① b　② d　③ a
問2　大後頭孔の位置が頭蓋骨の真下にある。
　　　脊柱が S 字型に湾曲している。
　　　骨盤が横に広く内臓を支える形になっている。
　　　大腿骨が内側に向かいながら骨盤に接する。
　　　後肢の指が短く，かかとや土ふまずがある。　　などから 2 つ。
問3　眼窩上隆起が退化している。
　　　犬歯が退化し，歯列が放射状になっている。
　　　あごが小さく，おとがいが発達している。　　などから 2 つ。
問4　炭素の放射性同位体である ^{14}C は生体内でも大気中でも一定の割合
　　　で存在するが，生物体の死後には取りこまれることはなく，時間の
　　　経過とともに半減期を迎え一定の割合で減少していくので，残存す
　　　る ^{14}C の割合から年代を推定することができる。
問5　ミトコンドリア DNA の塩基の置換速度は核 DNA よりも大きいので，
　　　近縁種の分岐年代測定に適する。また，ミトコンドリア DNA は多
　　　量に存在するため分析しやすい。さらに，卵細胞のみに由来する母
　　　性遺伝であり，核 DNA のように組み換えが起こることもないため，
　　　起源をたどりやすい。
問6　4 万 5000 年前のホモ・サピエンスはネアンデルタール人と交雑し
　　　ていたため，ネアンデルタール人由来の長いゲノム領域をもってい
　　　た。その後，ネアンデルタール人が絶滅してホモ・サピエンスどう
　　　しの交雑が進み，ネアンデルタール人由来ゲノムが徐々に失われた
　　　りして短くなったと考えられる。

106　生物重要問題集

解説 初期の化石人骨はすべてアフリカで発見されており，人類はアフリカ起源だと考えられている。また，以前は大地溝帯近辺での発見が相次いでいたが，最近では内陸部でも見つかるようになった。

問1 ホモ・エレクトス（原人），ホモ・ネアンデルターレンシス（旧人），ホモ・サピエンス（新人）はいずれもその名称に「ホモ」が付くことから，「**ホモ属**」としてまとめられる。ホモ・エレクトスより以前の人類は「**猿人**」とよばれ，類人猿のなかまから分岐した後，直立二足歩行を行うようになった。

問2 犬などは"お座り"をしたとき，前から見ると両足が八の字に開いている。一方，人類は，二足歩行に伴って大腿骨が内向き（内また気味）に進化し"体育すわり"ができるようになった。

問3 眼窩上隆起はかみしめた際に力を受け止めるはたらきがある。

問4 普通の炭素が ^{12}C であるのに対し，**炭素の放射性同位体としては ^{14}C がよく知られている**。^{14}C は半減期5730年で崩壊して ^{14}N になるが，この年数などまで覚えておく必要はない。

問5 ヒトの精子のミトコンドリアは卵内へ進入するが，卵内で分解されるため，母親由来のミトコンドリアだけが遺伝する。そのため，ミトコンドリアのDNAを調べることによって，現生人類の共通の祖先は，約20万年前にアフリカで生活していたヒトであるとする「ミトコンドリアイブ説」が唱えられている。

■▶ **猿人**（脳容積：300 ～ 500 mL）

サヘラントロプス…約600 ～ 700万年前。最古の猿人。チャドで発見された。眼窩上隆起が厚い"類人猿"的な特徴を残している。不完全な二足歩行をしていた。

ラミダス猿人（アルディピテクス・ラミダス）…440万年前。エチオピアで全身骨格が発見された。直立二足歩行を行うことができた。

アウストラロピテクス…約200 ～ 400万年前。代表例は，ほぼ全身の骨格が発見された「ルーシー（350万年前）」とよばれる化石。

■▶ **原人**（脳容積：1000 mL 程度）

ホモ・エレクトス…約200万年前。アフリカで誕生し各地に散らばるが，ほとんどは絶滅した。石器や火を使用していた。

■▶ **旧人**（脳容積：1500 mL 程度）

ホモ・ネアンデルターレンシス（ネアンデルタール人）…約20 ～ 40万年前。複雑な石器をつくり，埋葬も行った。およそ3万年前に絶滅した。

■▶ **新人**（脳容積：1500 mL 程度）

ホモ・サピエンス…約25 ～ 35万年前にアフリカに誕生し，10万年ほど前にアフリカを出て各地へ進出した。ネアンデルタール人（旧人）と一部交雑したと考えられている。

問6 交雑個体がホモ・サピエンスと交雑すると，**減数分裂の際の染色体の乗り換えによってネアンデルタール人由来のゲノム領域が徐々に短くなったり，失われたりしたと考えられる。また，トランスポゾンやレトロポゾンによって破壊され，減っていったことも考えられる。

---

134 問1 ㋐ 生きている化石 ㋑ 相似 ㋒ 相同 ㋓ 痕跡 ㋔ 反復（発生反復）
㋕ 1心房1心室 ㋖ 2心房1心室

問2 卵生で総排出腔をもつなどは虫類の特徴をもつとともに，体表が毛でおおわれ，母乳を与えて子を育てるなど哺乳類の特徴ももつ。

問3 イチョウ，メタセコイア，トクサなどから1つ

問4 ヒトの盲腸（虫垂），尾骨，瞬膜などから1つ

問5 b，c，d

問6 ニワトリの窒素排出物の変化

問7 心臓が2心房1心室になる段階

生物重要問題集 **107**

解説 問2 カモノハシが属する単孔類とは，総排出腔(1つの孔)に由来している。

問5 (c) 脊椎動物の網膜は，脳の一部が突出した眼杯から形成され，視神経は網膜の表側を通る。タコの眼は外皮が落ちこんでできたもので，視神経は網膜の裏側にある。

(d) ジャガイモのいもは茎が，サツマイモのいもは根が変化したもの。

(e) ヘチマもキュウリも巻きひげは茎の変化したもの。エンドウの巻きひげは小葉の変化したもの。

問6 次のような例をあげてもよいだろう。
「ウマの前肢の指は発生の初期には4本であるが，しだいに減っていく。」
「エビやカニはどれも幼生としてノープリウスやゾエアを経過する。」

問7 実際にどの段階で消えるかを聞いているわけではない。「③の説にしたがった場合，予想されるか」であるから，えらを使わなくなる「両生類が陸上にあがった段階」を答えればよい。

---

135 問1 (1) 環境変異とは，次の世代に遺伝しない変異のことである。この形質は世代を経て受け継がれているため，環境変異とはいえない。

(2) その形質が，環境変異など，次の世代に遺伝しない形質であるため。

問2 集団内の個体に，生存に有利でも不利でもない中立な突然変異が起こった場合。

問3 (1) 小さな集団の場合は個体数が少なく，生存に有利な形質の遺伝子であっても，その遺伝子頻度が偶然によって減ることがあるため。

(2) びん首効果

問4 (1) 環境などの変化によって，祖先がもっていた形質が生存上有利なものではなくなり，新しい環境に適応した形質が自然選択によって残された結果，祖先にとって有利であった形質が子孫では失われることがある。

(2) a，d

解説 問1 下線部のように，生息環境に有利な形質をもつ個体が生き残ることで進化につながるとする説を自然選択説といい，ダーウィンによって最初に提唱された。一方，環境変異は遺伝子に起こる変異ではないため，次世代に受け継がれない。

問2 集団の中で生存に有利でも不利でもない(中立な)突然変異が起こると，自然選択がはたらかず，変異は遺伝的浮動により集団内に広まる。そのため，集団内の多様性(遺伝的多様性)が維持される。この考え方を中立説といい，木村資生によって提唱された。

問3 偶然によって集団内の遺伝子頻度が変化することを遺伝的浮動という。また，個体数が激減した小さな集団において，遺伝的浮動のはたらきが強くなることで遺伝子頻度が大きく変化することをびん首効果という。びん首効果がはたらいた場合，集団内の遺伝的多様性が極端に低くなり，突然の環境の変化などに対応できず，絶滅しやすくなる。

問4 (2) 環境に応じた形質の変化とそれによる進化に直接関係のあるものを選べばよい。

(a)の適応放散は，生物が共通の祖先から異なる環境にそれぞれ適応するように進化し，多様化することであるため，(1)と直接関係があると考えられる。

(b)の生殖的隔離は，地理的隔離などによって交配できなくなった集団どうしが長い期間をかけてそれぞれに変化し，交配できない状態になることをいうため，不適。

(c)の相似器官は，起源が異なるものの，収束進化の結果同じような形態やはたらきをもつようになった器官のことであり，不適。

108　生物重要問題集

(d)の痕跡器官は，祖先にとって必要であった機能や形質が，環境の変化に伴って不要となって萎縮したものであり，(1)と直接関係がある。

(e)の中立説は，生存に有利でも不利でもない突然変異は遺伝的浮動により集団内に広まるという説であり，不適。

(f)の用不用説は，よく使用する器官が発達し，使用しない器官が退化することの繰り返しによって進化が起こるという説であるが，この説自体が否定されており，不適。

136 問1　(ア) ハーディ・ワインベルグ　(イ) p^2　(ウ) $2pq$　(エ) q^2
(オ) Hb^AHb^A　(カ) Hb^SHb^A　(キ) ヘテロ接合体
問2　$p = \dfrac{2P + H}{2}$, $q = \dfrac{H + 2Q}{2}$
問3　Hb^SHb^S … 100人　Hb^SHb^A … 1800人　Hb^AHb^A … 8100人
問4　① B　② E　③ A　④ D

問1　遺伝子 A と a の頻度を p および q とすると，次世代の遺伝子型の頻度は，
　　$(pA + qa)^2 = p^2AA + 2pqAa + q^2aa$

問2　AA, Aa, aa の頻度が P，H，Q なので，$AA : Aa : aa = P : H : Q$ とすることができる。このとき，$A : a = 2P + H : H + 2Q$ なので，遺伝子 A の頻度 p は次のようになる。
$$p = \frac{2P + H}{(2P + H) + (H + 2Q)} = \frac{2P + H}{2(P + H + Q)} = \frac{2P + H}{2}$$
あるいは次のように考えてもよい。
　　$p^2 = $ P，$2pq = $ H，$q^2 = $ Q　とする。
　　$p + q = 1$ より，$p = 1 - p$ なので，これを $2pq = $ H に代入すると，
　　　$2p(1 - p) = $ H
　　　$2p - 2p^2 = $ H
　　ここで，$p^2 = $ P なので，$2p - 2$P $= $ H
　　よって，$p = \dfrac{2P + H}{2}$

　　同様に，$q = \dfrac{H + 2Q}{2}$

　　ちなみに，この導き方では p を P と H で示したが，P + H + Q = 1 なので，p を P と Q，あるいは H と Q で示すことも可能である。

問3　問2に P $= \dfrac{11}{10000}$, H $= \dfrac{1978}{10000}$, Q $= \dfrac{8011}{10000}$ を代入する。

　　すると，$p = 0.1$, $q = 0.9$ となる。

　　もし，ハーディ・ワインベルグの法則が成り立つと仮定した場合，それぞれの遺伝子型の頻度は，
　　　$(0.1Hb^S + 0.9Hb^A)^2 = 0.01Hb^SHb^S + 0.18Hb^SHb^A + 0.81Hb^AHb^A$

　　よって，全体の 0.01 が Hb^SHb^S であることが期待されるので，遺伝子型 Hb^SHb^S の期待値は次のようになる。

　　　10000 人 $\times$ 0.01 $=$ 100 人

問4　① Hb^SHb^S の人が生殖年齢まで達する確率が上がるなら，遺伝子 Hb^S を残す確率が高くなる。③も同様であるが，マラリア病原虫に対して抵抗性をもつ Hb^SHb^S，Hb^SHb^A のほうが，Hb^AHb^A に比べて死亡率は低くなるため，遺伝子 Hb^S が残る確率は①より高くなる。

生物重要問題集　　109

② 遺伝子型 Hb^SHb^S のマラリア病原虫に対する優位性がなくなるので遺伝子 Hb^S の頻度は減少する。

④ Hb^S と Hb^A の間で自然選択がはたらかなくなるので，現在の頻度が保たれる。

なお，図の C では，偶然によって遺伝子頻度が変化しており，これは遺伝的浮動を表している。

137

問1　㋐,㋑ AA, AO　㋒,㋓ BB, BO

問2　㋔,㋕ 青斑型，無紋型　㋖,㋗ 赤斑型，無紋型

問3　$p = 0.30$　$q = 0.20$　$r = 0.50$
　　根拠…青斑型の頻度が 0.24，無紋型が 0.25　より，
$$p = 1 - \sqrt{0.24 + 0.25} = 1 - \sqrt{0.49} = 1 - 0.7 = 0.3$$
　　同様に赤斑型の頻度が 0.39 だから，
$$q = 1 - \sqrt{0.39 + 0.25} = 1 - \sqrt{0.64} = 1 - 0.8 = 0.2$$
　　$p + q + r = 1$ だから，$r = 1 - 0.30 - 0.20 = 0.50$

問4　$BB \times AA$, $BB \times AO$, $BB \times AB$, $BO \times AA$, $BO \times AO$, $BO \times AB$

問5　0.51
　　根拠…赤色の斑紋が観察される個体は赤斑型か赤斑・青斑型のどちらかで，
　　この集団はハーディ・ワインベルグの法則にしたがっているので，
　　この遺伝子頻度の和を求める。赤斑型は AA か AO であるから，
$$p^2 + 2pr = 0.09 + 0.30 = 0.39$$
　　赤斑・青斑型は AB だから，$2pq = 0.12$
　　よって，$0.39 + 0.12 = 0.51$

解説　問2　p と同様に q についての式を導くと次のようになる。
$$q = 1 - p - r$$
$$q = 1 - \sqrt{(p + r)^2}$$
$\sqrt{}$ 内を展開すると $p^2 + 2pr + r^2$ となり，p^2 は AA の頻度を，$2pr$ は AO の頻度を，r^2 は OO の頻度をそれぞれ表している。よって，$p^2 + 2pr = $ 赤斑型の頻度，$r^2 = $ 無紋型の頻度となる。

問3　あるいは，次のように考えてもよい。
　　赤斑型（AA か AO）の頻度が 0.39 であるから，$p^2 + 2pr = 0.39$ …①
　　無紋型（OO）の頻度が 0.25 であるから，$r^2 = 0.25$ より $r = 0.5$ …②
　　①と②より，$p = 0.3$
　　$p + q + r = 1$ より，$q = 0.2$

問4　青斑型の雌の遺伝子型は BB か BO。次世代は赤斑を含むので AA, AO, AB のいずれか。よって，交配した雄は A を必ず含み，AA か AO か AB の3通りとなる。

雌 BB ×雄 AA	→	AB	
雌 BB ×雄 AO	→	AB, BO	
雌 BB ×雄 AB	→	AB, BB	
雌 BO ×雄 AA	→	AB, AO	
雌 BO ×雄 AO	→	AB, AO, BO, OO	
雌 BO ×雄 AB	→	AB, AO, BO, BB	

問5　無作為に交配させた場合の遺伝子頻度は次のようになる。
$$(pA + qB + rO)^2 = p^2AA + q^2BB + r^2OO + 2pqAB + 2prAO + 2qrBO$$

　　　　　　　　　　　　　　赤斑型　　　　　　　　赤斑・青斑型　赤斑型

110　生物重要問題集

138	2と3との間…3
	3とウサギとの間…14
	3とカモノハシとの間…25

解説　与えられた式から　$a = 6$, $b = 8$, $c = 12$
図2において,
　　イヌ–ヒト；$y + x + 6 = 18$
　　イヌ–ウサギ；$y + z = 27$
　　ヒト–ウサギ；$6 + x + z = 25$
　　よって,　$x = 2$, $y = 10$, $z = 17$
図3において, 2と3の間の進化距離をα, 3とウサギの間の進化距離をβ, 3とカモノハシの間をγとする。
　　イヌ–ウサギ；$10 + \alpha + \beta = 27$
　　イヌ–カモノハシ；$10 + \alpha + \gamma = 38$
　　ウサギ–カモノハシ；$\beta + \gamma = 39$
　　よって,　$\alpha = 3$, $\beta = 14$, $\gamma = 25$

139	問1　① 自然選択　② 種間競争
	問2　(1) 地理的隔離　(2) 適応放散
	問3　ひなが生まれる時期に捕獲し, 親のくちばしの厚みを計測する。その親から生まれたひなに足環などの標識をつけて放鳥し, ひなが成熟した後に再捕獲して厚みを計測する。
	問4　傾きが1に近いということは, 親のくちばしの厚みと子の厚みが近いことを示しており, この形質は世代間で遺伝すると推察される。
	問5　結果…干ばつ後に生まれた個体のくちばしの厚みの分布は, 干ばつ前の個体と比べると, より厚いほうにシフトしている。
	推察…干ばつによって種子の量が減少し, 種子も大きくて堅いものが残ったため, これを食べて生き残ったくちばしの厚い親から次世代にくちばしの形質が遺伝した。
	問6　遺伝的浮動；集団内の個体数が少ない場合
	問7　変化…干ばつ後にくちばしの厚みは小さくなった。
	理由…1977年の干ばつ時とは異なり, 島内にはオオガラパゴスフィンチも生息している。このため, 種子の少なくなった干ばつ時には, ガラパゴスフィンチとオオガラパゴスフィンチとの間で種間競争が起こり, よりくちばしの小さいガラパゴスフィンチが生き残って次世代を増やした。
	問8　*BB* … 0.36, *BP* … 0.48, *PP* … 0.16

問3　親のくちばしの厚みを測定し, その子に何らかの標識を付け, 成熟した後に再び捕獲してくちばしの厚さを測定する。足環などの具体的な標識方法がわからなくても,「標識を付ける」という点にさえ気づけば解答できるだろう。

問4　傾きが0.82ということは, 子のくちばしが親に比べてやや小さいということを示しているが, この点はさほど重要ではない。重要なのは, その関係が直線状になるという点で, これは, 親のくちばしの厚さと子のくちばしの厚さの間に相関があることを示しており, すなわち, くちばしの厚さは遺伝によって子に受け継がれる形質であることを

生物重要問題集　　**111**

示している。

問5　問題文に「食物となる種子の量が減り，残った種子も通常より大きくて堅いものが多かった」とある。くちばしの小さい個体は生存しにくく，くちばしの大きな個体では生存して子を残しやすかったと考えられる。

問6　偶然による遺伝子頻度の変化を遺伝的浮動という。大きな集団では遺伝的浮動の影響は小さいが，小さな集団では影響が大きく，遺伝的頻度が変化しやすくなる。

問7　2003年には，1977年当時存在しなかった「ガラパゴスフィンチよりもくちばしの大きいオオガラパゴスフィンチ」が存在していることに注意。ガラパゴスフィンチは，1977年にはくちばしが大きくなり，2003年には小さくなったということになる。

問8　大ダフネ島における対立遺伝子 B と対立遺伝子 P の遺伝子頻度はそれぞれ，

$$B : 0.22 + \frac{0.46}{2} = 0.45 \qquad P : \frac{0.46}{2} + 0.32 = 0.55$$

島Aにおける対立遺伝子 B と対立遺伝子 P の遺伝子頻度はそれぞれ，

$$B : 0.56 + \frac{0.38}{2} = 0.75 \qquad P : \frac{0.38}{2} + 0.06 = 0.25$$

「2つの集団が同等の大きさで完全に混じり合い」とあるので，2つの集団がつながって混じり合った集団でのそれぞれの頻度は，2つの集団の平均値として求められる。

$$B : \frac{0.45 + 0.75}{2} = 0.6 \qquad P : \frac{0.55 + 0.25}{2} = 0.4$$

よって，次世代は，

$$(0.6B + 0.4P)^2 = 0.6^2 BB + 2 \times 0.6 \times 0.4 BP + 0.4^2 PP$$
$$= 0.36BB + 0.48BP + 0.16PP$$

13 生物の系統

140 問1 (イ) 二名法 (ロ) 綱 (ハ) 門 (ニ) リンネ (ホ) 個体 (ヘ) 交配 (ト) 自然
(チ) 変異 (リ) 系統樹
問2 ① b ② e 問3 種分化

解説 問2 現在知られている生物種は約 190 万種といわれ，そのうち節足動物は約 100 万種(約
50 %)，昆虫類は約 75 万種といわれる。このことがわかっていれば，動物では(a)や(c)は
ありえないので，(b) 115 万に絞ることができるだろう。植物については，(f)はないので，
(d)か(e)ということになるが，4 万では明らかに少なすぎるので(e) 40 万にしぼることがで
きる。正確な生物種数というのは当然ながら数えようもなく，文献によっても異なるし，
その文献がいつの時代のものかによっても異なるので注意する必要がある。
問3 現存の種から新しい種が生じることを種分化という。生物進化の基本的な過程と考
えられている。

141 問1 外部形態が異なっていても，それらの交配によって生まれた次世代
に生殖能力がある場合，同種としているため。
問2 共生説
概略…嫌気性細菌の中に好気性細菌が共生してミトコンドリアにな
り，シアノバクテリアが共生して葉緑体になり，現在の真核
生物が誕生したと考える説。
問3 (a) 生産者 (b) 分解者 (c) 消費者
問4 コケ植物・シダ植物
特徴…花をつくらず，胞子生殖を行い，花粉の代わりに精子が卵細
胞まで泳いで受精する。
問5 二胚葉動物はからだが外胚葉と内胚葉からなり，三胚葉動物は外胚
葉と中胚葉と内胚葉からなる。
名称…刺胞動物(または有しつ動物)

解説 生物の分類や界の分け方にはいくつかの考え方があって，かつては，動物界と植物界の
2 つや，それに原生生物界を加えた 3 つに分ける方法がとられていた。**五界説**は，それら
に原核生物界と菌界を加えて 5 つに分ける考え方である。五界説にもいくつかの説があり，
ホイッタカー(ホイタッカー)は，多細胞の藻類(紅藻，褐藻，緑藻)を植物界に分類したが，
その後，マーグリスによって，多細胞生物であってもからだの構造が単純であるとして，
これらの藻類を原生生物界に含める説が提唱された。
問1 交配ができるだけでは同種とはいえない点に注意する。その種が存続するためには，
交配によって誕生した子に生殖能力があることが必要である。例えば，ウマとロバは交
配可能であり，その子はラバとよばれるが，ラバには生殖能力がないので，子孫を残す
ことができない。このため，ウマとロバは別種として認識される。一方で，ブタとイノ
シシは交配可能でその子には生殖能力があるので，ブタとイノシシは実は同じ種である
ということになる。
問2 「真核生物の細胞内構造の起源に関する説」と捉えて解答している。この説の根拠と
しては，ミトコンドリアと葉緑体が，核と異なる独自の DNA をもつことや，これら細胞
小器官が二重膜をもつことなどがあげられる。

生物重要問題集 **113**

「真核生物の核の起源に関する説」と捉えて、"シアノバクテリアなどの原核細胞の細胞膜が陥入し、それがDNAを包むことで核ができた"とする膜進化説を答えてもよい。
問3　「生態学的な役割」とあるので、生産者・分解者・消費者を思いつく。分解者を消費者の一部とする場合もあるが、ここでは題意から、分解者と消費者を分けて解答とした。
問4　コケ植物やシダ植物では、精子が水中を泳いで卵細胞に到達するので、生育環境に水がないと受精が成立しない。
問5　二胚葉性の動物には刺胞動物や有しつ動物がある。刺胞動物にはサンゴやクラゲ、ヒドラなどが、有しつ動物にはクシクラゲなどが含まれる。また、胚葉の存在しない無胚葉性の動物にはカイメンがある。

142
問1　右図
問2　支持する
　　　理由…ミトコンドリアのEF-1はほかの真核生物や古細菌よりも大腸菌に近縁であり、同様に葉緑体のEF-1はシアノバクテリアに近縁であるため。
問3　右図
問4　図2のEF-1の系統樹を見ると、真核生物であるヒト・酵母菌・イネが、古細菌であるメタン生成菌・好塩菌から分岐した時期よりも、細菌であるシアノバクテリア・大腸菌から分岐した時期のほうが以前であることを示しているため。

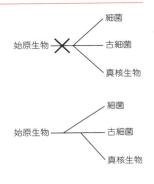

解説　問1　図2におけるEF-1とEF-2の系統樹それぞれで細菌、古細菌、真核生物が同じように分岐している。これは3つのドメインが分岐する前にEF-1とEF-2がEFから分岐したことを意味する。
問2　図2の系統樹には「ミトコンドリア」や「葉緑体」も含まれている点に注目する。ここから、ミトコンドリアは大腸菌と近縁であり、葉緑体はシアノバクテリアと近縁であることを読み取ることができる。マーグリスの提唱した共生説では、ミトコンドリアが(大腸菌などの)好気性細菌に由来し、葉緑体がシアノバクテリアに由来するとされているので、図2の系統樹とよく合致し、このことは共生説を「支持する」ための根拠となりえる。
問3,4　図2を見ると、EF1およびEF2のいずれの枝においても、細菌(大腸菌、シアノバクテリア)の枝がはじめに分岐し、続いて古細菌(メタン生成菌、好塩菌)の枝が、最後に真核生物(ヒト、酵母菌、イネ)の枝が分岐していることから判断する。

143
問1　(A) コケ　(B) シダ　(C) 裸子　(D) 被子
問2　(a) D　(b) A　(c) D　(d) C　(e) B　(f) B　(g) D　(h) D　(i) C
問3　種子
問4　(C) a　(D) c　　問5　(B) c　(C) f　(D) a
問6　e　　問7　a, b
問8　クックソニア、b
問9　原始的な真核細胞に好気性細菌が共生してミトコンドリアとなり、さらにシアノバクテリアが共生して葉緑体となった。

解説 問1 陸上植物はコケ植物・シダ植物・種子植物の大きく3つに分けられる。シダ植物と種子植物は維管束をもつため，維管束植物ともよばれる。維管束植物のうち，種子をもつものを種子植物という。種子植物は子房の有無などによって，さらに裸子植物・被子植物に分かれる。

問2 (e) スギナは聞きなれないかもしれないが，いわゆる「ツクシ」のことで，(f) トクサも同じなかまである。ほかにも，ヒカゲノカズラやクラマゴケ，マツバラン，ゼンマイ，ワラビなども知っておきたい。

(h) マダケはいわゆる「竹」である。

問4 胚乳は種子植物に特有の構造で，種子内で胚を取り囲んでいる。そして，胚は胚乳から栄養分を吸収して成長する。

裸子植物では受粉前に胚乳が形成され，多細胞性の胚のう(n)のうち造卵器以外の細胞がそのまま胚乳となる。よって，裸子植物の胚乳の核相は n である。被子植物では受粉してから胚乳が形成される。イチョウは受粉前に胚乳に栄養を蓄え始めるので，胚乳の核相は n。被子植物の胚乳の核は，重複受精の結果，2個の極核と精細胞の核との合体によってできるので，核相は $3n$。

問5 おおむね，次のように対応する。
古生代＝魚類・両生類時代≒シダ植物時代
中生代＝は虫類時代≒裸子植物時代
新生代＝哺乳類時代≒被子植物時代

問6 オビケイソウはケイ藻類，ヒジキは褐藻類，オニマワリは紅藻類，ムラサキホコリは変形菌類。

---

144 問1 ① カイメン ② クラゲ
問2 旧口動物では原腸胚期に生じる原口が口になるが，新口動物では原口とは別の部位に新たに口が生じる。
問3 節足動物…ミジンコ，線形動物…カイチュウ
問4 ともに体節をもつ。
問5 B
問6 へん形動物には消化管があるものの肛門がない。
問7 カエル，ナマコ

解説 動物名群にある動物についてまとめると，カイチュウ(線形動物)，カイメン(海綿動物)，カエル(脊椎動物)，クラゲ(刺胞動物)，ゴカイ(環形動物)，タコ(軟体動物)，ナマコ(棘皮動物)，プラナリア(へん形動物)，ミジンコ(節足動物)，ワムシ(輪形動物)。

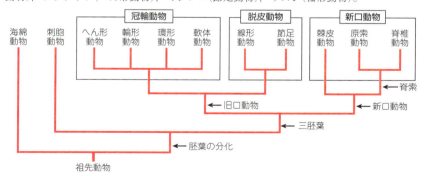

問2 「発生様式に見られるおもな違い」とあるので原口の運命について説明すればよい。

問3 線形動物と節足動物は旧口動物の中で脱皮動物としてまとめられる。線形動物は円筒状の細長いからだをもち，カイチュウやセンチュウなどが知られている。節足動物は動物の中で最大の分類群で，昆虫類や甲殻類のほか，クモ類，ムカデ類，ヤスデ類などがある。このうち，ミジンコは甲殻類に属し，エビやカニのなかまである。

問4 環形動物と節足動物はともに体節をもっているため近縁とされてきたが，現在では，体節は収束進化の結果と考えられている。

問5 (A) ディプルールラ幼生とは，新口動物の(消化管が開通している)幼生の総称で，ウニのプルテウス幼生やヒトデのビピンナリア幼生がこれに相当するが，高校の教科書には登場しない。

(B) トロコフォア幼生を経て発生する生物として，ゴカイなどの環形動物と貝類などの軟体動物があげられる。

(C) ノープリウス幼生の多くはゾエア期を経てエビやカニなどになる。

(D), (E) ウニの発生過程は，受精卵→桑実胚→胞胚→原腸胚→プリズム幼生→プルテウス幼生→成体。

問6 別解として，「へん形動物は表皮と消化管との間に体腔がない無体腔動物」としてもよい。体腔は，中胚葉由来の組織で囲まれてできる真体腔と胞胚腔に由来する原体腔がある。原体腔はさらに，空間が埋まってしまって残っていない無体腔(へん形動物)と，胞胚腔由来の空間がそのまま残っている偽体腔(輪形動物，線形動物)に分けられる。以前は動物の系統を考えるうえで体腔の種類が重要視されたが，現在では，体腔の種類と系統とは直接関係がないことがわかっている。

問7 新口動物は，棘皮動物，原索動物，脊椎動物からなる。

---

145 問1 ㋐ 従属 ㋑ 分解者 ㋒ 胞子 ㋓ 菌糸 ㋔ 子のう ㋕ 減数分裂

問2 酵素を体外に放出し，有機物を低分子物質や無機物に分解してから，それを栄養として体内に吸収する。

問3 生産者や消費者の排泄物や遺体，枯死体などに含まれる有機物を無機物に分解する。

問4 原核生物界(モネラ界)
特徴…染色体を囲む明りょうな核膜がなく，ミトコンドリアなどの細胞小器官をもたない。

解説 担子菌類の胞子から発芽した単相の1核(n)をもつ菌糸を一次菌糸といい，一次菌糸が接合してできる単相の2核($n + n$)をもつ菌糸を二次菌糸という。いわゆるキノコとよばれる子実体は二次菌糸からなる。

問1 問題文では，担子菌類，子のう菌類，接合菌類が説明されているが，これら以外にもツボカビ類などが菌類に含まれる。

問2 菌類は光合成も化学合成も行わないので，自らで栄養分をつくり出すことはできない。したがって，動物と同じように従属栄養生物である。菌類を特徴づけるもっとも重要な点は栄養分の獲得方法である。菌類は，動物のように食物をそのまま取りこむということをせず，加水分解酵素を体外に放出することによって食物を分解・吸収する。また，菌類のもつ菌糸構造は，こうした栄養分の分解効率を高めている。

> **菌類の例**
> **担子菌類**：シイタケ，マツタケ，シメジ，キクラゲなど
> **子のう菌類**：アカパンカビ，アオカビ，セミタケなど
> **接合菌類**：クモノスカビ，ケカビなど

116 生物重要問題集

問3　分解者には，細菌や菌類をはじめとして，ミミズやダニなどの多細胞生物も含まれる。

問4　ホイッタカーは，生物を原核生物界(モネラ界)，原生生物界，植物界，菌界，動物界の5つに分ける五界説を提唱した。原核生物だけが独立した1つの界に分類され，真核生物は残りの4つに分類された。

146　問1　㋐-b, c, d　㋑-a　㋒-d　㋓-a　㋔-b

問2　珍渦虫が新口動物であるなら，初期発生における原口付近から肛門が形成され，原腸の先端部から口が形成されるはずであるが，珍渦虫には口はあるが肛門はないため，原口は肛門にならずに発生過程の途中でふさがれたということになるから。

解説　問1　リード文をていねいに読めば正解にたどりつくことができる。(a)～(d)の系統図において，「無腸動物」と「珍渦虫」，「珍無腸動物」を見分けられるかどうかがポイントである。

(㋐) (a)は珍無腸動物が旧口動物の誕生前に分岐しており，珍渦虫を新口動物とみなしていないので間違いである。(b)～(d)では，珍無腸動物または珍渦虫が新口動物に含まれているので正しい。

(㋑) 旧口動物と新口動物の分岐前に珍無腸動物を配置している(a)が正解である。

(㋒) 無腸動物と珍渦虫とが離れている(d)が正解である。

(㋓) 旧口動物もほとんどの新口動物も左右相称動物なので，それよりも初期に分岐している(a)が正解である。(d)は珍渦虫と無腸動物が離れているため誤りである。

(㋔) 珍無腸動物と水腔動物の分岐が遅い(b)が正解である。

問2　新口動物であれば口と肛門をもつはずであるが，珍渦虫では肛門がふさがってしまうことになってしまう点が「不自然な発生過程をたどる」所以である。

生物重要問題集　**117**

編末総合問題

147
問1 (A) アンモニア (B) 尿素 (C) 尿酸
問2 経路の名称…オルニチン回路
　　器官の名称…肝臓
問3 卵内の浸透圧が上昇するため。
問4 排出用の水を蓄えずにすむため，からだを軽量化することができ，
　　飛行に有利であるため。
問5 発生反復説
問6 カエル… **B**，オタマジャクシ… **A**
問7 疾患名…痛風，生成由来…核酸

[解説] 問1 アンモニアは水によく溶けるが毒性が高く，排出に大量の水を必要とするため，おもに水生生物が排出する。
問2 ヒトにおける尿素の合成は，肝臓のオルニチン回路で行われる。
$$2NH_3 + CO_2 + H_2O \rightarrow CO(NH_2)_2 + 2H_2O$$
問3 尿素は中性で毒性が低く，高濃度で溶解しても害が比較的少ない。よって排出する際の水分量はアンモニアで排出するよりも少なくてすむが，卵内に蓄積すると浸透圧が上昇し危険である。
問4 尿酸を排出するのは陸上卵のは虫類・鳥類などである。尿酸は毒性が極めて低くかつ水に溶けにくいので，卵内に蓄積しても危険が少ない。
問6 両生類の発生は水中で行われ，幼生は水中生活をするのでアンモニアのまま排出するが，成体は陸上生活をするので毒性の低い水溶性の尿素に変えて排出する。
問7 ヒトの尿酸は核酸塩基のうち，プリン塩基であるアデニンとグアニンが分解される過程でできる。鳥類やは虫類のようにエネルギーを使って尿素から合成することはない。

148
問1 ア
問2 (a) **21本**
　　(b) この交配でできた子孫は，**A**から**7本**，**D**から**14本**の染色体を
　　　受け継ぎ3倍体になっており，配偶子を形成する際，正常な減
　　　数分裂ができないため。
問3 種数… **4種**
　　集団…**(A・E・H)，(B・G)，(C)，(D・F)**
問4 (a) もとの集団から水流によって海岸に運ばれた種子は<u>集団サイズ</u>
　　　が小さかったため，集団内に新たに生じた突然変異が偶然に集
　　　団全体に広がっていき，<u>遺伝子プール</u>における<u>対立遺伝子の頻</u>
　　　<u>度</u>が変化することで種の分化に到達したと考えられる。
　　(b) もとの集団から水流で海岸に運ばれた種子には多様性があり，
　　　その中から海岸という<u>環境</u>に適応した個体が<u>生存・繁殖</u>におい
　　　て有利となって次の世代に多くの子を残した。その結果，<u>遺伝</u>
　　　<u>子プール</u>における<u>対立遺伝子の頻度</u>が変化することで種の分化
　　　に到達したと考えられる。

[解説] 問1 個体群の中で通常的に繁殖が行われ，遺伝子流動が起きる単位を繁殖集団とよぶ。

118　生物重要問題集

問題文に「個体間の交配は可能」とある。これが動物だと，例えばニホンザルの場合，繁殖集団は同じ地域集団においてもいくつか存在し，雄がサル山の群れを離脱して他の繁殖集団に流れて交配するので，「いくつの繁殖集団からなるかわからない」(ウ)が正解となる。

　一方，この問題のように植物で考えると，たとえ自家不和合性(自家受粉では胚珠をつくらない)であったとしても，「1つの繁殖集団内で個体が自由に交配する」(ア)が正しい。

問2　A は 14 本，倍数体である D は 28 本の染色体をもつので，これらの交雑による個体は 21 本の染色体をもつ。この状態だと正しく二価染色体が形成されないため，正常な減数分裂ができない。

問3　本文のはじめの 3 行では「形態的な種」と「生物学的な種」について説明されている。「形態的な種」とは共通した形態的特徴をもつ個体の集まりと定義されるのに対し，「生物学的な種」は交配で生まれた子に生殖能力があるかどうかを基準にしている。よって，生物学的種概念にもとづくと，交配表の＋が同種，－と±は別種ということになる。

生物重要問題集　　119

巻末総合問題

149 問1 (a) m (b) μm (c) nM

問2 (ア) 6×10^{13}（60兆） (イ) 2.5×10^5 (ウ) 60 (エ) 12

問3 大腸菌総数… 2.0×10^{15}

　　比較…多い

解説 問2 (ア) 細胞1個の体積は 10^3 μm³。

細胞の比重を1とすると，

$$1\,\text{kg} = 1\,\text{L} = (10\,\text{cm})^3 = (10^{-1}\,\text{m})^3 = (10^5\,\mu\text{m})^3 = 10^{15}\,\mu\text{m}^3$$

よって，$60\,\text{kg} = 60 \times 10^{15}\,\mu\text{m}^3$

からだの中に含まれる細胞数は，

$$\frac{60 \times 10^{15}\,\mu\text{m}^3}{10^3\,\mu\text{m}^3} = 60 \times 10^{15} \times 10^{-3} = 6.0 \times 10^{13}\,(\text{個})$$

> 1 km = 10^3 m
> 1 mm = 10^{-3} m
> 1 μm = 10^{-6} m
> 1 nm = 10^{-9} m

(イ) 10^{-10} M（$= 10^{-10}$ mol/L）の水1Lに溶けている VEGF は，

$$40000\,\text{g/mol} \times 10^{-10}\,\text{mol/L} \times 1\,\text{L} = 4 \times 10^{-6}\,\text{g}$$

溶けている量が1gとなるときの体積を x Lとすると，

$$1\,\text{L}:4 \times 10^{-6}\,\text{g} = x\,\text{L}:1\,\text{g}$$

$$x = 2.5 \times 10^5\,(\text{L})$$

(ウ) 0.1 nM（$= 10^{-10}$ M）なので，1 L $= 10^{15}$ μm³ 中に 10^{-10} mol の VEGF が含まれる。つまり VEGF は1L中に，

$$6 \times 10^{23}\,\text{個/mol} \times 10^{-10}\,\text{mol} = 6 \times 10^{13}\,\text{個}　\text{含まれる。}$$

細胞1個の体積は 10^3 μm³ なので，ここに含まれる VEGF を y 個とすると，

$$10^{15}\,\mu\text{m}^3:6 \times 10^{13}\,\text{個} = 10^3\,\mu\text{m}^3:y\,\text{個}$$

$$y = 60\,(\text{個})$$

(エ) 本文に「細胞の大きさは 10 μm 程度」とあるので，空間Aと空間Bのそれぞれの中心の位置は 20 μm 離れている。また，「100 μm で 0.1 nM の濃度変化を生じる」とあり，(ウ)から 0.1 nM の濃度変化とは分子数 60 個に相当することがわかる。よって，求める個数を z とすると，

$$100\,\mu\text{m}:60\,\text{個} = 20\,\mu\text{m}:z\,\text{個}$$

$$z = 12\,(\text{個})$$

問3　$2\,\text{kg} = 2 \times 10^{15}\,\mu\text{m}^3$

大腸菌の体積 $= 1\,\mu\text{m}^3$

よって，腸内の大腸菌の総数 $= 2 \times 10^{15}\,\text{個} = 2000\,\text{兆個}$

150 問1 M株に偶然生じた突然変異によって酵素Aの活性が復活し，トリプトファンを合成できるようになったため。

問2 350

問3 物質Xの投与によって酵素Aの活性が復活する変異が起きた大腸菌は，M株の細胞集団において極めて数が少ないが，最少培地ではコロニーを形成することができ，それ以外の大腸菌と区別することができるため。

問4 (a) × (b) ○ (c) × (d) ○ (e) ×

120　生物重要問題集

解説 問1 突然変異を引き起こす活性をもつ物質がなくても，自然の状態において突然変異は発生する。しかもこの M 株では，DNA 修復酵素の遺伝子に変異が生じており，DNA 損傷を修復するはたらきが失われていることに注意する。

問2 手順1での大腸菌の濃度は 7.0×10^9 個/mL である。これを手順3で2倍希釈し，手順8で 10^6 倍希釈している。さらに，手順9ではこれを 100 μL 塗布しているので，そこに含まれる大腸菌の数は，

$$7.0 \times 10^9 \text{ 個/mL} \times \frac{1}{2} \times \frac{1}{10^6} \times \frac{100}{1000} \text{ mL} = 350（個）$$

となる。手順9で生じたコロニー数は331なので，下線部で「予想していたコロニー数と大きな差はない」と書かれていることとも合致することがわかる。

問3 変異率を計算できるという点に着目すれば，次のような別解も考えられる。

「トリプトファン要求株である M 株を用いれば，<u>最少培地に形成されるコロニー</u>の数から，物質 X を与えた M 株の<u>細胞集団</u>のうち，<u>酵素 A の遺伝子に変異が生じて酵素 A の活性が復活した大腸菌の割合</u>を判断できるため。」

問4 (a) 物質 X がもつ変異を引き起こす活性の強さは，物質 X の有無だけが異なる手順4と手順5を比較して考えるべきである。物質 X を加えた手順4のコロニー数は451，物質 X を加えていない手順5のコロニー数は15なので，物質 X には突然変異を引き起こす活性があることがわかる。

(b) 突然変異は特定の遺伝子でのみ発生するのではなく，DNA の塩基配列の中のランダムな場所で発生する。

(c) 異なるコドンが同じアミノ酸を指定することがあるため，たとえアミノ酸配列が同じだとしても遺伝子配列は異なることがありえる。

(d) DNA 修復酵素に変異がなければ，化学物質によって突然変異が引き起こされたとしても，修復酵素によって修復されてしまうため，役立っているといえる。

(e) この実験は大腸菌を用いたものであり，ヒトの細胞を用いていないため，そのままヒトにおける「発ガン性」を証明するものではない。

151 問1 実験 a と b を比較すると，実験 a では転写が活性化されているのに対し，実験 b では活性化されていない。このことから，初期応答遺伝子と遅延応答遺伝子の転写活性化には血清中因子 X が必要であることがわかる。また，実験 a と c を比較すると，実験 c では転写が活性化されていないことから，基底膜成分 Y も転写活性化に必要であることがわかる。

問2 翻訳阻害剤を添加した実験 e では，初期応答遺伝子の転写は活性化されるが，遅延応答遺伝子の転写は活性化されない。このことから，初期応答遺伝子が発現することによって生成される調節タンパク質が，遅延応答遺伝子の発現に必要だと考えられる。

問3 因子 Z …実験 f と g では，血清中因子 X の有無にかかわらず転写が活性化されている。また，実験 f と h において，基底膜成分 Y がないときには転写が活性化されていない。これらのことから，因子 Z は X の下流に位置し，Y とともに，初期応答遺伝子の転写を活性化すると考えられる。

因子 R …実験 j ～ m では，X や Y の有無にかかわらず，転写が活性化されていることから，因子 R は X と Y のそれぞれの下流に位置し，初期応答遺伝子の転写を活性化すると考えられる。

生物重要問題集　　**121**

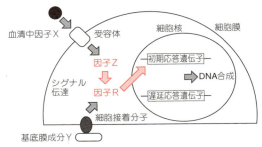

問4 培養細胞は他の細胞との接触から細胞密度を感知し，増殖を停止すると考えられる。

解説 問3 本文下線部にあるように，「因子Zと因子Rの変異体では，上流からの刺激がなくても下流のシグナルを活性化する」という点に注意する。

実験fとgを比較すると，血清中因子Xの有無に関係なく，変異した因子Zが下流にシグナルを伝えていることから，因子ZがXの下流に位置していることがわかる。ただし，この実験だけでは，因子Zが血清中因子Xの経路のみに関係するのか，XとYの両方の経路より下流に位置するのかまでは判断できない。そこで，実験fとhを比較すると，基底膜成分Yがないときには，変異した因子Zが下流にシグナルを伝達していないことから，因子ZはYよりも下流には位置していないと判断できる。

【血清中因子X】→【因子Z】→　　　
【基底膜成分Y】→　　　　　　　　→【因子R】→【初期応答遺伝子】→…

問4 培養細胞がシャーレを埋めつくすまで増殖すると，細胞の機械的強度が変化するので，細胞接着分子を介して密度を感知できると考えられる。そして，基底膜成分Yと細胞接着分子の間に変化が生じ，因子Rに影響が及べば増殖は停止すると推測される。

---

152 問1 解糖系　問2 乳酸
問3 ピルビン酸が乳酸に還元される過程でNAD⁺が生じる。このNAD⁺により解糖系が促進され，2つの反応全体でATP生産が高まる。
問4 (ア) 20　(イ) 20

解説 問1 ②から，エネルギー生産に電子伝達系が関わっていないことがわかる。よって，グルコースからのエネルギー生産は解糖系が主経路だと予想できる。

問2 ③から，ピルビン酸が還元されることによって，エネルギー生産が高まることがわかる。ピルビン酸($C_3H_4O_3$)が還元(水素付加)されると乳酸($C_3H_6O_3$)になる。

問3 解糖系では，グルコースの酸化の際に水素が外れNAD⁺に渡される。電子伝達系が進行しない条件下では，解糖系で生じたNADH＋H⁺が消費されない。よって，NAD⁺が不足して解糖系の進行が抑制される。その場合，ピルビン酸が水素受容体としてはたらき，乳酸が生じる。

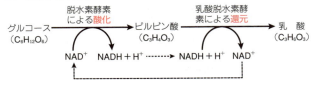

問 4 (ア) $\dfrac{3\,(\text{mm})}{60\,(\text{秒})} \div \dfrac{1}{400}\,(\text{mm/回}) = 20\,(\text{回/秒})$

(イ) 1 回の鞭毛運動で 2 分子の ATP を消費するので，1 秒間に 40 分子の ATP が必要となる。解糖系では 1 分子のグルコースから 2 分子の ATP が供給されるので，$40 \div 2 = 20$ 分子のグルコースが必要となる。

153

問 1　5

問 2　赤オプシン遺伝子と緑オプシン遺伝子のエキソン 5 には塩基配列の違いが 7 つある。これらの塩基の前後で赤オプシン遺伝子と緑オプシン遺伝子を交換した 6 つの融合遺伝子を作成し，培養細胞で発現させ，レチナールと結合させた後に吸収スペクトルを測定する。

問 3　狭鼻猿類が進化してくる過程で，X 染色体上に存在した<u>祖先型オプシン遺伝子</u>に遺伝子重複が生じ，片方がもともとの赤オプシン遺伝子として残り，もう片方は<u>突然変異</u>によって緑オプシン遺伝子となった。

問 4　(ア) 対立遺伝子　(イ) X 染色体の不活性化（ライオニゼーション）

解説　問 1　融合遺伝子 3 の結果から，エキソン 1 ～ 4 が赤オプシン遺伝子由来であっても，エキソン 5，6 が緑オプシン遺伝子由来であれば，緑視物質と同じ吸収スペクトルになることがわかる。このことは，エキソン 5，6 のいずれかが，緑色を認識するために必要であることを示している。さらに，図 1 から，エキソン 6 には塩基配列の違い（*）がないので，エキソン 5 が，赤視物質と緑視物質の吸光スペクトルの違いを生み出しているとわかる。

問 2　問 1 では，エキソンの単位で組み換え遺伝子を作成し，目的のエキソンを調べた。これと同様にして，今度は，塩基の単位で組み換え遺伝子を作成し，塩基を絞りこめばよい。また，エキソン 5 には 7 つの * があるので，隣り合う * と * の間で組み換えすると融合遺伝子は全部で 6 つできる点に注意。

　解答の作成に当たっては，リード文の最後にある，エキソンを交換して融合遺伝子を作成する手順を参考にして書くとよい。

問 3　原猿類では青・赤の 2 色型色覚であるのに対し，狭鼻猿類では青・赤・緑の 3 色型色覚を獲得しており，青・赤に加えて緑を認識できるようになったと推察される。また，下線部から，X 染色体上には赤と緑のオプシン遺伝子が隣り合って存在していることがわかる。これらのことから，祖先型オプシン遺伝子（≒赤オプシン遺伝子）が重複して 2 つになった後，突然変異によって緑オプシンが誕生したと考えることができる。

　遺伝子重複の例としては「Hox 遺伝子群」や「グロビン遺伝子ファミリー」なども有名である。

問 4　「X 染色体には対立遺伝子がある」ことから，問 3 のような「重複の後，片方が緑オプシン遺伝子に変異」する過程とは別の『赤オプシン遺伝子がそのまま変異して対立遺伝子化した』という過程が想定される。実際，問題文では，「3 色型」と記載されてはいるが，「緑オプシン遺伝子」とはどこにも書かれていない。

　X 染色体の不活性化（ライオニゼーション）については，「X 染色体」，「モザイク状」などの用語から気がつくことができるだろう。

生物重要問題集　123

28262　A

2022
生物重要問題集
　　－生物基礎・生物
　　　　　解答編

※　解答・解説は数研出版株式会社が作成したものです。

〈編著者との協定により検印を廃止します〉

著　者　宮田　幸一良

発行者　星野　泰也

発行所　数研出版株式会社

　〒101-0052　東京都千代田区神田小川町2丁目3番地3
　　　　　　　〔振替〕00140－4－118431
　〒604-0861　京都市中京区烏丸通竹屋町上る大倉町205番地
　　　　　　　〔電話〕代表（075）231－0161

ホームページ　https://www.chart.co.jp

印刷　創栄図書印刷株式会社

乱丁本・落丁本はお取り替えいたします。
本書の一部または全部を許可なく複写・複製すること，
および本書の解説書ならびにこれに類するもの
を無断で作成することを禁じます。

211001

学　史

年　代	人　名（国名）	業　績（『　』内は著書）
1883	メチニコフ（露）	白血球による細菌などの食作用を発見。
1889	北里柴三郎（日）	破傷風菌を発見。〔1894：ペスト菌を発見〕
1898	志賀潔（日）	赤痢菌を発見。
1900	ド フリース（蘭），コレンス（独），チェルマク（オ）	それぞれ独立にメンデルの功績を再発見し，メンデルの法則と名づけた。
1901	ラントシュタイナー（オ）	ABO 式血液型を発見。
1901	高峰譲吉（日）	アドレナリンの抽出に成功。
1902	ベイリス（英），スターリング（英）	セクレチンを発見。〔1905：セクレチンのような物質をホルモンと名づけた〕
1921	レーウィ（独）	自律神経の末端から分泌される化学物質アセチルコリンの存在を解明。
1927	エルトン（英）	食物連鎖を研究し，動物生態学を確立。
1927	マラー（米）	X線を用いて，人為的に突然変異体をつくった。
1928	グリフィス（英）	肺炎双球菌の形質転換の前駆的研究。
1929	ローマン（英）	ATP（アデノシン三リン酸）を発見。
1932	キャノン（米）	『からだの知恵』を著し，恒常性の概念を唱えた。
1932	ルスカ（独）	はじめて電子顕微鏡を作製。
1935	タンスレー（英）	生態系の概念を唱えた。
1944	エイブリー（米）ら	肺炎双球菌の形質転換によって，DNA が遺伝物質であることを証明。
1949	シャルガフ（米）ら	多くの生物の DNA の組成を調べ，シャルガフの規則を発見。
1952	ハーシー（米），チェイス（米）	T_2 ファージの大腸菌内での増殖によって，DNA が遺伝子であることを証明。
1953	ワトソン（米），クリック（英）	DNA の化学構造を解明し，DNA の二重らせん構造モデルを発表。
1955	サンガー（英）	インスリンのアミノ酸配列を解明。
1956	コーンバーグ（米）	DNA 合成酵素を単離，DNA の人工合成に成功。
1957	カルビン（米），ベンソン（米）	放射性同位体を使って，カルビン・ベンソン回路を解明。
1962	カーソン（米）	『沈黙の春』を著し，農薬禍を警告。
1966	ペイン（米）	潮間帯における生態系のバランスの研究。
1967	マーグリス（米）	ミトコンドリア，葉緑体の起源として共生説を唱えた。
1977	利根川進（日）	抗体の多様性のしくみを解明。
1983	モンタニエ（仏），バレシヌシ（仏）	エイズのウイルスの単離に成功。
1992	ピーター アグレ（米）	アクアポリンを発見。
1997	ウィルマット（英）ら	ヒツジの体細胞を用いて，クローンヒツジの作製に成功。

表中の国名の略記号は以下の通り

（米）アメリカ	（英）イギリス	（伊）イタリア	（オ）オーストリア	（蘭）オランダ
（ギ）ギリシア	（ス）スイス	（独）ドイツ	（日）日本	（仏）フランス
（ベ）ベルギー	（露）ロシア			

生 124